中国钨矿山及选矿工艺

林海清　编著

中南大学出版社
www.csupress.com.cn
·长沙·

图书在版编目（ＣＩＰ）数据

中国钨矿山及选矿工艺／林海清编著. --长沙：
中南大学出版社，2019.4
ISBN 978－7－5487－3608－0

Ⅰ.①中… Ⅱ.①林… Ⅲ.①钨矿物—选矿技术
Ⅳ.①TD954

中国版本图书馆 CIP 数据核字(2019)第 064673 号

中国钨矿山及选矿工艺
ZHONGGUO WUKUANGSHAN JI XUANKUANG GONGYI

林海清　编著

□责任编辑　刘石年
□责任印制　易红卫
□出版发行　中南大学出版社
　　　　　　社址：长沙市麓山南路　　　　邮编：410083
　　　　　　发行科电话：0731－88876770　传真：0731－88710482
□印　　装　长沙市宏发印刷有限公司

□开　　本　787×1092　1/16　□印张 21　□字数 536 千字
□版　　次　2019 年 4 月第 1 版　　□印次　2019 年 4 月第 1 次印刷
□书　　号　ISBN 978－7－5487－3608－0
□定　　价　86.00 元

序　言

钨矿始采于西华山，时在 1907 年。一百多年来，中国已成为世界钨储量、生产量、出口量及消费量四个第一的国家，在世界钨工业中占有举足轻重的地位。中国钨选矿也由初期的人工淘洗等简单手工技艺，逐步发展成为集选矿工艺矿物学、选矿工艺、选矿设备、选矿药剂、选矿自动化研究等相关专业的综合性学科。随着富矿、易选矿资源的耗尽，共生关系复杂、嵌布粒度细微的钨矿山的开发综合利用显得尤为重要；随着入选矿石品位的降低，环境问题变得日益突出，钨矿山尾矿及废渣的处理成为当前选矿研究的重点领域。由此，对我国钨矿资源、钨矿开采发展历程、我国钨选矿工艺的发展进行系统的梳理及总结，具有重要的现实意义。

本书分为上、下两篇共计 10 章。统观全书，详略得当，编排有序。上篇重点内容为我国钨矿资源、钨矿的发现、钨矿开采发展历程、钨矿山分布、钨矿山建设和现实情况，以及主要钨矿山简介等；下篇重点内容为我国钨选矿工艺的发展，作者分别对黑钨矿的选矿技术和白钨矿选矿技术进展进行了阐述，并对钨矿伴生有价金属综合回收技术进行了专门章节的论述。

科学技术是第一生产力，是企业实现高质量可持续发展的重要支撑。本书由赣州有色冶金研究所教授级高级工程师林海清编著，江钨控股集团技术中心作为科研专项资助编撰出版。林海清从事钨选矿事业已达 55 个年头，积累了丰富的钨选矿理论及实践经验。1999 年，林海清从工作岗位上退休后，一直退而未休，广泛搜集钨矿山发展的珍贵资料，时刻关注钨选矿业的发展，为编撰书稿而默默耕耘。本书顺利出版了，借此机会，谨向深受科技人员和员工尊敬爱戴的林海清教授表示衷心的祝贺。

若欲丈量天多高，必应壮志与云齐。任何行业或学科的进步，都凝聚了老一辈专家和领导的心血，后来人在这样好的基础上，更要开拓进取、奋力向前，期待钨业选矿不断开创新局面。是为序。

江西钨业控股集团有限公司党委书记、董事长

前　言

中国钨矿从被发现至开采的一百多年来，钨矿山不断发展壮大，钨选矿技术不断进步，中国成为了世界上唯一的钨资源第一、钨矿山规模和数量第一、钨精矿产量第一、钨精矿消费量第一的国家。在此期间，我国积累了丰富的钨矿生产经验。虽然早在48年前就有《钨的选矿》这样的专著对钨矿进行过比较系统的总结和论述，但经过近50年的发展，不但钨矿山生产有很大的变化，钨矿资源和钨精矿生产也逐渐由黑钨矿转向黑钨矿与白钨矿并行，还趋向以开采白钨矿为主。同时，钨选矿新设备、新药剂、新技术也不断涌现。虽然有许多单篇论文和综合论述反映了中国钨矿各方面的进展，然而，都不太全面和系统，以致许多从事钨选矿技术的工作者查找和参考不很方便。为此，编著者进行了一次资料的重新整理、归纳、合并、系统化的编整工作，试图较全面地反映一百多年来中国钨矿山和钨矿选矿工艺发展的进程。

编著者自1963年从选矿专业毕业后，五十多年来，一直从事着钨选矿生产技术管理和钨矿选矿相关的科研工作，积累了较为丰富的钨选矿实践经验；也曾对全国主要钨矿产区（江西、湖南、广东等）的主要钨矿山进行过钨选矿生产技术的调查研究，掌握了不少钨选矿一手资料；还曾对我国钨矿山的发展进行阶段性总结（反映在《新中国有色金属钨钼工业》[1]一书中）时收集了许多钨矿山发展的珍贵资料。自1991年以来，又进行过多次"钨选矿年评"的写作工作，查阅了许多钨选矿技术进展的论文和资料，进一步充实了"钨选矿工艺发展"的内容。这些都成为了编著本书的基础。

本书分为上、下两篇，共计10章，两篇的内容各异，但并非截然相分。上篇内容重点写我国钨矿资源、钨矿的发现、钨矿开采发展历程、钨矿山分布、钨矿山建设和现实情况以及主要钨矿山简介等；下篇重点内容为我国钨选矿工艺，分别对黑钨矿的选矿技术和白钨矿的选矿技术进展进行阐述，并对钨矿伴生有价金属综合回收技术安排了专门章节进行论述。

选矿是一门实践性较强的工艺类学科，在本书编写时亦注重内容的实践性和实用性，涉及选别原理、药剂作用机理等理论性部分时,作者只是进行一般性简单论述。但无论是试验研究还是生产内容,均较为重视过程、结果和效果,故本书内容与选矿实际进行了较好的结合,在一定程度上有类同技术手册的作用,可供从事钨选矿业的技术人员,特别是工作在钨选矿生产第一线的技术人员参考使用,也可供从事选矿试验研究的人员参考,还可供设有矿物加工工程(选矿)专业的高等学校和中等专业技术学校的师生在相关教学和学习时参考使用。

本书在编写和出版过程中得到了赣州有色冶金研究所和有关主管部门负责人的重视和支持,也得到了《中国钨业》编辑部编辑们的大力支持和帮助,在此表示衷心感谢。

由于编著者水平有限,在编写过程中难免出现缺点和错误,不妥之处敬请见谅。望参阅者发现问题能及时提出宝贵意见,在此诚恳致意。

目 录

上 篇 中国钨矿山

下 篇　钨及伴生金属选矿工艺

上　篇

中国钨矿山

中国早在 1908 年于江西大余县西华山发现钨矿，其后，湖南、河北、广东和江西南部多地也发现钨矿床，并于 1914 年正式开采，迄今已有一百多年的历史。这期间经历了两个截然不同的发展时期，解放前的 35 年，钨矿山几乎全是民窿手工开采和手工淘洗，生产极端落后，矿山破烂不堪。解放后钨矿山一改过去落后面貌，生产建设迅速发展，机械化程度逐渐完善，产品产量和质量稳步上升，技术经济指标不断提高。1949 年至 1985 年就建设了机械化国营统配钨矿山 37 座，精选厂 2 座，还建设有县属以上的机械化或半机械化的地方小型钨矿山 67 座；并建有闻名世界的大型黑钨选矿厂。改革开放以来，中国钨矿业进入到一个新的发展期。大多数钨矿山进行了股份制改革，除建设了一批白钨矿山，使进入开采晚期的黑钨矿山产能得以交替外，还建设了一些大型的黑、白钨矿综合回收的选矿厂。至 2003 年，中国拥有经国土资源部审定有资质的钨矿山 115 座，其中国家统配钨矿山 21 座，地方国有和股份制钨矿山 94 座（尚未含其他形式的小钨矿山）；钨选矿处理矿石能力达 1358.8 万 t/a，从 1949 年至 2012 年共生产钨精矿（含 WO_3 65% 的折合吨，以下同）311.2630 万 t，平均年产钨精矿 48630 t，产量最高的 2012 年产钨精矿 120283 t。目前我国钨的产量和供应量均占世界总量的 80%。

到 1985 年止国家对钨矿山累计投资约 5.4 亿元（以当期物价比计，以下同），钨矿山累计上缴利润和缴纳税金合计 10.92 亿元，是国家投资的 2.02 倍。

到 1985 年底累计出口钨精矿 738858 t，平均每年出口约 2 万 t，累计创汇 305203.5 万美元，为国家建设积累了大量资金。

1 中国钨矿资源

1.1 中国钨矿床的工业类型

中国的钨矿床类型齐全，除美国塞尔斯湖的卤水矿床和新西兰的弗赖因潘湖的现代火山湖中正在沉积的乐华钨外，其他矿床类型均有产出。中国钨矿床大致可以分为石英脉型、矽卡岩型、细(网)脉浸染型和层状型四大类，详见表1-1。

表1-1 钨矿工业类型

矿床类型		围岩	矿石结构	矿山实例
石英脉(大脉、细脉带、网脉)型	石英黑钨矿床	花岗岩	块状、浸染状	九龙脑
	石英、辉铋矿、辉钼矿黑钨矿床	砂岩、页岩、板岩	块状	盘古山
	石英、绿柱石黑钨矿床	砂岩、页岩、板岩	黑钨块状、锡石分散状	漂塘、锯板坑
	石英、黄铜矿黑钨矿床	花岗岩		荡坪
	石英、辉钼矿、白钨矿、黑钨矿床	花岗岩或变质岩	块状	下龙
			块状	红岭
	石英、萤石、方解石、多金属矿床	花岗岩或变质岩	浸染状	芙蓉
		花岗岩	块状	
矽卡岩白钨型	主要金属矿物为白钨和大量多金属硫化矿物，如黄铜矿、方铅矿、闪锌矿、磁黄铁矿、辉钼矿	花岗岩及钙质岩石	浸染状	宝山 瑶岗仙(白钨)
细(网)脉浸染型	主要金属矿物为黑钨矿、白钨矿、锡石、绿柱石、辉钼矿、辉铋矿、黄铜矿及钽铌矿物	花岗岩或斑岩	细脉浸染状	莲花山 柿竹园 行洛坑
层状型	主要金属矿物为白钨矿、自然金、辉锑矿	钙质绢云母、板岩砂泥质岩层	条带状、角砾状、浸染状	湘西

(1)石英脉型

这类矿床包括石英大脉和石英细(网)脉型两种，是我国迄今开采最主要的钨矿床，其采出的矿量约占钨矿石总量的90%，矿床规模大中小均有。矿脉多成组成群产出，矿体由上至下收敛,细脉从地表向深部逐渐变为大脉,呈"矿化标志带—细脉—大脉—单脉—根部五层楼规律分布。矿脉数一般为数十条至数百条;矿脉长度达数十米到数百米甚至一千米以上;矿脉埋藏延深达数百米。大吉山、西华山、盘古山、瑶岗仙、石人嶂等重要钨矿均属此类。

石英大脉型钨矿一般由 10 cm 至 1 m 及以上脉幅的矿脉或者脉幅小于 10 cm,但米百分比值达现行工业标准的矿脉、脉间距达 2 m 或 2 m 以上的石英脉组成。矿物组分较多,矿物粒度较粗,品位多为中等到较富。

石英细(网)脉型矿床多为较密集的含钨石英脉或网脉夹少量大脉组成带状矿床,厚度由数米至数十米,矿石品位较贫。

(2)矽卡岩白钨型

这类钨矿多产于花岗岩类岩体与泥盆、石炭纪或其他时代的碳酸盐类岩石和部分碎屑岩接触带及其附近。白钨矿多呈浸染状分布,矿石品位中等到较贫,局部较富。

(3)细(网)脉浸染型

该类矿床是受含钨石英脉浸染充填交代作用而形成的钨矿床,钨矿物呈浸染状分布于岩体中,矿脉多产于花岗岩类岩体顶部,少数产于附近的围岩中。矿床规模由大、中型到巨大型,矿石品位多属中等到较贫。

(4)层状型

该类矿体受一定地层层位和岩性控制,产状基本和地层产状一致,矿体多为缓倾斜赋存,矿床矿物组合一般较简单,常见的有白钨矿-辉锑矿-自然金以及黑钨矿-硫化物等,矿石品位较贫到中等,目前只有品位达到中等以上且矿石较为易选的矿床被开采。

我国有的钨矿区往往并存多种工业类型矿床,且矿床中常有多种有用金属矿物共生。

1.2 我国钨矿储量及其分布

(1)钨矿储量

我国的钨矿床虽经长期开采,但经地质勘探,新的矿点被不断发现,从而使储量不断增加。据国土资源部公布 2002 年底全国钨矿保有 WO_3 的资源储量为 578.6 万 t,其中储量 144.9 万 t,基础储量 292.4 万 t,资源量 286.2 万 t。进入 21 世纪以来,我国地质部门又纷纷开展起新一轮钨矿资源的找矿,在甘肃肃南县境内的祁连山发现的白钨矿床远景储量可达 40 万 t;吉林省珲春市已发现一处特大型白钨矿,资源量在 10 万 t 以上;2012 年以来公布了在江西北部探明的两处目前世界之最的钨矿床,一是武宁县大湖塘钨矿,其储量为 106 万 t,另一处是浮梁县朱溪矽卡岩型钨铜矿,其钨资源储量达 286 万 t。我国钨资源之丰富可见一斑。

然而,自我国钨矿开采以来,黑钨矿一直是钨的最主要矿种,经过百年来的开采,黑钨矿资源已近枯竭,黑钨矿资源储量在 10 万 t 以上的矿区仅 4 个,(1~5)万 t 的矿区也只有 8 个,143 个黑钨矿区的资源储量均小于 1 万 t,目前我国黑钨矿储量和基础储量只占全国资源总量的 26.9% 左右。其余主要是白钨矿储量以及少量黑、白钨矿混合型储量。

(2)钨矿资源的分布

我国钨矿资源分布广泛,但又相对集中。我国主要的钨矿床较集中分布在华南地区,尤其集中在南岭东西纬向构造带上;还分布在祁连山地槽系和秦岭褶皱系至大别山淮阳地区,遍及江西、湖南、河南、广东、广西、福建、黑龙江、云南、甘肃、湖北、内蒙古、吉林、贵州、浙江、四川、天津、北京、河北、辽宁等22个省(市、区),共计231个矿区。据2000年《中国国土资源年鉴》统计资料显示,保有资源储量在20万t以上的有湖南、江西、河南、广西、福建、甘肃、广东、云南八个省(区),合计的钨矿资源储量达492.26万t,占全国保有储量的93.2%,仅湖南和江西两省的资源储量就占全国的60%以上。

表1-2是我国八大主要产钨省(区)1999年底保有钨资源储量情况。

表1-2 我国八大主要产钨省(区)1999年底保有钨资源储量情况

省(区)	资源储量(万t/矿区数)	单一矿产和主要矿产		伴生共生矿产		混合矿产(万t/矿区数)
		黑钨矿(万t/矿区数)	白钨矿(万t/矿区数)	黑钨矿(万t/矿区数)	白钨矿(万t/矿区数)	
湖南	181.39/51	8.13/20	160.62/19	2.12/5	10.51/7	
江西	116.89/71	63.41/60	31.47/5		11.89/2	10.11/4
河南	61.88/5				61.80/4	0.08/1
广西	34.86/21	23.87/9	9.51/4	0.44/5	1.03/3	
福建	30.53/11	0.86/9	0.07/1			29.60/1
甘肃	23.82/3	0.18/1	23.63/2			
广东	22.23/53	14.80/37	3.56/3	0.57/5		3.36/8
云南	20.6/16	9.62/4	2.57/1	8.40/11		
合计	492.26/231	120.88/140	231.44/35	11.54/26	85.24/16	43.16/14
比例(%)	100/231	24.56	47.01	2.34	17.32	8.77

(3)我国钨矿储量在世界的地位

我国的钨矿得天独厚,是世界上储量最多的国家。表1-3是美国地质调查局1999年公布的世界主要钨矿床资料,全世界钨矿 WO_3 的储量为278.5578万t,对中国只统计了柿竹园、行洛坑、大明山、西华山、黄沙坪、大吉山、岿美山、漂塘、盘古山、荡坪十个矿区,合计储量为140.875万t(统计数字欠准)。按此资料的计算,中国钨矿 WO_3 的储量就占全世界钨矿 WO_3 储量的50.6%;按国土资源部公布的1999年我国钨矿 WO_3 保有基础储量为223.57万t计,已占世界的61.9%;按钨矿资源储量计,我国则占世界的79%。

表1-3 世界主要钨矿床情况[*]

矿床	国家	矿石储量/10^3 t	WO_3 品位/%	WO_3 含量/t
欧洲				
Tymyauz	俄罗斯	50800	0.6	304800
Dzhida	俄罗斯	10910	0.43	46913
Boguty	俄罗斯	4320	0.60	25920

续表 1-3

矿床	国家	矿石储量/10^3 t	WO$_3$ 品位/%	WO$_3$ 含量/t
欧洲				
Maykhurinsk	俄罗斯	5000	0.40	20000
Vostok-2	俄罗斯	22025	0.58	127745
Akchatau	哈萨克斯坦	274.1	0.5	13705
Ingichika	乌兹别克斯坦	286.1	0.43	12324
Uludag	土耳其	1400	0.5	70000
Malyiken	挪威	250.9	0.9	22581
Mittersill	奥地利	450	0.50	22500
Panasquiera	葡萄牙	610	0.36	21960
Santa Camba	西班牙	360	0.50	18000
Salau	法国	90	1.40	12600
Monterdon	法国	2000	0.63	12600
美洲				
Mactung	加拿大	57000	0.96	547200
Logtung	加拿大	162000	0.1	16200
Mt. pisant	加拿大	33000	0.21	69300
Cohtung	加拿大	2600	1.32	34320
Chicotn Crandn	玻利维亚	2400	0.80	19200
Choljlla	玻利维亚	2800	0.40	11200
Karni	玻利维亚	600	0.97	5820
Bolsa Negra	玻利维亚	500	1.04	5200
Enramda	玻利维亚	500	0.80	4000
Tasna	玻利维亚	400	0.84	3360
Chambilaya	玻利维亚	500	0.58	2900
亚太地区				
Shizhuyuan	中国	190000	0.33	627000
Qingliu	中国	78000	0.38	296400
Damingshan	中国	13962	1.04	145205
Xihuashan	中国	17428	0.65	113282
Huangsha	中国	3924	1.75	57645
Guimeishan	中国	2175	2.20	47850

续表 1-3

矿床	国家	矿石储量/10^3 t	WO_3 品位/%	WO_3 含量/t
亚太地区				
Piaotang	中国	2432	1.75	42560
Pangushan	中国	1528	1.90	29032
Dajishan	中国	3890	0.65	25285
Dangping	中国	2749	0.88	24191
Sangdong	韩国	8500	0.85	73100
Khao Soon	泰国	2500	1.00	25000
King Island	澳大利亚	7600	1.03	78280
非洲				
Krantzberg	纳米比亚	900	0.40	3600

注：＊资料来源：美国地质调查局

1.3 我国的白钨矿资源

我国的优质黑钨矿资源面临枯竭，待接替的白钨矿资源却仍然十分丰富。

1.3.1 我国白钨矿床类型及特征

我国白钨矿类型繁多，主要有矽卡岩型、似矽卡岩型、斑岩-矽卡岩型、花岗岩-细脉浸染型、各种黑白钨共生类型以及其他有色金属共生类型。

（1）岩浆期后气液云英岩-矽卡岩型

该类矿床为钨、钼、锡等多金属矿床，矿床为超大型，典型代表为柿竹园多金属矿。主要金属矿物以白钨矿为主，还有黑钨矿、假象半假象白钨矿、钨华等；其他金属矿物有辉铋矿、辉钼矿、锡石、磁铁矿、黄铁矿、黄铜矿、方铅矿和闪锌矿等；主要非金属矿物以石英、萤石、石榴子石、方解石为主，还有绿泥石、角闪石、辉石、长石、云母、磷灰石等。

（2）斑岩-矽卡岩型钨-钼矿

这类矿床为超大型白钨辉钼矿共生矿床，钨的品位较低，但白钨总储量达超大型级别，以河南栾川三道庄钨钼矿为典型代表。主要金属矿物为辉钼矿、白钨矿、黄铁矿、磁黄铁矿，还有黄铜矿、磁铁矿、赤铁矿、褐铁矿、闪锌矿、方铅矿等；主要非金属矿物有石榴子石、透辉石、石英、方解石、萤石、硅辉石、绿泥石、绿帘石、云母等。

（3）花岗岩-细脉型黑、白钨多金属矿

这类矿床属超大型黑、白钨共生钨矿床，白钨与黑钨之比为1:1，白钨矿主要呈分散状浸染于花岗岩中，以福建行洛坑钨矿为代表。主要金属矿物有黑钨矿、白钨矿、黄铁矿、褐铁矿、赤铁矿、菱铁矿、辉钼矿、黄铜矿、辉铅铋矿、闪锌矿、方铅矿等；主要非金属矿物有石英、长石、云母、绿泥石、萤石、磷灰石、绿帘石、高岭石等。

（4）矽卡岩风化型白钨矿

该矿床风化较严重，含泥量较大，含钨华高达10%，为大型白钨矿床，以甘肃肃南县小柳沟矿为代表。主要金属矿物有白钨矿、钨华、黑钨矿，少量黄铜矿、辉铋矿、辉钼矿、黄铁矿等；主要非金属矿物有透闪石、阳起石、绿泥石、方解石、白云石、云母、石英、萤石等。

（5）似矽卡岩型白钨矿

以瑶岗仙矿和尚滩、荡坪矿宝山为代表，矿床规模从超大型到大型。主要金属矿物有白钨矿、钨钼钙矿、辉钼矿、辉铋矿、黄铜矿、黄铁矿、闪锌矿、锡石、毒砂、磁黄铁矿等；主要非金属矿物有石榴子石、透辉石、符山石、石英、长石等。

（6）中温热液充填细脉带型白钨黑钨共生矿

此矿床为特大型，矿体按结构又可分为砂岩型矿和板岩型矿两类。砂岩型矿钨矿物主要为白钨矿，黑钨矿极少，白钨呈细粒非均匀嵌布；板岩型矿床钨矿物以白钨矿为主，黑钨矿次之，钨矿物以中粒为主，呈中细粒非均匀嵌布。矿石风化较严重，以湖南川口钨矿杨林坳矿区为代表。主要金属矿物有白钨矿、黑钨矿，还有黄铁矿、赤铁矿、褐铁矿、黄铜矿、辉铜矿、辉铋矿、辉钼矿、软锰矿、硬锰矿等；主要非金属矿物有石英、绢云母、长石、电气石、绿泥石、方解石、磷灰石等。

（7）低温热液充填石英脉钨、锑、金共生矿床

这类白钨矿床以湘西金矿沃西矿区为代表，白钨矿呈粗细粒不均匀嵌布。主要金属矿物有白钨矿、辉锑矿、自然金、黄铁矿等，还有少量黑钨矿、闪锌矿、方铅矿、毒砂等；非金属矿物主要为石英，其次为方解石、白云石、磷灰石、钠长石、绿泥石、白云母等。

（8）斑岩型细脉浸染型硫化物 - 白钨黑钨矿

此类型属世界少有的新型钨矿床。矿石结构复杂，白钨矿在石英脉中呈星散嵌布，且常与黄铁矿黄铜矿等硫化物共生，以广东莲花山钨矿为代表。主要金属矿物有白钨矿、黑钨矿、毒砂、黄铁矿、磁黄铁矿、黄铜矿、泡铋矿、方铅矿、闪锌矿、锡石等；主要非金属矿物有石英、绢云母、绿泥石、磷灰石等。

1.3.2 我国白钨矿储量及分布情况[26]

据2000年《中国国土资源年鉴》公布：至1999年底统计资料，钨矿保有储量为528.19万t WO_3，其中白钨储量为385.65万t WO_3，占钨矿储量的73.01%。到目前为止，我国勘探发现了40多个大中型、特大型、超大型白钨矿床。

（1）我国现已发现的白钨矿床概况

我国现在已经勘探发现的矿床规模 WO_3 储量大于5万t的大型、特大型、超大型白钨矿床（WO_3 5～15万t为大型，WO_3 15～25万t为特大型，WO_3 大于25万t为超大型）概况见表1-4。

表 1-4 我国大型以上白钨矿床概况*

矿床产地	矿床类型	规模	WO₃ 品位/%
湖南郴州柿竹园	层控叠加矽卡岩型钨铋钼矿（白钨为主）	超大型	0.344
湖南郴州新田岭	矽卡岩型钨锡铋钼矿（白钨为主）	超大型	0.37
湖南宜章县瑶岗仙和尚滩	似矽卡岩型白钨矿	特大型	0.27
湖南桂阳县黄沙坪南区	矽卡岩型钨铅锌矿（白钨为主）	大型	0.254
湖南汝城县砖头坳	矽卡岩白钨矿	大型	0.617
湖南汝城县白云仙钨矿	矽卡岩型白钨、细脉浸染型黑白钨共生矿	大型	0.26~2.0
湖南衡南县川口矿杨林坳	细脉带型黑白钨共生矿	特大型	0.46
河南栾川县三道庄	斑岩-矽卡岩型钨钼矿（钨以白钨为主）	超大型	0.117
河南栾川县南泥湖	斑岩-矽卡岩型钨钼矿（钨以白钨为主）	大型	0.103
江西修水县香炉山	矽卡岩似层状白钨矿	特大型	0.741
江西都昌县阳储岭	斑岩型钨钼矿（钨以白钨为主）	大型	0.20
江西分宜县下桐岭 1 号岩体	花岗岩细脉浸染型黑、白钨共生矿	大型	0.225
江西分宜县下桐岭 2 号岩体	花岗岩细脉浸染型黑、白钨共生矿	大型	0.23
江西铅山县永平大排山	似矽卡岩层控型铜硫钨共生矿（钨以白钨为主）	大型	
江西丰城市徐山	矽卡岩型、斑岩型石英脉黑、白钨共生矿	大型	0.826
福建清流县行洛坑	花岗岩细脉型、浸染型黑、白钨共生矿	超大型	0.233
云南个旧锡钨多金属矿	矽卡岩型白钨矿	大型	0.11~0.29
甘肃肃南县塔儿沟	似矽卡岩白钨矿、石英脉型黑钨矿	大型	0.73
甘肃肃南县小柳沟	层控叠加矽卡岩型白钨矿	大型	0.6~0.93
黑龙江逊克县聚宏山	矽卡岩型铁钨多金属矿	大型	0.329

注：* 本表尚未包含 2012 年和 2016 年公布的两个百万吨规模的世界级白钨矿床：① WO₃ 储量为 106 万 t 的江西武宁县大湖塘白钨矿，② WO₃ 储量为 286 万 t 的江西浮梁县朱溪矽卡岩型钨铜矿。

(2) 我国各省 (区) 白钨矿储量概况

我国的白钨矿床主要分布于南岭西段的湘南、赣西北、闽西、秦岭、祁连山、滇东南等区域。各省 (区) 的白钨矿储量概况见表 1-5。从中可看出，全国近四分之三的白钨都分布在湘、豫、赣三省。

表 1-5 我国各省 (区) 白钨矿 (A+B+C+D) 储量概况

省 (区)	占全国钨矿总储量份额/%	占全国白钨总储量份额/%	占本省 (区) 钨矿总储量份额/%
湖南	32.6	46.3	95.2
河南	11.6	15.5	99.9
江西	8.4	12	39.2

续表 1 – 5

省(区)	占全国钨矿总储量份额/%	占全国白钨总储量份额/%	占本省(区)钨矿总储量份额/%
云南	3.9	5.6	100
黑龙江	3	4.2	97.5
福建	2.9	4.1	50.1
广西	2	2.8	29.7
甘肃	1.6	2.3	37.8
其他省(区)	4.4	6.2	
总计	70.4	100	

注:(1)本表系按全国钨矿总储量525.32万 t WO_3,其中白钨储量369.98万 t 计。尚未包括2000年以后勘探的新储量。

(2)其他省(区)为:浙江、山东、广东、吉林、安徽、湖北、内蒙古、青海等。

1.4 主要钨矿物

在自然界已发现的钨矿物有20余种,目前最有工业价值的是黑钨矿和白钨矿,它们常与锡石、辉钼矿、黄铁矿、黄铜矿、毒砂、闪锌矿、方铅矿、辉铋矿等金属矿物共生。其他钨矿物还有钨华($WO_3 \cdot H_2O$)、铜钨华($CuWO_4 \cdot H_2O$)、钨铅矿($Pb – WO_3$)等,但它们没有工业价值。

黑钨矿[$(FeMn)WO_3$]又称钨锰铁矿,它是钨酸铁($FeWO_4$)和钨酸锰($MnWO_4$)所形成的一系列连续固溶体的类质同象混合物。其中锰、铁二元素可以无限制地相互替换。黑钨矿含$WO_3$76.3% ~76.6%,其结晶呈板状、放射状、粒状等形态,产于石英脉中,其板状晶体长轴往往与石英体脉壁垂直。黑钨矿结晶粒度较粗,一般为10 ~25 mm,以10 ~15 mm最多,最小的粒度小于0.1 mm,最大的板状晶体长达42 ~48 cm。黑钨矿解理和裂隙常被白钨矿、黄铜矿、黄铁矿、磁黄铁矿及辉钼矿等充填。

白钨矿($CaWO_4$)又称钨酸钙矿,是由钙的钨酸盐组成的矿物,其化学成分中 WO_3 为80.6%,CaO 为19.4%。在石英脉黑钨矿中的白钨矿一般呈块状、微粒状、条带状分布于矿脉和围岩中,也常呈粒状浸染于黑钨矿中或者沿其节理呈条带状充填,结晶粒度一般为0.01 ~0.9 mm,最大在3 mm以上,最小在0.001 mm以下。在细脉浸染型矿床和矽卡岩类矿床中,白钨矿呈粒状或团块状等浸染,结晶粒度一般为0.1 ~0.6 mm。在层状钨矿床中的白钨矿多呈粗粒浸染,也有呈条带状、角砾状嵌镶的。最大粒度达12 mm以上,一般为0.6 ~0.8 mm,最小为0.01 mm。

2 中国钨矿山的建设与发展

2.1 解放前钨矿开发简况

2.1.1 我国钨矿的发现

据考证《大余县志》、1936年出版的《赣南钨矿志》以及其他史料记载，我国的钨矿于光绪戊申年（1908年）在江西省西华山被首次发现。

赣南南安府所辖大余、南康、崇义、上犹四县，早在明朝时期就盛产锡，锡矿与钨矿通常都有伴生关联，只是那时世界上还没发现"钨"元素，当然不知钨矿为何物，更不知此处蕴藏着丰富的钨。直到1781年和1783年在欧洲发现了白钨矿和黑钨矿，才由此开始了钨矿的开采和钨的应用。我国在此一百多年后才发现钨矿，发现的过程是这样的：西华山位于江西大余县西北十五华里处，开矿前，山上是一片原始森林，悬崖瀑布，茂林秀竹。山中有一座古庙，叫西华寺，寺的住持名叫妙园。清朝光绪年间，大余县福音堂一教民在西华山上无意中拾得一块黑色的石头，便带回给在此传教的福音堂德国牧师邬利亨看，邬利亨看后知道这是一种矿物，但不知是何种矿物，询问得知西华山山上遍地都有这种石头，顺手可拾，于是邬利亨就将此矿石带回德国化验，后才知是钨矿。之后，邬利亨便以造花园为名，指使教民上山拾取，以每斤明钱五文的廉价收购，准备偷运出去，因不急用，尚未运出。为了永占此矿产，在清朝末年邬利亨以五百银元价格向妙园买得山权永归福音堂所管。后来，此事被南安府及地方绅士发现，在清光绪三十三年（1907年）经向福音堂提出交涉，以一千银元赎回为大余县所公有。由此可证明，我国钨矿首次发现不迟于1908年。

民国三年（1914年），湖南华昌公司在瑶岗仙探采铅、砒矿时，发现砒砂内混杂一种矿砂，质重色黑，起初不知为何物，因妨碍砒的炼制，唯恐除之不尽。公司主办人罗泽春见其比重高，后带回长沙化验，才知是钨。这是湖南省首次发现钨矿。

民国三年7—8月间，从事采矿冶金专业在北大预科教学的吴蔼宸先生赴京东旅行时，在河北迁安县鹦鹉山发现钨矿，北洋政府农商部宣布，在矿业条例金属矿类中增加"钨"字，并经陆军部设局开采，这是我国北方首次发现钨矿。

1914年，我国正式开采钨矿，当年钨精矿（WO_3品位为60%）产量为18 t。第一次世界大战爆发后，军械急需钨钢，各国需钨量剧增，钨价上涨，各地商人纷纷贱价收购钨砂，自由贩卖出口，获利甚丰，一时间南方各省闻风而起，兴起了寻采钨矿的热潮。数年间，各处钨矿相继被发现和开采。仅在 1918 年就发现了大吉山、盘古山、下垄、漂塘、荡坪、石人嶂等重要钨矿区，在湖南的汝城、桂东、灵县、茶陵、郴县、临武、常宁、安东等地也都相继发现了钨矿，许多人纷纷租山开矿，犹如雨后春笋般，盛极一时。大量民工涌入矿山开采，我国钨矿进入盛采期，1918 年的钨精矿产量达到 10577 t，占当年世界钨精矿产量 31993 t 的 33.1%。

2.1.2 解放前钨矿开采情况

我国现在生产的钨矿山大多数在解放前就已被发现并为民窿所开采。解放前，发现的钨矿区有一百多处，其中江西居于首位，尤其以赣南最为著名，大余、全南、定南、于都、泰和、遂川、兴国、赣县、上犹、崇义等数十个县都有分布；广东居第二，分布于南雄、翁源、始兴、乐昌、曲江等十四个县；湖南居第三，分布于宜章、汝城、沅陵、桃源、灵县和茶陵等县；此外，在广西、云南、新疆、河北以及香港的蒌涌等地均有钨矿分布。

解放前钨矿的开采和经营大致可以分为两个时期。

（1）民窿开采时期

1936 年以前，全部系民窿开采、私商经营。开采初期，多为拾捡地表块矿和采凿露头矿脉，嗣后才沿矿脉向下开掘小井或开凿平硐。两人使用铁锤钢钎凿眼，使用六分钢钎和 4～6 磅手锤打眼，每个班打眼能力 0.5～1 m，炮眼填入黑硝后，人工点火爆破开采，每个班只能打下矿石 150～300 kg，工效极低；沿脉掘进，遇脉即采，掘大丢小，采富弃贫。坑道狭窄，蜿蜒曲折，运矿异常困难，全靠人工肩挑篓背，井下工作条件恶劣。为防矿井崩塌，井壁仅以木柱横撑；井下通风全靠自然风流；照明概用油灯，空气异常污秽，矿工安全无保障。图 2-1、图 2-2、图 2-3 就是解放前民窿开采钨矿的情况。

图 2-1 手工单锤凿眼　　　　图 2-2 人工装药爆破　　　　图 2-3 扁担竹箕运矿

钨矿的分选也全用手工挑拣和淘洗。首先，将挖出和炸下的矿石，初步剔除不含钨的废石和泥土后，挑至矿棚，用手拣出块钨和钨的连生体，用铁锤锤碎钨连生体，拣出其中的废石弃之。起初将锤碎之物放入木瓢、小铁锅中水洗，后来发展成固定溜槽选别，即以长约五市尺宽约一市尺的木槽，倾斜置放，利用山水冲洗，钨砂沉于槽底和首端，成为"矿砂"，废

石和泥土冲洗至尾端排除；或者用戽斗淘洗，剔出大部分脉石。将淘洗好的"矿砂"放至高约三四寸高的密竹筛内，置于水桶中手工震荡筛洗（即桶洗，其原理同跳汰选矿），剔出上层的脉石，得到筛底的"净砂"。所得"净砂"再用手或竹钳逐粒剔除硫、砷、锡等杂质矿粒。最后就获得了"钨砂"。细粒钨矿基本无法回收，资源浪费极大，这就是我国最早的钨矿选矿方法。图2-4、图2-5是解放前民窿开采时用手工法选钨砂的情形。

图2-4　手工碎矿

图2-5　人工淘洗钨砂

那时，各钨矿山的窿口由民工自由组合设置简陋工棚，作为共同的工作和生活居住场所，被称为"棚"，由棚主组织分工。各钨矿山窿口星布，工棚遍山，废石漫地。钨矿全系私商经营，往往一个矿区就有数家甚至数十家商号或公司。仅湖南省依法呈设的公司就有和记、同益、振兴、永源、继昌等80多家。粤商于民国六年开始投资钨矿，开采湖南的汝城、江西的崇义、大余等县的钨矿，一年间就设立了东南、南方、大中华、合昌等19家公司。这些私商大多数只进行收购，并不组织生产，所购钨砂全部转售给经营出口业务的中、外商行。1914年至1936年全国共生产钨精矿（含 WO_3 为60%）118416 t，平均年产钨精矿5148 t。

（2）钨矿"专营"时期

1936年以后，钨矿转入"专营"时期。1936年3月，当时的国民政府资源委员会在江西南昌设立钨业管理处，并在长沙设立分处，对钨精矿统购统销，实行"专营"。这一时期的钨矿生产绝大多数仍然系民窿手工采选，钨业管理处除统一收购钨精矿外，也在大吉山、西华山、峒美山、画眉坳、小垄和瑶岗仙等矿区开办了少量的"自办工程"，进行国营开采和钨砂净选。1936年，首次从德国购进旋转式磁选机，安装在湖南长沙和江西大余等地，进行"净砂"的集中精选，脱除锡、硫等杂质。1941年，资源委员会锡业管理处建立桂林选炼厂，精选广西、湖南、广东所产钨、锡毛砂，并炼锡，同年从美国进口了汀氏（Ding's）磁选机，安装于湖南零陵鹿角湾。1942年，在湖南零陵鹿角湾兴建反射焙烧炉，进行焙烧除砷。所产钨精矿达到与德国签订的所谓"汉堡"标准的质量要求，即 WO_3 含量大于65%，含 Sn 小于1.5%，含 As 小于0.2%。1947年，大吉山、峒美山等少数几个钨矿区的"自办工程"也开始使用风钻凿岩。机械化开采装备水平最高的大吉山工程处，在1947年至1948年间安装了225 HP柴油发电机1台（HP为英制马力，1 HP＝745.7 W）、300 HP柴油机—200 kW交流发电机组1台、75 HP电动压风机1台。在两个采矿中段开始使用306型钻机凿岩，并开始应用留矿法采矿。1937 年至 1948 年间，全国共产钨精矿 118741 t，年平均产量达 9895 t，1937 年的产量为 17895 t，是解放前钨精矿产量最高的一年。

解放前的 35 年总共生产钨精矿 237252 t，全部出口，钨精矿生产完全受国际形势控制，对外贸易多操纵于外商之手，加上私商和个体开采，生产完全处于无计划盲目状态。表 2 – 1 所列为解放前我国钨精矿历年产量及其占世界的比例的情况。

表 2 – 1　解放前(1914—1948 年)中国钨精矿产量及其占世界的比例(以含 WO$_3$ 60% 计)

年份	中国产量/t	世界产量/t	中国占世界的比例/%	年份	中国产量/t	世界产量/t	中国占世界的比例/%
1914	18	7427	0.2	1932	2249	6800	33.1
1915	35	10866	0.3	1933	6000	12433	48.3
1916	109	20966	0.5	1934	5009	16447	30.4
1917	1331	25869	5.3	1935	7998	22458	35.6
1918	10557	31992	33.1	1936	7638	24867	30.7
1919	2654	14744	18.0	1937	17895	38859	46.1
1920	4721	11495	41.1	1938	13387	37381	35.8
1921	2657	4836	54.9	1939	12962	42305	39.5
1922	3873	6221	62.3	1940	10141	43592	23.3
1923	4554	6953	65.5	1941	13538	50285	26.9
1924	3398	6159	55.2	1942	12962	50749	25.5
1925	6708	10238	65.5	1943	9234	60072	16.2
1926	7989	12231	65.3	1944	3502	49220	7.1
1927	5666	9282	61.0	1945	2929	22802	12.8
1928	8283	11647	71.1	1946	2691	18877	14.3
1929	9978	15811	63.1	1947	6900	36544	18.9
1930	9454	16652	56.8	1948	12200	33640	36.3
1931	7492	13385	56.0	合计	237252	846879	28.0

2.2　新中国成立以来钨矿山的发展

新中国成立以来，我国钨矿山的建设是在旧中国陈旧落后的基础上逐渐发展起来的。尽管我国钨矿山在历史的某些阶段走过弯路，但总的发展速度是史无前例的，从而使我国形成了世界上最大的钨工业生产系统，成为了世界钨矿储量、钨精矿产量、钨产品出口量和钨的应用量最大的国家。钨精矿产量由 1949 年的 3402 t(含 WO$_3$ 65% 的标准吨，以下同)发展到 2012 年的 120283 t，钨精矿质量不断提高，钨矿山的精矿品种由钨、锡两种增加到钨、锡、钼、铋、铜、铅、锌、硫、萤石等十数种。

新中国成立以来,我国钨矿山的发展大致可以分为下列几个时期。

2.2.1 经济恢复时期(1950—1952):以民窿开采为主,国营钨矿开始发展

1949 年解放以后,党和人民政府就着手恢复生产,针对当时民窿开采为主的状况,采取了"面向民窿,以民窿为主,相应发展国营经济"的钨矿发展方针。

首先是积极组织民窿恢复生产。一方面,鼓励私人采矿,动员民工上山,经登记获准后,就可以自由组合成几人至几十人为一棚,在指定地点从事钨矿的开采。废除了旧社会的一切苛捐杂税,实行"包砂制",即由国家统一矿产品价格,见钨砂付款,统一收购,所卖之款全归采矿者所有,不用纳税。另一方面,加强对民窿的组织领导,对民窿老板(或棚主)实行公私兼顾、劳资两利的政策。既保证其合法经营、合法利润的权益,又限制其非法剥削,还视其困难情形,在物质上予以适当的工房和工具,资金上予以工程补助或贷款,在技术上给予指导,并尽量组织好矿山生活日用品的供应,从而鼓励了民窿老板经营的积极性。此外,还在矿工中广泛宣传党的方针政策,提高了他们的思想觉悟,又注意改善工人的生活条件,修建工棚,调整钨矿价格,增加矿工收入,大大提高了矿工的生产积极性。1949 年 10 月恢复生产时,江西钨矿山民工只有 6890 人,钨精矿月产量仅 343 t,到 1950 年 12 月,民工人数就猛增到 31015 人,钨精矿月产量也增加到了 1481 t。

在重点扶持发展民窿生产的同时,党和人民政府还十分注意国营钨矿的发展,解放后全部接收了原民国政府资源委员会办的各钨矿工程管理处。1950 年,中南军政委员会重工业部有色金属管理局在江西、湖南、广东三省设立分局,在各钨矿区设立管理处,对原自办工程加以整顿。对留用人员实行原职、原薪、原制度的"三原"政策,建立了生产组织,还吸收了一部分工人作为国营企业的正式工人(当时称作"里工"),并通过民主改革提拔了一部分工人担任基层领导,初步建立了一些管理制度。短短三年时间,国家对钨矿山投资 1082 万元,以恢复和发展国营经济,使国营生产的比重由 1949 年的 10% 提高到 1952 年的 21.6%,为后来国营钨矿山的发展奠定了一定基础。

从 1950 年开始,各钨矿山开展了较大规模的民主改革运动,镇压了一批隐藏下来的反革命分子,稳定了矿山的社会秩序和生产秩序。在生产管理上,废除了原有的监工制和包工制,并逐渐将生产组织的"小伙制"改为"大伙制"。由工人自己选举生产班长管理生产。1952 年,在国有企业的固定工人中进行了第一次工资改革,将收砂制改为按工种等级支付工资的按劳分配制,增加了工人的收入,提高了工人的生产积极性。

为了逐渐改变落后的手工作业方式,积极筹备推广机械化采选工艺,1950 年 9 月,首先在大吉山钨矿恢复了风钻凿岩,并推广了"浅孔留矿采矿"法。1950 年 10 月,开始破土兴建我国第一座钨矿机械化选矿厂,安装了原资源委员会于 1948 年从美国丹佛(Denver)设备公司购进的整套重选设备(见表 2 - 2),设备处理能力为 100 ~ 150 t/d,选矿流程基本按图 2 - 6 所示的丹佛公司原设计流程设置。1952 年 12 月,这座机选厂竣工投产。投产不久,就发现了许多严重缺陷,例如:棒磨机排矿跳汰机作业的尾矿与螺旋分级机成闭路,螺旋溢流难于排除摇床分选的粒级,造成螺旋经常埋死;粗选摇床只产出两个产品,导致尾矿金属损失甚大;生产流程也难以畅通,实际生产能力只能达到 70 ~ 80 t/d,在原矿含 WO_3 为 1% 以上时,选矿回收率也只有 64% 左右。后来,大吉山的工程技术人员对原流程进行了大胆改造,形成

了如图 2 - 7 所示的流程,取得了明显效果。1955 年,其处理能力达到了 125 t/d,回收率也提高到 74% 以上。改造后的流程在第一个五年计划期间被新建的钨选矿厂广泛采用,并被视为黑钨选厂的第一个通用重选流程。

表 2 - 2 我国第一座 125 t/d 钨矿机械化选矿厂主要设备表

设备名称	型号	规格	数量
颚式破碎机		250 mm × 500 mm	1
对辊破碎机		675 mm × 359 mm	1
振动筛	丹佛式	3 呎 × 6 呎	1
跳汰机	旁动隔膜式(丹佛)	$B \times L = 300$ mm × 450 mm	3
摇床	肘板连杆式(威氏)	$B \times L = 1800$ mm × 4500 mm	5
棒磨机		$\phi \times L = 3$ 呎 × 8 呎	1
单螺旋分级机		$\phi 900$ mm	1
水力分级箱	丹佛式	200 × 200 mm	1
浓泥斗	圆锥式	$\phi 1800$ mm	1
砂泵	立式	2 吋	2

注:呎为英美制长度单位,1 呎 = 304.8 mm。

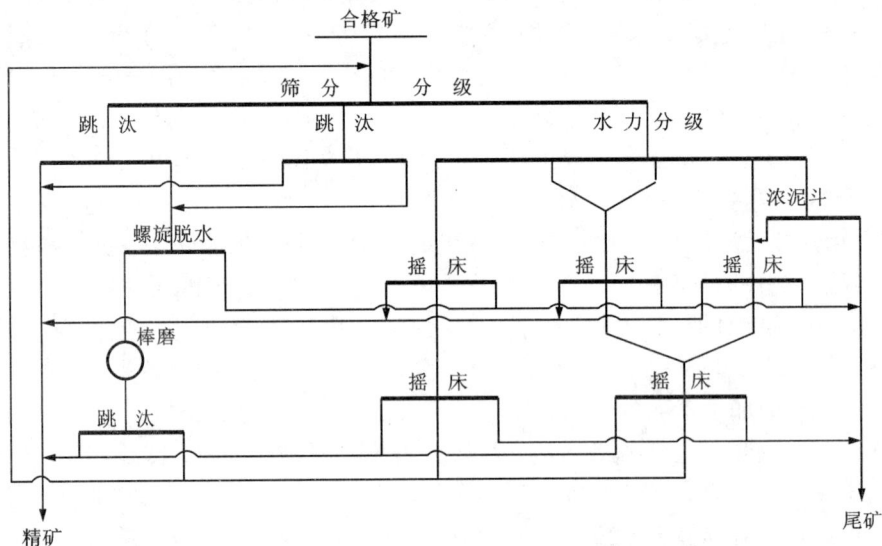

图 2 - 6 美国设计的丹佛(Denvnr)重选流程

在国民经济恢复时期,生产迅速增长,三年累计生产钨精矿 53600 t,平均年产钨精矿 17867 t(含 WO$_3$ 为 65%,新中国成立以后均按此标准计,以下同),1952 年产量达到 24000 t,是解放前最高产量(1937 年的 17895 t)的 1.37 倍,是 1949 年 3400 t 的 7.06 倍。国营经济的发展也取得了显著成绩,例如:大吉山钨矿国有企业钨精矿产量占全矿区所产精矿的比例,

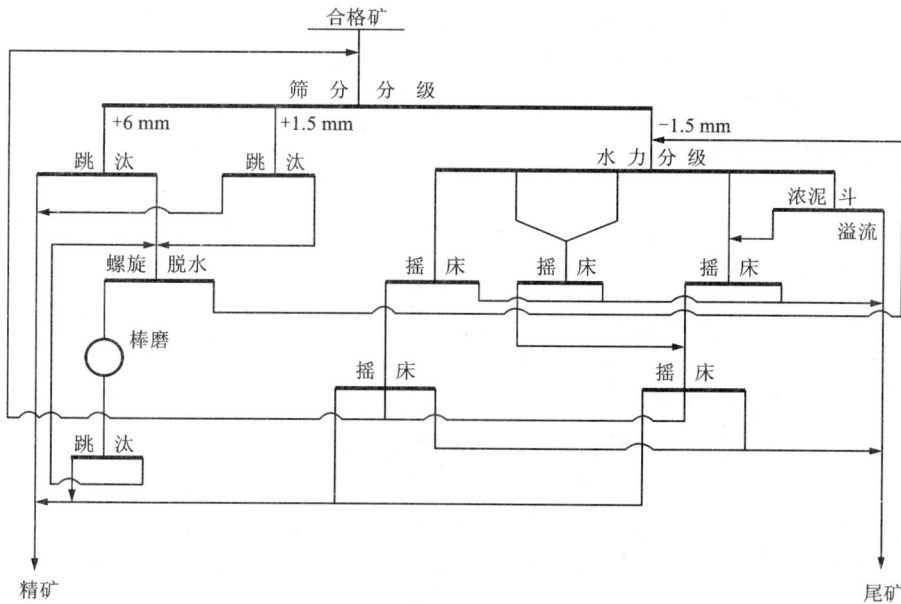

图 2 - 7　第一个通用重选流程

由 1950 年的 35% 提高到 1952 年的 60%。

2.2.2　建设改造时期(1953—1960)：钨矿山国有化机械化建设全面发展

随着发展国民经济第一个五年计划的开始，钨矿山进入了历史性大转变阶段。在第一个五年计划期间(1953—1957)，基本完成了钨矿山生产关系的转变，全面开展了矿山的基本建设。在第二个五年计划前期又进行了技术改造。

为了加强钨矿山的领导和管理，中央重工业部有色金属管理局于 1953 年 2 月在长沙设中南分局，管理江西、湖南、广东等省的主要钨矿企业。1958 年，撤销中南钨矿局，各钨矿山分属各有色金属管理局(或冶金工业厅)管理。

在第一个五年计划期间确立的钨矿建设方针是："逐步转民窿为国营，以改变生产关系，对资源好的矿山进行机械化采矿选矿建设，实现技术改造，使国营和机械化作业占据优势；不断改善劳动条件，逐步提高职工文化物资生活水平。"据此，首先开展了将民窿转为国营的社会主义改造运动，基本上采取包下来的原则，将几万民工收转为国有企业工人，对于暂时还未收回的民窿和采矿分散的广东省则积极发展矿业合作社，走集体化道路，然后逐步改造，重点收回。1952 年 10 月，大吉山钨矿床首先将矿区内的民窿全部收归国营，1954 年在资源比较集中的江西、湖南两省掀起了民窿转国营的高潮。西华山、岿美山、盘古山、画眉坳等矿区的民窿全部转入国营。到 1956 年底，广东各钨矿区走集体道路的民工占总民工数的比重达 89%。到 1957 年底，江西、湖南、广东三省的国营生产比重已占 76.94%，至此，基本完成了钨矿山生产关系的转变，使国营生产占据主导地位。

在基本完成了主要钨矿区的国营化以后，实现手工作业向机械化转变的必要条件已具备。为了迅速提高钨精矿产量，扩大钨精矿出口能力，必须加速实现钨矿采矿、选矿的机械化，国家决定在第一个五年计划期间大量投资，进行钨矿山的基本建设。

1952 年，中南军政委员会有色金属管理总局开始组织对大吉山、西华山、岿美山等重点钨矿区进行资源调查，提出了初步勘探报告。1953 年，在江西赣州正式成立了钨矿地质专业勘探队伍——赣南粤北地质勘探大队（1954 年改称中南有色分局勘探公司），对国家确定重点建设的三大钨矿——大吉山、西华山、岿美山进行系统的地质勘探，于 1956 年 7 月、1956 年 12 月和 1957 年 3 月分别提交了三个矿区的地质勘探报告，为重点钨矿的建设提供了基础资料。此外，还在盘古山、画眉坳、瑶岗仙、浒坑、漂塘、杨眉寺、湘东、湘西等钨矿区开展了地质工作，提出了地质储量，为这些中、小矿山的建设提供了资源依据。

在此期间，地质资源较丰富、开采条件较好的大吉山、西华山、岿美山三大矿区被列入了第一个五年计划期间由苏联援建的 156 项重点建设项目。预计基建投资 0.8 亿元，新增钨精矿生产能力 16200 t/a，这相当于第一个五年计划期间全国平均年产量 32630 t 的 49.6%。工程建设从 1953 年开始筹备，1954 年 6 月国家计委正式批准三大钨矿的设计任务书。确定新建大吉山、西华山和岿美山选矿厂的规模分别为日处理合格矿 1600 t、1875 t 和 1560 t。初步设计和技术设计全部由苏联列宁格勒镍设计院、苏联有用矿物机械加工科学研究设计院等 7 个设计院完成。苏联有用矿物机械加工科学研究设计院进行了矿石可选性试验；工程施工图除大吉山外，西华山和岿美山分别由北京有色冶金设计院和长沙有色冶金设计院设计。

1956 年，三大钨矿开始了井下开拓工程的施工。采用平窿 - 溜井 - 辅助竖井开拓方法。采矿方法以留矿法为主，局部地方采用充填法，横撑支柱、削壁充填的混合采矿法；采用整体式通风系统。设计的井下作业机械化程度：采掘凿岩为 100%，回采凿岩为 100%，采准为 75%，基建为 90%，运输为 85%。选矿厂基建工程于 1957 年到 1958 年开始。大吉山、西华山和岿美山三座现代化大型钨矿选矿厂分别于 1959 年 1 月、1960 年 4 月和 1960 年 7 月正式投产。选矿工艺按手选、重选和精选三大部分设置，除手选外，其他工序都实现了机械化。新设计的重选流程被称为米哈诺布尔（Механобр）重选流程，见图 2 - 8。该流程的特点是：三段磨矿，多次回路，宽级别跳汰，阶段选别。设计的主要技术经济指标见表 2 - 3。

表 2 - 3　三大钨矿原设计技术经济指标

矿名	采选合综能力/(t·a⁻¹)	钨精矿产量/(t·a⁻¹)	采矿贫化率/%	采矿损失率/%	废石选出率/%	品位/% WO₃			选矿回收率/%
						原矿	精矿	尾矿	
大吉山	812000	6862	33		35	0.63	65	0.09	87.0
西华山	765000	5100	40	10	20	0.53	63	0.095	84.0
岿美山	610000	1000		7		0.53	65		80.5

在建设的准备、施工和试生产期间，各专业的苏联专家曾多次到钨矿山进行考察和指导，给我国技术人员介绍经验，在援建三大钨矿建设中起了一定作用。在此期间，我国也分批派出技术人员、管理人员和工人到苏联学习，学成回国后在三大钨矿的建设和生产中发挥了骨干作用。

由于设计流程存在许多问题，三大选厂投产后长期达不到设计指标。岿美山钨矿更因地质勘探程度和矿石可选性试验试料的代表性不够，矿石投产后一直达不到设计能力。

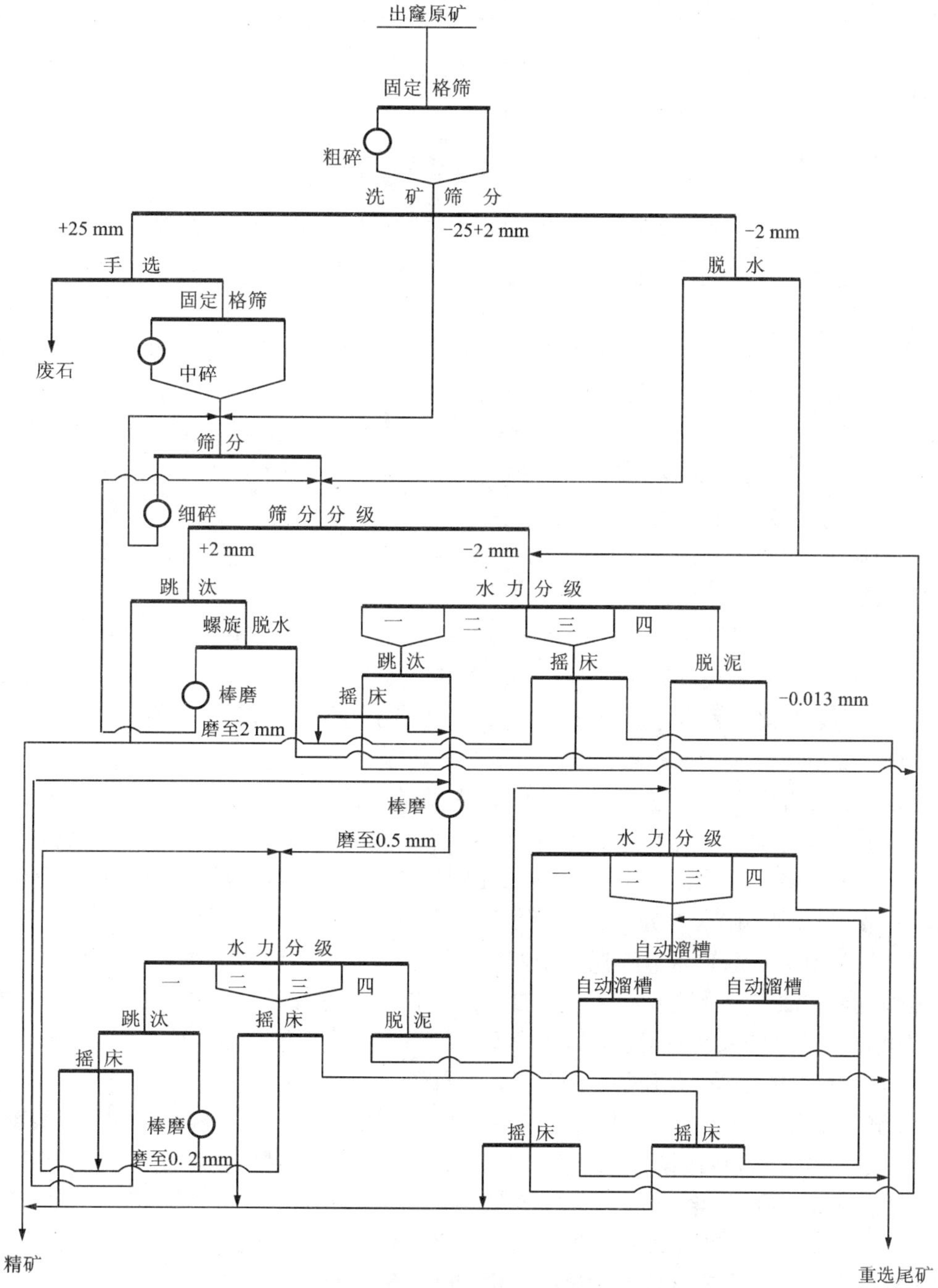

图 2-8 国外设计米哈诺布尔重选简明流程图

在建设国外设计的三大钨矿的同时，由国内设计建设了一大批中、小机械化选矿厂。并逐步扩大了生产规模。除大吉山第一座机选厂规模扩大到 250 t/d 外，第一个五年计划期间，还在 18 个钨矿区建成了中、小型机械选矿厂 21 座。这些选矿厂的名称和规模见表 2-4。这些选矿厂基本上都是按图 2-7 所示的第一个通用重选流程设计的。

表 2-4　第一个五年计划期间建设的钨选矿厂

规模/(t·d^{-1})	选矿厂名称
500	盘古山
250	画眉坳、浒坑、瑶岗仙、湘东、大吉山(2座)、石人嶂
125	小垄、漂塘、杨眉寺
50	漂塘的大龙山、铁山垅的黄沙、荡坪的生龙口、荡坪的半边山 西华山、湘西、湘东的腰坡里、大埠的石人坑、杨眉寺的平安脑、金华山

这一时期，矿山采矿作业开始正规化，普遍采用了成本较低、效率较高的浅孔留矿法。到1956年底，采用这种方法采矿的比例已达80%以上。为适应各种不同赋存状态的矿床开发的经济和安全要求，进行了多种方法的试验。1957年，在湘东钨矿、小龙钨矿、漂塘钨矿等地进行了"自天井崩落留矿法""选矿充填法""深孔大眼爆破法"等采矿方法的试验，在杨眉寺、金华山、上坪钨矿组织了"硐室爆破"采矿法试验，都取得了较好的效果。1959年，在大吉山钨矿开始用"阶段矿房法"回采矿脉密集、主脉间夹有许多细脉的脉群区域，成功地回收了脉群带的资源。

在选矿方面，为了摸清第一个通用重选流程的应用问题，中南钨矿局于1955年组织了赣州试验所、长沙有色冶金设计院和部分矿山的技术人员组成选矿试验组，以盘古山钨矿为重点，进行了现场系统测定和作业单元比较试验，制定了选矿技术操作规程、操作条件卡片、工人岗位操作法、设备使用维修等技术规程，并进行了部分改进。在此基础上，1956年又组织了工作组，对盘古山选矿厂进行了系统的大规模试验改进，总结出了一些较成功的经验。这些经验主要包括：加强手选作业，实行分级手选，单独选出单体块钨及高品位连生体；加强洗矿脱泥，废石多面冲洗；实行闭路碎矿，保证碎矿粒度；双筛喷水湿筛，提高分级效率；贯彻早收多收的原则，在水力分级机前增加跳汰作业，实行三级跳汰，五级台洗；摇床中矿分带接取，粗粒中矿再磨再选；细泥集中归队，用水力旋流器浓密分级、自动溜槽-矿泥摇床重选处理流程；推广台浮脱硫、台浮附加小床面和吹气等技术革新成果，使盘古山钨矿选矿回收率由1955年的66.9%提高到1956年的82.43%。为了推广这些典型经验，中南钨矿局于1956年5月在盘古山钨矿召开了全国各钨矿参加的第一次机选工作会议，进行经验总结和交流。会后，各钨矿都参照盘古山的典型流程，结合各自实际，进行了一次广泛的流程改革。

图2-9所示即改进后的第二个重选通用原则流程，为大多数钨矿所采用。此外，原有的民窿手选工艺也进行了适当改造，设置了颚式破碎机和对辊碎矿机碎矿、机械振动筛洗矿分级、人工手选出废石、手摇跳汰桶和斗淘筛洗分级的较正规半机械化选矿生产流程。

在生产装备上，随着矿山基本建设的发展，机械化作业水平迅速提高。从1957年上半年开始，凿岩作业普遍推广应用了气腿和硬质合金钎头，还采用了自动平钻和电气爆破技术。采掘凿岩作业机械化比重已从1952年的不足5%提高到1957年的90%以上。井下以矿车代替了手提肩挑，部分矿山还装备了架线式电机车、竖井提升、斜坡卷扬等机械设备。第一条钨矿原矿运输单线循环式架空索道于1954年8月1日在盘古山钨矿投产，在瑶岗仙、画眉坳、石人嶂等中型矿山也采用了索道运输。西华山、归美山在新建的原矿运输系统采用了双线循环式架空索道。大吉山、西华山还采用移动式架空索道进行废石运输。与此同时，各钨

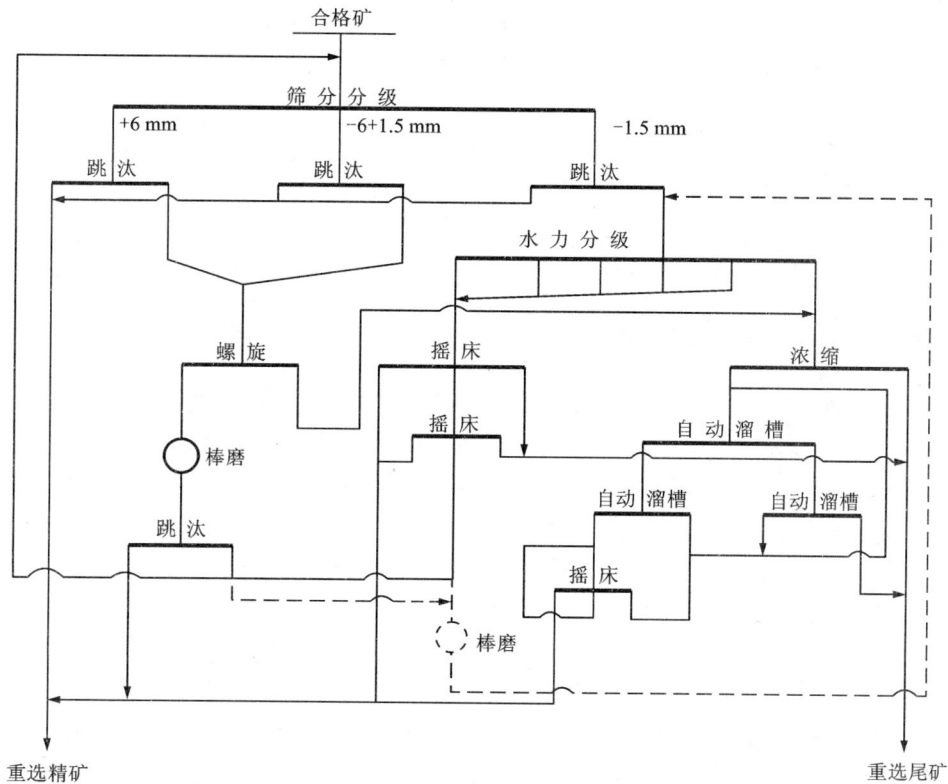

图 2-9　改进后的第二个通用重选原则流程(虚线为中矿再磨流程)

矿山逐步建立了通风系统,采用主扇和局扇进行机械化通风,采用电灯或蓄电池灯、电石灯进行照明,推广了湿式凿岩作业,使井下作业条件大大改善,为保障职工的身体健康做出了积极努力。选矿作业普遍应用了颚式和辊式破碎机、机械振动筛、棒磨机、球磨机、跳汰机、摇床、螺旋分级机、水力分级机等机械设备。选矿机械化的比重已由1953年的2.6%提高到1957年的72.12%。至此,我国钨矿山生产基本上结束了以手工作业为主的旧时代,迈入了机械化作业的新时期。

　　由于机械化水平的提高,采矿能力迅速增长,特别是"大跃进"时期钨矿山的建设和生产都有了新的发展。不但加速了已有矿山的改造,同时又建设了一批中、小型机械化选矿厂,例如广东省的莲花山钨矿、红岭钨矿、汶水钨矿等大部分钨矿就是在此期间建设起来的;在钨矿床集中的赣南和粤北分别建立了赣州精选厂和韶关精选厂,以适应小型钨矿毛精矿集中精选的需要;扩建了第一个五年计划期间建成的钨选厂,从而大大地增加了钨精矿的生产能力。1959年,钨矿山的采矿、选矿能力及年产精矿量,分别达到了672万t、633×万t和61200 t的顶峰。1960年的采矿能力是1955年的3.06倍;选矿能力是1955年的3.9倍;钨精矿年产量达55000 t,是1955年产量32900 t的1.67倍。1953年至1960年期间钨精矿平均年产量达42025 t,为恢复时期平均年产量17867 t的2.35倍,钨精矿年出口数量于1955年首次达到31806 t,1957年创造了出口的历史最好水平,达35365 t。

　　随着生产的发展,钨矿山职工的生活福利也有很大改善。1956年第二次工资改革以后,职工工资水平普遍有所提高,1957年钨矿职工工资比1953年提高了41%。第一个五年计划期间，各钨矿新建职工住宅 456218 m²、新建职工医院 9 个、疗养院 24 所以及上百个卫生所和保健站，增加病床 1280 张，比 1953 年提高 13.3 倍，医药卫生和福利补助费达 1265 万元，企业奖励基金达 687 余万元。

然而，"大跃进"期间片面追求高产量、多采少掘，全国钨矿的万吨采掘比由 1957 年的 372 m 降低至 1958 年的 226 m，1959 年和 1960 年又继续降低至 184 m 和 167 m。江西全省钨矿的备采矿量由 1958 年的 154.9 万 t 猛降为 1960 年的 50.1 万 t。瑶岗仙钨矿因采矿量严重不足，钨精矿年产量由 1959 年的 2050.7 t 猛降为 1960 年的 1000.2 t，生产难以为继。

2.2.3 建设调整时期(1961—1965)：钨矿山生产全面整顿，步入正常发展

为了弥补"大跃进"期间给经济带来的损失，国家提出了"调整、巩固、充实、提高"的八字方针，从 1961 年开始，钨矿山的发展进入了调整时期。具体措施为：认真贯彻了"矿山为主，采掘并举，掘进先行，贫富兼采"的技术政策，加速钨矿的生产勘探，增加地质矿量，并着重调整了三级矿量，弥补"大跃进"所拖欠的采准和备采矿量；加速掘进，提高万吨掘进比；调整采掘顺序，纠正因采富弃贫、采易丢难所造成的采矿顺序不合理的情况；调整和完善了井下的运输、通风、供水、供电、排水、安全出口等七大工艺系统的填平补齐工作，达到采矿、运矿、选矿的综合平衡；坚决制止单纯追求产量、破坏采掘政策、浪费资源的做法。各钨矿通过调整工作，取得了显著成效。以江西为例，全省地质矿量明显增加，保有 WO_3 地质储量由 1961 年的 18.8 万 t 增加到 1964 年的 23.3 万 t；1964 年与 1961 年相比，开拓矿量增加 42%；采准矿量增加了 15%，备采矿量增加 77%；到 1965 年，各钨矿的三级矿量基本都达到了冶金部的要求，采矿顺序的合格率达到了 93.4%；通过生产系统的填平、补齐和调整；采矿、运矿、选矿的能力分别由 1962 年的 7224 t/d、8429 t/d、4840 t/d(合格矿)提高到 1965 年的 11105 t/d、12980 t/d、6864 t/d(合格矿)。与此同时，还整顿了劳动组织，全省共精简职工 10488 人(占职工总数的 30%)，减少了非生产人员，增加了井下生产工人的比例。井下通风防尘工作也加强了，普遍将原来的压入式整体通风系统改为抽出式分区通风系统，通风防尘效果良好，提高了粉尘合格率，改善了矿工劳动条件，涌现出西华山、下垄、湘东等一批文明生产矿山的典型。

调整后，钨矿山的生产稳步发展，技术经济指标显著提高，经济效益明显改善。据西华山、盘古山、瑶岗仙、石人嶂等 10 个重点钨矿统计，1961 年有 6 个出现亏损，到 1965 年这 10 个钨矿全部盈利。1965 年全国钨精矿产量为 32800 t，略高于第一个五年计划期间平均年产量 32620 t 的水平，钨矿生产主要技术经济指标有比较明显的改善，详见表 2-5。

表 2-5 调整前后全国钨矿山生产主要技术经济指标比较

年代	采矿掌子面工效/(t·工班⁻¹)	掘进掌子面工效/(m·工班⁻¹)	万吨掘进比/(m·10⁻³ t)	全员采矿实物劳动生产率/(t·人⁻¹·a⁻¹)	选矿原矿处理量/(10⁴t·a⁻¹)	选矿原矿品位 WO_3/%	选矿尾矿品位 WO_3(%)	选矿回收率/%	选矿全员实物劳动生产率/(t·人⁻¹·a⁻¹)
1961 年	2.78	0.12	261	128.1	399.17	0.41	0.11	77.27	312
1965 年	7.10	0.33	636.6	201	437.15	0.32	0.04	81.22	403

2.2.4 "文化大革命"时期(1966—1976)：钨矿山生产建设受到重大影响

1966 年至 1967 年"文化大革命"时期的政治动乱，给经济带来了极大破坏。钨矿山的正常生产秩序被搅乱，各项管理制度被废除，矿山技术政策遭破坏，生产蒙受重大损失。1968 年全国钨精矿产量降低到 25100 t，比 1965 年的 32800 t 减少了 23.2%。湘东钨矿 1967 年至 1969 年三年的钨精矿产量比 1964 年至 1966 年三年的产量少 2466 t，相当于一年零三个月没生产，瑶岗仙钨矿 1967 年至 1969 年三年中少生产钨精矿 1700 t，由盈利变为亏损。江西省因执行所谓的"撤钨保钢"方针，1970 年将尚有储量的现代化装备的岿美山钨矿强行拆迁，采矿工程完全停止，选矿设备全部拆除，拆除损失达 1383.5 万元。一时，大量民工涌入矿区，造成井下工程和钨矿资源的严重破坏。1974 年又重新设计，重新安装设备，直到 1977 年才恢复生产，不仅少生产钨精矿 7300 t，而且又多花费国家资金 560 万元。

1975 年，邓小平同志主持中央日常工作，着手整顿国民经济，钨矿山生产形势同全国一样，开始好转，钨精矿产量和利润均有所增加。湖南、广东 10 个钨矿山上缴的利润，1975 年比 1974 年增加了 50.8%。

为了总结和交流钨选矿经验，1976 年 8 月在大吉山钨矿召开了全国钨选矿技术经验交流会，会议取得了积极成果。除总结交流了 20 世纪 60 年代以来的技术经验外，还确定了钨选矿技术发展的主攻方向为"一粗一细"，即强化粗选丢弃废石工艺，继续推广应用光电选矿和重介质选矿，提高废石选出率；强化细泥处理，推广应用云南锡业公司经验，采用各种有效方法，提高细泥回收率。

在此期间，尤其是在后期，地方小矿点的生产有较大的发展。从 1966 年起，原地方小矿点的钨矿生产由各统配国营矿山的民窿管理站管理下放给地方管理，各有关县都相继成立了钨矿收购站。20 世纪 70 年代中期，由于国内应用钨精矿量的增加，影响外贸出口，外贸部积极扶持地方小矿点生产，地方小矿点钨精矿产量增长迅速，其所产钨精矿占全国钨精矿总产量的比例，由 1971 年的 15.61% 提高到 1976 年的 26.93%，这对增加外贸出口和改善地方财政收入起到了一定的作用。

2.2.5 改革开放时期(1977 年以后)：钨矿山进入振兴发展新时期

1978 年 12 月十一届三中全会以后，中国进入了改革开放和社会主义现代化建设的新时期。钨矿山与全国各行各业一样，重新走上了健康发展的康庄大道，各钨矿迅速建立和健全了各项管理制度，加强了对产品产量、质量、劳动生产率、成本和利润等指标的管理，还加强了技术改造，增大了采选能力，江西全省钨矿平均日处理原矿于 1979 年达到 17569 t，创造了历史最好水平。在原矿品位下降的情况下，1985 年全国钨精矿产量达到 48781 t，比 1976 年 30539 t 增长了 59.7%。此后，全国钨精矿年产量一直保持在此水平之上，表 2-6 是《中国有色金属工业年鉴》2013 年公布的我国 1985 年至 2012 年钨精矿年产量的情况。

表 2 – 6　中国 1985 年至 2012 年钨精矿年产量*

年份	1985 年	1986 年	1987 年	1988 年	1989 年	1990 年	1991 年	1992 年	1993 年	1994 年
产量/t	48781	50319	53200	59063	58915	62810	61845	49287	44419	52374
年份	1995 年	1996 年	1997 年	1998 年	1999 年	2000 年	2001 年	2002 年	2003 年	2004 年
产量/t	53278	51684	48642	46287	39160	45477	53303	69677	70216	116302
年份	2005 年	2006 年	2007 年	2008 年	2009 年	2010 年	2011 年	2012 年		
产量/t	99444	87277	79958	97316	95850	99514	119875	120283		

注：* 钨精矿含 WO_3 65%。

　　为了发挥我国钨矿资源的优势，振兴钨业，经国务院批准，1981 年 11 月在西华山钨矿召开了第一次全国钨业科技工作会议，来自全国与钨有关的部、委、局及其所属矿山、工厂、科研院所和高等院校等单位的 270 多名代表汇聚一堂，认真总结我国钨业发展成就和经验，分析和讨论了如何发挥我国钨矿资源的优势，研究了振兴钨业的方针政策和措施，制定了钨业科技发展规划。党中央和国务院高度重视这次会议的召开，中共中央政治局委员、国务院副总理兼国家科委主任方毅同志出席了会议，认真听取汇报，召集专家座谈，并在大会上作了重要讲话，首次提出了振兴钨业"一靠政策，二靠技术"的方针，为发展我国钨业指明了方向，会议期间，方毅同志还书写了"振兴钨业"和"牡丹亭前钨业开盛会，西华山下矿产庆丰收"的题词，给与会代表和全国钨业界以很大鼓舞。图 2 – 10 就是

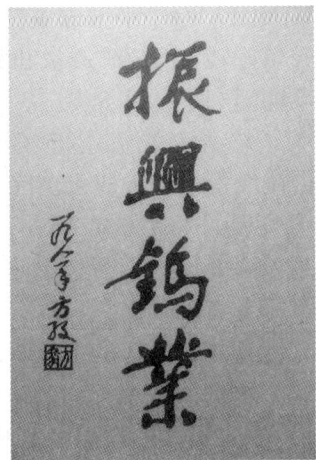

图 2 – 10　方毅同志的题词

方毅同志"振兴钨业"的题词。1982 年 11 月，在株洲硬质合金厂召开了第二次全国钨业科技工作会议，总结交流了第一次钨业科技会议以来的经验和成就。

　　在这两次会议后，国内许多专家、教授就振兴我国钨业问题献计献策，提出了以下建议：迅速提高钨精矿质量，实行优质优价；多产优质产品，改变产品结构，开拓国际市场；尽快进行钨业管理体制改革；等等。全国各有关科研院所与钨矿山密切配合，开展了提高钨精矿质量的攻关活动，积极试验和生产了一批优质钨精矿，例如，荡坪钨矿生产出了优质白钨精矿销售日本，首次进入直接炼钢用钨精矿的国际市场；大吉山钨矿与赣州有色冶金研究所配合，应用湿式强磁选工艺，生产出特级黑钨精矿和一级白钨精矿，解决了该矿长期以来存在的钨精矿中含钙过高的问题。

　　为了适应提高钨精矿质量的要求和国内外销售市场的需要，国家组织了对钨精矿质量标准的修订工作，并于 1981 年 12 月颁布了新的钨精矿国家标准（GB 2825—81）。1994 年按标准规范化要求将此标准重新编制为 YS/231—1994《钨精矿技术条件》。

　　随着我国钨业体制、产业结构和贸易格局的大变动，钨精矿作为几十年来钨出口的传统的主产品，逐渐为钨制品所取代。从 2006 年起，我国几乎已停止了钨精矿的出口，反而从国外进口钨精矿，以补足国内钨冶炼和制造业对钨原料的需求；国内选矿、冶炼企业供需双方

对钨精矿质量的控制和要求也发生了变化；随着我国易采易选的黑钨矿床濒临采尽，与之接替的将是采选贫、细、杂的钨矿床和综合回收伴生在其他金属矿床中的钨矿，并要求尽量提高这类钨矿的综合利用率。在这种情况下，YS/231—1994《钨精矿技术条件》已不能适应要求，由全国有色金属标准化委员会组织，由赣州有色冶金研究所对此标准进行修改，于2007年10月1日颁布了我国第五个钨精矿标准：YS/T 231—2007《钨精矿》。

在此期间，一些新的钨矿生产基地的建设也迅速开展。例如，湖南柿竹园多金属矿在完成选矿流程试验的基础上，确定了浮选作为主流程，并采用 以螯合捕收剂为核心、综合回收钨、铋、钼、萤石的"柿竹园法"为其主工艺。建成了"380""野鸡尾""柴山""多金属"铋冶炼等选矿厂和冶炼厂。形成了采掘能力77万t/a、选矿能力70万t/a、冶炼能力4000 t/a的采、选、冶综合性大型企业，2012年产钨精矿5498 t；福建行洛坑钨矿生产能力4500 t/a的选矿厂也于2007年8月竣工投产；河南洛阳栾川钼矿含钨的综合回收问题，2000年与俄罗斯国家技术中心有色金属研究院合作也取得实质性进展，采用全浮选工艺，获得了满意的技术指标和合理的工艺流程，工业试验的指标为：白钨精矿品位53.56%（WO_3），回收率为71.82%，目前已形成的原矿采选能力为15600 t/a，2010年生产白钨精矿8354 t；原矿处理量为2000 t/a的广西珊瑚钨矿选矿厂也正式投产；一批地方小型钨矿还进行了采选机械化的技术改造，仅江西赣南就建设了日处理能力为50～125 t的机械化采选厂（坑口）20多个，提高了采选能力和选矿回收率；1985年全国地方小型钨矿的钨精矿产量已达16100 t，占全国钨精矿总产量的33%；还涌现出像江西崇义县章源钨制品有限公司那样的上市民营钨企业，该公司集钨矿采矿、选矿、冶炼、钨制品加工为一体，2000年的工业总产值达10700万元，销售收入达10200万元。

3 中国钨矿山的现状

3.1 钨矿山规模

新中国成立到 1985 年，是我国钨矿山建设最集中、数量最多的时期。在此期间共建设了县属以上的单一钨矿 104 座、精选厂 2 个，其中国营统配钨矿 37 座，日处理合格矿石 125 t 以上的机械化选矿厂 55 个。截至 1985 年，除大王山、南鹏、小靖山、横坑、洋塘和八宝山 6 座钨矿山开采殆尽已闭坑、12 个选矿厂已关闭外，实际在生产的县属以上钨矿 98 座、精选厂 2 个，分布于江西、湖南、广东、广西、福建、浙江、内蒙古、云南等地。其中正在生产的国营统配钨矿山 31 座，机选厂 43 个，县属以上的国营小钨矿山 67 座。在统配钨矿中日处理原矿 1000 t 以上的大、中型的钨矿有：大吉山、西华山、盘古山、浒坑、画眉坳、铁山垅、下垅、岿美山、漂塘、石人嶂、瑶岗仙、湘东、汝城、珊瑚等 14 座；日处理原矿 1000 t 以下的小型钨矿有荡坪、小龙、瑶岭、棉土窝、红岭、龙胫、大笋、瑞坑、汶水、南山、多罗山、鸡笼山、莲花山、锯板坑、湘西、川口、香花铺等 17 座；在矿区集中的江西赣州地区和广东韶关地区各建了一座精选厂，年产钨精矿为 6000 t 和 5400 t。全国国营统配钨矿的简况见表 3－1。1979 年至 1998 年，我国柿竹园多金属矿建成了 4 座选矿厂，2012 年实际采掘能力达 350 万 t/a，实际选矿能力达 157 万 t/a，钨精矿 5498 t/a，总产值 21.975 亿元/年，利润 2.1 亿元/年，税费 1.9 亿元/年，有员工 2506 人，是目前为止我国最大的钨矿山综合企业。图 3－1 是我国大型现代化黑钨选矿厂(江西大余县西华山选厂)外景。

图 3－1　我国现代化黑钨选矿厂(江西大余县西华山选厂)的外景

表 3 - 1　建设发展盛期(1985 年)国营统配钨矿山、精选厂概况一览表

矿山名称	矿山地址	建矿时间	矿床类型	采选综合生产能力/(万t·a⁻¹)		选矿厂个数/(个)	保有储量/(tWO₃)	原矿处理量/(万t·a⁻¹)	主要产品品及其数量/t	原矿品位(WO₃)/%	精矿品位(WO₃)/%	贫化率/%	采矿损失率/%	采矿掌子面工效/(t·工班⁻¹)	掘进掌子面工效/(m·工班⁻¹)	选矿回收率/%	累计基建投资/万元	累计上缴利润/万元	年末职工人数/人
1	2	3	4	设计或核定　5	实际　6	7	8	9	10	11	12	13	14	15	16	17	18	19	20
大吉山钨矿	江西全南县	1918 年发现后开始民采,1959 年新建扩建工程投产	变质砂岩,页岩石英脉黑钨矿	81.2 (2460 t/d)	86 (2540 t/d)	1	82431	85.42	钨精矿 3040 铋金属量 22 钼精矿 22	0.281	70.3	82.2	9.2	17.5 (包括大采)	0.35	85.2	7659	17572	5069
西华山钨矿	江西大余县	1908 年发现后开始民采,1960 年新建扩建工程投产	花岗岩,长石石英脉黑钨矿	76.5 (2320 t/d)	86 (3000 t/d)	1	39352	72.01	钨精矿 2191 钼精矿 36.2 铋金属量 9 锡金属量 7.3 铜金属量 5.8	0.235	66.1	76.9	7	12.3	0.53	83.5	5661	9672	4657
盘古山钨矿	江西于都县	1818 年发现后民采,1951 年建矿	矽化板岩,变质砂岩石英脉黑钨矿	核定 (1450 t/d)	(1750 t/d)	1	43500	50.46	钨精矿 2439 铋金属量 112.7	0.356	70.0	58.7	1.4	13.1	0.59	87.1	2654	11494	4315
浒坑钨矿	江西安福县	1924 年发现武功山矿区,开始民采,1950 年发现浒坑矿区,1954 年建矿	花岗岩石英脉黑钨矿(钨锰矿)	47.9 (1356 t/d)	(1064 t/d)	2	28400	32.09	钨精矿 1384 硫精矿 1060 锌精矿 31.6 铋金属 3.4 铜金属 1.4	0.383	66.07	41	7.9	8.6	0.32	87.2	1901	4932	3298
画眉坳钨矿	江西兴国县	1941 年发现后开始民采,1954 年建矿	变质岩,砂岩石英脉黑钨矿	52	33.2	2	26138	29.83	钨精矿 1384 铜金属量 41.7 铋金属量 16.4 锌精矿 15.4 铼精矿 13.5 钼精矿 2.6 硫精矿 2897	0.234	66.4	63.9	12.5	6.2	0.31	85.0	1605	3143	3596

续表 3-1

矿山名称	矿山地址	建矿时间	矿床类型	采选综合生产能力/(万t·a⁻¹) 设计或核定	实际	选矿厂个数/(个)	保有储量/(WO₃)/t	原矿处理量/(万t·a⁻¹)	主要产品及其数量/t	各项主要生产技术指标 原矿品位(WO₃)/%	精矿品位(WO₃)/%	采矿贫化率/%	采矿损失率/%	采矿掌子面工效/(t·工班⁻¹)	掘进掌子面工效/(m·工班⁻¹)	选矿回收率/%	累计基建投资/万元	累计上缴利润/万元	年末职工人数/人
1	2	3	4	5	6	7	8	9	10	11	12	13	14	15	16	17	18	19	20
铁山垄钨矿	江西于都县	1921年发现后民采,1954年建矿	变质砂岩,千枚岩石英大脉和石英细脉黑钨矿	36.25	46.64	2	87540	57.18	钨精矿 1577 锡金属量 10.2 铜金属量 87.2	0.233	70.8	65.1	10.1	17(包括大采)	0.37	83.5	1806	1994	2957
下垄钨矿	江西大余县	1918年发现后民采,1953年建矿	变质岩石英黑钨矿和花岗岩石英脉黑钨矿	46.7	26.75	3	60500	37.94	钨精矿 1360 钼精矿 12.4 铋金属量 14.2	0.243	68.2	73	8.8	11.1	0.40	87.1	1255	3778	2609
漂塘钨矿	江西大余县	1918年发现后民采,1954年建矿	变质砂岩石英黑钨矿	19	30.4	2	103000	30.36	钨精矿 86 钨中矿 110	0.27	70.7	43.6	15	11.6	0.30	82.7	2379	1088	2887
岩美山钨矿	江西定南	1918年发现1960年新建厂投产	变质岩石黑钨脉钨矿	设计61 核定19.9	18	1	16588	17.99	钨精矿 812	0.226	65.8	64.5	9.9	25	0.28	63.9	5033	-392	1911
荡坪钨矿	江西大余县	1918年发现后民采,1954年建矿	变质岩和花岗岩石英脉黑钨矿,砂卡白岩钨矿	33.9	24.8	3	38311	18.7	钨精矿 685 铅精矿 1550 锌精矿 936.3 铜金属量 77.2	0.39	73.6	81.2	4.2	8.3	0.39	82.8	1714	5834	3067
小龙钨矿	江西太和县	1924年发现,1954年建矿	变质岩石英脉黑钨矿	18.4	16.9	1		16.88	钨精矿 954 铜金属量 25.8 钼精矿 2	0.326	68.9	72.7	7.3	7.1	0.31	85	1013	2131	1820

续表 3-1

矿山名称	矿山地址	建矿时间	矿床类型	采选综合生产能力/(万t·a⁻¹) 设计或核定	采选综合生产能力/(万t·a⁻¹) 实际	选矿厂个数/(个)	保有储量/(tWO₃)	原矿处理量/(万t·a⁻¹)	主要产品及其数量/t	原矿品位(WO₃)/%	精矿品位(WO₃)/%	采矿贫化率/%	采矿损失率/%	采矿掌子面工效/(t·工班⁻¹)	掘进掌子面工效/(m·工班⁻¹)	选矿回收率/%	累计基建投资/万元	累计上缴利润/万元	年末职工人数/人
1	2	3	4	5	6	7	8	9	10	11	12	13	14	15	16	17	18	19	20
瑶岗仙钨矿	湖南宜章县	1914年发现后民采，1953年建矿	硅化石英砂岩-花岗岩石英脉黑钨矿，砂卡岩白钨矿	36 1300 t/d	34	1	黑钨21417 白钨20446	29.02	钨精矿 1510	0.35	67.7	74.4	15.8	10.4	0.43	84.2	1651	2053	3320
汝城钨矿	湖南汝城县	1916年发现后民采，1951年建矿	变质砂岩-板岩，花岗岩石英脉黑钨矿，石英-方角羊石白钨矿	24	31.4	2		31.4	钨精矿 1377	0.26	69.8	76.8	8.5	9.9	0.43	83.0	910	1703	2424
川口钨矿	湖南衡南县	1947年发现后民采，1958年建矿	花岗岩石英脉黑钨矿	19	20.4	2	9118	17.1	钨精矿 542 钼精矿 12.2 铜金属量 13	0.29	69.3	45.9	8.3	6.8	0.32	83.8	1148	746	1404
湘东钨矿	湖南茶陵县	1919年发现后民采，1953年建矿	花岗岩石英脉黑钨矿	33 (1000吨/日)	10.2	1		10.18	钨精矿 707 铜金属量 260 锡金属量 43	0.86	68	70.3	7.1	5.7	0.34	73.4	2382	9488	2166
香花岭锡矿香花铺花矿坑口	湖南临武县	1958年建矿	低温热液充填交代矽卡岩-白钨矿，铅锌矿		2.3	1	9560	2.31	钨精矿 214 （白钨）			9.46		17.5	0.41	73.4		699	284
湘西金矿	湖南桃源县	1875年发现矿，1943年民采白钨，1953年建矿	层状石英脉锑-自然金-白钨矿	15	29.5	4	10771	21.96	钨精矿 1100 锑金99.1公斤 自然金19290两 精锑 2125	0.31	70.5	35	1.98	4.01	0.35	83.19	2559	18947	3865

续表 3-1

矿山名称	矿山地址	建矿时间	矿床类型	采选综合生产能力/(万 t·a⁻¹)		选矿厂个数/(个)	保有储量/(tWO₃)	原矿处量/(万 t·a⁻¹)	主要产品及其数量/t	原矿品位/(WO₃)/%	精矿品位/%(WO₃)	采矿贫化率/%	采矿损失率/%	采矿掌子面工效/(t·工班⁻¹)	掘进掌子面工效/(m·工班⁻¹)	选子回收率/%	累计基建投资/万元	累计上缴利润/万元	年末职工人数/人
1	2	3	4	设计或核定 5	实际 6	7	8	9	10	11	12	13	14	15	16	17	18	19	20
石人嶂钨矿	广东始兴县	1918 年发现后民采，1953 年建矿	变质砂岩石英脉黑钨矿	19.14	60.07	3	22440	56.21	钨中矿 4357	0.21	25	69.6	9.1	12.3	0.46	90.6（中矿）	1215	3256	2833
瑶岭钨矿	广东曲江县	1919 年发现后民采，1954 年建矿	板岩、石英斑岩、变质岩石英脉黑钨矿	24.5	20.05	1	18958	14.76	钨中矿 1174	0.22	25	77.7	8.3	6.9	0.32	至中矿 89.6	619	-923	1536
棉土窝钨矿	广东南雄县	1959 年建矿	花岗闪长岩石英脉钨矿	7.5	8.0	1	5663	8.02	钨中矿 669 / 钼精矿 7 / 铋金属量 6	0.21	25	66.8	2.4	9.9	0.32	至中矿 90.6	48	228	586
红岭钨矿	广东翁源县	1914 年发现后民采，1959 年建矿	中细粒花岗岩石英脉黑钨矿	30.6	14.4	1	25300	12.64	钨中矿 1183	0.24	25	86.3	13	7.7	0.3	至中矿 89.2	529	-76	1356
龙眠钨矿	广东乐昌县	1954 年建矿	变质岩石英脉黑钨矿	7.5	7.5	1	3749	7.55	钨中矿 582	0.22	25	80.7	10.5	8.8	0.35	至中矿 90.6		-344	481
锯板坑钨矿	广东连平县	1981 年建矿	石英脉黑钨矿	4	4.1	1	151200	4.13	钨精矿 108 / 锡金属量 28	0.23	68.4	69.8	8.4	6.7	0.33	68			
珀坑钨矿	广东五华县	1954 年建矿	变质砂岩石英脉黑钨矿	14.8	13.8	1	1479	11.8	钨精矿 214 / 钼精矿 18.4 / 铋金属量 13.3 / 锡金属量 1.7	0.14	67.3	70.1	8.4	7.1	0.22	82.0	1051	214	902
汶水钨矿	广东五华县	1916 年发现后民采，1958 年建矿	硅质砂岩石英脉钨-辉钼矿	5	7.53	1		4.64	钨精矿 126 / 钼精矿 11 / 铋金属量 2.6	0.085	66.78	86.18	12.56	5.99	0.36	77.78	237	-180	625

续表 3-1

矿山名称	矿山地址	建矿时间	矿床类型	采选综合生产能力/(万t·a⁻¹) 设计或核定	采选综合生产能力/(万t·a⁻¹) 实际	选矿厂个数/(个)	保有储量/(tWO₃)	原矿处理量/(万t·a⁻¹)	主要产品及其数量量/t	原矿品位(WO₃)/%	精矿品位(WO₃)/%	采矿贫化率/%	采矿损失率/%	采矿掌子面工效/(t·工班⁻¹)	掘进掌子面工效/(m·工班⁻¹)	选矿回收率/%	累计基建投资/万元	累计上缴利润/万元	年末职工人数/人
1	2	3	4	5	6	7	8	9	10	11	12	13	14	15	16	17	18	19	20
多罗山钨矿	广东怀集县	1958年建矿	变质砂岩石英脉黑钨矿	7.65	6.5	1	1940	6.54	钨精矿 240 / 铋金属量 14 / 钼精矿 12	0.21	67.1	70.4	10.1	3.7	0.16	88.8	305	562.4	791
南山钨矿	广东阳春县	1958年发现民采,1972年建矿	云英岩、角砾岩、石英脉黑钨矿	13.9	12.9	1	8990	12.89	钨精矿 332 / 铋金属量 8 / 钼精矿 4	0.197	73.3	68.8	16.1	6.0	0.26	84.9	1939	428	878
鸡笼山钨矿	广东紫金县	1959年建矿	斑点板岩石英脉黑钨矿	8.1	6.1	1	1550	3.12	钨精矿 105	0.31	66	82.3	7.0	5.5	0.3	65.1	148	-462	324
莲花山钨矿	广东澄海县	1956年发现民采,1957年建矿	斑岩型网脉状黑钨-白钨矿	15 (500吨/日)	14.8	1	19120	14.82	钨精矿 721	0.66	69.4		5.0	37.3	0.29	48.1	727	1091.8	902
珊瑚钨矿	广西钟山县		气化高温石英脉钨-锡石矿	36	30	1	32900	29.99	钨精矿 1240 / 锡金属量 207	0.242	73.9	73.5				65.01			2981
赣州精选厂	江西赣州市	1958年建厂		钨精矿 6000 t/a	钨精矿 3697 t/a	1			钨精矿 3698 / 精锡 358 / 精铋 283 / 铜金属量 133	钨中矿 41.97	69.71					96.22	714	7520	1201
韶关精选厂	广东韶关市	1960年建厂		钨精矿 5400 t/a	钨精矿 3697 t/a	1			钨精矿 2875	钨中矿 25.5	66.4					91.6	739	2852.8	472

截至 1981 年，全国县属以上地方国营小钨矿共计 67 个，表 3 - 2 是地方小钨矿的基本情况。

表 3 - 2　全国县属以上地方小钨矿基本情况(截至 1981 年)

省、区别	县属以上钨矿个数/个	年产钨精矿量(65% WO$_3$)/t	累计投资/万元	年末固定资产原值/万元	年产值/万元	累计上缴利润/万元	累计缴纳税金/万元	年末固定职工人数/人
江西	35	8784	2320.6	2257	7664	12332	1611.3	7448
湖南	12	957	921	946	741	539.1	406.3	2853
广西	5	295	110	188	294	687	60	326
福建	8	543	414	174	229	95	29.7	733
内蒙古	3	190	409	269.8	59	117.5	53.3	309
浙江	1	111	442.8	366.4	97.8	29.4	15.7	285
云南	3	96.5	89	188	89	231	47	314
小计	67	10976.5	4706.4	4389.2	9173.8	13796	2223.3	12468

据统计，1985 年全国统配钨矿实际采选矿石综合生产能力为 719 万 t；全国钨精矿实际生产能力为 48781 t，其中统配钨矿为 32681 t，占 67%；地方小钨矿为 16100 t，占 33%。1977 年至 1985 年平均年产钨精矿 41230 t，其中统配钨矿的占比为 70.2%。据中国有色金属工业年鉴[2]统计：2001 年全国钨矿山采矿生产能力达 878.56 万 t/a，选矿生产能力达 865.03 万 t/a，钨精矿产量达 53303 t/a；到 2012 年全国钨矿采选原矿量提高到 1321.2377 万 t/a，比 2001 年的能力提高了 52.7%；2012 年产钨精矿(含其他金属矿伴生钨的产量)达 120283 t，相当于 1985 年的 2.46 倍；2003 年至 2012 年这 10 年平均年产钨精矿 98603 t。

全国国营统配钨矿山采矿 - 选矿的主要作业都实现了机械化，不少钨矿山形成了采掘 - 装岩 - 运输机械化作业线，大吉山、西华山这样的大型钨矿已具有世界较先进的装备水平。一些地方小钨矿采矿、选矿也已实现了半机械化或机械化。到 1983 年底，全国统配钨矿共有矿山设备 3.8 万 t。据江西 11 个钨矿山统计，每处理 1 万 t 矿石拥有设备 49 t，其中采运设备 20.8 t、选矿设备 14.5 t、机修动力设备 11.1 t、其他设备 2.7 t。

3.2　采矿和选矿工艺

3.2.1　矿山开拓和采矿

(1)矿山开拓

我国目前主要开采石英大脉型黑钨矿，多数为急倾斜的薄矿脉。倾角一般为 70°~90°；厚度一般为 0.1~0.5 m，少数达 1.5 m 左右；围岩较坚硬，$f=8~12$；矿床大部分都位于当地浸蚀基准面以上。据此，大中型钨矿多采用平硐 - 溜矿井 - 竖井方式开拓，主平硐以上一般设有副井提升；一般矿山则采用平硐 - 溜矿井方式开拓；主平硐以下多采用盲竖井作为主井提升。开拓中段高度一般为50 m左右。据大吉山等18个钨矿统计,中段高度为40 m的占3%、50 m的占77%、大于60 m的占20%。目前,开拓中段高度大于50 m的矿山多半都开拓副中段,以降低采场高度。各中段的运输平巷和溜矿井多布置在中段的主矿脉内。近年来,一些大中型钨矿为改善运输和通风条件,中段的运输平巷和溜矿井改为脉外布置。湘西金矿的层状金-锑-白钨矿床采用斜井-竖井-溜矿井联合开拓方式,中段垂直高度为25 m。平桂矿务局的珊瑚钨矿则采用竖井开拓方式。

(2)井巷掘进

井巷掘进是钨矿生产的重要环节,其工程量占采掘总量的25%~30%。据统计,1949年至1983年全国统配钨矿平均万吨采掘比为396.2,2012年为269.0,1958年至1983年平均年掘进量为17万m,2012年为41万m。井巷掘进以普通掘进法为主,据1982年统计,机械化作业线的掘进量只占15%。

平巷掘进中有80%以上工程量采用气腿式凿岩机配华—Ⅰ型或H600型装岩机装岩,以人工调车方式完成,一般月进尺50 m以下,工效为0.3~0.4 m。全国统配钨矿中有16个矿山形成了30条平巷掘进机械化作业线,一般多采用凿岩台车、华—Ⅰ型或H600型装岩机与斗式列车配套或凿岩台车、铲插装载机和绞车配套。湖南各钨矿平巷机械化作业线已达50%,延米工效平均达0.47 m/工班;湘东钨矿4条平巷作业线,平均月进尺128 m,工效突破0.6 m;瑶岗仙钨矿3条作业线,工效为0.5 m;西华山、大吉山、汝城、石人嶂也是机械化作业线推广使用较好的单位;西华山钨矿平均工效达0.51 m,居全国钨矿之首。全国钨矿井巷掘进机械化作业情况详见表3-3。由于种种原因,这些作业线有的没有坚持使用。

表3-3 全国钨矿井巷掘进机械化作业情况

矿山名称	作业线条数	作业线累计进尺/m	平均月进尺/m	工效/(m·工班⁻¹)	配套设备	备注
湘东	4	4380	128	0.601	PYT-液压台车,YG-40凿岩机,装岩机配斗车或梭车出矿斗车线	另有天井作业线2条
瑶岗仙汝城	3	3090	107	50	同上	另有吊罐天井作业线2条
石人嶂	2	2400	100	0.55	同上	同上
大吉山	4	4000	100	0.5	PYT-2和CGJ-2台车,东风5型凿岩机、配装岩机、1 m³矿车、电机车出矿斗车线	同上
西华山	3	3600	120	0.50~0.6	同上	同上
				0.6	同上	
盘古山	2	2400	120	0.45	同上	
浒坑	2	1800		0.4	同上	
铁山垅	2	1600		0.5	同上	

续表 3 – 3

矿山名称	作业线条数	作业线累计进尺/m	平均月进尺/m	工效/(m·工班$^{-1}$)	配套设备	备注
漂塘	1	830		0.45	同上	
下垅	1	700		0.45	同上	另有天井作业线 2 条
荡坪	1	700		0.45	同上	
画眉坳	1	700		0.45	同上	
香花岭	1	700		0.45	同上	
湘西	1	700		0.45		
川口	1	700		0.45		另有天井作业线 1 条

在井巷掘进中天井掘进占总掘进工程量的 20%。掘进方法仍然以支柱法为主，占 75% 以上，劳动强度大、生产效率低，一般月进尺不到 20 m；吊罐掘进法约占 15%，存在跟脉及安全问题，目前，湖南和广东的少数矿山使用该法；深孔爆破法和钻进法不到 10%。深孔爆破法使用深孔钻机按天井断面尺寸，沿天井全高一次钻完全部平行炮眼，分段或一次爆破成井，工人不进入天井，作业条件好，在瑶岗仙、石人嶂等钨矿中已有应用；钻进法是用 TYZ – 500 型等类牙轮钻机直接掘进成井，目前，这种天井断面小，只能作通风天井之用。大吉山钨矿还使用爬罐法掘进天井。

（3）采矿方法

根据石英脉黑钨矿床的赋存特点，我国钨矿地下开采方法以留矿法为主，其采出的矿量占总矿量的 85%；其次为深孔阶段矿房法，它主要适合于脉群的合采，占总采矿量的 9.1%；对于局部缓倾斜矿脉则用全面法和削壁充填法，分别占总采矿量的 1.1% 和 3.5%；个别矿山在地压活动区和近距离平行脉的分采中，还使用了水平分层充填法，密集矿带也用过分段垂直扇形中深孔分段崩落法。

①浅孔留矿法。

这种采矿法适合于回采岩石稳固的急倾斜单矿脉以及厚度为 3 ~ 5 m 的脉带矿体。留矿法的显著特点是：浅孔分层崩矿，适于矿体边界变化的矿体的开采；工艺结构简单，易于掌握；采矿储矿易于调节出矿品位；通风条件良好。留矿法的最大缺点是积压大量矿石，采矿强度低，难于全面实行机械化，采矿效率低，矿石贫化率高。目前，较普遍采用顺路天井溜矿法。

西华山钨矿全部应用浅孔留矿法开采，年产矿石量达 80 万 t 左右。此外，各钨矿山还应用了一些变形的留矿法，例如：留矿全面法（即留矿法采矿，全面法出矿），它适于回采倾角 40° ~ 60°的矿脉；水力出矿的分段留矿法（即留矿法采矿，水力法出矿），它适于 40° ~ 50°倾角的薄矿脉；斜电耙道留矿法（即用靠近上盘沿脉开掘向上倾斜的电耙道放矿，上盘安装简易漏斗，用留矿法回采），它适于因地质条件变化所形成的倒三角形矿块；电耙留矿法（即留矿法回采，电耙溜矿井出矿）。此外，还应用了不规则矿柱留矿法、矿块砌壁留矿法、砼隔墙留矿法和副中段留矿法等。采用的主要凿岩设备为 01—45 型、YSP—45 型、YT—25 型及 YT—30 型等凿岩机。

②深孔阶段矿房法。

这种采矿法适于矿脉倾角大于60°，上下盘围岩稳固或中等稳固、矿脉密集、在主脉间夹有许多细脉的脉群区的采矿。目前在大吉山、铁山垅、下垅、荡坪和莲花山等钨矿中有所应用。矿块分为矿房和矿柱两步回采，采用水平深孔落矿，一次钻完炮孔，分次进行爆破，有的矿山也采用垂直扇形中深孔分段落矿。通常采用的凿岩设备主要为БА—100 型和 YGZ—90 浅孔机。部分矿山采用深孔阶段矿房法，其主要技术经济指标见表 3－4。

表 3－4 深孔阶段矿房法采区的构成要素及主要技术经济指标

	采区构成要素/m					主要技术经济指标							
	阶段高	矿房长	间柱宽	底柱高	顶柱厚	采准比/(m·万 t^{-1})	采场生产能力/(t·d^{-1})	损失率/%	贫化率/%	大块率/%	工效/(t·工班$^{-1}$)	每米孔蹦矿量/t	穿孔能力/(m·台班$^{-1}$)
大吉山	50~58		10~14	6~9	6~8		300	10		15	60	13~15	10~12
铁山垅	46	50	9~10	10	7	90	200	15	13.3	30	26	10	6~8
下垅	50	48	12	6~7	6		25	30		20	50	13~15	8~10

注：表中空白项为历史数据缺失，后面的表格如有空白项，原因同此。

（4）井下运输设备

在生产中段应用的运输设备主要是 ZK3—600/250 V 架线式电机车或 ZK2.5—600/48 V 蓄电式电机车牵引 0.65 m^3 和 0.75 m^3 V 型矿车；在转运平巷和主要运输平巷多采用 ZK7—600/250V 或 10KP—600/250 V 型架线式电机车牵引 1 m^3 或 2 m^3 矿车。

（5）主要技术经济指标

全国钨矿采掘主要技术经济指标见表 3－5。

表 3－5 全国钨矿采掘主要技术经济指标

年份	采掘比/(m·万 t^{-1})	采矿掌子面工效/(t·工班$^{-1}$)	掘进掌子面工效/(m·工班$^{-1}$)	采矿贫化率/%	采矿损失率/%	采出矿综合能耗/(kg标煤·t^{-1})	采矿工人实物劳动生产率/(t·人$^{-1}$·a^{-1})
1958 年	309	10.4	0.37	68.8	8.95		422
2001 年	289.9	11.94	0.4	38.99	11.81	7.42	756
2010 年	173.55	21.22	0.45	30.47	9.3	2.94	538.37
2012 年	269	17.2	0.44	39.72	8.22	3.15	763.47

3.2.2 选矿

（1）黑钨矿的选矿

我国石英大脉型黑钨矿石的主要特点是：黑钨矿呈粗、中粒嵌布，一般破碎至 8～10 mm 便开始单体解离，磨碎至 1.5～2 mm 就基本解离；脉石与围岩颜色差别显著，易于肉眼识别；采矿贫化率高，入选原矿品位低；矿石中有多种有用金属矿物共生。据此，矿石处理以重选为核心预先富集、手选丢废；继后采用三级跳汰、多级台洗、阶段磨矿、摇床弃尾，细泥归队、集中处理，多种工艺精选、矿物综合回收的选矿流程。

①矿石破碎。

大型钨矿选矿厂和多数中型钨矿选矿厂都采用三段一闭路的碎矿流程。小型钨矿选矿厂和少数中型钨矿选矿厂采用两段一闭路的碎矿流程或两段开路的碎矿流程。粗碎设备多用旋回或颚式破碎机，中碎和细碎设备使用圆锥碎矿机或对辊破碎机。破碎最终产品粒度一般为 8～12 mm，也有个别中小钨矿选矿厂最终产品粒度为 14～16 mm。

②预先富集。

一般在入选原矿中混入的围岩量都多达 80%，因而，几乎所有黑钨矿选矿厂都设置了预先富集丢废工艺，丢弃大部分废石，以提高入选品位、扩大选矿处理能力、提高回收率和降低选矿成本。目前，预先富集的主要手段几乎全部采用人工手选，这是由于手选工艺简单、成本低、作业回收率高。

出窿原矿一般经粗碎后，手选前洗矿分级，筛分为 +60（50）mm，60～35（25）mm 和 −35 mm 三个级别，前两级采用选出块钨、钨连生体和脉石的反手选法，后一级采用选出废石的正手选法。多数小型钨矿选厂在手选前用扒栏法丢掉大于 100～120 mm 的大块废石。

手选丢废的工效低（一般为 6 t/工班）、劳动强度大、入选粒度有限，手选小于 35 mm 粒级的工效显著降低，因而限制了废石选出率的进一步提高。20 世纪 60 年代末和 70 年代初，在画眉坳、漂塘、瑶岭、下垄、荡坪、大吉山、瑶岗仙等钨矿的预先富集中应用了光电选矿机取代 16～35 mm 的人工手选；在红岭、洋塘、湘东等钨矿应用了重介质选矿工艺，预选 3～30 mm 的矿石，都获得了较好的技术经济指标。由于设备及零（备）件供应困难、设备分选精度差、处理能力小以及矿山资金短缺、劳动力过剩等原因，实际采用光电选矿和重介质选矿取代手选工艺的比例不到 10%。

预先富集作业的废石选出率，一般中小型选矿厂高于大型选矿厂，变质岩类脉钨矿高于花岗岩类脉钨矿。全国钨矿平均废石选出率为 50%，最高达 72%，最低约为 35%。预先富集的作业回收率一般为 96.5%～97.5%，最高达 98.2%，最低为 91.2%。

③重选与磨矿。

我国黑钨矿重选都采用类似图 2-9 所示流程，跳汰作业是主干，重选入选矿石都要先经过跳汰选别。全部合格矿一般分为粗粒（4.5～10 mm）、中粒（2～4.5 mm）、细粒（−2 mm）三个级别，进入跳汰作业粗选；粗、中粒跳汰尾矿入棒磨作业，细粒跳汰尾矿经摇床选别，丢弃品位低于 0.04% WO$_3$、产率占合格矿约 98% 的最终尾矿。粗、中粒跳汰回收率可达 65%～75%，细粒跳汰作业回收率为 35%～45%，摇床的作业回收率一般为 70%～80%。磨矿作业都采用棒磨机完成，黑钨矿呈粗、中粒非均匀嵌布类型的矿山，大多数采用一段或两段磨矿流程，少数采用中矿再磨的一段半磨矿流程；三段磨矿流程仅用于粗细非均匀嵌布的浒坑钨矿。

重选段获得毛精矿品位为30% ~35% WO$_3$时，回收率为88% ~92%，最高达96%，最低为74%。

重选段采用的主要设备是1000 mm×1000 mm下动圆锥隔膜跳汰机、450 mm×300 mm旁动隔膜跳汰机、6—S型摇床(即威氏摇床)、CC—2型摇床(即普氏摇床)；细泥选别设备主要应用了刻槽床面摇床和弹簧摇床、ϕ800 mm×600 mm离心选矿机、皮带溜槽和振摆溜槽；磨矿设备主要采用ϕ900 mm×1800 mm棒磨机、ϕ900 mm×2400 mm棒磨机、ϕ1500 mm×3000 mm棒磨机。

④细泥处理。

黑钨选矿中通常把小于0.074 mm的矿石称为钨细泥。钨细泥较难分选，既难选出高中级精矿，回收率也低。目前，细泥处理工艺大致可分为三大类：第一类是单一重选工艺，为大多数钨选厂所采用，主要分选手段是刻槽摇床和弹簧摇床，对于小于0.037 mm的粒级还应用了离心选矿机、皮带溜槽、振摆溜槽及铺布溜槽等设备，回收率一般为45% ~50%。第二类是重选－浮选联合工艺，细泥原矿不分级用离心选矿机粗选，粗精矿再用浮选精选，得到细泥精矿品位WO$_3$为49% ~50%，回收率高于61%。第三类是重选－磁选－浮选联合工艺，适合不含或含极少量白钨矿的矿石类型，目前只在浒坑钨选厂应用，粒度较粗的次生细泥沉砂用摇床分选，原生细泥和次生细泥溢流浓缩后，先用SQC—4—1800型湿式强磁机磁选，磁选粗精矿再用浮选精选，获得精矿品位35.43% WO$_3$时，回收率达68.58%。对于低品位的难选钨细泥，湘东钨矿和韶关精选厂等单位应用了选－冶联合流程进行处理。用烧碱常压浸出法处理含WO$_3$20%左右、含Sn、As、S均大于2%的钨细泥原料，最终制得合成白钨、仲钨酸铵、三氧化钨等钨的中间制品。该工艺的应用提高了选矿厂的回收率和经济效益。

⑤精选和综合回收。

除少数统配钨矿和地方小钨矿外，钨选厂都设有精选工序进行精选和综合回收。

重选毛精矿的精选大多都采用重选、磁选、浮选的综合工艺，少数还应用了电选和焙烧工艺。重选主要是进一步脱除脉石矿物，以提高精矿品位。大于2 mm的粗粒级毛精矿多用跳汰精选；2~0.073 mm粒级用摇床富集。黑钨与锡石、白钨、硫化矿等非磁性矿物的分离主要采用干式磁性工艺，所采用的设备主要为ϕ900 mm单盘、ϕ576 mmMCⅡ－3型三盘和MCⅡ－2型双盘磁选机，对小于0.3 mm的毛精矿，大吉山、西华山等钨选厂还应用了湿式强磁选机。磁选作业的产品大多为品位高于68% WO$_3$、杂质含量符合特级品要求的黑钨精矿。磁选作业黑钨矿的回收率一般大于97%。对于含锡较高的细泥杂砂，一些钨选矿厂采用氯化焙烧方法处理，除锡率可达80%以上。白钨与锡石的分离主要采用电选、台浮和浮选工艺。毛精矿的脱硫，小于0.3 mm粒级的采用泡沫浮选法，大于0.3 mm粒级的则采用台浮工艺，该工艺兼具重选和粒浮作用，方法简易，效率高，脱硫率一般可达98%左右。磷等有害元素的剔除多采用电选、浮选、酸浸等工艺。精选段钨的作业回收率一般为95% ~97%。

由于与钨矿物共生的其他有用金属矿物在原矿中的含量都很低，在重选阶段，有许多与钨矿物一同富集于毛精矿中，因此，黑钨选矿厂的综合回收，除漂塘钨矿大龙山选矿厂对重选尾矿进行再磨浮选回收辉钼矿外，一般都从毛精矿的精选开始。精选中脱出的硫化矿经磨矿后，用浮选法回收钼、铋、铜、锌、硫等的有用矿物；磁选尾矿经磨矿后，用浮选、磁选、重选工艺获得白钨精矿和锡精矿。

（2）白钨矿的选矿

我国在 2000 年以前，开采的白钨矿床较少，在统配钨矿中只有 6 座白钨矿选矿厂。所处理的矿石量和精矿产量约占全国钨精矿的 5%，白钨矿的选矿主要采用浮选或者重选—浮选联合工艺。

荡坪钨矿宝山矿区属于矽卡岩铅、锌、铜、白钨矿床，白钨矿呈浸染状嵌布，粒度细，一般为 0.1 ~ 0.2 mm。选矿采用部分混合优先浮选流程。矿石磨矿后，先混合浮出铜铅混合精矿，再分离得到铜精矿和铅精矿；然后混合浮出锌硫混合精矿，再分离获锌精矿、硫精矿；最后调浆，以 731 氧化石蜡皂为捕收剂，用常温浮选法得到直接炼钢用的特级白钨精矿和一级白钨精矿。钨的回收率为 79% ~ 80%。

湘西金矿主要是石英脉辉锑－自然金－白钨矿床，白钨矿呈粗细非均匀嵌布，采用阶段磨矿、阶段分选的重选－浮选联合选矿工艺。合格矿经第一段磨矿后用摇床分选得到金精矿和金、锑、白钨混合精矿，摇床尾矿经第二段磨矿后，用油酸为捕收剂浮选得到细粒白钨精矿及锑金混合精矿；第一段磨矿流程所得金、锑、白钨混合精矿用浮选法先浮得锑金混合精矿，槽底物再用摇床分选得到白钨精矿。选得一级白钨精矿的回收率为 82% ~ 83%。

香花岭锡矿香花铺钨矿区是热液充填交代萤石型铅－锌－白钨矿床，采用重选－浮选联合工艺选矿，得到一级白钨精矿的回收率为 70% 左右。

（3）选矿过程的技术检测

各统配钨矿选矿厂均设有技术监督科（站），从事日常生产中的技术检测和金属平衡管理。在主要选矿作业中都设有取样控制点，大、中型钨选厂通常能做到班班取样计量，班班化验分析。小型钨选厂也能做到班班取样计量，一天或三天化验分析一次，以反映生产中主要选矿作业效率和产品的数量、质量变化情况。除大型钨选厂采用机械方法取样计量外，中、小型钨选厂则多以人工取样计量为主，少部分使用机械取样。样品都采用化验方法分析，效率较低。钨选矿金属平衡计算一般分为粗选（手选）、重选、精选三段进行。粗选除大吉山选矿厂以外，都采用倒推法计算原矿量和原矿品位，即原矿量及原矿品位由手选废石、合格矿、原生细泥三部分取样计量叠加计算得到。重选和精选采用顺算法计算。目前，在金属平衡计算中普遍存在实际回收率（即用矿石、精矿的重量及其化验品位进行计算）大于理论回收率（即只用产物的化验品位进行计算）的问题。地方小型钨矿的选矿过程均未开展技术检测和金属平衡工作。

（4）选矿主要技术经济指标

我国统配钨矿选矿主要技术经济指标中的选矿回收率，从 1953 年的 66.24% 逐年提高到 1983 年的 85.4%（历史最高值）。1970 年以后，各黑钨矿的采选进入鼎盛期，不但矿床开采区在主矿脉，矿石性质稳定，可选性好，而且选矿装备水平和技术水平逐渐提高，选矿回收率保持在较高的水平，1980 年至 1994 年的 15 年间基本稳定在 83% ~ 85% 的水平。此后，黑钨矿床开采渐渐消减，不少黑钨矿山进入开采后期，白钨矿床开始替补，贫、细、杂的钨矿石逐渐增加，对选矿回收率带来影响，全国钨选矿回收率有所下降。

全国钨选矿主要技术经济指标见表 3 - 6。黑钨矿山鼎盛期各统配钨矿选矿厂（亦简称选厂，后同）的主要技术经济指标见表 3 -7。

表 3-6　全国钨选矿主要技术经济指标

年份	原矿品位(WO₃)/%	尾矿品位(WO₃)/%	选矿回收率/%	选矿工人实物劳动生产率/(t⁻¹·人⁻¹·a⁻¹)
1983	0.253	0.039	85.4	647
2001	0.4	0.06	83.84	1032
2012	0.28	0.03	74.76	5802

表 3-7　黑钨矿山盛期(1983年)各统配钨矿选矿厂的主要技术经济指标

选矿厂名称	处理(生产)量/(t·a⁻¹) 原矿	合格矿	钨精矿	废石选出率/%	品位(WO₃)/% 原矿	精矿	尾矿	实际回收率/% 粗选	重选	精选	细泥	全厂综合
大吉山	731823	351093	2245	51.98	0.254	67.85	0.046	96.78	87.13	97.189	29.43	82.6
西华山	691441	410564	1894	36.85	0.215	66.74	0.038	97.24	89.10	99.63		83.17
盘古山	466835	313260	1757	47.14	0.303	69.1	0.0449	97.21	87.16	99.58		84.27
浒坑	272671	120586	1333	53.83	0.394	67.01	0.051	97.40	93.83	93.98	76.30	87.19
画眉坳	234835	109949	622	51.49	0.26	65.95	0.033	95.91	92.83	96.97	57.76	87.00
铁山垄杨坑山	456737	235382	1094	48.46	0.205	70.47	0.038	96.61	87.74	97.36	61.58	82.52
铁山垄隘上	9679	5536	38	42.80	0.287	64.35	0.035	97.94	91.23	98.43	55.91	81.95
峭美山	179564	115711	397	35.24	0.231	65.15	0.107	94.53	74.06	79.50		55.86
下垄樟斗	163323	50694	520	68.98	0.238	65.0	0.041	97.09	94.00		38.37	86.94
下垄大平	104137	28893	356	72.24	0.250	65.0	0.030	97.81	96.02	96.37	49.18	88.9
漂塘大龙山	132738	48559	618	63.42	0.350	65.0	0.045	97.66	92.28	96.01		87.16
荡坪半边山	92434	54309	395	41,25	0.338	65	0.059	95.74	89.43	95.48		81.75
荡坪樟东坑	61848	21474	200	65.28	0.247	65	0.062	96.82	90.88	95.26		83.82
荡坪宝山				—	0.379	69.21	0.084					79.1
小龙	159258	54874	554	65.53	0.265	67.11	0.037	97.95	90.62	95.69	64.91	88.01
瑶岗仙	340054	151206	1188	49.8	0.293	68.50	0.047	91.19	92.99	98.06	50.31	84.02
湘东	948181		642		0.421	74.14	0.101					86.02
汝城大卜	42923	33716		69.82	0.292	69.60	0.0481	95.08	93.50	92.03	76.28	83.59
汝城将军寨	155039	95432		36.04	0.235	69.64	0.0509	96.40	90.33	91.10	66.10	78.35

续表 3-7

选矿厂名称	处理(生产)量/(t·a⁻¹)			废石选出率/%	品位(WO₃)/%			实际回收率/%					
	原矿	合格矿	钨精矿		原矿	精矿	尾矿	粗选	重选	精选	细泥	全厂综合
川口矿川口	118531	66428	472	40.38	0.266	68.15	0.119	97.26	80.57	89.46	32.12	67.94
川口矿三角潭	85547	44058	70	44.72	0.297	70.38	0.088	96.51	91.72	90.83	57.02	80.40
湘西矿西安	30356	22172	537	26.7	1.247	69.73	0.108	99.08	重-浮 94.59	97.48		91.36
湘西矿沃西	189201		213	—	0.167	71.08	0.045	—	重-浮 74.98	93.66		71.72
香花岭香花铺			187	—	0.71	66.99						69.92
石人嶂石人嶂	274556		中矿 1669	40.42	0.168	27.22	0.0228	98.38	95.5		68.81	89.48
石人嶂梅子窝	235825		中矿 2119	61.2	0.262	26.55		97.72	95.20		72.00	91.10
石人嶂师姑山	64415		中矿 585	47.9	0.255	25.73	0.023	98.49	93.11			91.7
瑶岭	190067	84200	中矿 1384	61.27	0.208	25.14	0.026	97.15	90.66		48.33	87.4
棉土窝	60669	38300	中矿 562		0.263	25.68	0.025	97.81	95.48			90.50
红岭	126073	76500	中矿 562	59.45	0.231	25.27	0.025	96.26	92.91			89.1
龙胫	74452	38300	中矿 497	51.23	0.193	25.74	0.0279	95.94	93.18		52.22	85.53
汶水	72162	30600	55	65.5	0.064	68.18	0.014	97.00	89.23	91.49		79.4
瑶坑	142600	76500	249	49.56	0.113	65.90	0.017	95.83	92.53	96.26	72.39	85.35
洋塘	95903	76500	208	49.10	0.166	66.97	0.027	98.03	92.26	94.13		85.14
多罗山	50901	38300	229		0.361	68.6	0.041	96.21	96.30	95.81		87.76
八宝山	61851	38300	259	59.83	0.166	69.68	0.031	94.54	87.56	95.21	14.85	81.26
莲花山	10150		225		0.691	66.43	0.328		73.21	61.92		52.26
鸡笼山	138001		40		0.27	68.50	0.072					73.00
南山平桂矿	187300		220		0.171	72.73	0.026					83.67

续表 3 – 7

选矿厂名称	处理(生产)量/(t·a⁻¹)			废石选出率/%	品位(WO₃)/%			实际回收率/%				
	原矿	合格矿	钨精矿		原矿	精矿	尾矿	粗选	重选	精选	细泥	全厂综合
长营岭	273300		670		0.242	73.09						65.01
赣州精选厂		6079	3806		44.97	69.71	1.60			96.22		96.22
韶关精选厂			2576		25.5	66.35	1.08			94.36		94.36
柿竹园	463000		2037		0.45	64.69	0.15					63.24

注：柿竹园为 1999 年的指标。

4　钨矿山的技术进步

新中国成立以来，我国钨矿山建设迅速发展，生产规模不断扩大，生产技术不断进步，使我国成为了钨矿床储量世界第一、钨矿生产规模世界第一、钨精矿产量世界第一、钨精矿用量世界第一、钨产品出口世界第一的国家。1985 年的统计数据表明：全国统配钨矿累计上缴的利润和缴纳的税金是国家投资的 2 倍多。1990 年以前，我国还是钨精矿出口量世界第一的国家。2012 年全国钨矿系统的年采选矿石综合处理能力达 1321 万 t，相当于 1950 年全国钨矿处理矿石量 28 万 t 的 47 倍多。2012 年生产钨精矿量 120283 t，相当于 1950 年 10440 t 的 11.5 倍。

4.1　钨矿地质勘探成绩显著

新中国成立以来，我国进行了大规模的钨矿地质勘探，取得了显著成绩。新探明了像柿竹园、行洛坑、锯板坑、桐木岭等许多 WO_3 储量在 10 万 t 以上的大型钨矿床，还发现了江西武宁大湖塘、浮梁朱溪那样世界级的特大钨矿床，致使我国已开采了一百多年的钨矿床储量非但没减少，反而增加了很多。

此外，在老矿区还进行了深部和边沿探矿，许多钨矿都建立了生产勘探队伍，扩大了老矿床储量，使许多早该闭坑的钨矿仍在维持生产。例如：江西漂塘钨矿漂塘坑口通过深部探矿，新探明 WO_3 储量 9.2 万 t；川口钨矿杨林坳矿区新发现 WO_3 储量达 10 万 t；瑶岗仙钨矿 1955 年由地质勘探队提交的黑钨矿 WO_3 总储量为 7519 t，1955 年至 1980 年边采边探，获得 WO_3 储量 37294 t，除此期间生产消耗外，至 1980 年底该矿还保有 WO_3 储量 24508 t，可供开采 26 年以上；西华山钨矿原设计勘探储量可供生产 15 年，到 1975 年就应该采完，由于从 1957 年至 1983 年完成了地质探矿 36654 m，生产探矿 114998 m，新增加 WO_3 储量 39352 t，可继续生产 20 年，因而，该钨矿到 2014 年仍在生产，只是生产规模减小了许多；盘古山钨矿到 1976 年底就累计完成生产探矿 123612 m，累计新增加矿石量 197.4 万 t，WO_3 储量 27774 t，铋金属储量 5342 t，勘探效果为每米获得矿石量 151 t、$WO_3$0.224 t。

4.2　采矿技术水平不断提高

（1）采矿方法不断改进
钨矿采矿由建国初期的向下梯段法和向上横撑法的手工作业改进为普通留矿法的机械化

作业。根据矿床赋存特点，还改进了原来的标准留矿法，出现多种变形留矿法，并试验和应用了其他一些有效的采矿方法，例如大吉山、铁山垄、莲花山等钨矿在脉群合采中应用了阶段矿房法，在急倾斜薄矿脉单采中还试验应用了分层留矿法、削壁充填法、采场中段格筛手选留矿法，并对采矿场结构及回采工艺进行了改进，例如压缩漏斗间距、应用中国式漏斗与假巷支柱、增加或缩小中段高度和矿块长度、组织循环作业快速回采、确定合理的凿岩爆破参数、应用小直径炮眼崩矿及杆柱支护、改进漏斗砂巷开挖方式等，使我国钨采矿生产技术水平显著提高。大吉山钨矿与赣州有色冶金研究所、南昌有色冶金设计研究院合作，进行快速留矿法采矿获得成功，机械化水平由 40% 提高到 80%，采矿强度由 14 t/(m² · 月)提高到 51.4/(m² · 月)，掌子面工效由 8 t/工班提高到 14.8 t/工班，坑木消耗也大大降低。对矿岩不稳的难采矿脉采用了组合式采矿法，例如湘西金矿采用连续分条尾砂充填法、长锚索和锚杆控顶、用 MZ—1 型注浆机注浆，回采顶板不稳固的倾斜薄矿脉，使贫化率比同类矿块降低 10%，矿块生产能力提高 3 倍。钨采矿逐渐发展应用了吊罐留矿法和爬罐留矿法，给采场工具、材料的搬运和人员上下提供了方便，为提高回采强度、缩短采场回采时间、降低二次贫化创造了条件，还能减少回采坑木的消耗。

（2）井巷掘进机械化程度不断提高

新中国成立以来，应用效率较高的 YT—25 等型号的凿岩机、华—1 等型号的装岩机和其他一些机械设备，提高了采掘作业的机械化水平，还在全国大多数钨矿形成了斗车线或梭车线两套方式的平巷掘进机械化作业线，提高了掘进强度和工效，例如：湘东钨矿的平巷掘进作业线每日三班作业月进尺达 130～150 m，掌子面工效达 0.6 m/工班；汝城钨矿一个班完成一至二循环，在多头掘进中创造了月进尺 690.3 m 的记录，掌子面工效达 0.82 m/工班，独头掘进月进尺 307.5 m，掌子面工效达 0.67 m/工班。

掘进凿岩和装岩设备不断改进。例如湘东钨矿装配了一条全液压凿岩线，配 YYG—80 型导轨式液压凿岩机。这种凿岩机具有较高的转速，零件寿命不低于同类风动凿岩机，活塞入射应力波形优越，钎杆寿命长，噪声比风动凿岩机低 8 dB，作业时可见度也高；许多钨矿用 PYT—2C 型台车配 KD—50 型斗车和 1 m³ 侧卸式矿车代替原来的 PYT－2 型台车—LD50 型斗车—0.75 m³ 矿车配套系列，效率大大提高。少数矿山为进一步提高掘进强度，开始采用自行台车—CCE 铲插机与梭车配套，形成单车搭接或多台梭车搭接的列车进行装运，缩短了循环时间，提高了效率，降低了工人劳动强度。

在天井掘进中，应用了吊罐掘进法，提高了掘进强度；深孔分段爆破法有了新的进展，瑶岗仙钨矿顺利爆破掘成高达 75 m 的溜矿井，是我国目前爆破成井的最大高度；直径为 0.5～2 m 的天井钻机试验成功后，已在瑶岗仙、石人嶂和下垄等钨矿应用，显示了成井快、机械化程度高、安全防尘好、劳动强度低等优点，是天井掘进的发展方向；大吉山钨矿采用国产 PG—1 型爬罐，一个月掘完了一条 53 m 高的天井，每米天井可节约坑木 0.24 m³，速度比支柱法提高 3～5 倍，效率提高了 10%，为解决沿脉天井跟不上采矿需要的矛盾开辟了新途径。

（3）地压预测与采空区处理取得成果

随着开采年限的增长，钨矿山都形成了大量采空区，过去对此认识和重视都不够，因而，自 1960 年以来，在江西、湖南、广东三省的 18 个大、中型钨矿中有 12 个先后出现过 40 余次较大范围的地压活动，给安全生产带来影响。例如，盘古山钨矿 1976 年 9 月发生的大规模地压活动，造成自标高 696 m 至 1120 m 范围内采矿七大工艺系统遭受严重破坏，被迫停产，除损失工业矿量 29.38 万 t、存窿矿石 7.6 万 t、井下物资 200 余万元外，还导致连续两年亏损 192 万元。

对此，有关科研院所、高等学校和生产矿山密切配合，从研究矿山压力和岩石移动规律入手，先后开展了大吉山、铁山垄、画眉坳、盘古山等钨矿的地压科研课题，通过地压显现的直观调查、岩石物理力学性能和岩体原始应力的测定、采场周围次生应力场变化和夹墙稳定性测试及岩移观测，弄清了上部中段地压规律，研究了大范围岩移崩塌的预报及控制措施，提出了各种不同采空区处理方案，形成了三种主要方案：一是空区不处理，即像西华山等钨矿围岩坚固、埋藏深度一般在 150~200 m 的浅部脉群，矿脉数量较少，矿脉间距较大，留矿法采矿后遗留空区能维持到矿脉采完，或部分空区破坏不影响邻近采区的正常开采，则不处理；二是充填处理法，即对矿脉较密集、矿脉条数较多的区段，应用浅孔留矿法所形成的采空区，采用废石进行干式充填；三是崩落法，像大吉山、铁山垄等钨矿上部矿脉稀疏进行单采，下部矿脉收敛进行合采的区段，为防止上部已单采的夹墙悬挂、消除暗空场，对上部部分夹墙进行强制崩落，既处理了空场，又回收了残矿；另外还用了强制－自由崩落法放顶。1979 至 1981 年间部分急倾斜薄矿脉群钨矿采空区处理情况见表 4－1。

表 4－1　部分倾斜薄矿脉群钨矿采空区处理情况

矿山名称	采矿区总体积/万 m³	各种方法处理空区量/万 m³				统计年份	备注
		崩落夹墙	废石充填	其他*	合计		
大吉山	484.5	222.9	0.4	87.9	311.2	1979	*系未处理和已处理的上部空区自然崩落的空区体积
盘古山	337.2		28.4	86.1	114.5	1980	
铁山垄(黄沙坑口)	128	12.7	38.9		97.7	1978	
小龙	115		6.83	30	36.83	1980	
画眉坳(本坑)	210		5.71		22.79	1981	
漂塘(大龙山坑口)	67.2		5.46		5.46	1979	
石人嶂(石人嶂坑口)	107		0.2		23.2	1981	

在地压的控制和管理上采取了下述措施：一是在一个开采中段中，地质条件复杂的矿体，尽可能先采高应力地段，以免形成高应力后再采，这样既可切断应力场，使工作面顶底板应力得到解除或转移；二是压缩作业中段，强掘强采，赶在地压活动之前迅速结束块矿的回采和中段的作业；三是留不规则矿柱维持空区，或适当加大间柱尺寸，并使前后相邻间柱严格对准，严格按回采顺序进行矿柱回收，或采用副中段留矿法回采；四是应用岩体力学相关原理选择采矿方法和结构参数。

(4)通风防尘系统日臻完善

我国钨矿山的采掘作业中把安全防尘放在首要位置。1960 年以来在推行风水符合防尘措施的同时，开始把通风作为防尘的重要手段。结合钨矿开采的特点，将苏联设计以及仿此设计的集中压入式通风系统，改革为抽出式分区通风系统，克服了原系统风量风流难以调节控制、漏风严重、风流易污染、动力及管理费用高的缺点。分区通风风量可由自主风扇供应和控制，每个分区的动力、阻力、作业区与排风道彼此独立，使风量分配调节及管理方便，风流稳定性好，适应性强，可根据需要灵活划分通风区域，提高有效风量率；还缩小了通风范围，避免了串联风路，改善了风流污染，提高了风流质量。西华山钨矿自 1965 年改整体压入式通风为分区通风后，风路由 3400 m 缩短为 900 m，风阻由 330 mmHg(1 mmHg = 133.322 Pa)降至 100 mmHg 以下，风量由 75 m³/s 增大到 149 m³/s，主风扇功率由 600 kW 减小到 185 kW，基建费用降低至 1/6，每年的管理费降低 56%，技术经济效果十分显著。据此，1970 年以来，全国多数钨矿山先后建立健全了 40 多个通风系统和相应的通风网路。1974 年，盘古山钨矿首创穿脉假巷梳式通风网路，进一步改进了条数多、上下多中段重叠的矿山通风问题，并且很快在铁山垅、荡坪、大吉山、画眉坳等钨矿推广，在形式结构上又有所改进和完善，形成了穿脉假巷、篦式、穿脉风桥、竖式和间隔式等多种形式的梳式回风网路，获得了比一般通风系统更佳的技术经济指标(详见表 4 - 2)。与此同时，还研制应用了各种自动风门、自动水幕及其他防尘设施，组织了主扇工况和通风防尘措施综合效果的测试和调整改进，使通风工作向技术上可靠、经济上合理方向发展；还开展了主扇遥控、高压静电除尘、湿润剂除尘、上向凿岩机防尘、主扇转速控制与调节以及风扇消音等方面的试验研究，并已初见成效。

表 4 - 2　江西省钨矿梳式网路与一般网路通风技术经济指标比较

技术经济指标	实测平均数值		达到要求的系统所占比例		要求数值
	梳式网路	一般网路	梳式网路	一般网路	
有效风量率/%	81.9	65.2	100	75	>60
风速合格率/%	81.8	71.7	66.6	25	>80
风质合格率/%	98.1	82.0	66.6	33.3	100
单位通风耗电/(kW·h·t⁻¹)	5.8	5.0	66.6	50	5
风量供需比	1.16	1.34	66.6	41.7	1 ~ 1.2
主扇效率/%	39.9	32.8	0	0	60

(5)采掘技术经济指标不断提高

由于采掘技术水平的提高，在钨矿向深部开发、采矿难度增大的情况下，我国钨矿主要采掘技术经济指标不断提高。2010 年的采矿掌子面工效、掘进掌子面工效和井下工人实物劳动生产率分别为 1953 年的 10.4 倍、4.1 倍和 6.6 倍，详见表 4 - 3。

表 4 - 3　全国统配钨矿各时期采掘主要技术经济指标

年份	采矿掌子面工效/(t·工班⁻¹)	掘进掌子面工效/(m·工班⁻¹)	井下工人实物劳动生产率/(t·a⁻¹)	采矿贫化率/%	采矿损失率/%
1953	2.04	0.11	81.1		
1963	3.39	0.16	201.7	67.7	8.3
1968	6.95	0.28	371.9	77.3	12.2

续表 4-3

年份	采矿掌子面工效 /(t·工班⁻¹)	掘进掌子面工效 /(m·工班⁻¹)	井下工人实物劳动 生产率/(t·a⁻¹)	采矿贫化率 /%	采矿损失率 /%
1973	8.77	0.3	521.7	80	9.3
1978	13.2	0.36	460.3	75.3	7.5
1983	9.9	0.36	375	72.7	6.9
1985	10.4	0.37	422	68.8	8.95
2001	11.94	0.4	736	38.99	11.81
2010	21.22	0.45	538	30.47	9.3

4.3 选矿工艺不断完善

(1)形成了适合我国黑钨矿石特性的选矿流程

根据我国黑钨矿石多为粗、中粒嵌布等特性,新中国成立以来,经过几十年的生产实践和试验研究,对选矿生产流程进行不断改进、逐步完善,形成了较合理的黑钨选矿工艺。

大型黑钨矿选矿厂原设计生产流程的改进:大吉山、西华山、岿美山三座大型黑钨矿选矿厂原设计的米哈诺布尔重选流程并不完全适应原矿性质。原设计依据的矿石可选性试验的矿样代表性不够,设计原矿品位过高,采矿贫化率偏低。投产后不但钨精矿产量达不到设计指标,而且回收率也低。后来经过反复测定、调整、试验和对比,并吸收国内已建成投产的中、小型黑钨矿选矿厂的实践经验,对国外的流程进行了大胆改革。首先,加强洗矿脱泥,改一段正手选为正反两段手选,提高了废石选出率,并避免了破碎机破碎腔的堵塞;其次,强化跳汰作业,改一段宽级别跳汰为三级跳汰,做到"早收多收";最后,将三段磨矿改为一段磨矿,及早丢弃已单体解离的脉石和围岩。改革后形成了类似图2-9所示的重选原则流程。同时还加强了技术管理和设备管理,使三大黑钨矿选矿厂的主要技术经济指标显著提高,详见表4-4。

表4-4 三大黑钨矿选矿厂流程改革前后主要技术经济指标对比

选矿厂 名称	年份	原矿品位 /%	废石选出率 /%	废石品位 (WO₃)/%	合格矿品位 (WO₃)/%	重选尾矿品位 (WO₃)/%	选矿回收率 /%
大吉山	1960 年	0.52	45.06	0.056	0.96	0.14	82.06
	1965 年	0.282	46.36	0.0128	0.516	0.0485	86.01
西华山	1960 年	0.485	30.80	0.052	0.636	0.13	74.94
	1965 年	0.301	31.93	0.029	0.432	0.058	83.02
岿美山	1960 年	0.30	20.63	0.033	0.302	0.086	63.98
	1965 年	0.265	29.03	0.032	0.357	0.058	76.06

其他中、小钨选矿厂也都进行了相应的流程改革，使选矿工艺逐渐完善并趋于相对稳定，在黑钨选矿在原矿品位不断下降、选矿比和精矿比（即富集比）逐年增大的情况下，回收率却逐渐提高并稳定在较高的水平上，具体如图4-1所示。

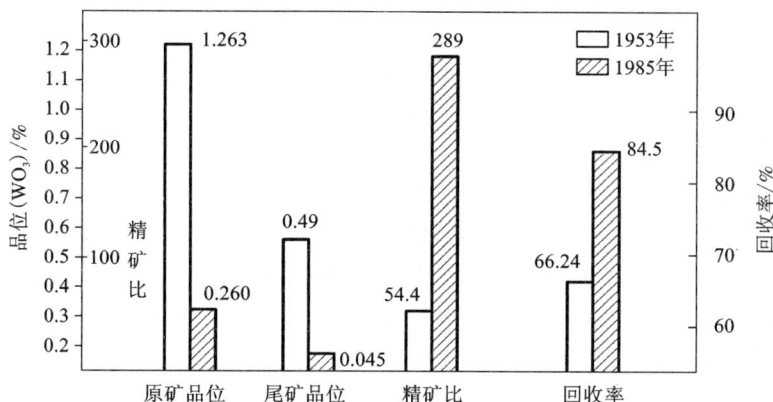

图4-1　江西省钨矿1985年与1953年几项选矿技术指标比较图

（2）总结出一套较为成功的技术管理措施

加强技术管理是提高技术经济指标和企业素质的重要一环。新中国成立以来，选矿技术管理不断加强并逐渐制度化。1960年12月，在江西赣州召开了有色选矿技术经验交流会，总结钨选矿技术管理的经验，形成了钨选矿管理的"精工细作，早收多收"的八字方针和"净、控、早、匀、分、细、集、综、杜、省"的十字要诀。"精工细作"是方法和手段；"早收多收"是原则和目的。

由于黑钨矿石贫化率高，需要加强手选；钨矿物性脆，需要防止过粉碎和尽早回收，以减少金属损失；矿石中含有多种有用金属矿物，应注意综合回收。根据上述原则认真总结形成了"精工细作，早收多收"八字方针。选矿实践中的操作要素则总结归纳为十个字的要诀："净"，即泥多先脱泥，冲洗干净；正反手选，废石丢尽；文明生产，现场干净。"控"，即碎矿磨矿，严控粒度；选矿作业，控制浓度和酸碱度。"早"，即废石早丢，矿物早收；跳汰早收多收，摇床少丢。"匀"，即给矿、给水、给药均匀；设备负荷分配均匀，生产节奏均衡。"分"，即碎矿磨矿，分离适宜；分等分级，分别处理，矿石贫富分选。"细"，即细致准备，精工细作。"集"，即细泥归队，集中浓缩处理，集中管理。"综"，即综合技术，综合回收，综合经营，综合平衡。"杜"，即杜绝人身设备事故，杜绝金属流失。"省"，即节约水、电、药剂和备件，节省时间和劳力。

八字方针和十字要诀是从实践中总结出来的成功的经验，因而具有较普遍的实践指导意义，长期以来，在钨选矿生产中都起到了重要作用，迄今对加强钨选矿技术管理仍具有实效。

（3）新设备、新药剂的研制与应用，强化了选矿工艺

①矿石预选设备。

光电选矿机自1965年首次在画眉坳钨矿应用以来，已有了很大的进展，由最初的振动槽给矿、光电管传感、机械打板分拣的Ⅰ型光选机，改进成槽型皮带给矿、硅光电池传感、高压气阀分拣的Ⅱ型光选机，进而发展成平皮带给矿、激光扫描、高压气阀分拣的Ⅲ型光选机，

不断提高了分选精度和处理能力,这三类光选机都曾在工业生产中应用。此外,为解决单体块钨的分选问题,还研制和试验了具有磁导系统的磁光分选机。重介质旋流器和重介质涡流分选器都成功地在花岗岩类黑钨矿石的预选中应用。这些设备对提高废石选出率和选矿处理能力、降低选矿成本起着重要作用。

②重选设备。

重选设备中较为突出的是细泥处理设备的引用、改进和创新。20世纪50年代中期只用了普通的6—S摇床,匀分槽和铺布溜槽,后来,应用了五层自动溜槽,并将三角形凸条摇床面改进为刻槽摇床面。60年代中期以后,又研制和应用了弹簧摇床、离心选矿机、皮带溜槽、振摆皮带溜槽等细泥处理设备,提高了细泥回收率;不少钨矿对原有重选设备进行了革新,例如:大吉山钨矿革新的"大吉山型"侧动隔膜跳汰机、盘古山钨矿革新的600 mm×600 mm水泥跳汰机、汝城钨矿研制的水力圆形淘汰盘等,都对稳定生产和提高选矿回收率起了重要作用;动筛跳汰机具有跳汰室床层筛网振动与水介质运动相结合的特点,能获得比普通隔膜跳汰机更大的冲程,因而,选别粒度大、处理能力大、选别效率高、耗水量小,是一种粗、中粒矿石重选的优良设备。90年代以后,已在我国黑钨选矿厂细级别预先选别作业、溢流跳汰和粗、中粒跳汰作业中推广应用,取得显著效果。重选设备对提高钨重选厂的经济效益起到重要作用;螺旋溜槽和螺旋选矿机代替摇床选别,用于钨矿的重选流程的试验研究有许多成功的实例,取得了较好的技术经济效果,现在已成功在行洛坑钨矿重选中用于生产。在钨重选厂推广应用螺旋溜槽和螺旋选矿机代替部分摇床选别,对降低重选成本、提高经济效益、促进伴生钨矿资源的经济有效利用以及改进新建钨矿重选流程设计都具有积极意义。

③精选设备。

SQC型系列湿式强磁场磁选机的研制和应用、CKBA—型湿式强磁场磁选机的引进,SLON型湿式高梯度磁选机的研制和应用,强化了细粒级黑钨与锡石、黑钨与白钨分离工艺,YD—Ⅱ型电选机的研制和应用,ϕ125 mm×1200 mm静电选矿机的应用,赣州精选厂的J2F型自吸搅拌式浮选机的研制和应用都促进了钨精矿质量的提高。

④新型钨选矿药剂。

新型钨选矿药剂在钨矿的浮选应用中也有很大进展。甲苯胂酸、卞基胂酸、埃罗索—22、氟硅酸钠、皂化山苍子油、731氧化石蜡皂等药剂都在1970年以后用于钨浮选生产实践。荡坪钨矿宝山选矿厂用731氧化石蜡皂常温浮选白钨,代替原来的彼得罗夫法加温浮选,使该选厂的钨回收率由64%提高到80%左右,每年还节约加温用煤1000 t,选矿药剂费用也降低了60%。羟肟酸类螯合物是黑钨矿的良好捕收剂,2000年初,苯甲羟肟酸和奈羟肟酸就已成功地应用于柿竹园矿的黑钨细泥浮选。该矿在工业生产中应用时,黑钨细泥原矿含WO_3 2%～7%,通过新型钨选矿药剂的应用,获得黑钨精矿含WO_3 45%～63%,作业回收率达68%～83%。混合抑制剂AD在黑钨浮选中的应用,增强了单一水玻璃对含钙矿物的选择性抑制作用,已在柿竹园矿的黑钨细泥浮选生产中应用,并取得了显著效果。

1990年以来,我国就适合黑钨和白钨混合浮选的捕收剂,进行了科技攻关,取得了长足进展。GY、CF等代号的螯合物捕收剂的研制成功,为我国黑钨、白钨混合型钨矿床的开发利用及其生产实践提供了有效途径。以CY、CF捕收剂为核心的"柿竹园法"在柿竹园矿的黑、白钨的混合浮选的生产中得到应用。以这种螯合物为捕收剂,并配合使用硝酸铅、改性水玻璃,对含WO_3 0.54%的原矿经一粗、四扫、五精的浮选流程获得黑、白钨混合精矿含

WO_3 35.80%、钨回收率 86.26% 的好指标，其中白钨回收率 85.75%，黑钨回收率 86.26%；经黑、白钨分离，白钨精矿含 WO_3 71.02%，黑钨精矿含 WO_3 67.65%，钨总回收率为 79.66%。

（4）细泥处理工艺不断完善

细泥处理是钨选矿的一个难题，也是提高选矿回收率的关键。我国钨细泥具有产率大、金属占有率高、粒度细、粒度范围宽等特点。1950 年以来，细泥处理工艺从无到有逐渐发展。最初，仅以摇床为主选别，进而应用了匀分槽、铺布溜槽和自动溜槽等重选手段，有效回收粒度下限一般为 0.04 mm，细泥作业回收率只有 30% ~ 40%；1960—1970 年期间，改进了细泥摇床面的结构，采用了离心选矿机和皮带溜槽等设备，应用了浮选工艺，使细泥有效回收粒度下限达 0.019 mm，细泥回收率提高到 40% ~ 50%；1980 年以来，进一步加强了细泥归队，改进处理流程，推广应用离心选矿机 – 浮选联合工艺、重选 – 磁选 – 浮选联合工艺，进一步提高了细泥选收效果。工艺较完善的盘古山、铁山垄、浒坑等钨矿细泥作业回收率都能达到 60% 以上，甚至超过 70%。表 4 – 5 就是几个钨选矿厂对钨细泥处理工艺的改进及其所取得的效果，从中不难看出，随着细泥处理工艺不断改进、流程日趋合理，选矿技术经济指标都有了较大的提高。

表 4 – 5　几个钨选矿厂钨细泥处理工艺的改进及其技术指标

选矿厂名称	细泥处理工艺		精矿品位(WO_3)/%		作业回收率/%	
	改进前	改进后	改进前	改进后	改进前	改进后
大吉山	+30 μm 摇床分选，– 30 μm 摇床 – 振摆溜槽 – 摇床分选	+30 μm 摇床分选，– 30 μm 离心机 – 皮带溜槽 – 摇床分选	62.43	精矿 67.67 中矿 26.36	28.72	60.05，其中精矿 40.41 中矿 13.24
铁山垄	摇床 – 铺布溜槽	浮铜 – 离心机 – 浮选 – 强磁选	51.33	57 ~ 62.8	43.68	56.7 ~ 58.0
漂塘大龙山	浮钼 – 摇床	强磁选 – 摇床 – 浮钼	17.12	33.68	12.64	42.5

注：+30 μm、– 30 μm 为矿物筛选专业用语，+30 μm 指大于 30 μm 的筛上颗粒，– 30 μm 指小于 30 μm 的筛下颗粒，例如后面文中和图、表中的 – 5 +3（mm）粒级即指大于 3 mm 而小于 5 mm 的筛中颗粒，其他规格同此例。

（5）综合回收不断深化

20 世纪 50 年代初期，我国钨矿山只综合回收了锡精矿，现在已经可以综合回收锡、钼、铋、铜、铅、锌、铍、硫、稀土等精矿产品。综合回收工艺不断改进和完善，产品质量和回收率不断提高。据江西 12 个统配钨矿统计，1957 年每生产 1 t 钨精矿综合回收钼精矿 8.57 kg，1958 年已经提高到 15.9 kg，2010 年仅柿竹园矿每生产 1 t 钨精矿就综合回收钼精矿 301 kg；钨矿山综合回收产值所占比重不断提高。据调查统计，1999 年全国国有钨矿山综合回收伴生有价金属精矿产值已占钨矿山总产值的 30.1%，特别是柿竹园矿的综合回收产值已超过钨精矿产值，1999 年该矿合格的钼、铋等精矿的产值占全矿总产值的 65.42%。漂塘钨矿选厂原来没有设置精选工艺，只生产毛精矿，仅综合回收了钼精矿，1990 年后，经过技术改造，不但建立了精选工序，直接生产钨精矿，还建立了综合回收系统，目前已综合回收锡、钼、铋、铜、铅、锌等附产精矿，1999 年该矿综合回收年产值已超过千万元，综合回收的产值占全矿总产值的 29%。铁山垄钨矿通过技术改造，使铜的回收率由 1994 年的 69.81% 提高到 1997 年的 87.65%；1983 年综合回收铜、钼、锡三种伴生金属 101 t，到 1997 年综合回收了铜、钼、锡、铋、锌五种伴生金属 402.8 t，1999 年该矿综合回收产值占全矿总产值的 19.8%。

新工艺的应用能大幅度提高钨矿伴生金属的综合回收效率。采用选 – 冶联合工艺可以强化钨矿伴生金属的综合回收。对铁山垄钨矿的混合硫化矿，采用浮选 – 浸出 – 置换 – 浮选的选冶联合工艺进行强化综合回收的试验研究，从含 Cu 10.4%、Zn 8.9%、Bi 0.96%、Mo 0.277%、Pb 0.965%、WO_3 0.24% 的混合硫化矿中获得的铜精矿含 Cu 25.23%、锌精矿含 Zn 45.17%、钼精矿含 Mo 57.25%、钨精矿含 WO_3 57.25%、海绵铋含 Bi 40.3%、Ag 2010 g/t，大幅度提高了各种金属的回收率。表 4 – 6 就是选 – 冶 – 选联合工艺与单一浮选工艺处理这种硫化矿各金属回收率的比较。从中可看出：除锌因在浸出过程中受到抑制，回收率有所降低外，其他各种金属回收率都有了很大的提高。

表 4 – 6　选 – 冶 – 选联合工艺与单一浮选工艺处理混合硫化矿回收率的比较

工艺名称	回收率/%						
	Bi	Ag	Cu	Zn	Mo	Pb	WO_3
选 – 冶 – 选	94.86	96.48	91.58	28.34	82.63	52.19	45.26
浮选	29.32	85.64	68.30	37.85	39.00	0	0
回收率差距	+65.54	+10.84	+28.28	-9.61	+46.63	+52.19	+45.26

（6）选矿技术经济指标不断提高

由于我国钨选矿工艺不断完善、技术水平逐渐提高，虽然原矿品位从 20 世纪 50 年代的 0.5% ~3% 降低至 60 年代的 0.3% ~0.5%、70—80 年代的 0.25% ~0.3%，然而，选矿回收率却从 50 年代的 52% ~79% 提高到 60 年代的 80% ~84%。从 1970 年至 1999 年，我国国有钨矿的选矿回收率一直稳定在 83% ~85%，表 4 – 7 就是江西国有钨矿历年来选矿技术经济指标变化情况。从中可以看出，我国钨选矿技术经济指标变化的趋势是不断提高，并且稳定在较高的水平。

表 4 – 7　江西国有钨矿历年来选矿技术经济指标变化情况

主要选矿指标	1953 年	1956 年	1962 年	1968 年	1971 年	1974 年	1977 年	1980 年	1985 年	1994 年	1999 年
原矿品位（WO_3）/%	1.263	0.571	0.385	0.284	0.279	0.25	0.269	0.246	0.277	0.36	0.307
尾矿品位（WO_3）/%	0.49	0.156	0.083	0.044	0.046	0.04	0.042	0.039	0.044	0.06	0.045
选矿回收率/%	66.24	71.62	79.88	84.09	84.21	85.11	84.96	85.4	84.5	83.3	84.03
选矿比	88	156	210	274	277	318	289	310	289		266

与国外比较，我国钨选矿主要技术经济指标已居世界先进行列。在原矿品位大致相近的条件下，我国黑钨选矿回收率略高于国外，而白钨选矿指标则稍逊。表 4 – 8 是国内外一些钨选矿厂主要技术指标比较。

表4-8 国内外一些钨选矿厂主要技术指标比较

矿石类型	国别	选矿厂名称	品位(WO₃)/%			选矿回收率/%	富集比(倍)
			原矿	精矿	尾矿		
黑钨矿	中国	大吉山钨矿选矿厂	0.287	68.13	0.047	83.79	237
		盘古山钨矿选矿厂	0.303	69.10	0.0449	87.03	228
		浒坑钨矿选矿厂	0.394	67.01	0.051	87.19	170
		瑶岗仙钨矿选矿厂	0.293	68.50	0.047	84.02	233
		下垅钨矿大平选矿厂	0.25	65.0	0.030	88.90	360
	葡萄牙	帕拉斯葵拉钨选矿厂	0.338	75	0.085	75.0	222
	澳大利亚	阿贝弗依尔钨锡选矿厂	0.22	71.11	0.03	84.71	323
	南非	拉巴皮卜钨选矿厂	1.0	>68	0.1	90.0	68
白钨矿	中国	荡坪钨矿宝山选矿厂	0.379	69.21	0.084	79.1	183
		湘西金矿西安选矿厂	1.247	69.73	0.108	91.36	56
		柿竹园多金属矿	0.45	64.7		63.2	144
	美国	格林钨矿选矿厂	0.39	65	0.066	83.0	167
		帕茵克里克选矿厂	0.35	APT89.5*		92	255
	日本	大谷钨矿选矿厂	0.45	>70	0.05	86.76	155
	瑞典	伊克斯约贝格选矿厂	0.40	69		79.8	172

注:* APT 为化工产品重钨酸铵代号。

4.4 精矿质量稳步提高

1950 年初,我国只生产单一品种钨精矿,质量按当时国际市场需要的"汉堡合同标准"的要求,精矿的杂质含量仅对 Sn、As 有不太高的限制。随着我国钨冶炼的兴起和对苏联、东欧国家贸易的发展,于 1955 年制定了第一个部颁钨精矿标准,除对钨精矿的 WO₃ 的含量要求不小于 65% 外,还限制了 S、P、As、Mn、Cu、Sn、Si 七个杂质元素的含量,钨精矿质量标准有了很大提高。此后,根据国内外贸易需要,对钨精矿质量标准进行了多次修改,钨精矿质量又有所提高。1965 年修订的 YB504—65 标准将钨精矿按冶炼要求分为水冶和火冶两大类,共计五个品种,杂质元素限制数量提高到 9 个;1981 年修订的 GB—2825—81 标准除保留 YB—504—65 标准的品种外,还增加了两类特级品计 12 个优质钨精矿产品和两个一级Ⅲ类品,杂质含量限制元素达 14 个之多,质量标准达到目前国内外优质品的水平;2007 年 10 月 1 日颁布了我国第五个钨精矿标准:YS/T231—2007《钨精矿》,根据实际需求,钨精矿化学成分中 WO₃ 含量取消了 ≮70% 和 ≮72% 两个品种,增加了 ≮60%、≮55% 和 ≮50% 三个品级,还增加了"混合钨精矿"和"钨细泥"两个品种,钨精矿品级达 18 个之多。我国历次钨精矿标准详见表 4—9。

表 4 – 9　中国历次钨精矿标准

标准名称	品种	WO₃ 不小于/%	杂质不大于/%													
			S	P	As	Mo	Ca	Mn	Cu	Sn	SiO₂	Fe	Sb	Bi	Pb	Zn
汉堡合同标准		—	—	—	0.2	—	—	—	—	1.5	—	—	—	—	—	—
1955 年部颁标准	黑钨 一级 I 类	65	0.6	0.03	0.10	—	—	18	0.18	0.10	5	—	—	—	—	—
	黑钨 一级 II 类	65	0.6	0.10	0.10	—	—	18	—	1.50	5	—	—	—	—	—
	白钨一级	65	0.6	0.04	0.05	—	—	4	0.17	0.08	10	—	—	—	—	—
1965 年部颁标准（YB 504—65）	黑钨 一级 I 类	65	0.7	0.05	0.15	—	5.0	—	0.13	0.20	7.0	—	—	—	—	—
	黑钨 一级 II 类	65	0.7	0.10	0.10	0.05	3.0	—	0.26	0.20	5.0	—	—	—	—	—
	黑钨 二级	65	0.8	—	0.20	—	5.0	—	—	—	—	—	—	—	—	—
	白钨 一级 I 类	65	0.7	0.05	0.15	—	—	1.0	—	—	—	—	—	—	—	—
	白钨 一级 II 类	65	0.7	0.10	0.10	0.05	—	1.0	—	—	—	—	—	—	—	—
	白钨 二级	65	0.8	—	0.20	—	—	1.5	—	—	—	—	—	—	—	—
1981 年国家标准（GB 2825—81）	黑钨 特 - I - 3	70	0.3	0.02	0.06	—	3.0	—	0.04	0.08	4.0	—	0.04	0.04	0.04	—
	黑钨 特 - I - 2	70	0.4	0.03	0.08	—	4.0	—	0.05	0.10	5.0	—	0.05	0.05	0.05	—
	黑钨 特 - I - 1	68	0.5	0.04	0.10	—	5.0	—	0.06	0.15	7.0	—	0.10	0.10	0.10	—
	黑钨 特 - II - 3	70	0.4	0.03	0.05	0.010	0.3	—	0.15	0.10	3.0	—	0.10	0.10	0.10	—
	黑钨 特 - II - 2	70	0.5	0.05	0.07	0.015	0.4	—	0.20	0.15	3.0	—	0.10	0.10	0.10	—
	黑钨 特 - II - 1	68	0.6	0.10	0.10	0.020	0.5	—	0.25	0.20	3.0	—	—	—	—	—
	黑钨 一级 I 类	65	0.7	0.05	0.15	—	5.0	—	0.13	0.20	7.0	—	—	—	—	—
	黑钨 一级 II 类	65	0.7	0.10	0.10	0.05	3.0	—	0.25	0.20	5.0	—	—	—	—	—
	黑钨 一级 III 类	65	0.8	P + As 0.22		0.05	1.0	—	0.35	0.40	3.8	—	—	—	—	—
	黑钨 二级	65	0.8	—	0.20	—	5.0	—	—	0.40	—	—	—	—	—	—

续表 4-9

标准名称	品种	WO₃不小于/%	杂质不大于/%													
			S	P	As	Mo	Ca	Mn	Cu	Sn	SiO₂	Fe	Sb	Bi	Pb	Zn
1981年国家标准（GB 2825—81）	白钨	72	0.2	0.03	0.02	—	—	0.3	0.01	0.01	1.0	—	—	0.02	0.01	0.02
		70	0.3	0.03	0.03	—	—	0.4	0.02	0.02	1.5	—	—	0.03	0.02	0.03
		70	0.4	0.03	0.03	—	—	0.5	0.03	0.03	2.0	—	—	0.03	0.03	0.03
		72	0.4	0.03	0.05	0.010	—	0.3	0.15	0.10	2.0	2.0	0.10	—	—	—
		70	0.5	0.05	0.07	0.015	—	0.4	0.20	0.15	3.0	2.0	0.10	—	—	—
		70	0.6	0.10	0.10	0.020	—	0.5	0.25	0.20	3.0	3.0	0.20	—	—	—
		65	0.7	0.05	0.15	—	—	1.0	0.13	0.20	7.0	—	—	—	—	—
		65	0.7	0.10	0.10	0.05	—	1.0	0.25	0.20	5.0	—	—	—	—	—
		65	0.8	0.05	0.20	0.05	—	1.0	0.20	0.20	5.0	—	—	—	—	—
		65	0.8	—	0.20	—	—	1.5	—	0.40	—	—	—	—	—	—
2007年有色行业标准（ST/T 231—2007）	黑钨	68	0.4	0.03	0.10	—	5.0	—	0.06	0.15	7.0					
		65	0.7	0.05	0.15	—	5.0	—	0.13	0.20	7.0					
		60	0.7	0.05	0.20	—	5.0	—	0.15	0.20	—					
		65	0.7	0.10	0.10	0.05	3.0	—	0.25	0.20	5.0					
		65	0.8	0.10	0.15	0.05	5.0	—	0.25	0.25	7.0					
		60	0.9	0.10	0.15	0.10	5.0	—	0.30	0.30	—					
		55	1.0	0.10	0.15	0.20	5.0	—	0.30	0.35	—					
		50	1.2	0.12	0.15	0.20	6.0	—	0.35	0.40	—					

（品种栏中：白钨为 特-Ⅰ-3、特-Ⅰ-2、特-Ⅰ-1、特-Ⅱ-3、特-Ⅱ-2、特-Ⅱ-1、一级Ⅰ类、一级Ⅱ类、一级Ⅲ类、二级；黑钨为 Ⅰ类特级、Ⅰ类一级、Ⅰ类二级、Ⅱ类一级、Ⅱ类二级、Ⅱ类三级、Ⅱ类四级、Ⅱ类五级）

续表 4 – 9

标准名称	品种		WO₃不小于/%	杂质不大于/%													
				S	P	As	Mo	Ca	Mn	Cu	Sn	SiO₂	Fe	Sb	Bi	Pb	Zn
2007 年有色行业标准（ST/T 231—2007）	白钨	Ⅰ类特级	68	0.4	0.03	0.03	—	—	0.5	0.03	0.03	2.0					
		Ⅰ类一级	65	0.7	0.05	0.15	—		1.0	0.13	0.20	7.0					
		Ⅰ类二级	60	0.7	0.05	0.20	—		1.5	0.25	0.20	—					
		Ⅱ类一级	65	0.7	0.10	0.10	0.05		1.0	0.25	0.20	5.0					
		Ⅱ类二级	65	0.8	0.10	0.10	—		1.5	0.25	0.20	7.0					
		Ⅱ类三级	60	0.9	0.10	0.15	—		2.0	0.30	0.20	—					
		Ⅱ类四级	55	1.0	0.10	0.15	—		2.0	0.30	0.35	—					
		Ⅱ类五级	50	1.2	0.12	0.15	—		2.0	0.30	0.40	—					
	混合钨精矿		65	0.7	0.10	0.10					0.20	5.0					
	钨细泥		30	2.0	0.50	0.30	—	—	—	—	—	—					

在 1979 年全国第一次产品质量评比中，铁山垄钨矿、浒坑钨矿和赣州精选厂的钨精矿获得了"全国优质品"称号，并获国家银质奖；1984 年全国产品质量评比中，荡坪钨矿白钨精矿获国家金质奖，铁山垄钨矿、浒坑钨矿、珊瑚钨矿和赣州精选厂的钨精矿获国家银质奖。为了满足国内外市场需求，各钨矿基本上不生产二级品钨精矿，许多钨矿都能生产特级品钨精矿供应市场。表 4 – 14 是我国生产的优质钨精矿与国外类似优质钨精矿的质量比较。

表 4 - 10 国内外类似优质钨精矿质量比较

名称 含量% 元素		黑钨精矿		白钨精矿	
		中国铁山垄钨矿	澳大利亚 R.B. 矿业公司	中国荡坪钨矿	韩国南朝鲜钨矿公司
WO₃/%		72.03	70	73.86	72
杂质 元素 /%	S	0.289	0.35	0.0161	0.03
	P	0.024	0.04	0.014	0.01
	As	0.039	0.07	0.005	0.01
	Mo	0.02	0.02	—	—
	Cu	0.062	0.01	0.0014	微
	Sn	0.098	0.04	0.0048	微
	SiO₂	0.815	2.01		
	(Si)			-0.2	-1.25
	Ca	0.183	1.07	—	—
	Mn	—	—	0.014	0.03
	Bi	—	—	0.0085	0.01
	Pb	—	—	0.014	微
	Zn	—	—	0.085	0.02

5 重要钨矿山简介

5.1 大吉山钨矿

大吉山钨矿是我国大型的黑钨矿山之一，位于江西省全南县境内。矿区于 1918 年被发现并开始民窿开采，1936 年原国民政府资源委员会钨业管理处在矿区设立"第十二事务所"，统一收购民窿钨砂。1937 年改为"大吉山工程处"，并在 625 中段开凿平窿，开始国营生产。新中国成立以后，1952 年在矿区建成完工第一座日处理合格矿 125 t 的钨矿机选厂。同年矿区全部民窿收归国有。第一个五年计划期间，矿区建设列入由苏联援建我国的 156 项重点工程中，1959 年 1 月 1 日该新建工程竣工投产。工程设计采选矿石综合能力为 2460 t/d，81.2 万 t/a，合格矿处理能力 1600 t/d，手选废石选出率 35%。设计原矿品位 WO_3 0.65%，尾矿品位 WO_3 0.09%，选矿回收率为 90%。由于原矿石可选性代表性不够，投产后，选矿指标难以达到设计水平，后来经技术改造，才使指标提高。实际生产能力达 3000 t/d 以上，至 1983 年底该矿共有各种设备 3774 台，合计重量 4235 t；装机总容量 22300 kW，盛产期的 1985 年年产钨精矿 3040 t，矿区共有员工 5027 人。2000 年进行了国有资产股份制改革，成立了国有控股的江西大吉山钨业有限公司。2010 年钨精矿产量仍达 2790 t/a，并综合回收铋精矿 34.8 t/a、钼精矿 7.7 t/a。工业总产值为 1.97 亿元/a，利润 7191.1 万元/a，上缴税金 5183.9 万元/a。年末资产总额 1.74 亿元，从业人员 1380 人。

大吉山钨矿矿床属岩浆期后高温热液裂隙充填石英大脉型黑钨矿，矿田面积为 1 km^2，共有矿脉 96 条。矿区还有一个矿化面积 0.39 km^2 的花岗岩浸染型钽、铌、钨、铍矿体。矿床采用一个主平窿和两个辅助竖井以及若干溜矿井的联合开拓方式；应用浅孔留矿法和阶段矿房法为主要采矿方法，浅孔留矿法用于矿脉倾角大于 69°、矿脉间距大于 3 m 的单脉或者间距小于 3 m 而采幅不大于 5 m 的多矿脉合采的矿石回采。1983 年达到较先进的采矿技术经济指标：采矿贫化率 84.2%、采矿损失率 9.2%，采矿掌子面工效合采为 55.6 t/工班、单采为 7.4 t/工班，掘进掌子面工效为 0.39 m/工班。近年来，在采掘中全面推广应用了 FD—B 型高能脉冲起爆器起爆法，改善了爆破安全条件；采场推广采用负压通风方式，提高了井下通风质量；与赣州有色冶金研究所合作，开展了"大吉山钨矿深部开采地压控制与钽铌矿体开采方案研究"科研课题。

选矿工艺采用三段一闭路碎矿、五级反手选和一级正手选的碎矿粗选流程，在粗选丢废中应用过光电选矿和动筛跳汰工艺；采用四段跳汰（其中一段为动筛跳汰）、四级台洗、粗中粒跳汰尾矿和摇床中矿分别再磨再选的重选流程；采用台浮和浮选脱硫、磁选和浮选进行黑钨－白钨分离、硫化矿集中归队分选获钼精矿和铋精矿的精选和综合回收流程；采用水力漩流器－刻槽摇床－振摆皮带溜槽选别的细泥处理流程。1989 年的废石选出率达 60% ~ 62%，1985 年处理原矿含 WO_3 0.281%，钨精矿含 WO_3 70.3%，选矿回收率为 85.2%。历史最高选矿回收率为 87.65%（1966 年）。该矿曾对苏联的米哈诺布尔跳汰机进行改进，将跳汰机筛面由 1000 mm × 1000 mm 变为 670 mm × 1000 mm，增大了跳汰机的冲程系数，提高了粗粒跳汰的处理能力，并且减少了水耗，这种改进型跳汰机被命名为"JS—Ⅰ型跳汰机"；在此基础上，又改革形成"JS—Ⅱ型跳汰机"，即将跳汰筛面改为 600 mm × 900 mm，振动隔膜由下动型改为侧动式，增大了机械冲程，冲程系数提高到 0.7，进一步提高了处理能力，提高了跳汰作业回收率，降低了水耗。此外，还在矿石预选中积极推广应用动筛跳汰工艺，降低了入选矿石粒度，提高了废石选出率。2010 年，又实现了选矿处理量和钨精矿产量自 1986 年以来的新高。主产品钨精矿的商标《吉星牌》，被认定为江西省著名商标。

5.2　西华山钨矿

西华山钨矿也是我国大型的黑钨矿山之一，是我国钨矿床最早发现地，位于江西省大余县境内。1908 年发现钨矿露头，1914 年开始民工开采，1918 年矿区进入民工开采盛期。1935 年，国民政府资源委员会钨业管理处在西华山设立事务所和工程处开办"自办工程"，1936 年开始采用机械开拓巷道，并使用磁选机对收购的钨砂进行精选，1954 年矿区全部民窿收归国有，并建立了一座日处理合格矿石 80 t 的半机械化选矿厂。第一个五年计划期间，矿区建设被列入由苏联援建的 156 项国家重点工程，1960 年 4 月 11 日新建工程正式竣工投产。设计采、选矿石综合处理能力分别为 2320 t/d，76.51 万 t/a；合格矿处理能力为 1850 t/d，废石选出率 20%，原矿品位 WO_3 0.53，尾矿品位 WO_3 0.095%，选矿回收率 84%。由于可选性试验矿样代表性不够，原矿品位远低于设计水平，投产以来，主要选矿技术指标没能达到设计指标，后经技术改造，选矿指标逐渐提高。原设计在出矿主平窿处设立粗碎厂房对出窿矿石进行粗碎，粗碎后矿石用双线循环式架空索道运输到距离为 4.5 km 处的选矿厂进行中细碎和预选，选矿厂处理能力受架空索道运输能力的限制。为扩大处理量，1970 年对粗碎段进行技术改造，在粗碎厂房增加洗矿筛分和手选工序，在索道运输前丢弃大量废石，在索道运输能力不变的情况下，提高选矿厂原矿处理能力 30% 左右，使该矿采选综合实际处理能力达到 3000 t/d、86 万 t/a，生产产品除黑钨精矿、白钨精矿外，还有锡精矿、钼精矿、铋精矿、铜精矿和稀土精矿，扩大原矿处理量后的 1971 年最高产量曾产钨精矿 3133 t/a，盛产期（1972—1980）的钨精矿产量为 2350 ~ 2500 t/a。1949—1983 年累计生产钨精矿 72288 t，按当期比价，累计上缴利润 8238.6 万元，税金 860.7 万元；拥有设备总重量 3981 t；矿盛期的 1983 年全矿共有员工 4613 人。

西华山钨矿属高温热液裂隙充填型长石－石英脉黑钨矿床，矿化面积 4.3 km²，有大小矿脉 654 条，设计 $C_1 + C_2$ 级储量 WO_3 4.84 万 t，设计开采年限 14 年；勘探储量可能增大了一倍，事实上，1983 年底还保有地质储量 3.94 万 t。矿床开拓采用两条主要运输平窿、九个溜矿井和一个辅助竖井的联合开拓方案，全矿自上至下划分为 12 个作业中段。根据该矿床急倾斜、矿脉薄和围岩稳定的特点，采用了浅孔留矿法采矿，天井采用了普通的横撑支柱法掘进。全矿装配有两条平巷掘进机械化作业线。2000 年的采矿贫化率为 74.9%，采矿损失率为 1.80%，采矿掌子面工效为 12 t/工班，掘进掌子面工效为 0.52 m/工班。选矿工艺采用三段一闭路碎矿、两级反手选、一级正手选的碎矿粗选流程；采用一段磨矿、三级跳汰、四级摇床、中矿大闭路集中返回、细泥单独处理的重选流程；采用重选 - 浮选 - 磁选 - 电选联合工艺的精选和综合回收流程；细泥处理采用水力漩流器 - 刻槽摇床 - 离心选矿机 - 浮选的选别工艺。1983 年的废石选出率为 36.8%，原矿品位 WO_3 为 0.215%，钨精矿品位 WO_3 为 66.7%，尾矿品位 WO_3 为 0.038%，选矿综合回收率为 83.2%。历史最高选矿回收率的 1967 年达到 84.36%。

该矿一贯重视安全文明生产，一直是全国冶金工业系统安全文明生产的先进单位，并形成了一套安全文明生产管理制度，在全矿原 9 个采掘作业中段建立了 18 个完善的分区通风系统，还把井下的总排水沟、照明和管道整理成三条线，做到动力电缆排成行，设备材料堆整齐。在 6 万多米巷道内做到"五无、四化、一整齐"，地表厂房实现"五无、二好、一畅通"，做到了井巷整洁通风好，厂房明亮环境美。2000 年进行国有资产股份制改革，成立了国有控股的江西西华山钨业有限公司。在资源枯竭的情况下，该矿在做好深部开拓资源接替的同时，还加强外部找矿工作，为拓展地质资源进行不懈努力。原预计到 2003 年就将闭坑停产，但至 2015 年仍在小规模生产，2012 年还产出钨精矿 1001.4 t；2010 年实现工业总产值 9762 万元，营业收入 1.3 亿元，利税 4927 万元。

5.3 盘古山钨矿

盘古山钨矿是一座重点中型钨矿山，也是我国自行设计和建设的机械化采选工艺最早的钨矿，位于江西省于都县境内。矿区于 1918 年被发现，1919 年开始民工拾捡露头矿石，1922 年英属矿商"广巨安"公司上山收矿，此后英、美、德、日、荷、意等国所属矿商纷纷上山收矿，一时，上山拾捡地表矿石的民工达万人之多，1924 年后开始手工采凿表层矿脉，到 1928 年钨砂年产量已达千余吨。第一次国内革命战争时期，盘古山钨矿地处中央苏区，中央苏维埃政府曾在此组织过钨砂生产，1932 年毛泽民任苏区政府中央钨砂公司经理，仅 1932 年至 1934 年就曾生产钨砂 2000 余吨，产品由苏区中央对外贸易局收购，在赣县江口向白区输出，从白区换回大量药品、布匹、食盐等物质，为粉碎国民党反动派的经济封锁做出了重要贡献。

1954 年矿区全部民窿被收归国有。同年年底，由我国自行设计、施工建设的处理合格矿石 250 t/d 的机选厂建成投产，1955 年扩建为 500 t/d，1958 年又进行第二次扩建，使合格矿处理能力达到 750 t/d。1967 年 9 月 24 日采空区发生大规模地压活动，采掘工艺系统遭到严重破坏，曾短期停产，损失工业储量 29 万 t、WO_3 金属量 4153 t，生产能力下降了三分之二。1970 年 7 月才恢复到原有生产水平。现有采选矿石综合实际处理能力 52.5 万 t/a，合格矿处理能力 800 t/d。2000 年进行了国有资产股份制改革，成立了国有控股的江西盘古山钨业有限公司。1949 年至 1983 年累计生产钨精矿 75667.5 t、铋精矿 2817 t。年平均产钨精矿 2193 t、铋金属量 78 t。

盘古山钨矿属高、中温热液裂隙充填石英大脉型黑钨 - 硫化物矿床，是目前我国含铋矿物最丰富的黑钨矿床。矿化面积 1.2 km^2，有工业矿脉 178 条，到 1983 年底保有 WO_3 地质储量 43524 t、铋金属量 7982 t，矿山生产探矿颇有成绩，仅至 1978 年底就累计完成生产探矿

123613 m，累计增加矿石 197 万 t、WO_3 27774 t、铋金属量 5342 t，平均每米探矿获矿石量 151 t、WO_3 0.224 t、铋金属 0.043 t。矿床采用平窿、溜矿井加辅助竖井的联合开拓方案，在地表距矿床较深(大于 300 m)处，采用盲竖井开拓。采矿方法主要应用留底柱、不留矿房间柱的浅孔留矿法，天井掘进以支柱法为主，在掘进脉外天井中，曾采用吊罐法。矿石运输由主平窿用 ZK—10 电机车运至选矿厂，平均运距 1200 m。2000 年的采矿贫化率为 64.05%，采矿损失率为 7.83%，采矿掌子面工效为 9.4 t/工班，掘进掌子面工效为 0.38 m/工班；该矿首创了穿脉假巷梳式通风网路，改进了由于矿脉条数多、上下多中段重叠的井下通风问题。对地压问题，除成立地压研究科和充填工区加强管理外，还采用废石充填法处理地压采空区，累计完成充填废石量 20 万 m^2，处理采空场 111.5 万 m^3；为观测地压活动，在矿坑内布置了 84 个水准点、66 把木滑尺、光应力计 53 个，每班派专人进行观察、记录。

选矿工艺采用了两段闭路破碎、四级手选的碎矿粗选流程；三级跳汰、六级台洗、粗中粒跳汰尾矿和摇床中矿分别再磨再选的重选流程；磁选分离钨铋、台浮和浮选分选硫和铋精矿的精选和综合回收流程；采用水力分级 – 摇床 – 离心选矿机 – 皮带溜槽分选工艺的细泥处理流程。1999 年的选矿主要指标为：给矿含 WO_3 0.311%，精矿品位 WO_3 为 69.38%，尾矿品位 WO_3 为 0.0452%，选矿综合回收率为 86.6%。1972 年的历史最高选矿回收率为 88.42%。

盘古山钨矿在矿山通风防尘和安全文明生产方面取得显著成绩，曾两次荣获冶金工业部授予的"全国冶金系统环境保护先进单位"光荣称号，获江西省授予的"尾砂处理和绿化环境先进单位"光荣称号。该矿还是冶金矿山兴建了矿山公园和大型体育运动场的企业，既改观了矿山环境面貌，又改善了职工的文化生活，1984 年荣获"文明矿山"称号。

5.4　荡坪钨矿

荡坪钨矿是一座中型钨矿山。矿区分布于江西省大余县和崇义县境内，矿部设于大余县荡坪镇。最早属西华山钨矿的一个分矿场，是我国最早采用常温浮选法生产白钨精矿的矿山。1917 年被发现，1918 年在荡坪、生龙口、洪水寨矿点开始民采露头黑钨矿石，1919 年开始民间私人爆破采矿，并采用桶洗、槽洗等手工作业生产钨砂，1932 年民采盛采期时，采钨砂民工达 4500 余人，当时钨砂年产量达 2625 t，据不完全统计，仅生龙口矿区就达 9000 担（每担为 100 kg）；洪水寨矿区达 3500 担。1936 年国民政府江西钨砂局在此开办"自办工程"，由第十事务所管理，后隶属于国民政府资源委员会钨业管理处。1949 年中华人民共和国成立后，设立钨砂收购站，成为西华山钨矿的分矿场。1954 年全部民窿收归国有，并成立荡坪钨矿，设立生龙口、小樟坑和半边山三个坑口，开始国营生产。1955 年 3 月生龙口日处理合格矿 50 t 的机选厂投产；1957 年 1 月半边山日处理合格矿量 80 t 的机选厂投产；1958 年 1 月小樟坑处理能力 125 t/d 的机选厂建成投产，该机选厂 1964 年扩大能力至 250 t/d，在 1958 年这三座选厂合格矿处理能力达 225 t/d，平均年产钨精矿 460 t；1960 年洪水寨的 125 t（合格矿）/d 机选厂建成投产；1961 年九龙脑 80 t/d 机选厂投产。至此，生龙口、小樟坑、半边山、洪水寨、九龙脑、柯树岭六个坑口全部由手工作业转变为机械化或半机械化生产，全矿合计选矿能力达到 460 t（合格矿）/d，年产钨精矿 830 多 t。1966 年 5 月宝山铅锌钨矿区开始建设，1968 年选矿能力为 300 t/d 的宝山白钨选矿厂建成正式投产，1976 年樟东坑 125 t

（合格矿）/d 的选矿厂建成投产。目前该矿尚拥有宝山、樟东坑、半边山三个坑口，四座选矿厂。至 1983 年，全矿拥有采矿设备 1089 t、选矿设备 468 t、机械维修设备 272 t、车辆运输设备 152 t。2010 年生产钨精矿和综合回收铅、锌、铜、钼、铋精矿，合计年产量 2268.1 t，其中钨精矿 1137 t。该矿是目前我国钨矿山中除柿竹园外的综合回收产值占总产值比例最高的矿山，1999 年该矿综合回收产值占矿山总产值的比例达 49.17%。2010 年资产总额为 8639 万元，从业人员 935 人，实现工业总产值 1.07 亿元，利税总额 4685 万元。1979 年该矿曾获由江西省授予的"大庆式企业"称号。

荡坪钨矿的钨矿资源较分散，矿床主要分为黑钨矿床和白钨矿床两大类。黑钨矿床中，小樟坑、半边山矿区属内接触带高温热液石英大脉型钨铍矿床；樟东坑矿区属外接触带石英大脉型钨矿床。宝山矿区属接触交代矽卡岩型铅锌白钨矿床。黑钨矿床采用平窿及盲井开拓或平窿溜井开拓；采用浅孔留矿法和全面法 + 留矿法的联合采矿法采矿，采矿贫化率为 86%～75%，采矿损失率为 8%～4%。采掘万吨比为 450～500。白钨矿床采用平窿－盲斜井开拓，采用以留矿法为主联合采用全面法、深孔柱采、深孔崩落等采矿方法，采矿贫化率为 10% 左右，回采率达 85% 以上。2012 年全矿的采掘总量为 48.3 万 t，出窿原矿 39.2 万 t，生产钨精矿 1006 t。

选矿工艺：对黑钨矿采用两段闭路或开路碎矿、手选丢废的破碎粗选流程，曾在樟东坑选矿厂预选中采用过光电选矿工艺丢废，半边山选厂采用了动筛跳汰工艺丢废；采用三级跳汰、四级摇床、一段磨矿的重选流程；采用细泥集中用离心选矿机—摇床分选的细泥处理工艺。产品为 WO_3 品位 33%～40% 的毛精矿。樟斗选厂最高回收率为 87.45%。

宝山选厂对白钨矿采用浮选工艺分选。出窿原矿经两段一闭路碎矿流程，粗碎后分 -120 + 50 mm 和 -50 + 10 mm 两粒级进行正手选，丢弃 18% 的废石，这是我国迄今为止唯一采用手选预先丢废的矽卡岩白钨矿；合格矿石磨矿至 -0.074 mm 占 60%～63% 后，优先混合浮出铜铅混合精矿，再分离浮选得到铜精矿和铅精矿；混合浮选尾矿再浮出锌硫混合精矿，锌硫分离后得到锌精矿和硫精矿。硫化矿浮选尾矿用 Na_2CO_3、Na_2SiO_3 和 NaCN 调浆，以 731 氧化石蜡皂为捕收剂，经一粗一精三扫粗选流程浮得白钨粗精矿。粗精矿经一粗五精二扫的常温浮选流程，获得含 WO_3 67% 的一级白钨精矿，白钨回收率为 80%。为满足用户需求，该选厂还将一级白钨精矿用一粗三精三扫的加温浮选工艺精选得到含 WO_3 73.6% 的特级白钨精矿，精选回收率达 96%。所生产的特级白钨精矿于 1984 年获国家优质产品金奖。

5.5 漂塘钨矿

漂塘钨矿是一座中型钨矿山，位于江西省大余县境内，漂塘矿区面积 4.8 km²，主要矿化面积 1.2 km²，区内有细脉带 16 条，大脉 47 条。矿区内除含钨锡外，还伴生有铋、钼、铜、铅、锌等有价元素可供综合回收。唐、宋时期就有人在此开采过锡矿，钨矿则继西华山后于 1918 年被发现，漂塘和大龙山矿区开始民采。起初，开采河沟冲集矿砂和山牛顶南坡一带的砂矿，后来发展到开采矿脉，至 1925 年上山民工达两千余人，1946 年矿区属民国政府资源委员会第一区特种矿产管理处西华山工程处管辖，1949 年解放后成立西华山钨矿漂塘分场，1954 年漂塘矿区收回民窿，8 月 1 日成立漂塘钨矿，当年，处理能力 50 t/d 合格矿的漂塘选厂建成投产；1955 年大龙山矿区收归国有，5 月 5 日开始建设处理能力为 50 t/d 的大龙山选厂，8月1日建成投产；1957年将漂塘选厂处理能力扩大至125 t/d，大龙山选厂处理能力扩大到80 t/d；1958年收回左拔矿区民窿，成立左拔分场，漂塘选厂处理能力扩建至250 t/d，大龙山选厂处理能力扩大到125 t/d；1959年收回棕树坑民窿，成立棕树坑分场，左拔处理能力50 t/d选厂建成投产后扩产至80 t/d；1960年棕树坑处理能力50 t/d选厂投产，后又扩建为125 t/d，于1966年建成投产；至此，漂塘钨矿拥有四个生产单位，最高年产钨精矿2300 t。1984年漂塘本坑建成500 t/d的大江选矿厂，后扩产至1000 t/d；为接替生产能力快消失的其他矿区，1991年将尚保有WO₃储量8.7万t的漂塘本坑采选系统进行技术改造，使其采选综合原矿处理能力达到2500 t/d、钨重选毛精矿1700 t/a的能力。1994年在大江选厂和大龙山新建多金属综合回收车间，精选大江选厂和大龙山选厂的重选毛精矿，并综合回收钼、铋、锡、铜和锌，毛精矿处理能力达2430 t/a，从此结束了漂塘钨矿长期以来只生产毛精矿的历史。2010年利用关闭破产的有效资产，组建国有控股的江西漂塘钨业有限公司，成为具有年采掘生产能力60万t、钨精矿生产能力1400 t/a、拥有员工1359人（其中技术人员200人）的新型国有控股企业。2012年拥有资产总额1.91亿元，采掘总量达71万t，出窿原矿62万t；生产钨精矿1493 t，工业总产值达2.24亿元，实现利润6000万元。钨、锡和钼的选矿回收率分别为80.9%、77.58%和70.59%。

漂塘钨矿区属汽化高温热液充填型石英细脉钨矿床。采用平窿竖井联合开拓方式，漂塘本坑开拓了378 m主平窿、5个溜矿井，将上部矿放至主平窿，深部采用盲竖井提升；采矿全部采用浅孔留矿法。1989年的主要采掘技术经济指标为：采矿综合贫化率21.9%；采矿损失率3.4%；采矿工效为13 t/工班，其中房采11.6 t/工班，切采7.1 t/工班，残采33.6 t/工班；掘进工效为0.19 m/工班，采掘万吨比为111.7。采矿工人实物劳动生产率为651.5 t/a。

选矿工艺：漂塘钨矿大江选厂采用三段一闭路破碎、手选+光电选预选丢废的碎矿粗选流程；两级跳汰+磨后跳汰、四级摇床、两段磨矿（其中一段为中矿再磨）的重选流程；离心选矿机－皮带溜槽的细泥处理流程；重－磁－浮综合工艺的精选、综合回收流程。1989年重选指标：原矿品位WO₃0.137%、Sn0.119%，毛精矿品位WO₃24.34%、Sn20.95%，回收率WO₃84.94%、Sn87.08%；1999年原矿含WO₃0.328%、Sn0.103%，获钨精矿含WO₃69.09%，钨的选矿回收率80.0%；锡精矿含Sn71%，锡的选矿回收率67.3%。

该矿大龙山选厂是我国极少数重选尾矿进行了综合回收生产的钨选厂。该选厂将－2 mm重选尾矿磨至－200目为89.5%后，先进行钼铋混合浮选，再钼铋分离，得到钼精矿和铋精矿，从含钼0.07%~0.12%、含铋0.03%~0.05%的尾矿中，获得特级钼精矿和含铋36.7%的铋精矿，钼和铋的回收率分别达到84.55%和37.95%，取得了显著的回收效果。

5.6 瑶岗仙钨矿

瑶岗仙钨矿是一座中型钨矿山，是我国发现和开采得最早的钨矿之一，位于湖南省宜章县境内。据记载，"民国三年，长沙高等工业学校学生于瑶岗仙拾得乌石一方，误以为方铅矿，而送与华昌公司，该公司乃向省政府领得采铅矿之矿照，后该公司知为钨矿，即行改换执照"，据此，瑶岗仙钨矿是1914年被发现的，并开始民采。1947年，国民政府资源委员会第二区特种矿产管理处收回部分矿权，于10月成立瑶岗仙工程处，开始部分国营开采，试行用机械化开采，1948年拥有45 HP煤气机和50 kW发电机一套、30 kW柴油发电机一台、

20 PH 电动发电机 2 台、手提式凿岩机 2 台。机械开采只试用了三个月，掘进 5.1 m，产钨砂 251 kg，因工效太低，后停止使用，直至 1949 年。1954—1955 年，矿山进行了机械化采选工程的基本建设，1955 年 5 月 9 日廖子塘日处理能力 250 t 的机选厂建成投产，1957 年选厂重选流程改造，处理能力提高到 500 t/d；从 1957 年至 1964 年和 1979 年进行了多次技术改造，使矿山综合采选矿石能力达到 1300 t/a、34 万 t/a，钨精矿生产能力达 1200～1300 t/a。1966 年氯化焙烧除锡工艺投产。2000 年进行了国有资产股份制改革，成立了国有控股的湖南瑶岗仙矿业有限责任公司；2001 年末，有从业人员 2040 人，工业总产值 4174 万元；2012 年完成采掘总量 53.6 万 t，生产钨精矿 2320 t，实现营业收入 2.65 亿元、利润 5402.7 万元、税费 6200 多万元。

瑶岗仙钨矿拥有高温热液充填石英脉黑钨矿和矽卡岩 - 砂岩细脉（浸染）型白钨矿两种矿床，目前只开采了黑钨矿床，正积极准备开采白钨矿床。1999 年保有白钨矿 WO$_3$ 地质储量 20.446 万 t。黑钨矿床采用平窿 - 溜矿井 - 辅助竖井联合开拓方式开拓，采用以浅孔留矿法为主的采矿方法。采矿掌子面工效为 10.2 t/工班；掘进掌子面工效为 0.39 m/工班。2001 年的采矿贫化率为 57.6%，采矿损失率 15.4%。

选矿工艺采用三段一闭路的碎矿流程；两级手选部分设于主平窿口的粗选段，废石选出率为 48%～57%，该矿还应用过自制的 YG—40 型激光光选机预选 22～50 mm 矿石，对给矿的废石选出率可达 90.4%，脉石回收率为 87.7%。重选采用三级两段跳汰、四级摇床工艺，对跳汰尾矿进行两段磨矿，第一段粗、中粒跳汰尾矿进入第一段磨矿，磨矿产物进入第二段跳汰（磨后跳汰），二段跳汰尾矿和各矿砂摇床中矿呈大闭路返回合格矿分级筛分。细泥采用刻槽矿泥摇床处理。精选和综合回收采用台浮和浮选脱硫，用磁选分离钨锡，用浮选、电选和磁选进行白钨、锡石分离，还应用了氯化焙烧工艺除砷和锡。选矿产品有黑钨精矿、白钨精矿、锡精矿、铅精矿和铜精矿。1999 年的主要选矿技术经济指标为：原矿品位 0.34% WO$_3$，精矿品位 65% WO$_3$，尾矿品位 0.049% WO$_3$，选矿回收率为 85.6%。

近年来，该矿加强了生产探矿，积极推进扫边探盲工作，2010 年探矿获黑钨矿脉 41 条，获得钨矿储量（WO$_3$）2900 t。积极推进裕新多金属矿床技改项目，预计总投资 6.7 亿元，建成投产达标后，可年产白钨精矿 4500 t、钼金属量 166 t、铋金属量 577 t，可实现年销售收入 6 亿元，年利税 2 亿元以上。

5.7　柿竹园有色金属矿

柿竹园有色金属矿，地处湖南省郴州市境内，其前身为湖南郴州东坡有色金属矿。2001 年改制为柿竹园有色金属有限责任公司，隶属于中国五矿湖南有色集团，是集采矿、选矿和冶炼为一体的国有大型企业，也是我国目前最大的以钨为主的多金属矿山，其 1999 年已探明 WO$_3$ 的储量达 77.63 万 t、铋金属储量 30 万 t、钼金属储量 13 万 t，是目前世界罕见的特大型多金属矿床；是我国近期钨矿资源开发利用的主要基地之一，也是我国正在开发中的有色金属矿产综合利用的重要基地。矿区面积 17.7 km^2。由于地质品位低、成分复杂、可回收金属多、嵌布粒度细等，致使选矿回收难度大。20 世纪 70 年代初开始进行小规模选矿试验，自 1971 年建立规模为 50 t/d 的试验选矿厂以来，经过与全国许多著名科研院所、高等学校通力合作，从"八五"至"十一五"规划的 20 多年科技攻关，终于较好地解决了回收矿床中各有价金属的合理工艺问题。1979 年进行了 733 法浮选工艺半工业试验；1980 年进行了重－浮－磁－浮工艺半工业试验和浮－重－浮－磁－浮工艺半工业试验；1995 年进行了重－浮工艺半工业试验；1996 年进行了 CF 法浮选工艺半工业试验；1998 年进行了 GY 法浮选工艺半工业试验；2001 年进行了"柿竹园法"工业试验。钨的选矿回收率不断提高，并趋于稳定，最终"柿竹园法"在工业生产中被广泛采用。2012 年柿竹园有色金属矿具有采掘能力 50 万 t/a，选矿处理能力 157 万 t/a，冶炼能力 3000 t/a。主要产品有钨、钼、铋、铅、锌、磁铁、硫铁、萤石、铜、锡精矿和高纯铋、氧化钼。企业总资产 21.6 亿元，净资产 10.7 亿元。有员工 2506 人。年产钨精矿 5498 t，钼精矿折合量 1596 t，高纯铋 1357 t。实现年产值21.975亿元，完成销售收入 21.43 亿元，利润 2.1 亿元，税费 1.9 亿元。

柿竹园矿属矽卡岩－云英岩钨钼铋类型矿石，钨矿物有白钨矿、黑钨矿和钨华，白钨矿和黑钨矿的比例约 7:3；伴生有价金属矿物主要有辉铋矿、辉钼矿、锡石、黄铁矿、黄铜矿、方铅矿、闪锌矿，伴生有价非金属主要有萤石。有用金属矿物呈非均匀细粒嵌布。1998 年以前，选矿工艺主要采用钼铋硫全浮和用 733 氧化石蜡皂浮钨的"733 法"，生产的钨精矿，品位较低、选矿回收率不高，资源浪费大，效益差。2001 年以后采用了以螯合捕收剂浮钨为核心、钼铋等可浮回收的"柿竹园法"全浮选矿工艺：以高效螯合物 CF 和 GY 为捕收剂、少量脂肪酸为辅助捕收剂，硝酸铅为活化剂，水玻璃为主的组合抑制剂，进行黑钨和白钨混合浮选；采用加温改良型的彼得罗夫法进行白钨和黑钨的分离，得到白钨精矿和黑钨精矿；采用钼铋等浮再分离获得钼精矿和铋精矿；钼铋等浮的尾矿进行铋硫混浮再分离得到铋精矿和硫精矿。采用"柿竹园法"与原来的"733 法"比较，钨精矿回收率由54.11%提高到 67.44%；钼精矿回收率由 83.17%提高到 86.02%；铋精矿回收率由 60.32%提高到 72.96%。

2012 年 6 月 21 日实现了露天采矿装药量 419 t 的大爆破，一次崩落原矿 113 万 t。

该企业"八五"期间开始生产铋锭，1991 年建设了一座年产铋锭 100 t 的冶炼厂，"九五"期间通过技术改造，铋锭生产能力达到 300 t/a。2001 年又新建了一座 10 m² 的反射炉，使铋锭生产能力扩大一倍，达到 700 t/a，经过多次扩能改造，使 2012 年铋锭生产能力达到 3000 t。该企业是目前亚洲最大的铋冶炼生产企业，所产"柿竹园牌"铋锭，曾获 1997 年巴黎世界博览会金奖，为出口免检产品。

5.8　湘西金(钨)矿

湘西金矿在 1976 年 6 月以前称谓湘西钨矿，是我国最早作为钨矿床开采的金－锑－白钨矿山，在柿竹园有色金属矿正式开采以前，是我国开采的两个统配白钨矿之一。该矿位于湖南省沅陵县和桃源县两县境内，于 1875 年(清光绪元年)发现金矿和锑矿，解放前矿山包括沃西、东安、西安、桃安和冷家溪五个集中矿区，1950—1971 年先后关闭东安、桃安和冷家溪三矿区。最初矿床只当作金矿，1943 年在此发现白钨，当时在炼金过程中，发现一层白色带灰的杂质，性硬质重，且难熔化，当地矿工说"这就是吃金子的白蚨，生金不生蚨"，这与在此之前于云南个旧发现的称为"白钨"的矿石极为相似，后在冷家溪几个采金窿内果然发现大量这种称为"白钨"的矿石，至此，伴黄金而含于石英脉中的白钨在湘西被发现，1946 年又发现西安和沃西的白钨矿。解放前该矿区的矿产除冷家溪由当时湖南省政府建设厅官办外，其余均系私商开采，私商经营 36 个公司，开采 41 个矿点。1952 年人民政府接收全矿区改为国营，设立沅陵工程处后改为沅湘管理处，1953 年改名湘西钨矿。1952 年开始采用斜井开拓方式开拓，使用风钻凿岩，1954 年改为湿式凿岩。1955 年建成沃溪处理能力 5075 t/d 选厂一座，1957 年建成西安、桃安处理能力 75 t/d 半机械化选厂各一座。1958 年井巷开展正规基建，采用削壁充填法采矿，年采矿能力达 21.7 万 t。1979 年处理能力 500 t/d 的新机选厂建成投产，矿石采选综合生产能力达 29.5 万 t/a，钨精矿生产能力达 1200 t/a。1983 年全矿有员工 3837 人，生产白钨精矿 963 t、黄金 3168 市两、精锑 99.1 kg。仅 1949—1983 年就累计生产白钨精矿 36432 t、精锑 52292 t、黄金 362745 市两，累计上缴利润 1.78 亿元、税金1159 万元。

湘西金矿的钨矿床以沃溪矿区为主，属于典型的中、低温热液充填石英脉型自然金 - 辉锑矿 - 白钨矿床。西安矿区属中、低温热液充填石英网脉状白钨矿床。矿床开拓采用竖井 -多段斜井联合开拓和斜井 - 平窿联合开拓方式。根据缓倾斜薄矿脉的矿床特点，采矿方法以削壁充填法和全面法为主，还采用了少量的房柱法和尾矿密接充填法。1983 年的采矿贫化率为 35%，采矿损失率为 5.59%，采矿掌子面工效为 4.01 t/工班，掘进掌子面工效为0.35 m/工班。生产工艺 1965 年以前采用"先炼后选"的流程，1965 年以后改为现行"先选后炼"的流程。选矿工艺采用阶段磨矿、阶段分选的重选 - 浮选联合流程，即合格矿经第一段磨矿分级后，用摇床分选得到金精矿和金锑钨混合精矿，混合精矿再用溜槽选得金精矿；金精矿用混汞法获得汞金，溜槽尾矿采用金锑混合浮选得到金锑混合精矿，送冶炼分离金和锑；金锑混浮尾矿用摇床得到粗粒白钨精矿。第一段磨矿摇床尾矿经第二段闭路磨矿后采用混合优先浮选，依次获得金锑混合精矿和细粒白钨精矿。1983 年原矿含 WO_3、Sb 和 Au 分别为 0.316%、1.492% 和 3.928 g/t，WO_3、Sb 和 Au 的选矿回收率分别为 82.97%、96.59% 和87.69%。

5.9 石人嶂钨矿

石人嶂钨矿是广东省生产规模最大的一座中型钨矿山，位于广东省始兴县境内。矿区于1917 年至 1918 年间被发现，并开始民采。1953 年至 1958 年期间陆续将矿区民窿收归国有，1957 年石人嶂坑口建成处理合格矿能力为 125 t/d 的机选厂，1972 年扩产达到处理能力为375 t/d，1977 年新建重介质旋流器选别丢废系统，使合格矿处理能力达到 450 t/d，相当于出窿原矿 900 t/d 以上。除文政坑和河口山坑口先后采完闭坑外，还有石人嶂、梅子窝、师姑山单独设置选矿厂的坑口生产，全矿合计矿石采选综合处理能力为 63 万 t/a。产品为含 $WO_3$25% 的钨中矿，钨中矿生产能力为 4700 t/a，1984 年拥有设备总重 2365 t，职工 3104 人。1999 年产钨精矿（65% WO_3）820 t。

石人嶂矿区的矿床均属于高温热液裂隙充填型石英脉黑钨矿。矿床采用平窿 - 溜矿井 -盲竖井（斜井）的联合开拓方式开拓，均采用浅孔留矿法采矿，采矿贫化率为 65% 左右，采矿损失率为 9%；采矿掌子面工效为 12.3 t/工班，掘进掌子面工效 0.46 m/工班。选矿工艺均采用通用重选流程，生产钨中矿送韶关精选厂精选，处理原矿品位为 WO_3 0.217%，获含WO_3 25% 的钨中矿时，选矿回收率为 91%。1999 年选矿主要技术经济指标：处理原矿 19.8万 t/a，原矿含 WO_3 0.535%，尾矿含 WO_3 0.032%，钨中矿含 WO_3 25%，产出钨精矿的选矿回收率为 80.4%。

5.10 莲花山钨矿

莲花山钨矿是新中国成立以后才发现和开采的小型钨矿山，该矿床是我国首次发现的世界少有、新型工业类钨矿床，属于难选钨矿石。

莲花山钨矿位于广东省澄海县境内。矿区于 1956 年被发现并开始民采，1958 年收归国有，并于当年处理能力 125 t/d 的机选厂建成投产，1961 年扩建为 250 t/d，1978 年又扩建成 500 t/d 的粗选厂，1981 年建成日处理能力 72 t 的精选厂。至此，具有年采选矿石 15 万 t、年产钨精矿 600 t 的生产能力。最高产量的 1985 年产钨精矿 721 t，1958 年至 1999 年累计生产钨精矿 16274 t，1990 年末有员工 961 人。

莲花山钨矿床属斑岩型网脉状硫化物 – 黑钨 – 白钨共生矿床，黑钨、白钨同时富集，都有工业价值。矿石构造以网脉状、角砾状、细脉充填及浸染状为主。矿体与围岩无天然分界线，矿石性质复杂，钨矿物粒度粗细不均匀嵌布，黑钨和白钨在脉石中均呈星散分布，亦与硫化矿共生，破碎至 – 5 mm 时大多数钨矿仍呈连生体存在，而且有许多钨均匀分散于褐铁矿、石英、云母中，分散于褐铁矿中的钨系呈类质同象或离子吸附态，矿石可选性较差。矿石含共生矿物多达 38 种，其中钴、金、银、铜、铋等元素都具有综合回收价值，至 1990 年底，保有储量中有 Au 1.4 ~ 1.6 t，Ag 9.5 ~ 11 t，因矿石含硫砷高，综合回收难度较大。

矿床开采分为露天采矿和坑道采矿两类采矿方式，标高 360 m 以上矿体采用漏斗采矿法进行露天剥离和采矿；其余矿体采用水平扇形深孔阶段矿房法和垂直扇形中深孔阶段矿房法进行坑道采矿。1983 年的坑采采矿工班工效为 31.48 t/工班，掘进工班工效为 0.312 m/工班。选矿工艺采用三段一闭路的碎矿流程，合格矿粒度为 – 5 mm；粗选（重选）流程采用两级三段跳汰（第二段为第一段跳汰尾矿磨后跳汰；第三段跳汰是第二段跳汰尾矿的磨后跳汰），两段摇床选别，第一段摇床分选一段跳汰的尾矿；第二段摇床分选第三段跳汰的尾矿，细泥采用摇床回收，粗选段产出重选粗精矿含 WO_3 3.5% ~ 5%。精选采用贫富（硫）分磨，二级台浮和浮选脱硫，摇床再富集，最后采用磁选和电选分离黑钨和白钨，获得黑钨精矿和白钨精矿。原矿品位为 0.658% WO_3 时，获得钨精矿含 WO_3 65.93%，总尾矿含 WO_3 0.343%，（其中粗选尾矿品位为 0.211%，精选尾矿品位为 0.992%），选矿总回收率为 48.16%，其中粗选段为 70.90%，精选段为 79.79%，磁电选段为 84.94%。该矿最好的选矿综合回收率为 54.15%。

下　篇

钨及伴生金属选矿工艺

6 黑钨矿的选矿工艺及发展

黑钨矿是我国钨矿开采一百年来最主要的矿种,长期以来钨矿选矿工艺的发展,无论是试验研究还是生产实践,基本上都围绕着黑钨矿的选矿进行。在黑钨矿选矿技术上取得了非凡的进展,积累了丰富的经验,选矿技术居国际先进水平,中国黑钨精矿数量和质量在世界独占鳌头。因此,论及中国钨选矿工艺的发展,最主要就是黑钨选矿工艺的发展[3]。

6.1 黑钨矿石

6.1.1 黑钨矿分类

在前面的 4.1 节已提及,黑钨矿按其成分中含锰和含铁的多少可分为钨铁矿、钨锰铁矿和钨锰矿。钨铁矿通常是长条状、稍扁平,往往带条纹的晶体,晶体呈劈片形(楔形)外观,条痕为暗红色;钨锰铁矿通常呈短棱柱形,稍微偏平或板状晶体,往往带条纹,条痕为暗褐色;钨锰矿通常呈棱柱形到长棱柱形,往往是扁平板状晶体,带有条痕和凹痕,条痕为棕红色到绿黄色。这三类黑钨矿的物理性质和化学性质详见表 6 – 1。

表 6 – 1 黑钨矿类矿物的主要物理性质和化学性质

性质	钨铁矿	钨锰铁矿	钨锰矿
化学式(纯矿物)	$FeWO_4$	$(Fe, Mn)WO_3$	$MnWO_4$
WO_3 含量/%	76.3	76.5	76.6
Mn 含量/%	0 ~ 3.6	3.6 ~ 14.5	14.5 ~ 18.1
Fe 含量/%	18.4 ~ 14.7	14.7 ~ 3.7	3.7 ~ 0
晶体结构	单斜晶系	单斜晶系	单斜晶系
解理	沿斜轴面	沿斜轴面	沿斜轴面
相对密度	7.5	7.1 ~ 7.5	7.2 ~ 7.3
莫氏硬度	4 ~ 4.5	5 ~ 5.5	5 ~ .5.5
颜色	黑色	暗灰色到黑色	红褐色到黑色
条痕	暗褐色	暗褐色	棕红色到绿黄色

续表 6 – 1

性质	钨铁矿	钨锰铁矿	钨锰矿
韧性	极脆	极脆	极脆
光泽	半金属光泽到金刚光泽	半金属光泽到金刚及树脂光泽	半金属光泽到树脂光泽
透明度	解理面不透明到半透明	不透明	微透明至不透明
磁性	弱磁性	弱磁性	弱磁性，但置火焰上燃烧后不显磁性
通常产状	结晶完整，块状结晶	不规则块状，板状结晶的放射状集合体	薄板状晶体的放射状集合体

我国黑钨矿种是以钨锰铁矿为主，唯有浒坑钨矿床中的黑钨矿为钨锰矿，故就其特点作一简介。该钨锰矿含 WO$_3$73.82%、MnO 20.29%、FeO 2.37%；在大脉矿床中，呈板状结晶，具有与 C 轴平行正轴面(100)和斜轴面(101)两组解理，结晶最大者轴长达 10 cm，一般晶形甚小，或被错碎成瓦状及呈浸染状分布，此外，尚有呈针状、块状产出。物理特性：颜色为黑色至褐黑色，条痕红褐色，具金属光泽，性脆，解理发育，易破碎。产状：结晶体均产于块状石英脉中，靠近脉壁且垂直脉壁，或以钝角相交，有时富集成囊状分布于矿脉中心；在条带石英脉中钨锰矿呈浸染状或条带状分布，具压碎结构；在蚀变围岩中呈星散状分布，或沿围岩的细小裂隙充填成脉状，但均极为罕见。在细脉状矿体中，钨锰矿呈针状、板晶产出，晶体完整，具平行正轴面和斜轴面节理，晶体较小，一般为 1 cm 左右，多产于细脉两壁。钨锰矿常被石英、长石、黄铁矿所穿切，有的也呈浸染状分布于近矿围岩中，呈星散状或富集成囊状。

由于钨锰矿与一般钨锰铁矿的性质差异，使得浒坑钨矿的选矿工艺与我国其他一些黑钨矿山有稍许不同(后面有专门叙述)。

6.1.2 黑钨矿床的特点

如 1.1 节所述，中国钨矿工业类型矿床中，有石英大脉型、细脉型、网脉型和细脉浸染型等类型，石英脉黑钨矿床是中国开采最早和最主要的钨矿床，也是近百年我国钨矿采选工业的主要场所和钨精矿的最主要产地。

石英脉钨矿是在地壳形成的岩浆晚期至岩浆期后的高温和中温热液充填围岩的裂隙而形成的。在地质活动中，当岩浆和和伴随含钨热液流侵入围岩时，在围岩中产生了一定的裂隙形式，这些裂隙区一般处在比岩浆夹带热液流体更低的压力下，这种压力差可能很大，特别是在浅成侵入岩浆的情况下，热液流体猛烈地涌入裂隙中，如果侵入和早期无关的作用所引起的围岩裂隙相当大时，则含钨热液流体会离开母岩浆而移动很长距离(以至形成长度很大的矿脉)。流体离开岩浆后，温度和压力通常迅速发生变化，这种物理变化再加上流体中溶解或沉淀元素引起的化学变化，造成了热液的一系列矿物的沉淀，这些矿物充填了裂隙而成为脉状矿体；由于成矿作用通常为裂隙的扁平形状所限制，所以矿体也是扁平状的[4]。

石英脉黑钨矿床矿脉厚度从几毫米至几米，矿脉延深从几米到几百米，矿脉长度从几米到几百米，甚至上千米。石英脉矿床可以形成超大型的黑钨矿床，例如：西华山钨矿床就有矿脉 400 多条，矿化面积达 6 km²，已开采一百年；大吉山钨矿床矿脉延深达 800 多米，也有近百年的开采历史，一直维持了较高的钨精矿产量。

由于我国石英脉黑钨矿床的矿脉厚度大部分都属于小于 0.5 m 的薄脉型，且埋藏深度大，受采矿方法的限制，矿脉两旁的无矿或矿化浅的围岩不可避免地采入矿石中，以至矿石的贫化率高，一般可达 70% 以上，故都须采用预先富集丢废的选矿工艺。从此角度出发，石英脉黑钨矿床又按围岩划分为变质岩（千枚岩、板岩、页岩等）和花岗岩两大类。这两类钨矿在预富集丢废工艺上存在一定差异，变质岩类钨矿石易于应用光电选矿方法，提高废石选出率，而花岗岩类钨矿石应用光电选矿丢废的效果较差。

在黑钨矿脉中，WO_3 含量的分布不均匀，甚至呈跳跃式变化，在 1 m 间距内可相差数十倍，但往往局部富集或成团聚"砂包"产出。黑钨矿多呈板状、叶片状、针柱状和块状，常构成放射状集合体，单晶体一般为 2～10 cm，长则可达 20～30 cm，小的在 1 mm 以下，呈非均匀嵌布。晶体多垂直或斜交于脉壁生长，呈梳状、条带状结构，砂包矿体呈块状。这就决定了黑钨矿的选矿需实施按粒级分选、阶段磨矿的工艺。

钨矿床由于成矿具有多期、多阶段、成矿物质多来源和多种成矿作用特点，以致矿物组分复杂，石英脉黑钨矿床的矿物成分多达 60 多种，组成的元素也有 60 余种。钨矿物除黑钨矿外还有少量白钨矿。事实上，我国极少存在单纯的黑钨矿矿床，几乎所有的黑钨矿床中均伴生有少量白钨矿；白钨矿是脉钨矿床形成过程晚期的产物。晚期富钙的成矿溶液与早期形成的黑钨矿产生交代溶融作用，普遍可见白钨矿沿黑钨矿解理、裂隙充填交代现象，以致形成细脉状、网脉状结构。此外，白钨矿也常呈星散状或团块分布于黑钨矿的边缘和间隙中，在脉石英和晶洞中有时亦可见白钨矿的四方双锥晶体。单晶粒度小于黑钨矿，个别含白钨矿较多的黑钨矿床，例如小龙钨矿床中白钨矿粒度较粗，晶体的横切面对径可达 3 cm，长 4～5 cm。而大吉山钨矿床的白钨矿的粒度就较小，粗者仅 1～2 mm，多数小于 1 mm。选矿时白钨矿一般到 0.3～0.7 mm 才能基本解离。

石英脉黑钨矿床中伴生的有价元素还有锡、铋、钼、铜、铅、锌、银、钽、铌、铍、稀土元素、硫等。

6.1.3　黑钨矿的主要产地

中国黑钨矿床在江西、湖南、广东、广西、云南等省（区）都有分布，最主要分布于地壳运动燕山期形成的赣湘粤南岭褶皱区，包括赣南、粤北、湘东南地区，这里是中国黑钨矿最大的产地。具体分布如下：

江西省

大余县的西华山、漂塘、大龙山、九龙脑、洪水寨、石雷、新安子、荡坪、生龙口、樟斗、下垅、左拔、棕树坑。

崇义县的茅坪、淘锡坑、大坪、柯树岭、杨眉寺。

于都县的盘古山、黄沙、铁山垅、上坪、隘上、白石山。全南县的大吉山、官山。

定南县的岿美山。兴国县的画眉坳、雷公地。安福县的浒坑、武功山。

泰和县的小龙。分宜县的下桐岭。宜春县的旱占龙。遂川县的良碧洲。

丰城县的徐山。

广东省

始兴县的石人嶂、梅子窝、师姑山。曲江县的瑶岭。南雄县的棉土窝。翁源县的红岭。连平县的锯板坑。梅县的琯坑、洋塘。怀集县的多罗山。英德县的八宝山。澄海县的莲花山。五华县的汶水。

湖南省

宜章县的瑶岗仙。汝城县的白云山。茶陵县的湘东(邓阜仙)。衡南县的川口、三角潭。临武县的东山。

广西壮族自治区

钟山县的珊瑚、长营岭。罗城县的平硐岭。武鸣县的大明山。

云南省

个旧市的卡房(伴生黑钨)、松树脚(伴生黑钨)。泸水县的石缸河、五叉树。中甸县的麻花坪。栗坡县的南秧田、九道湾、老君山。

福建省

清流县的行洛坑(黑白钨混合矿)。

6.1.4 黑钨矿石的特性

(1)石英大脉型黑钨矿石特性

①变质岩类钨矿石。

下面以大吉山钨矿和盘古山钨矿为代表,叙述围岩为变质岩的石英大脉型黑钨矿石的特性。

A. 大吉山钨矿石的特性。

大吉山钨矿床产于前泥盆纪沉积变质砂岩中,属高温热液裂隙充填型石英脉矿床。矿床由若干石英脉组成,石英脉厚 $0.1 \sim 3$ m(平均 $0.3 \sim 0.8$ m),沉积变质岩在某些地方被闪长岩和花岗岩成分的细小侵入体破坏。矿田面积 1 km^2。

出窿原矿石特性:块度 $350 \sim 400$ mm,含泥量 $6\% \sim 7\%$,含水分 $2\% \sim 5\%$,相对密度 $2.7 \sim 2.8$,堆密度 $1.7 \sim 1.8$ t/m^3。

金属矿物有:黑钨矿($2\% \sim 3\%$)、白钨矿(0.5%)、少量钨华。其他伴生金属矿物主要有辉钼矿、辉铋矿和自然铋、磁黄铁矿、黄铁矿、白铁矿、毒砂、辉铜矿、铜兰、斑铜矿、铍、铁和锰的氢氧化物,还有极少量孔雀石、方铅矿和闪锌矿。

非金属矿物有:石英($50\% \sim 52\%$)、云母(白云母、铁锂云母、绢云母、绿泥石)(约25%),方解石($5 \sim 6\%$)和少量电气石、石榴石、绿帘石、金红石、磷灰石及锆石。

金属矿物总量占矿物总量的 $4.5\% \sim 6.5\%$。

黑钨矿和白钨矿在矿石中分布不均匀,在石英中呈粗、中粒嵌布,在变质石英云母页岩中呈细小包裹体,粒度为 $0.01 \sim 0.04$ mm;黑钨矿颗粒有 $10\% \sim 25\%$ 为中等大的嵌布体,钨矿物也与硫化矿共生。黑钨矿色褐黑,呈厚板状,多与白钨矿相连,紧密共生,有的黑钨矿晶体为白钨矿所交替;也为电气石所交代,黑钨矿多与石英紧密相连,部分黑钨矿与黄铁矿、辉铋矿、辉钼矿紧密共生,与云母相连甚少。单体黑钨矿含 WO_3 75.48%、FeO 10.07%、MnO 13.34%、CaO 0.375%。

白钨矿在矿石中含量较少,成因上与黑钨矿有关,白钨在黑钨矿上呈薄层状,或呈巢状堆积体,白钨矿粒度粗者为 1~2 mm,多数为 0.01~0.6 mm。

钼矿物为辉钼矿,其嵌布粒度为 0.01~0.06 mm,主要与石英、硫化矿、黑钨矿相连,与云母相连较少。

铋矿物主要为辉铋矿,辉铋矿呈柱状,铅灰色,嵌布粒度为 0.01~0.04 mm,至 −0.037 mm 基本解离;主要与石英、磁黄铁矿相连,与辉钼矿相连较少。尚有少量自然铋。

大吉山钨矿出窿原矿的多元素分析见表 6-2。

表 6-2 大吉山钨矿出窿原矿的多元素分析结果

元素名称	WO$_3$	Bi	Mo	Cu	S	Zn	P	MnO	Fe$_2$O$_3$	Al$_2$O$_3$	SiO$_2$
含量/%	0.29	0.03	0.012	0.01	0.32	0.028	0.028	0.25	0.26	9.90	63.06

B. 盘古山钨矿矿石特性。

盘古山钨矿矿床为赋存于泥盆纪高级变质地层中高温热液裂隙充填石英大脉型黑钨矿,属黑钨矿-硫化物型矿石。围岩以硅化板岩、变质砂岩为主,其次为砂岩、板岩和千枚岩。原矿含泥量 6%~7%,含水量 9%。

矿石中主要金属矿物有黑钨矿(钨锰铁矿)、白钨矿、黄铁矿、辉铋矿-斜方辉铅铋矿、辉碲铋矿、自然铋、硫砷铁矿、褐铁矿,还有少量辉铜矿、黄铜矿、毒砂、绿柱石、钛铀矿、锡石、白铁矿、闪锌矿、方铅矿、菱铁矿、锆英石、独居石、磷钇矿等原生金属矿物。次生矿物有钨华、铋华、泡铋矿、臭葱石、孔雀石、水绿矾、钙铀云母、硬锰矿、软锰矿、高岭土、铜蓝、钼华等。

非金属矿物有石英、云母、长石、萤石、方解石、电气石、磷灰石、绿泥石等。

黑钨矿具有以粗粒为主的粗细不均匀嵌布特性。原矿破碎至 16 mm 时就有完整黑钨单体出现,在 0.15 mm 左右黑钨矿基本单体解离,但少数在 0.055 mm 尚未单体解离。

黑钨矿单矿物含 WO$_3$73.32%、Fe13.235%、Mn5.727%。

白钨矿多呈粒状、块状产出,常与黑钨矿共生,有时单独产于石英裂隙中。

辉铋矿呈长柱状、棒状、针状、放射状或块状出现,与黑钨矿、黄铁矿、磁黄铁矿、硫砷铁矿等密切共生。

盘古山钨矿出窿原矿多元素化学分析见表 6-3。

表 6-3 盘古山钨矿出窿原矿多元素化学分析结果

元素名称	WO$_3$	Bi	Fe	SiO$_2$	Cu	Pb	Mn	Al$_2$O$_3$	TiO$_2$
含量/%	0.28	0.04	2.7	81.64	0.0061	0.0029	0.153	7.3	0.38
元素名称	Mo	Yb$_2$O$_3$	Y$_2$O	Sn	MgO	BeO	Li$_2$O	P	
含量/%	<0.005	0.00022	0,003	<0.0044	1.06	0.0026	0.05	0.0718	

②花岗岩类钨矿石。

A．西华山钨矿石特性。

西华山钨矿床位于南岭山脉大余岭北麓花岗岩株的南部边沿，花岗岩株为燕山期复试侵入体，主要由中粒黑云母花岗岩组成。矿床属于高温热液石英脉型黑钨矿，主要充填于花岗岩体中。矿脉一般厚度为 0.2～0.5 m，长度为 200～500 m。深度为 150～400 m，由数百条石英脉构成。矿脉走向相同，构造断裂很少，与围岩接触线明显，为手选丢废石创造了有利条件。在与围岩接触处常见云母边沿有相当强烈的围岩矽化和云英岩化。矿体中黑钨矿的分布极不均匀，特别是矽化和云英岩化脉状花岗岩也有矿化，黑钨矿在其间呈微细星点状嵌布，给选矿带来不利因素。

钨矿石的矿物组成：金属矿物主要为黑钨矿和少量白钨矿，黑钨矿与白钨矿之比为 93:7，此外还有少量钨华；伴生其他金属矿物有辉钼矿、辉铋矿、基性辉铋矿（硫铅铋矿）、锡石、磁黄铁矿、黄铁矿、毒砂、黄铜矿、辉铜矿、铜蓝、磁铁矿、钬和镅的氧化物以及少量孔雀石、方铅矿、闪锌矿等；伴生的稀土矿物有磷钇矿、硅铍钇矿、独居石、黑希金矿、钶铁矿等。

非金属矿物主要有石英，约 59%；长石（正长石、斜长石），约 30%；云母（白云母、黑云母、绢云母），约 10%；方解石 1%～2% 和少量的萤石、石榴石、磷灰石等。

金属矿物总量占矿物总量的 3%～5%。

值得关注的是，该矿石中的稀土矿物丰富，是以花岗岩为围岩的黑钨矿床中所特有的，在 1960 年开始引起注意，当时，南方离子吸附型稀土矿尚未开发利用，这种矿床中的稀土矿物的开发利用就引起了高度重视。中国科学院地质研究所、矿冶研究所，江西有色冶金研究所等科研部门，对该钨矿的围岩及许多选矿产物都进行了多次分析鉴定，并将其作为一种稀土原料基地进行了试验研究，确定了西华山钨矿斜微长石化花岗岩中的硅铍钇矿及黑稀金族矿物含量相当高，硅铍钇矿含量达 76.8～223.4 g/t，黑稀金族矿物含量为 29.3～68.8 g/t，以花岗岩密度为 2.6 g/cm³ 计，硅铍钇矿含量相当于 199.7～580.8 g/m³，黑稀金族矿物含量相当于 76.2～178.9 g/m³，硅铍钇矿含量大于黑稀金族矿物含量。矿体中出现的硅铍钇矿全部为结晶状态，晶体呈斜方柱状，常见为褐绿色，半透明晶体，个别为草绿色，透明度较好，相对密度为 4.2～4.7，磁性为中等。黑稀金族矿物为黑色，碎片呈红褐色透明，常见斜方短柱状及厚板状晶体，贝壳状断口，沥青光泽，表面常有白色薄膜，均发生非晶质化，相对密度 5.45，硬度 6.1。这些都说明西华山钨矿围岩具有利用的价值，也说明为什么南方离子吸附型稀土矿（重稀土和中稀土）产于斜微长石化花岗岩风化壳中。

主要金属矿物的嵌布特点：

黑钨矿：基本与石英相连，很少与硫化矿和云母相连。在脉石中黑钨矿常为 0.01 mm 至 10～15 mm 的聚集体和稀散的单晶体，其中以 0.01～0.7 mm 最多；黑钨矿颗粒常被白钨矿所交代，或含有小的硫化物（磁硫铁矿、黄铜矿、辉铋矿）包裹体，有些黑钨矿的分离体变成钨华，或者在其边缘生成氧化簿层。

白钨矿：大部分与黑钨矿结合在一起，但有时亦在石英中发现白钨矿不规则的单独颗粒，在花岗岩中则少有这种颗粒，在白钨矿颗粒中可见 0.01～0.02 mm 的黑钨矿细粒嵌布体，有些白钨矿与磁黄铁矿及其他硫化矿紧密共生，有些白钨矿表面变成了钨华，白钨矿的嵌布粒度为 0.01～0.4 mm，但以 0.1～0.2 mm 居多。

辉钼矿：呈细鳞片状或较大的聚集体散布于脉石中，辉钼矿往往与黄铜矿、辉铋矿紧密共生，与黑钨矿却不常共生，间或发现一种表面已变成钼钨铋矿的薄层或其他形状的辉钼矿鳞片，辉钼矿嵌布粒度为 0.01~0.4 mm，以 0.1~0.2 mm 居多。

铋矿物包括辉铋矿、斜方辉铅铋矿（基性辉铋矿）和自然铋。辉铋矿在矿石中呈不规则单独矿粒和不大的集合体，基本与黄铜矿结合在一起，与闪锌矿则不常相连，在辉铋矿的矿粒中有时能见自然铋的滴状包裹体，辉铋矿的粒度为 0.001~0.5 mm，其中 0.001~0.2 mm 居多。辉铋矿颗粒有时局部地被斜方辉铅铋矿的薄层和不规则的包裹体所覆盖，可见带有细小辉铋矿包裹体的斜方辉铅铋矿的单独颗粒，粒度为 0.01~0.04 mm。

闪锌矿：呈不规则的颗粒和密集的小块出现，其大小为 0.01~0.6 mm，以 0.01~0.3 mm 居多。在闪锌矿中常见黄铜矿的乳状嵌布体和方铅矿、辉铋矿和磁黄铁矿的小包裹体。

黄铜矿：主要呈不规则的单独颗粒，通常与辉钼矿紧密结合在一起，局部与辉铋矿发生交替，黄铜矿亦与磁黄铁矿、闪锌矿、方铅矿紧密连生，粒径为 0.001~0.2 mm。

磁黄铁矿：以 0.01~0.7 mm 的颗粒和小集合体出现，其中以 0.01~0.5 mm 的颗粒居多，有时它也与黄铁矿、黄铜矿及闪锌矿紧密共生。黄铁矿和白铁矿主要以 0.01~0.02 mm 单独颗粒存在。

方铅矿：除在闪锌矿中有细小的包裹体外，在脉石中它呈溶蚀很深的和不规则的单独颗粒及不大的细粒小块产出，方铅矿的嵌布粒度为 0.005~0.1 mm。

锡石：主要与石英、白钨矿连生，嵌布粒度为 0.009~1 mm。

矿石密度为 2.7，堆密度为 1.7 t/m³，硬度 f = 12~15，矿石含水量 5%~7%，含泥量 3%~4%。

出窿原矿的多元素分析结果见表 6-4。

表 6-4 西华山钨矿出窿原矿的多元素分析结果

元素名称	WO₃	Mo	Bi	Sn	Cu	Pb	Zn	BeO
含量/%	0.22	0.01	0.02	0.03	0.02	0.03	0.01	0.0063

元素名称	S	Nb₂O₅	Ta₂O₅	Sc₂O₃	As	Mn	TR₂O₃	
含量/%	0.14	0.0039	0.0015	0.001	0.02	0.09	0.028	

B. 湘东钨矿石特性。

湘东钨矿为高中温热液裂隙充填型黑钨-硫化物石英脉矿床，以高温热液阶段成矿为主，产生黑钨矿、白钨矿、锡石、毒砂、辉钼矿等；延续到中温热液阶段，产生黄铁矿、闪锌矿、黄铜矿、长石、石英、方解石等。围岩为花岗岩。南组矿脉以黑、白云母中粒花岗岩型为主，北组以黑云母斑状花岗岩型为主，成矿母岩为细粒花岗岩。

矿石的矿物组成：

金属矿物主要为黑钨矿、黄铜矿、闪锌矿、白钨矿、锡石，其次为黄铁矿、毒砂、黝锡矿、辉钼矿、方铅矿、辉铋矿、磁黄铁矿、磷铁锰矿等。

非金属矿物主要有石英、白云母、正长石、萤石、方解石、绢云母、磷灰石、绿泥石、高岭土等。

主要金属矿物的嵌布特点：

黑钨矿：呈板状、柱状产于石英脉中，南组脉（占大量）黑钨矿嵌布粒度较粗，一般为 10～20 mm，北组脉（占少量）矿物嵌布粒度较细，呈板状、针状产出，一般粒度为 1～8 mm，最小者为 0.02～0.1 mm。黑钨矿单矿物分析结果为 WO_3 73.43%、FeO 14.71%、Mn 11.06%。

白钨矿：多为细粒嵌布，最大粒度为 2～5 mm，大部分粒度小于 1 mm。南组多呈网脉状广泛分布于脉石、围岩中，与黑钨矿连晶呈网脉状交替；与黄铜矿交替情况与黑钨矿同；北组白钨矿量微，常充填或穿插于黑钨矿中，或呈小板状或针状晶体交代黑钨。

黄铜矿：多呈致密块状或呈星点状、脉状与黑钨矿、黝锡矿、闪锌矿密切共生，产于花岗岩中的黄铜矿多呈细脉网状或浸染状。黄铜矿单矿物分析结果为 Cu 28.61%、Fe 25.63%、Bi 0.11%、Cd 0.32%、Ag 118 g/t。

上述三种矿物共生密切，结构复杂，所有大块黑钨矿都有黄铜矿及白钨矿穿插及散布其表面；而大多数黄铜矿表面又有白钨矿，至 200 目时仍有此现象，实为钨铜共生矿。

出窿原矿最大粒度为 300～350 mm，含泥量 2%～4%，含水量 11%～15%。湘东钨矿出窿矿石（不含围岩）的多元素分析见表 6-5。

表 6-5　湘东钨矿出窿矿石（不含围岩）的多元素分析结果

脉别	元素名称	WO_3	Sn	Cu	Mo	Bi	Zn	Pb	As
南组脉	含量（%）	1.00	0.43	0.635	0.006	0.015	0.57	0.002	0.04
北组脉	含量（%）	0.195	0.081	0.43	0.005	0.06	0.073	0.08	0.11
脉别	元素名称	Mn	Sb	SiO_2	Fe_2O_3	Al_2O_3	BeO	S	
南组脉	含量（%）	0.149	0.004	91	1.96	1.3	0.03	1.3	
北组脉	含量（%）	0.156	0.207	90.3	2.22	—	—	1.52	

（2）石英细脉型黑钨矿石特性

浒坑钨矿西家垅矿区是石英细脉型黑钨矿的一个代表型矿床。

浒坑钨矿的石英细脉黑钨矿属气化高温热液矿床，是我国目前典型的钨锰矿类黑钨矿。围岩系白云母花岗岩及变质岩——云母石英片岩、千枚岩、石英砂岩等。有少量石英呈细脉状、网状沿黑钨矿板理及裂隙充填。

黑钨矿（钨锰矿）呈针状、板状结晶产出，晶体完整，具有平行正轴面和斜轴面节理，晶体较小，一般为 1 mm 左右，多产于细脉两壁。黑钨矿常被石英、长石、黄铁矿所切穿，有的也呈浸染状分布于近矿围岩中，呈星散状或富集成囊状，其性质与大脉中的黑钨相同。

矿石的矿物组成：

金属矿物有黑钨矿、极少量白钨矿，共生金属矿物有黄铁矿、闪锌矿、辉铋矿、硫铅铋矿、辉铜矿、方铅矿等，次生矿物有褐铁矿、软锰矿、高岭土。

非金属矿物有石英、长石、云母和萤石。

该矿石与其他大脉型黑钨矿的差异，除系钨锰矿类黑钨矿外，还有几个不同的特点：

①钨矿物单体解离较差。原矿中所含黑钨矿多呈细粒嵌布，其结晶多不完整，单体解离情况较一般大脉型黑钨矿石更差，到 4 mm 粒级才有完整的黑钨单体出现，到 0.1 mm 才基本单体解离，至 0.074 mm 仍有极少量钨矿物尚未解离。

②钨矿物与脉石及其他共生矿物的结构较为特殊。钨矿物在石英中较少呈完整晶体，多呈破碎状，其相互间亦极错综复杂，如一部分黑钨矿呈丝状、网状、星点状、片状嵌布于石英中，也有少部分石英呈丝状、网状、星点状和片状嵌布于黑钨矿中。此外，一部分黄铜矿、黄铁矿及白钨矿呈星点状嵌布于黑钨矿表面。

③钨锰矿的密度较钨铁矿、钨锰铁矿小，其相对密度为 6.8 左右。

④不少白钨矿呈小块和星点状赋存。

⑤矿石风化程度较深，一部分硫铁矿已呈暗褐色，与钨锰矿极易混淆，二者的比重差较其他大脉黑钨矿更小。

上述特点致使浒坑钨矿石选别难度大于一般大脉型黑钨矿石。选矿实施的是较复杂的阶段磨矿、阶段选别的重选流程。

（3）石英脉黑钨矿嵌布粒度与选矿回收率的关系

石英脉黑钨矿的矿石性质，尤其是黑钨矿的嵌布粒度，直接影响选别工艺的磨矿细度、磨矿段数和选矿流程，而且与选矿效率明显相关。一般来说，粗粒嵌布的钨矿选矿效率要高于细粒嵌布的黑钨矿，在类似重选工艺流程条件下，黑钨矿嵌布粒度与钨的回收率有较规律的正相关关系。我国一些黑钨矿选矿厂基本都遵循钨矿物嵌布粒度从粗到细、选矿回收率从高到低的规律。表 6－6 是一些黑钨矿选厂的回收率与原矿中黑钨矿嵌布粒度的情况，从中可看出：钨回收率高的几个矿山都属于粗粒嵌布的黑钨矿床，回收率最低的是细粒嵌布矿床。

表 6－6　石英脉黑钨矿床黑钨矿嵌布粒度与选矿回收率的关系

选厂名称	黑钨矿嵌布类型	品位（WO_3）/%		选矿回收率/%
		原矿	尾矿	
下垅矿大平选厂	粗粒嵌布黑钨矿	0.377	0.03	90.8
小龙钨矿选厂	粗粒嵌布黑钨矿	0.34		90.2
盘古山钨矿选厂	粗粒嵌布黑钨矿	0.282	0.036	89.1
瑶岭钨矿选厂	粗、中粒嵌布黑钨矿	0.209	0.021	86.38
瑶岗仙钨矿选厂	粗、中粒嵌布黑钨矿	0.305	0.046	85.84
漂塘钨矿大龙山选厂	中粒嵌布黑钨矿	0.242	0.032	86.86
下垄钨矿樟斗选厂	中粒嵌布黑钨矿	0.225	0.03	84.9
湘东钨矿选厂	中、细粒嵌布黑钨矿	0.391	0.036	84.79
大吉山钨矿选厂	中、细粒嵌布黑钨矿	0.283	0.05	83.3
西华山钨矿选厂	中、细粒嵌布黑钨矿	0.289	0.058	82.1
莲花山钨矿选厂	高硫细粒嵌布黑钨矿	0.7	0.309	56.65

6.2 黑钨矿石的预选丢废方法及应用

6.2.1 预选丢废的必要性和可能性

我国石英脉黑钨矿床矿体的产状多系急倾斜的薄矿脉,对此大多采用留矿法采矿,采矿贫化率高达60%~70%。也就是说,有60%~70%的不含矿和矿化率低的围岩进入矿石中,大大降低了入选矿石的品位,一方面加大了选矿比,降低了选矿效率;另一方面又加大了选矿设备的规格和数量,增大能耗,降低经济效益。因此,预先剔除这部分围岩是十分必要的。

石英脉黑钨矿的矿脉(石英脉)与围岩(无论是变质岩还是花岗岩)的分界明显,二者颜色差别较大,人的肉眼就很容易识别。同时,围岩的矿化弱,除围岩发生蚀变(如花岗岩云英岩化)的极个别部分产生矿化现象外,绝大多数围岩的 WO_3 含量为 0.01%~0.03%,这就为预选丢弃围岩(废石)创造了有利条件。表6-7是下垅钨矿大平选厂部分围岩(变质岩)的分类化验结果,从中可以看出把围岩当作尾矿丢弃是完全可以的。

表6-7 下垅钨矿大平选厂部分围岩(变质岩)分类的 WO_3 化验结果

围岩岩石类型	泥质砂岩砾石	浅变质砂岩	矽化强烈变质岩	石英质砂岩	绿泥石	变质岩	中细粒二云母花岗岩	风化花岗岩
WO_3 含量/%	0.034	0.023	0,022	0.02	0.017	0.016	0.016	0.012
围岩岩石类型	风化长石	含铁质粉砂岩	含铁质砂岩	含铁锰质砂岩	含锰铁质矽化砂岩	变质砂岩	细粒白云母花岗岩	石英质花岗岩
WO_3 含量/%	0.019	0.017	0.011	0.0095	0.021	0.0085	0.065	0.0065

6.2.2 预选丢废的方法

(1)手选

手选是我国黑钨矿预选丢废的最主要和应用最悠久的方法,也是我国黑钨矿选矿的特点之一。其原因主要在于:其一,我国是世界上石英脉黑钨矿资源最丰富的国家;其二,我国钨矿开采一百多年来,已积累了丰富的实践经验,人工拣选是一种十分经济且有效的粗选丢废方法;其三,中国有独特的人口优势,可利用的劳动力资源丰富,尤其是在矿山,大部分工作都需要体力较强的男性,作为配偶的女性较适合的工作岗位有限,而手选工作正好是解决此问题的一个重要途径,这也是手选在中国黑钨矿选矿预选丢废方法中能长期存在的原因之一;其四,手选是一种根据矿石表面颜色不同而进行拣选的简单选矿方法,操作技术和方法培训简易,适应人群极广,容易得到矿山企业的采纳。

①手选的优点。

A. 手选是所有选矿方法中使用设备最少的工艺,它只需少量的粒度分级用筛分设备以及兼顾矿石运输和手选操作平台的皮带运输机。设备投资少、配置简单,厂房占用面积小,动力消耗少。

B. 预选丢废效率高。一般通过手选就可以预先丢弃40%～60%的废石，从而提高了原矿处理能力，减少了入磨矿石量，提高了合格矿品位。一般来说，重选合格矿品位都比出窿原矿品位提高80%～90%，高者可以提高2倍左右，这就有利于重选回收率的提高。

C. 预选丢废的成本低。手选丢废的成本主要是劳动工资。对我国这种劳动工资较低的国家而言，劳动工资的成本占生产总成本的比例较低，在黑钨选矿厂手选1吨废石的成本仅为重选丢弃1 t尾矿成本的10%左右。

D. 有利于提高钨及伴生有用金属的回收率。在手选过程中，可以也必须选出块钨、钨矿富连生体和富含黄铜矿、辉铋矿、泡铋矿、辉钼矿、绿柱石、水晶等的矿块，并让它们直接进入精选工序单独处理，以避免磨矿和重选损失。

E. 手选工艺对环境不产生影响。

②手选的分类。

手选通常是在平型运输皮带上(有的小型选矿厂也采用平型振动槽)进行。石英脉黑钨矿的手选丢废，按照选出矿石还是选出围岩可分为反手选和正手选。此外，为了剔除大块废石，还设置了"扒栏"。

A. 反手选是在手选时将运输皮带上的块钨、富连生体、脉石(石英)挑选出来，让废石留在运输皮带上的一种拣选方法。这是黑钨矿山手选采用最多的方法。由于用手挑选的只是原矿中产率小的脉石矿物，大部分围岩留在运输皮带上，运至废石堆丢弃，因此，废石丢弃的效率高，反手选废石选出的工班效率比正手选高得多。这种方法大多只适合处理矿石粒度大于20 mm的大块矿，这样在单位时间内需挑出的脉石矿块的数量就较少；当处理量和皮带速度一定时，易确保矿石基本呈单层分布，拣选精度高；废石丢弃率高。该方法的缺点是：当矿石不是完全呈单层分布时，粒度小的脉石和块钨被大块废石埋压，或者遇到围岩面朝上而矿石面朝下的围岩－矿石连生体时，易发生漏选。大多数选厂还会设置废石皮带跌宕，使废石翻转，再次挑选(即复选)，以弥补漏选损失。

B. 正手选是在手选时挑选出废石的方法，使矿石和未被挑出的废石留在运输皮带上作合格矿石处理，挑选出的废石进入废石矿仓作尾矿处理。这种方法主要适用于粒度小于20 mm的预选丢废。正手选极少发生漏选现象，废石品位相对较低，能确保该粒级有较高的预选回收率，但其消耗劳动力多，废石选出工效低。尽管如此，大多数黑钨矿选厂细粒级预选丢废仍采用了正手选方法，以尽量提高废石选出率。

C. 扒栏是一种在出窿原矿预先筛分的固定格筛上人工剔除大块废石的方法。即出窿原矿粗碎前，先在安装于原矿仓上的固定格条筛(一般以30°的倾角安装)上进行预先筛分；格条筛由轻型钢轨或粗钢棒焊接而成，筛条距一般为100～120 mm。当原矿进入格筛后，小于筛孔的部分矿石直接进入矿仓，留在筛面上的矿石再用人工铁耙翻动，使小于筛孔的矿块掉入筛下，留在筛面上的大块矿石，经人工冲洗辨认后，将明显的大块废石扒入废石仓丢弃；连生体矿块再用人工锤碎或机械重锤捣碎，排入原矿仓。这种丢废方法较为原始，工人劳动强度大，曾在一些采用两段碎矿、原矿处理量小于125 t/d的小型黑钨选厂应用。

③手选的方法。

矿石在手选前，必须进行洗矿和分级。矿块表面的泥沙必须用水冲洗干净，以便辨认；分级是为了合理分配手选类别，提高废石选出率。洗矿和分级通常同在振动筛或圆筒筛中进行，在筛分设备的筛面上方设置两排以上的小孔喷射高压水管，使所有筛上矿石在筛面上受到全方位的清洗。

大、中型黑钨选厂一般都是将出窿原矿粗碎后进行洗矿分级再手选,大吉山、西华山、盘古山、湘东、浒坑等选矿厂就是采用的这种做法;一些小型选矿厂,例如画眉坳、瑶岭、石人嶂、棉土窝、红岭、川口等,大多都是出窿原矿先洗矿分级手选,再对手选合格的矿石进行破碎。

为了提高手选效率,手选矿石一般都采用较窄级别的分级。普遍都将入选矿石分级为:60(50)~150 mm、40~60 mm、25~40 mm 三个级别进行反手选;15(12)~25 mm 进行正手选,有的选厂将大于 20 mm 的矿石分为三级后全部进行反手选,有的选厂手选入选粒度下限降至 12~15 mm。

手选皮带的宽度和运行速度都要符合手选工作的要求,以便手选工人拣选和提高工效,也须避免有用矿石的漏选,还要确保一定的处理量。手选时,工人需分布均匀地站立(坐)在手选皮带两侧,双手分拣矿石,要求双手能方便地伸向皮带中心拣出矿石并丢入身旁的漏斗中。一般来说,手选合适的皮带宽度为 450~1200 mm,皮带运行速度为 8~12 m/min,具体要根据选厂处理量来定,并尽量确保手选矿石呈单层分布,以提高手选的准确度。

④手选效率。

手选系手工作业,劳动力消耗大,按人均选出矿石量的效率总体较低,其中以扒栏的工班效率最高,其次为反手选,正手选的工班效率最低。下面以下坳钨矿大平选厂为例,该选厂预选丢废工艺为:出窿原矿 +90 mm 粒级采用扒栏法;−90 +30 mm 粒级采用反手选;−30 +20 mm 粒级先采用光电选矿机粗选,再对光电选矿的精矿用正手选法精选丢废,对光电选矿的尾矿采用反手选法复选丢废。废石选出率最高时达 72.24%,居全国黑钨选矿厂之首。手选废石中各种方法选出的比例为:扒栏占 31.4%,反手选占 33.8%,光电选 + 手选占 34.8%。各种方法的废石选出量的工班效率为:扒栏 7.7 t/工班,反手选 5.3 t/工班,光电选 + 手选 0.277 t/工班。

西华山钨矿选厂采用原矿粗碎后,对 −120 +60 mm 和 −60 +25 mm 两级矿石用反手选,对 −25 +18 mm 一级矿石用正手选,废石选出率为 36.85%。反手选废石的工班效率为 1.98 t/工班,正手选废石的工班效率为 0.29 t/工班。

(2)光电选矿

光电选矿是根据矿石表面光学性质的差异进行机械拣选的选矿方法。其基本选别原理是:入选矿块经过光源照射区时,光敏元件(光电管、硅光电池等)识别不同色泽的矿石,并迅速将感知信息传给分拣机构,使不同色泽的矿石按不同轨迹(路线)运动,从而得到分离。石英脉黑钨矿的含钨石英与围岩(尤其是变质岩类)的色泽差异大,较适合采用光电选矿方法拣选分离,一般用于 20~50 mm 粒级的效率较高。

我国钨矿石光电选矿机的研制始于 20 世纪 60 年代初,由赣州有色冶金研究所研究设计的平板振动槽式 I 型光电选矿机于 1969 年首次在画眉坳钨矿白石山选矿厂投入使用,取代部分人工手选,获得了成功。后来又经过十多年的实践、改进和研制,形成了七种不同型号的光电选矿机。由最初的振动槽给矿、光电管传感、机械打板分拣的 I 型机改进为槽型皮带给矿、硅光电池传感、高压气阀喷吹分拣的 II 型光电选矿机,进而发展成平皮带给矿、激光扫描、高压气阀喷吹分拣的 III 型光电选矿机,拣选效率不断提高。针对光电选矿机易漏拣块钨的问题,江西冶金学院(现江西理工大学)利用黑钨矿具有弱磁性和含钨脉石的光放射性特点,研制成了磁光选矿机,实现了从入选矿石中同时拣出块钨和石英,应用在下坳钨矿大平选厂，对预选粒度为 20～30 mm 的原矿，块钨的拣出率达 89.3%，废石选出率为 90.5%。由于光电选矿技术的应用，大平选厂的废石选出率提高了 8% 以上，全厂废石选出率稳定在 71% 以上，最高时达 75.35%。20 世纪 80 年代，瑶岗仙钨矿又自制成激光光电选矿机，代替了 20～40 mm 粒级的预选丢废，该设备具有体积小、易组装、性能稳定、分选性能好等特点。表 6-8 就是激光选矿机用于小龙钨矿和瑶岗仙钨矿的分选指标[5]。光电选矿工艺先后在 9 个黑钨选矿厂的预选丢废中应用，代替部分手选，并取得了一定效果。表 6-9 就是这些选矿厂应用各类光电选矿机的情况。各种光电选矿机预选黑钨矿石的技术指标见表 6-10。

表 6-8 激光选矿机的分选指标

选厂名称	型号	处理粒度/mm	处理量/(t·台⁻¹·h⁻¹)	脉石选出率/%	废石丢弃率/%
小龙选厂	GS-Ⅲ	16～50	5～13	86.76	87.82
瑶岗仙选厂	YG-40	15～40	5～10	87.71	90.40

表 6-9 部分黑钨选矿厂应用光电选矿机的类型和特征

选厂名称	型号	电光源	入选矿石安排	拣选执行机构
大吉山	B650—Ⅰ	白炽灯	排队	气阀吹喷
小龙	GS-Ⅰ	白炽灯	排队	打板
小龙	GS-Ⅲ	激光	不排队	气阀吹喷
瑶岭	圆盘型	白炽灯	排队	打板
画眉坳钨矿白石山	GS-Ⅰ	白炽灯	排队	打板
漂塘钨矿大龙山	GS-Ⅱ	白炽灯	排队	气阀吹喷
下垅钨矿大平	CGX-Ⅰ	白炽灯+磁探头	排队	气阀吹喷
荡坪钨矿樟东坑	CGX-Ⅰ	白炽灯+磁探头	排队	气阀吹喷
瑶岗仙	YG-40	激光	不排队	气阀吹喷

表 6-10 光电选矿机预选黑钨矿石的技术指标

应用机型	围岩类型	处理粒级/mm	给矿中脉石含量/%	脉石选出率/%	废石丢弃率/%	分选效率/%
GS-Ⅱ	变质岩	18～35	23.84	88.44	85.96	74.4
		35～50	17.84	84.41	89.59	74.0
	石英斑岩	20～40	26.87	86.84	91.22	78.06
	矽卡岩	20～30	35.12	90.58	86.52	77.10
	花岗岩	17～40	17.06	62.30	91.34	53.64
GS-Ⅲ	变质岩	30～50	14.94	86.72	94.07	82.79
		16～30	22.11	89.91	85.96	75.87

续表 6 – 10

应用机型	围岩类型	处理粒级 /mm	给矿中脉石含量 /%	脉石选出率 /%	废石丢弃率 /%	分选效率 /%
YS – 40	花岗岩	20 ~ 40	26.60	87.71	90.40	78.11
CGX – I	变质岩	20 ~ 30	21.30	89.20	86.10	75.30

光电选矿工艺的应用提高了预选的废石选出率，但是分拣的精确度比手选要差。为了避免光电选矿机的误选和漏选，造成金属损失，几乎所有采用光电选矿的选厂，都对光电选矿的合格产物和废石产物设置了人工手选进行复选。在应用粒级的预选作业中，光电选矿工艺还不能完全取代手选，因而形成了光电＋手选的丢废工序。此外，光电选矿的作业成本比手选要高许多；光电选矿机的元、器件使用寿命问题，多少会给连续生产造成影响；同时，存在的其他问题，特别是经济效益问题。也会对该工艺的推广应用产生负面影响。自 1990 年以后，光电选矿就逐渐退出了我国黑钨矿预选作业。

（3）重介质选矿

重介质选矿是一种根据不同密度的矿物在密度大于 1 g/cm^3 的介质中沉浮效应不同而分离矿物的选矿方法。在金属矿物的选矿中，重介质选矿通常用于矿石细碎后的合格矿进行磨矿前剔除围岩和脉石，使合格矿得到初步富集。

石英脉黑钨矿石中纯石英的密度为 2.64 g/cm^3，围岩中花岗岩的密度为 2.64 ~ 2.67 g/cm^3，变质岩的密度为 2.69 ~ 2.79 g/cm^3，变质砂岩和硅质板岩的密度为 2.68 ~ 2.72 g/cm^3。合格矿中的钨单体矿物，连生体矿石的密度都大于围岩和石英，选择合适密度的介质和分选设备，是有可能从合格矿中预先剔除部分围岩和纯石英，实现合格矿的预富集的。

我国最早于 1960 年在画眉坳钨矿白石山选厂应用重介质选矿工艺。重介质加重剂采用方铅矿。获得的主要技术经济指标为：丢弃尾矿含 WO_3 0.01% ~ 0.03%，Cu 0.016% ~ 0.03%；WO_3 的回收率为 94.46% ~ 97.41%，Cu 的回收率为 48.86% ~ 92.43%；方铅矿的单位消耗为 0.6 kg/t；此后，又相继在红岭钨矿、洋塘钨矿、湘东钨矿的选矿生产中得到应用，并取得了较好的技术指标。下面以湘东钨矿、红岭钨矿和洋塘钨矿为例，介绍重介质选矿在我国黑钨矿预选中的应用。

①湘东钨矿的重介质选矿工艺。

湘东钨矿选厂在生产中对 3 ~ 13 mm 粒级的重选合格矿采用重介质选矿进行预富集。

A. 重介质选矿流程。湘东钨矿重介质选矿流程见图 6 – 1。

B. 重介质选矿设备。

湘东钨矿重介质选矿设备采用重介质旋流器，其规格及工作条件见表 6 – 11。

表 6 – 11　湘东钨矿重介质旋流器的规格及工作条件

旋流器结构参数						工作条件					
圆柱体直径 /mm	圆柱体长度 /mm	锥角 /(°)	溢流管直径 /mm	沉沙管直径 /mm	溢流管插入深度 /mm	安装角度 /(°)	给矿压力 /(kg·cm^{-2})	介质密度 /(g·cm^{-3})	矿介比	给矿粒度 /mm	处理量 /(t·h^{-1})
430	520	30	114	68	110	10	1.3 ~ 1.5	2.32	1:7	3 ~ 13	33.5

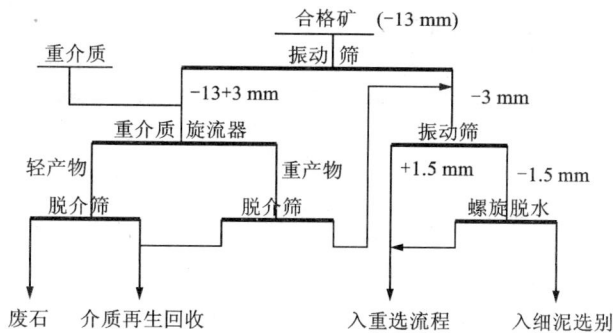

图 6 - 1　湘东钨矿重介质选矿流程

C. 分选介质性态及净化。

湘东钨矿重介质的加重剂采用磨碎的黄铁矿(含硫 36%),将加重剂在水中搅拌调至密度为 2.32 g/cm³ 的悬浮液(重介质)。重介质(含净化后的循环介质)的性态见表 6 - 12。

表 6 - 12　湘东钨矿循环介质(含净化回收介质)的性态

粒级/mm	+0.8	-0.8 +0.355	-0.355 +0.25	-0.25 +0.15	-0.15 +0.1	-0.1 +0.075	-0.075	合计
粒级占有率/%	6.30	5.82	4.37	19.27	21.94	11.85	30.42	100
含硫量/%	0.75	0.44	1.91	17.48	38.95	42.75	44.48	30.16
含硫累计占有率/%	0.15	0.16	0.43	11.42	39.29	55.86	44.14	100

重介质的净化。重介质选矿无论是从重产物还是轻产物中回收的介质,都由于细粒矿石的混入而受到污染,介质密度降低。湘东钨矿在刚开始运转时,介质含硫达 36%,运转 3 h 后,回收的介质含硫就降低至 29%,故回收的介质必须经过净化处理后,才能循环再用。硫化矿类的加重剂都是采用浮选方法净化。图 6 - 2 是湘东钨矿的介质净化工艺质量流程。通过浮选获得浮选精矿产率为 79.44%,含 S 47.5%,S 的浮选回收率达 99.60%;浮选尾矿产率为 20.56%,含 S 0.40%,S 的损失率为 0.4%。浮选尾矿被作为合格矿回收。

介质(黄铁矿)的消耗为 1.145 kg/t 矿石。介质损失及其分布情况见表 6 - 13。

表 6 - 13　介质(黄铁矿)损失及其分布情况

产物	占有率/%	S 含量/%	介质损失/(kg·t⁻¹)	损失分布/%
重产物黏附	4.75	5.05	0.04	3.61
轻产物黏附	4.15	4.13	0.023	2.08
介质浓缩溢流	90.10	8.50	1.044	94.31
合计	100	8.12	1.107	100

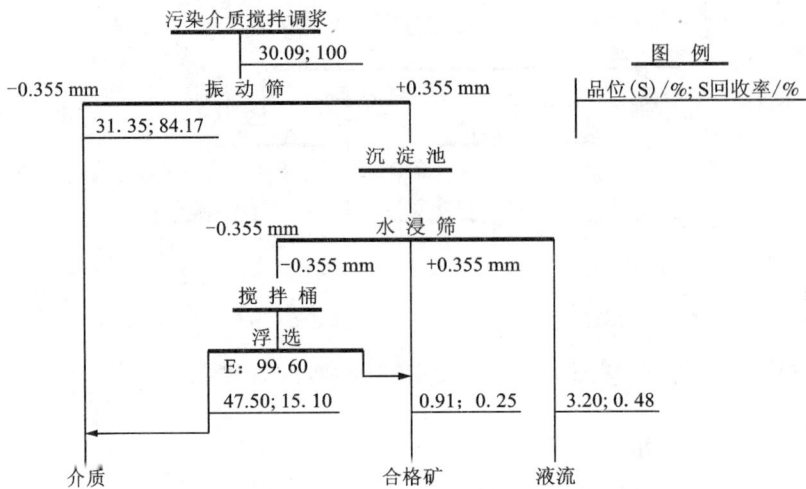

图 6-2 湘东钨矿重介质选矿介质净化工艺质量流程

D. 重介质选矿结果。

湘东钨矿重介质选矿获得主要指标为：给矿(2~13 mm)品位 WO_3 为 0.268% ，对给矿的废石选出率为 42.61% ，废石品位 WO_3 为 0.012% ，重介质选矿作业回收率 WO_3 为 96.04% 、 Cu 为 71.84% 。选矿别的各项指标详见表 6-14 ，产品的筛析结果详见表 6-15 。

表 6-14　湘东钨矿重介质选矿指标

产物名称	产率/%		品位/%		回收率/%			
					对作业		对原矿	
	对作业	对原矿	WO_3	Cu	WO_3	Cu	WO_3	Cu
重 产 物	56.44	21.62	0.456	0.14	96.04	71.84	46.95	32.93
轻产物(废石)	42.61	16.32	0.012	0.06	1.91	23.24	0.93	10.64
介 质 矿	0.51	0.20	0.425	0.51	0.97	2.34	0.39	1.07
溢 流	0.44	0.17	0.765	0.64	1.26	2.58	0.62	1.18
合 计	100	38.31	0.268	0.11	100	100	48.89	45.82

表 6-15　湘东钨矿重介质选矿产品的筛析结果

粒级 /mm	给矿			重产物			轻产物		
	产率 /%	品位 (WO_3)/%	粒级回收率 /%	产率 /%	品位 (WO_3)/%	粒级回收率 /%	产率 /%	品位 (WO_3)/%	粒级回收率 /%
-13+8	44.17	0.42	44.15	45.87	0.5	43.18	37.77	0.018	38.92
-8+5	43.53	0.34	35.06	43.08	0.52	42.16	50.78	0.018	49.19

续表 6－15

粒级 /mm	给矿			重产物			轻产物		
	产率 /%	品位 (WO₃)/%	粒级回收率 /%	产率 /%	品位 (WO₃)/%	粒级回收率 /%	产率 /%	品位 (WO₃)/%	粒级回收率 /%
－5＋3	6.31	0.78	11.71	4.71	0.92	8.15	6.4	0.022	7.57
－3＋2	4.63	0.59	6.77	4.71	0.64	5.66	2.69	0.02	2.7
－2＋0.15	1.31	0.68	2.19	1.58	0.26	0.77	0.31	0.044	0.54
－0.15	0.06	0.80	0.12	0.05	0.88	0.08	0.05	0.34	1.08
合计	100	0.42	100	100	0.53	100	100	0.019	100

E. 重介质选矿在预选中的效果。

湘东钨矿应用重介质选矿使废石选出率提高了 16.32%，废石总选出率由单一手选工艺的 40.2%，提高到了手选＋重介质选矿工艺的 56.5%，表 6－16 就是湘东钨矿选厂粗选（预选）段的选别指标。从该表可以看出，重介质选矿在提高废石选出率 16.32% 的同时，也使粗选（预选）段 WO₃ 回收率降低了 1.94%，Cu 回收率降低了 12.89%。

表 6－16　湘东钨矿选厂粗选（预选）段的选别指标

产物	产率 /%	品位/%		回收率/%	
		WO₃	Cu	WO₃	Cu
块钨	0.042	35.3	1.04	6.91	0.47
手选废石	40.22	0.01	0.023	1.92	9.83
重介质选矿废石	16.32	0.012	0.06	0.93	10.64
污染介质	0.19	0.43	0.51	0.39	1.07
介质液流	0.17	0.705	0.64	0.62	1.18
合格矿石	40.95	0.436	0.158	83.89	69.7
原生细泥	2.61	0.43	0.25	5.35	7.1
粗选给矿	100	0.21	0.092	100	100

②红岭钨矿的重介质选矿工艺。

红岭钨矿的重介质选矿系处理手选合格矿经破碎后 －30＋3 mm 的矿石，粒度较粗。所采用的设备为重介质涡流旋流器，它实际上是一个倒置的旋流器，分选过程与重介质旋流器基本相同。重介质涡流旋流器的构造如图 6－3 所示。分选时，矿石由下部的给矿管 6 切向给入圆柱体 4 中，重产物由上部的沉砂排出口 2 排出，轻产物从下部溢流排出口 5 排出。空气导管 1 由顶部的排矿腔（斗）中心插入，其下部的喇叭口与溢流口距离可调节，借此以调节轻、重产物的产率分配，缩小这段距离，轻产物产率减少，重产物产率增加，增大这段距离则变化相反。该设备锥体 3 的角锥比较小，接近于 1，因而可以处理粗粒矿石，处理量也较大。

红岭钨矿采用的重介质涡流旋流器的主要结构参数为：圆柱体直径 300 mm，圆柱体高度 320 mm，锥角 20°，给矿口 85 mm×85 mm，重产物排出口径 ϕ148 mm，轻产物排出口径 ϕ150 mm，空气导管与轻产物排出口距离 175 mm。

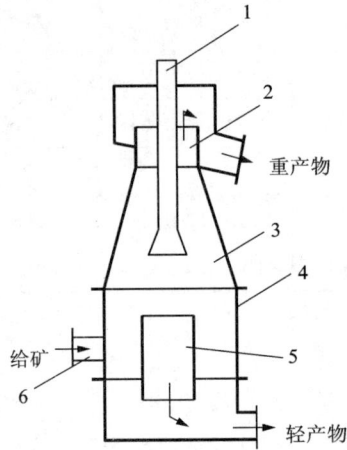

图 6-3 重介质涡流旋流器的构造

1—空气导管；2—重产物排出口；3—椎体部分；
4—柱体部分；5—轻产物排出口；6—给矿管

分选的主要工艺参数：介质加重剂为黄铁矿，进口压力 6200 mm 介质柱高，给矿粒度 3~30 mm，处理量 20 t/(台·h)。

重介质选矿主要生产指标见表 6-17。

表 6-17 红岭钨矿重介质选矿主要生产指标

给矿		重产物		轻产物		作业
给矿量 /(t·h⁻¹)	品位 (WO₃)/%	产率 /%	品位 (WO₃)/%	产率 /%	品位 (WO₃)/%	回收率 /%
20.6~24	0.26~0.24	58.94~47.56	0.425~0.474	41.06~52.44	0.024~0.028	96.21~93.88

③洋塘钨矿重介质选矿。

洋塘钨矿于 1971 年设立重介质选矿工艺，分选粒度为 -12 +3 mm 的合格矿，该粒级占重选合格矿的 65%~70%，采用重介质选矿后较大幅度地提高了废石选出率，使该选厂处理能力由 125 t/d 提高到 260 t/d。

洋塘钨矿重介质选矿设备也采用旋流器，加重剂为自产黄铁矿。重介质旋流器的主要结构参数为：圆柱体直径 380 mm，圆柱体高 300 mm，溢流口直径 63 mm，沉砂口直径 28~31 mm，给矿管直径 57 mm，圆锥体锥角 20°。重介质选矿的主要工艺参数为：旋流器与水平安装角度为 30°，给入的介质和矿石与进口的净高差为 6 m，介质相对密度为 1.9~2.2，矿介比为 1:8~1:2，介质消耗为 0.2~0.3 kg/t 给矿。

洋塘钨矿重介质选矿的主要技术经济指标为：对原矿的废石选出率为 39.08%；对作业

的废石选出率为 67.31%；废石品位 WO$_3$ 为 0.031%。洋塘钨矿重介质选矿使重选合格矿品位提高近 2 倍，重介质选矿成本比重选成本低 37%。

总的来说，重介质选矿虽然有其优点，但也存在一些问题，即辅助工序较多；主设备和辅设备的磨损较大；旋流器类的分选设备须压力给矿，且须保持一定的衡压；须有一定的加重剂来源，以补充消耗的介质；须设置专门的介质回收和介质净化系统，工艺较为复杂；分选介质密度要求较严，否则易影响分选指标。

（4）动筛跳汰预选丢废

瑶岭钨矿在 1975 年首先研制出一款筛面运动的动筛跳汰机，用于光电选矿尾矿的复选。其主要参照旁动隔膜跳汰机和过去手工作业时期手动跳汰桶工作原理，使跳汰腔的筛板在水介质中上下往复运动，形成类似于隔膜运动那样的上下交变水介质流，两种运动叠加，具有更大的相对水介质运动冲程，从而可以处理粒度更大的矿石，同时也可以减少水耗。

瑶岭钨矿选厂用这种动筛跳汰机处理粒度为 15~20 mm 的光电选矿尾矿（废石），以回收其中单体和连生体黑钨矿。所获得的选别指标为：当给矿品位 WO$_3$ 为 0.19% 时，获得跳汰精矿含 WO$_3$ 为 46.43%，跳汰尾矿含 WO$_3$ 为 0.075%，作业回收率达 61.51%。跳汰尾矿再用人工复选后，丢弃的尾矿品位 WO$_3$ 为 0.0276%，与重选尾矿品位相近。由此，可以看出利用动筛跳汰代替细粒级手选丢废和降低预选丢废粒度下限的可能性。

大吉山钨矿于 1990 年研制成了 JS 型 650 mm×950 mm 的动筛跳汰机，这是一种跳汰筛板上下振动与水介质运动相结合的单室上动型动筛隔膜跳汰机。该设备可获得比普通隔膜跳汰机更大的冲程，因而具有选别粒度大（粒度上限可达 40 mm）、处理能力大、耗水量小、选别效率高的特点。大吉山钨矿在预选丢废中应用该设备，以"动筛跳汰 + 手选"工艺代替"光电选矿 + 手选"工艺，对 -40 +30 mm 和 -30 +20 mm 两粒级原矿预选丢废，回收了该两粒级的全部块钨和 50% 的连生体脉钨，提高了废石选出率，取得了较好的经济技术效果。经生产测定，应用 JS 型 650 mm×950 mm 动筛跳汰机处理 25~34 mm 的原矿时，采用动筛跳汰 + 手选工艺预选丢废，可回收全部块钨和绝大部分富连生体。动筛跳汰机的工艺条件为：冲程 25 mm，冲次 150 次/min，处理量 6~8 t/(台·h)，耗水量 1.2~1.5 m^3/t 矿。在正常生产情况下，仅应用一台该规格的动筛跳汰机，一年就可多回收钨精矿 7 t 左右，全厂废石选出率提高 1.5%~2%。经济技术效果相当可观。[6]

6.2.3 预选丢废应用情况及其效果

我国所有石英脉黑钨矿选矿厂都应用了以手选为主的预选丢废工艺，预先丢弃占出窿原矿量 40% 以上的尾矿，不但提高了重选入选矿石品位，也提高了选矿处理能力、选矿回收率和经济效益。部分黑钨选矿厂预选丢废工艺及其选矿效果见表 6-18。

表 6-18 石英脉黑钨选矿厂预选丢废工艺及其选矿效果

选矿厂名称	原矿品位（WO$_3$）/%	废石品位（WO$_3$）/%	废石选出率/%	预选回收率/%	预选工艺
大吉山	0.28	0.0132	49.35	97.08	二级反手选，一级光电选 + 手选
西华山	0.211	0.016	36.52	97.24	二级反手选，一级正手选

续表 6 – 18

选矿厂名称	原矿品位（WO₃）/%	废石品位（WO₃）/%	废石选出率/%	预选回收率/%	预选工艺
盘古山	0.28	0.015	49	97.5	四级反手选
浒坑	0.394	0.02	53.8	97.27	扒栏，二级反手选，一级正手选
漂塘	0.121	0.018	52.6	92.15	三级反手选
湘东	0.342	0.01	50.9	98.51	一级反手选，一级正手选
瑶岗仙	0.254	0.0097	49.02	93.18	扒栏，二级反手选
下垅大平	0.254	0.0093	74.46	97.25	扒栏，一级反手选，一级光电选＋手选
下垅樟斗	0.262	0.009	68.69	97.71	扒栏，二级反手选，一级正手选
画眉坳	0.276	0.013	48.84	97.7	一级反手选，一级光电选＋手选
石人嶂	0.188	0.0078	40.42	98.38	三级反手选
师姑山	0.255	0.008	47.9	98.49	三级反手选
瑶岭	0.208	0.0091	61.27	97.15	扒栏，一级反手选，一级光电选
棉土窝	0.263	0.014	39.04	98.81	一级反手选，一级正手选
红岭	0.231	0.015	59.45	96.26	扒栏，一级反手选，一级正手选
龙胫	0.192	0.0168	51.23	95.94	扒栏，一级反手选，一级正手选
瑭坑	0.113	0.01	49.56	95.83	扒栏，一级反手选，一级正手选
洋塘	0.166	0.008	78.42	98.03	扒栏，一级反手选，一级正手选
八宝山	0.15	0.003	65.59	98.54	扒栏，一级反手选，一级正手选

6.2.4 预选丢废工艺改革及废石选出率的提高

由于预选丢废在黑钨选矿中的重要作用，几乎所有黑钨选厂都十分重视预选作业，重视废石选出率的提高。许多选厂对手选作业的设置、降低手选矿石入选粒度下限等诸多方面不断进行技术改革，取得了很好的效果。以浒坑钨矿为例，随着矿床向深部开采，该矿原矿性质发生了相应变化：黑钨矿结晶变细、出窿矿细碎矿石增多、重选中矿 WO₃ 品位下降幅度较大等。提高废石选出率也是技术举措之一。为此，浒坑钨矿进行了预选丢废工艺的改进：其一，提高扒栏大块废石选出率。改小扒栏筛孔，提高扒栏废石选出率，减少两级反手选大块矿石数量，降低手选入选粒度。表 6 – 19 显示了历次改变扒栏筛孔及其对提高扒栏废石选出率的影响情况。与 1999 年 3 月比较，2003 年全年多丢扒栏废石 2.5 万 t。其二，对 SZX1250 mm × 2800 mm 洗矿筛进行技术改进。将板簧弹振结构改为圆柱弹簧结构，振幅由原来的 2.5 mm 提高到 6.2 mm，筛面面积由原来的 3.5 m² 扩大到 5.5 m² 同时，对筛孔尺寸也作了调整，使正手选粒级由 16 ~ 50 mm 调至 16 ~ 35 mm，正手选矿量减少了 43.55%；使 35 ~ 50 mm 粒级进入反手选，改二反一正手选为三反一正手选，总废石选出率提高了 1.92%。

表 6-19 扒栏筛孔对废石选出率的影响

时间	扒栏筛孔/mm	扒栏废石选出率/%
1999 年 3 月	180	3.16
2000 年 3 月	150	6.48
2000 年 9 月	120	8.69
2001 年 6~7 月	130	7.76
2003 年全年	110	12.7

大吉山钨矿对手选丢废工艺不断进行改进，使废石选出率逐渐提高。其主要措施是：扩大反手选范围，实行窄级别、多级别反手选，降低手选入选粒度下限。反手选的入选粒度下限由 1965 年的 65 mm 下降至 1989 年的 20 mm；正手选的入选粒度下限由 1965 年的 40 mm 下降至 1989 年的 16 mm；废石选出率则由 1965 年的 45%~48% 提高到 1989 年的 60%~62%。该矿手选丢废工艺改进及提高废石选出率的情况详见表 6-20。表 6-21 是 1980 年以来部分黑钨选矿厂预选丢废工艺的改进及其废石选出率提高的情况。

表 6-20 大吉山钨矿手选丢废工艺改进及其废石选出率

年份	反手选		正手选		废石品位 (WO₃)/%	废石选出率 /%
	粒级/mm	级数	粒级/mm	级数		
1965	-150+65	1	-65+40	1	0.013	45~48
1984	-150+40	1	-40+30	1	0.015	51~53
1985	-150+30	3	-30+25	1	0.010	56~58
1986	-150+25	4	-25+18	1	0.011	58~61
1987	-150+25	4	-25+18	1	0.012	58~61
1988	-150+20	5	-20+16	1	0.016	59~63
1989	-150+20	5	-20+16	1	0.016	60~62

表 6-21 部分黑钨选矿厂预选丢废工艺的改进及其废石选出率提高的情况

选厂名称	预选工艺		废石选出率/%	
	技改前	技改后	技改前	技改后
汝城钨矿选厂	+120 mm 扒栏 -120+30 mm 反手选 -30+12 mm 正手选	+80 mm 扒栏 -80+30 mm 反手选 -30+12 mm 正手选	41.18	52.31
大吉山钨矿选厂	-150+65 mm 反手选 -65+40 mm 反手选 -40+30 mm 光电选+正手选	-150+65 mm 正手选+反手选 -65+40 mm 反手选 -40+30 mm 动筛跳汰+反手选 -30+25 mm 动筛跳汰+反手选	56	60

续表 6-21

选厂名称	预选工艺		废石选出率/%	
	技改前	技改后	技改前	技改后
荡坪钨矿半边山选厂	+35 mm 反手选 -35 +20 mm 正手选	+35 mm 反手选 -35 +20 mm 反手选 -20 +10 mm 动筛跳汰 + 反手选	47.87	62.51
荡坪钨矿宝山选厂	-120 +20 mm 一级正手选	-120 +50 mm，-50 +20 mm 两级反手选	10.05	18.12

6.3 黑钨选矿重选工艺的应用[8]

重选是按照矿物密度的不同进行分离的选矿方法。黑钨矿和白钨矿都属于密度较大的矿物，它们的密度分别为 7.2~7.5 g/cm³ 和 5.9~6.2 g/cm³，而与它们共生的石英、长石、云母、方解石、白云石、绿泥石等脉石矿物及花岗岩、变质岩、砂岩、板岩等围岩的密度一般为 2.6~2.8 g/cm³。两者密度差大是最容易采用重选方法分离的条件，尤其是石英脉黑钨矿属于粗、中粒嵌布，嵌布粒度大多为 0.1~0.2 mm，十分适宜用重选方法选别。自 1914 年中国钨矿正式开采以来，无论是 1952 年以前的手工淘洗——木溜槽、戽斗、手动跳汰、圆筛洗砂桶、浇槽、匀分槽等作业，还是 1952 年建立的第一座机械化选矿厂，直至今天，重选都是我国黑钨选矿最重要和最主要的选矿工艺。经过六十多年的发展，我国黑钨选矿形成了以跳汰早收、摇床丢尾为中心的重选工艺，构建了成熟的三级跳汰、多级摇床、中矿再磨、细泥单独处理的黑钨重选流程。

6.3.1 黑钨的跳汰选矿和设备改进

跳汰选矿在黑钨重选工艺中是首当其冲的作业，起着早收多收的作用。除了粗选选矿作业的 -0.074 mm 溢流以外，所有合格矿石首先都全部经过跳汰作业选别。跳汰作业回收的精矿金属量占重选回收精矿金属量的 50% 以上，有的选厂跳汰精矿金属量占重选段的近四分之三。例如下垅钨矿樟斗选厂跳汰作业精矿金属量最高时（1977 年）占重选的 76.81%；大平选厂也达到了 68.9%~72.6%。

跳汰作业普遍都按照窄级别分选原理设置，将合格矿筛分为 4.5(5)~10(12) mm 的粗粒，2(1.5)~4.5(5) mm 的中粒和 -1.5 mm 的细粒三个粒级入跳汰选别，有的选厂还将粗选洗矿脱水螺旋返砂单独设置"溢流跳汰"，采用动筛跳汰机实行宽级别跳汰，以及早回收原矿中 -12 mm 粒级的单体黑钨和富连生体黑钨，并获得了高品位的跳汰精矿。还有部分选厂为了及早回收在磨矿过程中解离的黑钨矿或实行贫富分选，选择在磨矿机排矿口处设置不分级的"磨后跳汰"作业。

（1）跳汰设备

①常用跳汰机。

黑钨选厂常用的跳汰机主要有：1000 mm × 1000 mm 下动圆锥隔膜跳汰机（也称米哈诺布尔跳汰机）、300 mm × 450 mm 旁动隔膜跳汰机（也称丹佛跳汰机）。

1000 mm×1000 mm 下动圆锥隔膜跳汰机是由苏联引进的机型，其特点是处理能力较大，可达 8.8~11.7 t/(台·h)；占地面积小，下部圆锥隔膜运动垂直于跳汰室筛板，上升水速分布较均匀。该跳汰机机械冲程有限，最大只能达 20~22 mm，且冲程系数（隔膜室面积与筛板室面积之比）小，只有 0.47，跳汰室水冲程实际最大只能达 8 mm 左右，因而跳汰室内脉动水速较弱，粗粒级床层松散较困难，处理粗粒合格矿石选别效率较差。在黑钨选矿实践中，其处理的粒度上限为 8~10 mm，并且只在大吉山、西华山和岿美山这样的大型选矿厂和少数中型选矿厂中应用。

300 mm×450 mm 旁动隔膜跳汰机是我国应用最早的跳汰机，最早于 1952 年建设的大吉山钨矿 125 t/d 选矿厂中使用。这种跳汰机也是我国黑钨选矿中最重要和应用最普遍的跳汰设备，在大、中、小各类钨选厂都有使用。它的机械冲程最大可达 25 mm，冲程系数达 0.7 左右，适宜处理合格矿各粒级矿石，除大型和部分中型钨选厂外，在粗、中、细粒跳汰作业和溢流跳汰、磨后跳汰作业中都得到了应用。在大型黑钨选厂主要用于细粒跳汰作业和粗精矿精选的加工跳汰作业。

实践证明，300 mm×450 mm 旁动隔膜跳汰机用于处理 -2 mm 细粒级矿石时，其回收粒度下限可达 0.15~0.2 mm。重选合格矿中 -2 mm 细粒级中钨矿物解离充分，金属占有率高，大部分钨矿物都在跳汰机回收范围内，这部分粒级跳汰回收的金属量占重选跳汰作业回收总金属量的 45% 以上。该粒级跳汰作业的设置，从技术上和经济上都有明显效果，对钨矿物的早收多收起到了重要作用。但是，由于许多选厂的该作业都是在原流程基础上添加的，在设备配置上受到一定限制，从而导致细粒跳汰的给矿浓度过稀，流速太快，体积负荷偏重，不少选矿厂细粒跳汰作业回收率偏低。例如大吉山、西华山、湘东、浒坑等选厂的细粒跳汰作业回收率都小于 40%。为此，一些选厂在细粒跳汰前增设脱水作业，明显改善了该作业的工艺指标，例如下垄钨矿大平选厂增设螺旋脱水后，跳汰作业总回收率由 70% 提高到 77.7%，重选回收率由 93.7% 提高到 95.3%。

②动筛跳汰机。

动筛跳汰机由于冲程大、冲程系数高、处理能力大等特点，其除在预选丢废中得到应用外，还在重选中用于处理粗、中粒级合格矿石。例如大吉山钨矿选厂将自行研制的 JS 型 670 mm×1000 mm 单室上动型动筛隔膜跳汰机推广应用于 4.5~10 mm 和 1.5~4.5 mm 的合格矿跳汰作业中，取得了很好的技术经济效果。在处理 4.5~10 mm 粗粒合格矿中，当给矿品位 WO$_3$ 为 0.3%~0.6%、冲程为 16~18 mm、冲次为 150~180 次/min 时，处理量为 9~18 t/(台·h)，即 12~25 t/(m^2·h)，作业回收率为 65%~70%。这种跳汰机还具有耗水量小(1.3~1.8 m^3/t 矿)、设备运转稳定可靠、操作维护简便等优点。该选厂自 1991 年起，在重选粗粒跳汰作业生产中全部用 JS 动筛隔膜跳汰机取代 JS - Ⅱ 型跳汰机，每小时可节约用水 630 m^3，从而停开了装机容量 485 kW 的 2 号供水系统。在正常生产情况下，每年可节约用水 454 万 t，节约用电 341 万 kW·h，经济效益十分显著。

荡坪钨矿半边山选厂用动筛跳汰机取代丹佛式旁动隔膜跳汰机，选别粗、中粒合格矿，作业回收率分别由 70% 和 65% 提高到 76% 和 68%，节约用水 3.46 m^3/t 合格矿；瑶岭钨矿选厂在溢流跳汰作业中用动筛跳汰机取代丹佛式旁动隔膜跳汰机，节约用水 75%~80%。这些实例说明动筛跳汰机是粗、中粒钨矿石重选的优良设备，推广应用动筛跳汰机对提高黑钨重选厂的经济效益起着重要作用。

③梯形跳汰机。

梯形跳汰机是跳汰室自给矿端向排矿端逐渐扩展成梯形布置的跳汰机,一般形成双列8个跳汰室,故全机的工作面积大,一台(1200~2000)mm×3600 mm 梯形跳汰机筛面总面积达5.76 m²,所以单台的处理能力大。同时,矿浆流动自给矿端至排矿端由窄变宽,矿浆流速逐渐变缓,床层逐渐变薄,有利于细粒重矿物的回收。大吉山钨矿从1970年初就开始了梯形跳汰机直接丢尾的试验,且已成功用于生产实践。梯形跳汰机主要用于处理水力分级机一、二室沉砂,代替(部分代替)摇床选别丢尾,已取得了较好的效果。

A. 梯形跳汰机应用的工业试验。

a. 工业试验应用的梯形跳汰机。

用一台(1200~2000)mm×3600 mm 双列八室梯形跳汰机进行工业试验,处理水力分级机一室沉砂。梯形跳汰机的技术条件详见表6-22。梯形跳汰机的耗水量为80~120 m³/(台·h)。

表6-22　梯形跳汰机的技术条件

	跳汰一室	跳汰二室	跳汰三室	跳汰四室
冲程/mm	28	26	24	20
冲次/(次·min⁻¹)	140	155	167	220

b. 梯形跳汰机应用的试验工艺:(a)梯形跳汰机粗选-摇床扫选(摇床处理梯形跳汰机尾矿);(b)梯形跳汰机粗选-摇床精选(摇床处理梯形跳汰机精矿)。

c. 梯形跳汰机工业试验结果:详见表6-23。

表6-23　梯形跳汰机粗选—摇床扫选(精选)工业试验结果

试验工艺	处理量/(t·台⁻¹·h⁻¹)	品位(WO₃)/%				回收率/%	
		给矿	精矿	尾矿		梯形跳汰机作业	工艺合计
				梯形跳汰机	工艺合计		
(a)	22.4	0.26~0.3	18.2	0.06	0.022~0.025	77.15	88.5~91.6
(b)	15.4	0.26~0.33	20~26.5	0.03	0.308	92.37	89~90.5

注:*原水力分级机一室沉砂摇床处理丢尾的品位 WO₃ 为0.03%~0.039%。

B. 梯形跳汰机的工业应用。

大吉山钨矿选厂在生产中用梯形跳汰机选别水力分级机一、二室沉砂(粒度为0.4~1.5 mm),直接丢弃尾矿,取得了较好的效果。选别指标详见表6-24。

表 6-24 大吉山钨矿选厂生产应用梯形跳汰机选别指标

处理量 /(t·台^{-1}·h^{-1})	给矿品位 (WO_3) /%	精 产率 /%	矿 品位 (WO_3) /%	尾矿品位 (WO_3)/%	作业回收率 /%	耗水量 /(m^3·台^{-1}·时^{-1})	工艺条件 跳汰室	冲程 /mm	冲次/(次·min^{-1})
22.46	0.26	16.20	1.40	0.040	87	80~120	—	28	134
15.40	0.31	15.80	1.80	0.030	92		二	26	145
15.41	0.15	5.40	2.30	0.028	82		三	24	167
29.40	0.135	10.96	0.93	0.038	75		四	20	230

(2)跳汰设备的改进

①粗粒跳汰机的改进。

经过长期的生产实践,对常用跳汰设备,特别是米哈诺布尔式跳汰机的认识进一步深化,1000 mm×1000 mm 下动圆锥隔膜跳汰机分选 1.5(1.7)~4.5(5)mm 粒级合格矿尚可获得较好的工艺指标,当给矿品位 WO_3 为 0.4%~0.28%、处理量为 5~8 t/(台·h)时,作业回收率可达 82.9%~63.7%,尾矿品位低至 0.06%~0.10%。因此,大型钨选厂仍用它处理中等粒度矿石。但用它处理大于 4.5 mm 的合格矿石时,效果还是有点欠佳。

为提高粗粒跳汰的选别效果,大吉山钨矿对米哈诺布尔式跳汰机进行了改进,将其筛面由 1000 mm×1000 mm 改为 670 mm×1000 mm,使其冲程系数由 0.47 增大到 0.62,并将它命名为 JS-1 型跳汰机。处理 4.5~10 mm 粒级合格矿时,JS-Ⅰ 型跳汰机与米哈诺布尔式跳汰机相比,提高了精矿品位,降低了尾矿品位,作业回收率由 30%~40% 提高到 52%~63%,处理量由 8.8~11.7 t/(台·h)提高到 12.7~17.8 t/(台·h),水耗也由 15 m^3/t 矿降低至 8.5 m^3/t 矿。

为了进一步改善粗粒跳汰的效果和节约用水,大吉山钨矿在 JS-Ⅰ 型的基础上,又将跳汰室筛面改为 600 mm×900 mm,隔膜室由下动式改为侧动式,形成了 JS-Ⅱ 型跳汰机。其最大冲程可达 50 mm,冲程系数提高到 0.7,两个跳汰室可选用不同的冲程冲次,更换隔膜也更简便 JS-Ⅱ 型跳汰机采用尾端全断面排精矿代替中心管排精矿,这对改善粗粒跳汰工艺起到了良好的作用。在选别粗粒级时,与 1000 mm×1000 mm 米哈诺布尔式跳汰机比较,在给矿粒度和品位相似的条件下,筛上精矿品位 WO_3 由 8.6%~10.3% 提高到 53.9%~62.8%,尾矿品位 WO_3 由 0.16%~0.21% 降低至 0.13%~0.11%,作业回收率由 48.7% 提高到 66.7%,处理能力也提高 43%~52%,还降低了水耗。

②跳汰机筛上精矿排矿装置的改进。

黑钨矿选矿应用的跳汰机的筛面基本都是由梯形断面钢片构成的筛板,筛孔呈上宽下窄的长条状,不易被等尺寸矿粒所堵塞。根据黑钨矿粗细非均匀嵌布的特点,粗粒一般为 2~10 mm,跳汰机筛板筛孔一般为 1.5~2 mm。小于 1.5~2 mm 的精矿由筛下排出,大于 1.5~2 mm 的精矿由筛上排出,常用跳汰机的筛上精矿排出都采用图 6-4 所示的中心管排矿法。排矿装置由外排矿筒 1 和内排矿筒 2 组成,外排矿筒采用 φ50 mm 钢管,内排矿筒采用 φ25~50 mm 钢管,设于稍靠近跳汰室尾矿端的中心,透过筛板和水箱侧壁(旁动隔膜跳汰机)或直通水箱(下动圆锥隔膜跳汰机)。内排矿筒高出筛板的高度根据跳汰室总高度和给矿品位、要求的筛上精矿品位来确定。外排矿筒一般采用 $\phi125 \sim 150$ mm 钢管，下端距筛板有一定的距离，一般稍小于筛面精矿层和内排矿筒高度，距离可调节。筛上精矿自行通过外排矿筒下缘的缝隙进入内排矿筒排出。这种排矿装置结构简单、操作方便、易于控制、应用广泛，但也存在一定的缺陷：一是外排矿筒占去筛面部分分选面积，影响跳汰机的处理能力；二是设置于跳汰室尾端正中，水平运动矿流有部分须绕道流动，在外排矿筒两侧形成一股急流，加速了两侧轻矿粒向尾端流动，从而减薄了两侧矿层，不利于连生体的沉降分层；排矿筒前后矿浆流速变化，使局部床层厚薄不匀，影响松散分层；三是在跳汰室四角的精矿排矿不畅，易成死角，造成部分筛上精矿在筛面停留时间过久而遭到磨损。为此，大吉山钨矿将粗粒跳汰 JS – Ⅱ型跳汰机筛上精矿排矿方法改为如图 6 – 5 所示的尾端全断面排出法。这种装置主要由外闸门、内闸门、调节手轮和盖板组成，沿跳汰室尾矿端全断面配置。外闸门 1 下缘与筛板保持一定高度，一般为精矿最大粒度的 2 ~ 2.5 倍，以确保筛上精矿通过并防止脉石矿粒混入精矿中，外闸门的高度(下缘至盖板顶端的距离)决定跳汰床层厚度。盖板 3 使尾矿与精矿分开。内闸门 2 起着控制精矿排出速度、精矿质量和稳定床石的作用，它可由连接的手轮 4 控制其上下活动，调节精矿排出速度和精矿质量。这种排矿方式使精矿可顺矿流方向沿筛面宽度排出。对于大型跳汰机或者大于 4.5(5) mm 粒级品位高(即含粗粒级单体、富连生体钨矿物多)时，采用这种筛上精矿排出方法更为合适。

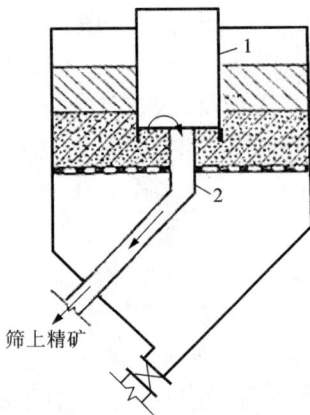

图 6 – 4　中心管排矿法示意图

1—外套筒；2—内套筒

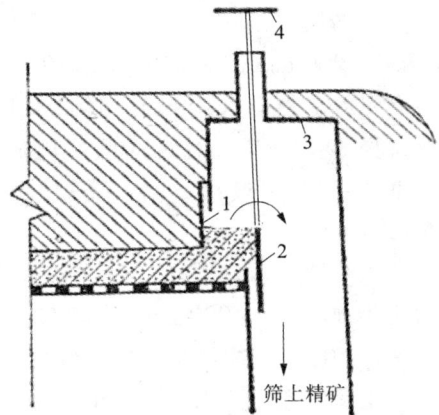

图 6 – 5　筛上精矿全断面排出法

1—外闸门；2—内闸门(可调节闸门)；3—盖板；4—手轮

(3)跳汰机的主要工艺因素

影响跳汰作业的主要工艺因素有冲程和冲次、筛下补加水、床层和人工床石、跳汰室落差、给矿粒度和给矿量等。

①冲程、冲次。

跳汰机的冲程和冲次是跳汰操作的基本参数，也是形成跳汰床层松散分层的主要因素。冲程和冲次相辅相成，相互合理组合才能获得最佳选别效果。冲程和冲次一般以反比相组合，即大冲程配低冲次，小冲程配高冲次。确定冲程大小的原则是：给矿粒度粗需要较大的冲程，使矿石有足够的松散空间和分层时间，在较长时间内矿石层处于松散状态，有利于矿粒间相互位移；处理量大（即床层厚）时需要较大的冲程，才能使床层足够松散；筛下补加水量少时，需要较大的冲程来增大上升水流速；跳汰机的冲程系数小时，也需要较大的冲程。大冲程须配以低冲次，小冲程须配以高冲次，否则就不能使整个跳汰床层松散分层，甚至床层变成一个整体上下运动，跳汰床层过分紧密或者过分松散都会影响跳汰选别过程。冲程太小，冲次过高，水流运动加速度太大，脉动时间太短，床层成为一个整体上升和下降，此时，用手很难插入床层，感觉阻力很大，矿石按比重分层不好，尾矿中出现钨单体和连生体；冲程太大，造成上升水流速度太大，致使床层被冲散，呈悬浮状态的矿粒增多，床层过于松散，细粒单体钨矿容易被冲入尾矿；当转入下降周期时，由于冲程过大而造成的最大下降水流速度加大，引起的吸入作用增强，大量细粒脉石颗粒被吸入筛下，造成筛下精矿质量降低。

冲程冲次的数值虽有理论计算，但与实际偏差较大，通常须参照生产实际或经过试验来确定。我国黑钨选厂长期的生产实践，积累了丰富的经验，大体都确定了较为合理的冲程冲次。合适的冲程是：入选粒度大于 2 mm 时，冲程为平均粒度（给矿粒级中最大粒度和最小粒度的平均值）的 2~5 倍；入选粒度小于 2 mm 时，冲程为该粒级中最大粒度的 4~6 倍。粗粒跳汰的冲次一般为 200~300 次/min，中粒跳汰的冲次一般为 250~340 次/min，细粒跳汰的冲次一般为 280~360 次/min。表 6-25 是部分黑钨选厂生产实际采用的跳汰机冲程冲次。

②筛下补加水。

跳汰机床层松散分层、精矿质量、作业回收率无不与筛下补加水密切相关。在确定了合适的冲程冲次和床层、床石（即人工床层）厚度以后，筛下水的补加就成了关键工艺因素。上升水量既起到加大上升水流速度以增加床层的松散分层作用，又可调节下降水流吸入的强弱程度，以控制筛下精矿的质量和数量；补加水上升后的水平流动还帮助上层脉石矿物从尾矿端及时流出。

筛下补加水量太小，上升水流速度小，床层得不到松散，呈紧密状态，影响矿物按比重分层，下降水流的吸入作用明显增强，大量脉石矿物吸入筛下，筛下精矿质量变差，同时，床层上部矿粒水平流动性变慢，尾矿排出困难，甚至跳汰室矿粒堆积增厚，造成床层过于紧密，影响选别效果。筛下补加水量太大，造成上升水量速度过大，床层过于松散，一方面，当上升水速大于细粒钨矿物的沉降速度时，这些钨矿粒子冲入上层，排入尾矿；另一方面，过大的补加水量，减弱了下降水流的吸入作用，细粒钨矿物不能被吸入筛下，易随尾矿流失，在此情况下，筛下精矿产率变小，跳汰作业回收率降低。所以，筛下补加水量必须适宜。

筛下补加水要求有稳定的压力，一般要求 1~2 kg/cm² ，以免发生水速的波动。

跳汰机的筛下补加水量随给矿粒度、给矿量、床层厚度和精矿排出方式的不同而不同，目前尚无确切的理论计算公式可依。大多都根据选矿操作实践经验，并结合试验来确定。表 6-26 是几个钨选厂不同粒级跳汰的筛下补加水量情况。

表 6-25 部分黑钨选厂跳汰机的冲程冲次

选厂名称	跳汰机型号 /mm×mm	给矿粒度 /mm	处理量/(t·台$^{-1}$·h^{-1})	冲程 /mm	冲次/(次·min^{-1})	作业回收率 /%
西华山选厂	1000×1000 下动隔膜	10~5	7~8	17~19	220~240	62~63
	1000×1000 下动隔膜	5~1.7	7~8	10~12	250~270	62~63
	300×450 旁动隔膜	-1.7	14~15	8~10	270~280	28~30

续表 6 - 25

选厂名称	跳汰机型号 /mm×mm	给矿粒度 /mm	处理量/(t· 台$^{-1}$·h^{-1})	冲程 /mm	冲次/(次· min^{-1})	作业回收率 /%
盘古山 选厂	600×600 旁动隔膜	10~6		17.5	270	44
	600×600 旁动隔膜	6~2.2		10	290	42
	300×450 旁动隔膜	-2.2		7.5	320	26
湘东 选厂	300×450 旁动隔膜	13~8	4	31	200	50
	300×450 旁动隔膜	8~2	2~2.5	18~12	280	64~70
	300×450 旁动隔膜	-2	4.5~5	7~7.5	320~400	47~41
瑶岗仙 选厂	300×450 旁动隔膜	13~6	11	20	285	20~30
	300×450 旁动隔膜	6~2	11	13	340	68~78
	300×450 旁动隔膜	-2	15	5	360	33.5~46
下垅 大平选厂	300×450 旁动隔膜	10~5	3.1	18	290~300	60
	300×450 旁动隔膜	5~1.5	1.8	11	310~320	39
	300×450 旁动隔膜	-1.5	5.3	8	340~360	36
下垅 樟斗选厂	300×450 旁动隔膜	10~5	2.6	17	272	71.3
	300×450 旁动隔膜	5~1.5	3.0	7.5	287	70.2
	300×450 旁动隔膜	-1.5		6.5	290	67.4

表 6 - 26　几个钨选厂不同粒级跳汰的筛下补加水量情况

选厂名称	跳汰机型号 /mm×mm	冲程系数	给矿粒度 /mm	筛下补加水量	
				/(m^3·台$^{-1}$·h^{-1})	m^3/t 给矿
西华山 选厂	1000×1000 下动隔膜	0.47	8~5	60~65	8.1~8.5
	1000×1000 下动隔膜	0.47	5~1.7	50~55	6.8~7.1
	300×450 旁动隔膜	0.7	-1.7	20~25	2.5
瑶岗仙 选厂	300×450 旁动隔膜	0.7	13~6	10	
	300×450 旁动隔膜	0.7	6~2	7	
	300×450 旁动隔膜	0.7	-2	6	
大吉山 选厂	670×920 侧动隔膜	0.7	10~4.5		8.5
	1000×1000 下动隔膜	0.47	4.5~1.5	30~45	6~6.4

③床层和人工床石。

跳汰机的床层由精矿层、中矿层和流动层所组成，其总厚度由尾板高度来控制，床层的总厚度影响床层的松散和矿粒分层的时间，尾板越高床层就越厚，床层稳定性就越好，但松散和分层的时间就会增长；精矿层越厚，精矿质量就越好，但跳汰机的处理量就会降低。在一定范围内，降低床层厚度，床层就会减薄，使流动层更能畅通排出，可以提高处理量，然而须使流动层有一定厚度，以保护含钨连生体和硫化矿等中等比重矿粒的中矿层不致损失到尾矿中；床层太薄时，床层不稳定，影响选别效果。一般床层的总厚度不低于给矿中最大粒径的 5~10 倍，黑钨选矿厂跳汰机尾板高度一般为 120~200 mm，细粒跳汰机因铺设人工床石来获得高品位筛下精矿，所以尾板高度大于粗、中粒跳汰机，有的选厂在水力分级机前设细粒跳汰作业，这种跳汰机在送矿水大和超负荷条件下工作，为了降低金属损失，其尾板高度甚至超过 300 mm，例如西华山选厂这种跳汰机的尾板高度最大达 340 mm。表 6-27 是几个黑钨选厂跳汰机床层、床石厚度的情况。

表 6-27　几个黑钨选厂跳汰机床层、床石厚度情况

选厂名称	西华山			盘古山			瑶岗仙		
给矿粒度/mm	10~5	5~1.7	-1.7	10~6	6~2.2	-2.2	13~8	8~2	-2
床层厚度/mm	117~145	140~160	290~340	38	50	60	30~45	50~60	50~60

注：*西华山为总床层厚度，盘古山和瑶岗仙为床石厚度。

人工床石又称床底砂（即精矿床层），是获得跳汰高品位筛下精矿的重要因素。人工床石的粒度必须大于筛板的筛孔，一般为入选矿石最大粒度的 3~6 倍，比筛孔尺寸大 1.5~2 倍，而且床石颗粒间的孔隙要便于细粒重矿粒的穿行，黑钨选厂都采用大于 5 mm 的粗粒钨精矿作细粒跳汰的人工床石，粗、中粒跳汰一般采用自然床石，所谓自然床石就是跳汰机本身选别过程形成的筛上精矿层。床石厚度直接影响重矿粒穿透床石的难易程度，床石越厚，细粒黑钨矿粒透过床石的难度越大，筛下精矿的数量越少，精矿品位就越高，精矿回收率就越低；反之，床石太薄，细粒矿石穿透能力增强，在下降水流作用下，不但加大了细粒钨矿物的吸入力，同时细粒脉石也容易穿透稀薄的床石进入筛下，降低筛下精矿质量，而且，上升水阻力减小，上升的冲力加大，易造成细粒钨矿物冲入尾矿中，降低回收率。

床石的厚薄与给矿中细粒黑钨矿物的多少（即品位的高低）和对筛下精矿品位的要求密切相关，给矿品位高，床石宜薄；给矿品位低，则床石宜厚，要求筛下精矿品位高时，床石要厚。为确保床石的稳定，一些选厂将跳汰室筛板用钢板隔成若干个小格子，床石都分布于各格子中，格子的高度即为床石的厚度。黑钨选厂细粒跳汰的人工床石厚度一般为 30~50 mm。

④筛板落差。

跳汰机相连的两跳汰室筛板的高差称为筛板落差。落差的存在有利于床层矿粒由给矿端向尾矿端运动，落差大小对跳汰机的处理能力和精矿质量有一定影响。落差大时，不需大量给矿水又能保持矿粒沿矿流方向有一定的流速，有利于粗粒黑钨矿的水平搬运及处理量的提高。但是，过大的落差使矿粒水平流速过大，给矿端分层作用降低，精矿层减薄，造成床层松散不均匀，跳汰一室与二室间产生涡流，破坏松散分层，矿粒在跳汰室内停留时间缩短，松散分层不充分，不利于富连生体矿粒和细粒黑钨矿的回收；落差太小，矿石水平流速减慢，造成床层积厚，不利于松散分层，而且会降低处理量。确定落差的原则是：给矿粒度大时落差要大，反之则小。黑钨选矿厂跳汰机的落差：粗粒级一般为 70~100 mm，细粒级为 50~70 mm。例如西华山选厂粗粒跳汰机的落差为 40~70 mm，中粒跳汰机的落差为 45~55 mm，细粒跳汰机的落差为 35~45 mm。

⑤给矿。

跳汰机的给矿因素包括给矿量、给矿粒度和给矿品位。给矿量大小对跳汰机的分选指标有较大影响，给矿量过大或过小都会影响跳汰床层发生变化，不是过于紧密就是过于松散，使分层恶化，分选指标变差。表 6-28 是 300 mm×450 mm 旁动隔膜跳汰机处理 4.5~8 mm 粒级时，不同给矿量与选别指标的关系。表 6-29 是瑶岗仙钨矿选厂 300 mm×450 mm 旁动隔膜跳汰机处理粗、中、细粒级不同给矿量及其生产指标。由表 6-28 和表 6-29 可以看出，跳汰机的处理量一定要合适，否则便会对选别效果产生影响。

表 6-28　300×450 mm 旁动隔膜跳汰机不同给矿量与选别指标的关系

给矿量 /(t·台⁻¹·h⁻¹)	品位(WO₃)/%			作业回收率 /%
	给矿	精矿	尾矿	
6	0.35	39	0.135	56.89
9.4	0.38	38	0.08	79.02
12	0.36	45	0.135	69.6
14.7	0.64	27	0.32	50.62

表 6-29　瑶岗仙钨矿选厂 300 mm×450 mm 旁动隔膜跳汰机的处理量及其生产指标

给矿粒度 /mm	给矿量 /(t·台⁻¹·时⁻¹)	品位(WO₃)/%			作业回收率 /%
		给矿	精矿	尾矿	
13~6	1.90	0.57	49.28	0.16	62.61
	2.12	0.41	54.00	0.20	52.60
	2.35	0.50	51.08	0.32	36.22
	4.44	0.42	50.53	0.30	29.13
	9.34	0.35	32.26	0.28	20.18
6~2	1.35	1.04	36.86	0.29	72.04
	2.30	0.61	51.10	0.18	71.16
	2.46	0.55	45.81	0.10	81.99
	3.58	0.94	37.96	0.20	78.00
	3.35	0.50	42.00	0.10	68.25
-2	3.59	0.30	30.08	0.18	42.43
	4.01	0.16	26.25	0.09	46.17
	7.35	0.17	28.00	0.07	59.14
	9.95	0.27	38.47	0.17	33.48

给矿粒度组成和给矿品位对跳汰作业的影响也不可忽视。一般来说，给矿品位高给矿量宜小，给矿品位低给矿量可稍大；此外，跳汰一般要求给矿粒度较均匀，即实行窄级别分选，否则也将影响跳汰机选别指标。表 6-30 就是大吉山钨选厂和西华山钨选厂跳汰作业不同给矿粒度组成及其选别指标的情况。从中可以明显看出，窄级别（粗、中粒级分级）跳汰的重选

回收率比宽级别(粗、中粒级混合)跳汰高1.5~2倍。窄级别跳汰分选指标明显优于宽级别跳汰的分选指标。

表6-30 跳汰作业不同给矿粒度组成及其选别指标

大吉山钨矿选厂				西华山钨矿选厂			
给矿粒度 /mm	回收率/%		尾矿品位 (WO₃)/%	给矿粒度 /mm	回收率/%		尾矿品位 (WO₃)/%
	作业	重选			作业	重选	
1.5~8	35.6	18.42	0.24	10~1.7	31.23	20.95	0.24
4.5~8	54	21.2	0.17	10~5	63.23	18.68	0.12
1.5~4.5	82.9	15.63	0.0.76	5~1.7	63.78	13.77	0.1

(4)跳汰选矿的主要技术指标

跳汰选矿的主要技术指标是精矿品位和作业回收率,在合理的工艺参数和操作条件下,一般只与包括给矿的粒度组成、品位、钨矿物的单体解离情况在内的给矿性质有关,精矿品位与作业回收率又是一对相互关联的指数。黑钨矿重选跳汰精矿品位 WO₃ 一般都能达到 40%~60%,高的可大于65%;跳汰作业回收率则视给矿粒度和对精矿品位的要求不同而异,一般为 35~60%。每个选厂的矿石性质不同,跳汰作业主要技术指标也有所不同。表6-31 是部分黑钨矿选厂跳汰作业的主要技术指标。

表6-31 部分黑钨矿选厂跳汰作业的主要技术指标

选厂名称	粒级 /mm	品位(WO₃)/%			作业回收率 /%
		给矿	精矿	尾矿	
西华山 选厂	10~5	0.29	31.48	0.12	63.44
	5~1.7	0.275	44.31	0.10	63.78
	-1.7	0.343	49.47	0.247	28.11
盘古山 选厂	10~6		65.3~52.8		42.9~41.1
	6~2		63.3		34.3
	-2		32.5~39.5		20.2~12
	磨后跳-2	0.08~0.11	60.3~66.8		25.2~16
湘东 选厂	13~8	0.382	41.77		49.98
	8~2	0.61	41.46		64.30
	-2	0.387	34.22		47.12
	磨后跳-3	0.20	28.60		35.14
下垅 大平选厂	10~5	0.61	67.62	0.24	60.87
	5~1.5	0.18	67.15	0.11	38.95
	-1.5	0.50	63.50	0.32	36.18
	磨后跳汰	0.29	60.80	0.16	44.95

续表 6-31

选厂名称	粒级 /mm	品位(WO₃)/%			作业回收率 /%
		给矿	精矿	尾矿	
浒坑选厂	10~5.6	0.61	41.49	0.33	22.59
	5.6~1.6	0.44	54.94	0.20	54.94
	-1.6	0.399	44.23	0.27	31.86
大吉山选厂	8~4.5	0305	14.8	0.12	58.92
	4.5~1.5	0.380	44.91	0.09	76.55
瑶岭选厂	-13	0.64	31.24	0.29	43.7
梅子窝选厂	-4.5	0.87	29.2	0.33	44,2

跳汰选矿的粒级回收率。中、细粒跳汰的粒级回收下限可达 0.2~0.3 mm。表 6-32 是大吉山钨矿选厂、瑶岗仙钨矿选厂和瑶岭钨矿选厂跳汰选别 1.5~4.5 mm、0~2 mm 和 0~13 mm 粒级时的粒级回收率情况。

表 6-32　跳汰选矿的粒级回收率*

大吉山选厂	粒级/mm	2~4.5	1~2	0.6~1	0.28~0.6	0.14~0.28
	粒级回收率/%	82.5	82.9	94.48	72	47.6
瑶岗仙选厂	粒级/mm	2~1	1~0.4	0.4~0.2	0.2~0.1	
	粒级回收率/%	88.74	91.00	84.04	31.99	
瑶岭选厂	粒级/mm	13~6	6~1.5	1.5~0.516	0.516~0.25	.25~0.074
	粒级回收率/%	43.3	66.25	74.71	54.46	16.99

注：*大吉山选厂采用 1000 mm×1000 mm 下动圆锥隔膜跳汰机，瑶岗仙选厂和瑶岭选厂均采用 300 mm×450 mm 旁动隔膜跳汰机。

跳汰选收黑钨矿物连生体的效果。西华山选厂曾对粗粒跳汰和细粒跳汰作业连续 8 小时生产取样的尾矿进行矿物检查，在粗粒跳汰尾矿中没有发现本级(5~10 mm)单体黑钨矿，1/2(黑钨矿物体积/颗粒体积，下同)的连生体只占 2%(以检查颗粒计，以下同)，1/10~1/5 的连生体也只占 9.8%，1/20~1/10 的连生体占 15.7%，1/20 以下的连生体占了 72.5%，说明粗粒跳汰尾矿丢失的绝大部分都是贫和极贫连生体；在中粒跳汰尾矿中也没发现本级(1.7~4.5 mm)单体黑钨矿，1/2 的连生体丢失率只占 13.5%，1/20 以下的连生体占 59%，说明中粒跳汰尾矿丢失的大部分也是钨矿的贫连生体。总体来说，跳汰作业回收黑钨连生体效果还是很好的。

6.3.2　摇床在黑钨选矿中的应用

摇床又称淘汰盘，是一种流膜选矿类设备。摇床选矿的基本原理是：不同密度和不同粒度的矿粒在倾斜的床面上，受到斜面水流和床面不对称往复运动的作用，按密度和粒度分层，并沿不同方向运动，还借助摇床面的床条和凹槽的辅助作用，大密度颗粒纵向运动惯性力最大，在不对称床面运动和斜面水流作用下，向前运动到床面最前的侧面，形成精矿带；中等密度的中矿运动到精矿后面，形成中矿带；小密度颗粒纵向运动惯性力最小，运动到最后面，形成尾矿带。各种不同矿粒在床面上运动形成扇形分布，在斜面水流冲洗下，精矿、中矿和尾矿在距给矿端不同位置的斜面排出，从而得到分离。

摇床选矿是我国黑钨重选中一种极重要而又应用最普遍的工艺。它的选别效果好，特别是富集比高，是回收 0.03 ~ 2 mm 粒级钨矿物的重要手段，无论哪类黑钨矿床，只要能应用重选方法，无一例外都应用了摇床选矿获得 -2 mm 粒级的黑钨粗精矿；同时也是重选粗精矿精选提高品位的主要工艺；摇床选矿还是黑钨重选丢弃尾矿最经济的方法，黑钨选厂重选段90%以上的入选矿石都是通过摇床丢弃最终尾矿的。因此，摇床选别的好坏直接关系到钨精矿品位和重选回收率的高低，各钨选厂也都视摇床作业为中心环节和选矿工艺的重中之重。

尽管摇床的单位面积处理能力低、使用数量多、占用厂房面积大，但黑钨选厂在生产设计和生产实际中，还是宁愿多花费投资，设置数量足够多的各类摇床，建设足够的厂房来配置摇床，因此，摇床也是黑钨选厂使用数量最多的重选设备。

（1）摇床的种类

按驱动床面运动的床头结构，摇床可分为偏心连杆式摇床、凸轮杠杆式摇床和弹簧摇床。

偏心连杆式摇床：又称为威氏（威尔弗利 Wilfley）摇床，这种摇床在我国最早由衡阳冶金机械厂制造，故还称为衡阳式摇床或 6 - S 摇床。

凸轮杠杆式摇床：即国外的普拉特 - 奥（Plat - O）摇床，这种摇床原为我国从苏联引进的 CC - 2 型摇床，故也通称为 CC - 2 摇床。原引进的 CC - 2 型摇床，床面和床头均固定在两根大型工字钢上，虽形成一个整体，安装方便，但设备重量太大。后经云南锡业公司改进，成为我国普遍使用的一类摇床，称为云锡式摇床，又因为主要由贵阳矿山机械厂生产，我国习惯称之为贵阳式摇床。

弹簧摇床是我国自行研制，以悬吊偏心重轮为传动装置、软硬弹簧为差动装置的一种摇床。

按床条和处理粒度，摇床可分为矿砂摇床和矿泥摇床。矿砂摇床采用凸条为床条，处理粒度为 0.074 ~ 3 mm；矿泥摇床通常采用凹槽（刻槽）式床条，处理粒度为 -0.074 mm。

（2）摇床的传动装置（摇床头）

①偏心连杆式摇床的传动装置是由电动机带动床头的偏心连杆装置来驱动床面运动，并由肘板连接床面和后座弹簧，产生不对称往复运动。电动机运转无方向性要求。这种摇床头运动的不对称性相对较小，冲程调节范围较大，为 8 ~ 30 mm，调节冲程时无需停车，连接床面的拉杆高度也保持不变；摇床面采用四块板型摇杆支撑，与基座相连，这种摇杆支撑方式使床面在垂直平面内产生弧形起伏的往复运动，引起轻微振动，有利于床面的矿粒松散分层，当摇杆向床头端略倾斜 4° ~ 5° 时，床面矿粒松散和运搬作用增强，更适合粗粒矿砂的分选。另外，6 - S 摇床的横向坡度调节，采用定轴式调坡机构，在调坡时不影响床面的高度与重心的一致性。由于这种摇床冲次调节可以更高，所以黑钨选厂对要求冲次较高的细粒级矿石一般常采用 6 - S 摇床处理。故这类摇床在黑钨选厂中应用最广。

②凸轮杠杆式摇床头的传动采用凸轮杠杆式结构，偏心轴轮逆时针运转滚压，使摇动支

臂(台板)向下运动,摇动支臂又使与之连接的曲臂杠杆(摇臂)向后拉动摇床面向后运动,同时压缩位于床面下面的弹簧,当偏心轴轮运转至摇动支臂不受滚压时,弹簧减压伸张,推动床面向前运动。这种摇床头运动不对称性较大,可借助调节滚轮的偏心距和摇动支臂偏心轴的偏心距来改变床面运动的不对称性,这种不对称运动的调节范围较宽,可以适应不同的给矿粒度选别的要求。但这种摇床头运动具有方向性,偏心轴只能逆时针运转,增大不对称系数,有利于选别;若顺时针方向运转,则不对称系数变小,不利于摇床选别。另外,这种摇床床面采用滑动支承方式和变轴式调坡机构,调节横向坡度时,床头拉杆的轴线位置会有所变化,因此床面的横向坡度可调节范围较小(0~5°),当横坡和冲程调节过大时,拉杆轴线与床面重心轴线会过分分离而引起床面振动。因此,它适宜处理横向坡度要求较小的细粒级矿石,特别是细泥,然而冲次不宜调整得太高,当冲次达到 360 次/min 时,床面就会发生跳动,影响选别。凸轮杠杆式摇床在我国大、中型钨选厂用得较多。

还有一种简化的凸轮杠杆式摇床头,被称为凸轮摇臂式床头。它是将摇动支臂(台板)与曲臂杠杆(摇臂)合二为一,犹如原来的台板与摇臂连成一体形状的摇臂,偏心滚轮直接推动摇臂运动,使床头结构更简单,设备运转更轻便。其运转也是单方向的,但方向与原凸轮杠杆式床头刚好相反。大吉山钨矿选厂使用这种凸轮摇臂式床头 40 多年,生产实际证明对摇床选别效果无太大的影响。

③弹簧摇床头由传动装置和差动装置两部分组成。以悬吊偏心重轮为传动装置,软硬弹簧为差动装置。弹簧摇床头安装结构如图 6-6 所示。偏心重轮 1 旋转并借助弹簧片 3 连接推动摇床面 4 往复运动,悬挂弹簧 2 起保持偏心重轮与电动机连接皮带拉紧的作用,硬弹簧 5,软弹簧 6 和打击板(弹簧座)7 组合构成差动运动机构,床面运动的差动大小主要由软、硬弹簧的刚性差异来决定。当床面后退时硬弹簧与打击板之间产生了一个间隙,同时软弹簧被压缩,当前进行程末期硬弹簧即与打击板相碰击,碰击后又被迅速反弹回来,形成一个很大的负向加速度,在惯性力的作用下,床面上的矿粒仍继续往前移动。故这种结构的床头产生的不对称性运动比前述两种装置要大,特别对选别细粒级更有利。钨选厂大都将弹簧床头配以刻槽床面用来分选细泥。西华山钨矿选厂曾以同一种细泥原料,对贵阳摇床头和弹簧摇床头进行过生产比较,比较结果见表 6-33,从中可

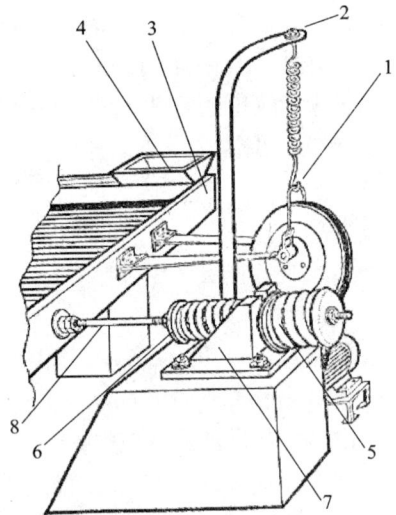

图 6-6　弹簧摇床头安装结构示意图

1—偏心重轮;2—悬挂弹簧;3—弹簧片;4—摇床面;
5—硬弹簧;6—软弹簧;7—打击板(弹簧座);8-拉杆

以看出贵阳摇床头的选别指标稍优于弹簧摇床头。然而,弹簧床头具有结构简单、制造容易、造价低(其造价不及贵阳摇床的一半)、动力和润滑油消耗少、维护方便、冲程调节时不必停车等优点,所以弹簧摇床头曾在不少黑钨选厂的细泥选别中得到较广泛的应用。但是它也存在一些缺陷:运转噪音大,应用时采用了橡胶硬弹簧取得了一定的消除噪音效果;影响冲程的因素多,当负荷过重时可能自动停车;吊悬传动还不够合理,悬吊弹簧容易疲劳,在

生产中会出现硬弹簧回松，冲程变小，冲次增高等问题，影响选别效果。

表 6 - 33　弹簧摇床与贵阳摇床生产指标比较

摇床类别	给矿品位（WO_3）/%	精矿			尾矿			分选效率（回收率 - 产率）/%
		产率/%	品位（WO_3）/%	回收率/%	产率/%	品位（WO_3）/%	回收率/%	
弹簧摇床	0.435	1.97	15.00	67.79	67.4	0.14	21.71	65.82
贵阳摇床	0.474	2.18	15.00	69.21	75.84	0.125	20.01	67.03

（3）摇床床面及床条

①摇床面规格及铺面材料。

A. 常用摇床面材质及改进。

我国钨矿使用的摇床面基本都是标准梯形床面，不管入选粒度如何，其平面尺寸一般都是 4500 mm×1800 mm（给矿端）～4500 mm×1500 mm（精矿端）。摇床台面一般都是一个平面布置，采用木质结构，矿砂摇床大多都在木质台面上铺以一层橡胶布，以便防漏和保持一定的摩擦系数。矿泥摇床刻槽床面也有采用生漆涂面的生漆床面、环氧树脂床面和水泥床面。摇床台面的铺面材料选择十分重要。铺面材料不同，矿粒与台面的摩擦系数就不同，直接关系到矿粒在床面上沿床头运动方向（即纵向运动）的临界加速度。矿粒的加速度与矿粒在床面的静摩擦系数成正比，摩擦系数不同对矿粒在床面上运动的影响就不同，摩擦系数过大，矿粒在床面的摩擦力就过大，重矿粒随床面运动的惯性力不足以克服摩擦力时，矿粒就会随床面一起做反复运动，甚至不能完成选别过程；摩擦力过小，重矿粒临界加速度小，影响其纵向运动速度，也不利于选别过程。因此，选择恰当的铺面材料对提高摇床选别效果十分重要。

浒坑钨矿选厂曾对不同材质床面的摇床选别效果进行了比较，表 6 - 34 就是不同材质床面摇床的作业回收率情况。从中可以看出，玻璃钢（金刚砂聚氨酯）的摩擦系数优于橡胶摩擦系数，前者铺面的摇床作业回收率高于后者。因此，该选厂在技改中将 28 台摇床铺面进行了优化，使之更适合中细粒级钨矿石的选别。

表 6 - 34　不同材质床面摇床的作业回收率

入选物料	摇床作业回收率（WO_3）/%	
	橡胶床面	玻璃钢床面
富选系统中 - 细粒级	33.83	75.33
富选系统细粒级	36.00	59.20
新贫选系统细粒级	14.58	46.77

B。异形摇床面的试验。

标准摇床面的长宽比为2.5,这种比例是否适合各种粒度的选别,进行的试验研究工作较少,从理论分析,床面尺寸和适宜的长宽比应根据被选矿石粒度来选择,国外曾有人提出过,长宽比为2.5的摇床面适合分选大于1 mm的粗砂,长宽比为1.8的摇床面适合分选0.2~1 mm的细砂,长宽比小于1.5的摇床面宜于处理小于0.2 mm细粒和矿泥。我国有的钨选厂曾进行过短床面和窄床面摇床分选钨细泥的试验。

a. 短床面摇床试验及效果。

所谓短床面摇床就是将原标准摇床面长度缩短,宽度不变。下垄钨矿曾将弹簧矿泥摇床面长度由4500 mm缩短为3500 mm,床面尺寸变为3500 mm×1800 mm~3500 mm×1500 mm,床面长宽比约为1.9。由于床面短,−0.074 mm微细粒级黑钨矿粒分层沉入床面沟槽后,进入精矿区的时间缩短,受到横向水流冲洗次数相应减少;细粒矿物在床面上停留时间和选别次数减少,故单位面积处理量增大,细粒钨矿被冲入尾矿的几率减少,尾矿金属损失率更少。所以这种短床面摇床面积比标准床面尽管小1.5 m²,处理量反而更大,富集比更高,尾矿品位更低,作业回收率更高。具有占地面积小、造价低、选别细泥指标好等优点。表6−35是下垄钨矿短床面弹簧摇床与标准床面弹簧摇床选别钨细泥试验指标的对比。从中可以看出,短床面细泥摇床选别钨细泥的效果优于标准床面。

表6−35　短床面与标准床面弹簧摇床选别钨细泥试验指标

摇床床面类别	处理量/(t·台⁻¹·h⁻¹)	产率/%			品位(WO₃)/%				WO₃占有率/%		
		精矿	中矿	尾矿	给矿	精矿	中矿	尾矿	精矿	中矿	尾矿
短床面	0.243	0.57	15.94	83.49	0.131	9.25	0.222	0.053	39.3	15.94	33.81
标准床面	0.186	0.66	6.2	93.14	0.143	7.3	0.326	0.079	34.08	14.18	51.47

b. 窄床面摇床试验及效果。

窄床面摇床是一种在长度和宽度上都有改变的小摇床面,面积只有标准床面的1/3至1/4,就好像将标准摇床面沿垂直长轴方向切割成三至四块床面,每块床面单独设置给矿给水槽。瑶岗仙钨矿曾做过这样的试验:将1120 mm×2000 mm和1500 mm×2400 mm的两种窄床面摇床与1800 mm×4500 mm标准弹簧矿泥摇床分选同一钨细泥的试验,窄床面摇床的刻槽尖灭线与精矿端的夹角为18°~22°。试验结果说明,在单位面积处理量和精矿品位相近条件下,窄床面摇床的作业回收率比标准矿泥摇床高6%~8%,而且对微细粒级的回收更有效。表6−36是这三种摇床分选钨细泥的粒级回收率,从中可看出1120 mm×2000 mm窄面摇床对−0.037 mm粒级钨细泥回收效果更好,说明窄面摇床更宜处理−0.037 mm粒级微细泥。为了节省能耗、减少安装厂房面积,可在标准摇床架上串联式安装数个这样的窄床面,采用同一个摇床头传动。

表 6-36 不同尺寸摇床面分选钨细泥的粒级回收率

摇床型号 /(mm × mm)	粒级回收率(WO$_3$)/%			
	+0.074 mm	−0.074 +0.037 mm	−0.037 +0.019 mm	−0.019 +0.010 mm
1120 × 2000 窄面摇床	33.40	71.51	80.12	50.07
1500 × 2400 窄面摇床	23.33	72.98	79.41	35.56
1800 × 4500 标准床面	32.48	86.16	77.97	21.43

②床条形状及材质。

摇床的床条又称为来复条,是床面主要构成部分。在床面上铺设的数十根床条,形成了数十条沟槽,在摇床选别中,矿粒群在这些沟槽中进行松散分层,在床条的保护下,重矿粒沉于沟槽底部,在差速运动的作用下不断向摇床尾部前进,而轻矿粒受横向水流的作用,流向摇床侧面;在横向水流作用下,在沟槽中产生一定强度的涡流,形成上升流和微下降流,强化了分散分层,促使已分层的矿粒运动到各自的方向,产生分带,从而达到分选的效果。

床条布置不仅构成一定间距的沟槽,同时,它的高度由传动端向精矿端逐渐降低至尖灭。这就使重矿粒沿沟槽向前移动的同时,其上部的轻矿粒不断被水流冲下,床层逐渐变薄,直至在床条尖灭处只留下重矿粒在床面,形成精矿带。

床条的形状可分为矩形断面、梯形断面和三角形断面几种,其中矩形断面和梯形断面床条用于矿砂摇床,三角形断面床条主要用于细粒和细泥摇床。

A. 矩形床条。这是我国钨矿选厂主要采用的床条,这种床条形成较深的平底沟槽,产生的涡流较大,适合处理粗粒级矿石。为了在增大涡流强度的同时保护重矿粒不被冲入尾矿,一般以四根床条为一组,每隔三根低床条增加一高床条,高床条在横向从给矿侧至尾矿侧逐渐增高,由传动端到精矿端逐渐降低至尖灭。床条自给矿侧至尾矿侧与床面侧边成40°角度尖灭。梯形断面床条的分选效果与矩形相近,但床条制作麻烦,在钨选厂中很少应用。

矩形床条的高度与给矿粒度和选别物料品位有关。既要造成适当厚度的床层,便于轻重矿粒的分层分带,保护重矿粒不被冲走,又要有横向水流造成适宜的脉带上升流,有利于轻矿粒的排出,钨选厂矿砂摇床在近给矿处(上部)习惯采用床条高度为 5~6 mm,而近尾矿侧(下部)的床条高度达 12~18 mm。生产实际表明,过高的床条,难以排弃尾矿,尾矿常被挤入中矿区,造成中矿品位低、循环负荷大、摇床处理能力降低,而且横向水流增大,造成细粒钨矿物损失;床条过低,则分层不完善、分选效果差、尾矿金属流失大。床条高度一般应根据给矿粒度和品位来定,粒度粗、品位高,床条要高;粒度细、品位低,床条则应低。在原矿品位逐渐降低的情况下,适当降低床条高度,有利于提高摇床的分选效果。例如西华山钨选厂,荡坪樟东坑选厂在原矿品位降低的情况下,试验将粗砂摇床上部床条高度由 5~6 mm降至 2~3 mm,下部床条由 12~18 mm 降至 5~7 mm,生产测定表明,尾矿排出量达70%,中矿返回量和扫选量减少,尾矿品位并没有升高,摇床作业回收率还有所提高。表 6-37 是荡坪樟东坑选厂适当降低矩形床条高度对摇床选别指标的影响情况。说明适当降低床条高度,减少了摇床床条沟的水动力松散程度,改变了脉石和钨矿粒相对床层的厚度,有利于细粒钨矿物沉降于沟槽底部,加快进入精矿端;也有利于脉石颗粒横向排出,增加钨矿排出量,减少中矿量,这样非但没使尾矿品位升高,还提高了摇床作业回收率。

表 6 - 37　适当降低矩形床条高度对摇床选别指标的影响

时期	给矿	床条高度/mm	产率/%			品位(WO$_3$)/%				回收率/%		
			精矿	中矿	尾矿	给矿	精矿	中矿	尾矿	精矿	中矿	尾矿
改变前	分级一室沉砂	上5~6 下15	0.39	67.10	32.51	0.117	14.81	0.076	0.024	49.37	43.59	7.04
	分级二室沉砂	上5~6 下15	0.20	40.82	58.98	0.113	22.15	0.124	0.030	39.34	44.94	15.32
	分级三室沉砂	上5~6 下12	0.25	36.73	63.12	0.315	41.78	0.436	0.072	34.76	50.33	14.41
改变后	分级一室沉砂	上3 下6~7	0.31	28.73	70.96	0.115	22.32	0.088	0.029	60.17	21.98	17.85
	分级二室沉砂	上3 下6	0.41	23.04	76.59	0.168	33.72	0.050	0.024	82.23	6.84	10.92
	分级三室沉砂	上3 下5~6	0.70	21.65	77.65	0.254	25.54	0.252	0.026	70.52	21.52	7.96

注:"上、下"是指上部(给矿侧)床条和下部(尾矿侧)床条。

床条通常采用竹木材质或耐磨塑料制成,用铁钉固定在橡胶床面上,这种床条固定方法,容易损伤铺面橡胶及其下面的木质台面,随床条的磨损和铁钉的锈蚀,损伤部位的床面易进砂水,引起橡胶变形凸起(俗称鼓泡)和床架台面的霉腐。影响分选效果,降低摇床使用寿命,对此,西华山钨矿选厂进行了技术改造,以橡胶制成矩形床条,将其用胶水黏贴在橡胶床面上,每一台矿砂摇床的床条数为44根,采用双线尖灭方式布置,有利于提高精矿质量,尖灭斜线与尾矿侧边夹角为55°~60°,为了捕集连生体矿物,在近尾矿侧边的2~3根场条,一直延伸至精矿端边沿。水力分级机一、二室沉砂的粗砂摇床床条高度在近传动端为6 mm,至尖灭线逐渐降低至小于1 mm;三、四室沉砂的中细粒摇床则采用每三根矮床条(最大高度4 mm)设置一根高床条(最大高度为6 mm),矮床条适合处理细粒级矿石。由于橡胶的耐磨性良好,这种橡胶床条可以使用8~10年,大大减轻了摇床面的维修工作量,延长了摇床面更换周期,经济效果甚好。但是,由于橡胶的柔性和弹性,使床条加工困难,而且床条黏贴的技术水平比刚性的竹、木质和塑料床条固定的要求更高。

床条的完整、好坏,对摇床选别效率的影响不能忽视。大吉山钨矿选厂的生产数据表明,当床条全部磨损时,摇床作业回收率比新安装时要降低三分之一,表6-38是该选厂关于床条磨损与摇床作业回收率关系的一组测定数据。从中可以看出,床条磨损对摇床选别具有明显的影响。

表 6 – 38 床条磨损程度与摇床选别指标的关系

床条磨损程度	新装床条	开始磨损 （28 个工班）	大部分磨损 （302 个工班）	全部磨损 （320 个工班）
给矿品位（WO_3）/%	0.233	0.148	0.142	0.143
尾矿品位（WO_3）/%	0.03	0.024	0.026	0.033
作业回收率/%	69.84	62.92	60.00	46.35

B. 三角形床条。可以减少横向水流在床条间形成的涡流，适合小于 0.074 mm 的矿泥的均匀分散，使微细粒重矿物易于沉降。床条布置一般在两根较高的三角形床条中间，再布置若干条小三角条，在两根三角条中间形成一个小水沟带，增加矿泥的沉降机会，沉降的重矿粒又受到小三角条的保护，不易被横向水流冲入尾矿。这种形式的床条在刻槽摇床出现前，被大部分黑钨选厂用来处理钨细泥。

C. 刻槽床条。是一种在摇床平面上，向下刻制成倒置的直角三角形断面沟槽。这种沟槽由传动端至精矿端逐渐尖灭，横向截面积则逐渐扩大，故矿流平稳，涡流很弱。床面清洗水在沟槽尖灭区（精矿区）较为平稳，有利于减少微细粒钨矿物的损失。特别适宜处理钨细泥。从 20 世纪 60 年代中期开始，我国黑钨矿山钨细泥处理，逐渐以刻槽摇床取代三角形床条的 6 – S 矿泥摇床，钨细泥的回收效果有很大的改善。生产实际证明，刻槽摇床对黑钨细泥的有效回收粒度下限，由三角条摇床的 43 μm 降低至 37 μm。表 6 – 39 是西华山钨选厂刻槽摇床与三角条摇床处理次生细泥指标的比较。从中可看出：选别同一种物料时，刻槽摇床比三角条摇床的作业回收率提高了 20% 以上，还大大减少了中矿的循环量。大吉山钨矿选厂生产实践也说明，处理不分级原生细泥时，刻槽摇床要比三角条矿泥摇床作业的回收率提高 7.3% ~8.8%。

刻槽摇床床面的刻槽数量和刻槽布置方式影响对细粒钨矿石的选矿效率。例如浒坑钨矿选厂将选别精选尾矿的刻槽摇床的刻槽数量由 60 槽增加到 120 槽，该物料的摇床作业回收率由 13.28% 提高到 17.97%。该选厂将选别富矿物细粒的刻槽摇床刻槽布置方式由直条状改为一波纹状和二波纹状，提高了摇床的作业回收率，一波纹刻槽摇床作业回收率提高到 57.11%，二波纹刻槽摇床的作业回收率达到 68.7%，比一波纹刻槽摇床提高了 11.59%。

表 6 – 39 两种不同床条摇床处理钨细泥的选别指标对比　　　　单位：%

矿泥摇床类别	指标	给矿	精矿	中矿	尾矿
刻槽摇床	产率	100	2.18	21.98	75.14
	品位（WO_3）	0.474	15.00	0.237	0.123
	WO_3 占有率	100	69.21	10.78	20.01
三角条摇床	产率	100	1.41	56.75	42.54
	品位（WO_3）	0.465	15.00	0.254	0.262
	WO_3 占有率	100	45.48	30.54	23.98

(4)摇床分选黑钨矿石的主要技术条件及指标

摇床选别的主要技术条件是冲程、冲次和处理量等,其大小依据给矿粒度不同而不同,但还是有一定规律可循。一般大冲程配低冲次,小冲程则配高冲次。粗矿粒需大冲程,细矿粒需小冲程,矿粒越小,冲程就要越小;摇床的处理量也随给矿粒度而变,给矿粒度由粗变细,处理量则由大变小。表6-40是西华山钨选厂各类摇床的主要生产技术条件及选别指标。

表6-40 西华山钨选厂各类摇床的主要生产技术条件及选别指标

项目	矿砂摇床				矿泥摇床
	分级一室沉砂	分级二室沉砂	分级三室沉砂	分级四室沉砂	
冲程/mm	16~18	14~16	12~14	10~12	9~10
冲次/(次·min^{-1})	270~290	280~300	300~310	310~320	320~330
纵向坡度	30'~1°	20'~30'	<20'	<20'	<30'~20'
横向坡度	3°~5°	3°~4°	1°30'~2°30'	1°~2°	1°~1°30'
处理量/(t·台$^{-1}$·h^{-1})	1.8~2	1.6	1	0.8	0.3~0.4
给矿品位(WO$_3$)/%	0.29	0.17	0.19	0.21	0.3~0.4
精矿品位(WO$_3$)/%	21	19	28	24	12~15
中矿品位(WO$_3$)/%	0.14	0.117	0.13	0.13	
尾矿品位(WO$_3$)/%	0.06	0.025	0.026	0.028	
作业回收率/%	70	73	73	75	30~40

注:水力分级给矿为细粒跳汰尾矿,分级设备为КГ-4C式机械搅拌水力分级机。

表6-41是瑶岗仙钨矿选厂矿砂摇床不同处理量与摇床选别指标的关系。从中可以看出:在一定范围内摇床的作业回收率随处理量的增加而降低;在作业回收率相近的情况下,细粒级摇床的处理量要低于粗粒级。

表6-41 矿砂摇床不同处理量与摇床选别指标的关系

摇床给矿	处理量/(t·台$^{-1}$·h^{-1})	精矿产率/%	品位(WO$_3$)/%				作业回收率/%
			给矿	精矿	中矿	尾矿	
水力分级一室沉砂	1.93	2.65	0.93	26.65		0.09	75.74
	2.14	1.35	0.35	14.66	0.24	0.09	59.25
	5.27	0.46	0.20	19.38	0.23	0.06	44.00
	7.20	0.48	0.13	9.51	0.44	0.025	35.35

续表 6-41

摇床给矿	处理量 /(t·台⁻¹·h⁻¹)	精矿产率 /%	品位(WO₃)/%				作业回收率 /%
			给矿	精矿	中矿	尾矿	
水力分级 二室 沉砂	1.63	1.01	0.36	17.89	0.25	0.01	50.40
	1.80	1.97	0.36	10.70	0.31	0.06	58.63
	1.85	1.30	0.40	19.98	0.31	0.09	64.59
	3.26	0.83	0.216	15.15	0.15	0.06	58.14
水力分级 三室 沉砂	0.76	0.86	0.40	24.66	0.382	0.10	50.45
	1.27	2.27	0.34	12.78	0.09	0.04	84.50
	2.76	0.61	0.29	17.93	0.30	0.10	39.79
	3.92	0.66	0.20	11.36	0.44	0.05	37.37
水力分级 四室 沉砂	0.66	1.74	0.53	21.93	0.21	0.11	66.05
	1.06	1.73	0.40	14.01	0.19	0.06	63.65
	1.99	0.37	0.29	23.20	0.37	0.12	29.59
	3.43	0.30	0.22	12.59	0.50	0.11	17.19

6.3.3 水力分级在黑钨摇床选矿中的作用

水力分级是摇床选矿必需的预备作业，它对摇床分选起到至关重要的作用。首先，摇床适宜分选的粒度为 -2 mm 矿石，而 0~2 mm 粒级范围内矿粒比表面的差别很大，在水中沉降速度及受斜面水流作用的流速差异很大，摇床分选的工艺条件(床面结构、冲程、冲次、处理量、横向坡度等)也不同，故实行窄级别分选也是摇床选矿的一个原则；其次，0~2 mm 级别中的 -0.074 mm 粒级的选别条件更特殊，不预先脱除单独处理，不但不能回收其中微细粒钨矿物，还会影响其他粒级的分选；再次，摇床分选中的松散分层是既按粒度又按比重进行，这在摇床床条沟槽中的离析分层作用，只有在具等降比的矿粒群才能发挥。水力分级就是按矿物等降比进行矿粒群分级的一种分级方法，因此，是摇床选矿前重要的预备作业。水力分级的主要设备是水力分级机(箱)。

(1)水力分级机的主要类型

我国钨矿常用的水力分级机大致可分为四种：机械搅拌式水力分级机、筛板式槽型水力分级机、水力分级箱和圆锥分级机(分泥斗)。

①机械搅拌式水力分级机。

机械搅拌式水力分级机又称为 KГ-4C 型水力分级机(苏联型号)，属于干涉沉降式水力分级机。这种分级机由四个如图 6-7 所示的分级箱组成，每个分级箱又由高度不等的角锥组成，角锥上大下小，从给矿端至溢流端角锥箱逐个呈泻落式加深，容积逐个加大，矿流表面呈梯形逐渐增大。这种结构适应矿粒沉降速度自给矿端向溢流端由快到慢分布的要求，各粒级在不同的分级箱沉降，从而按比重和粒度分级。每个分级箱设置有上升水箱(涡流箱)，在上升水流和自由下降水流的交错中，形成呈悬浮态的干涉沉降层。第一个最小的分级箱(一室)沉降的粒度(沉砂)最粗，依次从二室至四室沉降的粒度逐个变细。分级室的断面上大下小，水流速度也自上向下增大，明显形成按粒度分层分级；矿浆进入图6-7所示分级管2后受到给入涡流箱10的上升水的作用，再度进行分级，粗、重矿粒沉降于缓冲箱，最后当连杆5下端的锥形阀被凸轮提升装置8提起时排出；细、轻的矿粒在上升水流作用下进入下一个分级室。上升水流由一室至四室逐个减小，故，沉砂粒度逐室变细。搅拌叶片11的搅拌可以强化干涉沉降和防止矿浆结团并分散悬浮粒群。搅拌叶片的固定轴还有开启和关闭沉砂口的作用，可以实行沉砂的连续排矿或间断排矿。

这种水力分级机的优点是：处理能力大，适应性强，适合各种粒级矿浆的分级；分级效率高，分级产品浓度较易控制等。其缺点是；设备结构较复杂，设备配置需要一定的高差，所以，主要在大型钨选厂应用，近年来，有的中型选厂也开始应用。

A. 机械搅拌式水力分级机的技术要求和操作条件。

表6-42是大吉山钨矿选厂机械搅拌式水力分级机的技术要求和操作条件。

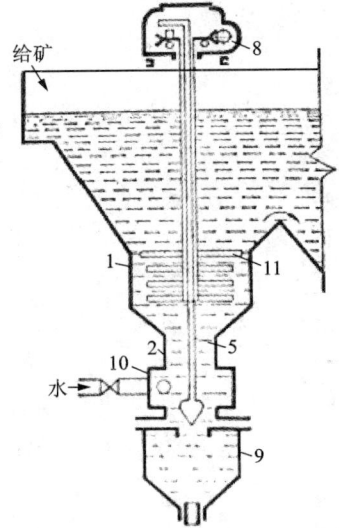

图6-7 机械搅拌式水力分级机
分级箱(第一室分级箱)示意图

1—圆筒；2—分机管；5—连杆；
8—搅拌和凸轮提升装置；9—缓冲箱；
10—涡流箱；11—搅拌叶片

表6-42 机械搅拌式水力分级机的技术要求和操作条件

给矿粒度	要求条件	分级机沉砂				分级机溢流
		一室	二室	三室	四室	
小于1.5 mm	粒级/mm 及其占有率	1.5~0.8 占96%； -0.074<1%	0.8~0.4 占90%； -0.074<3%	0.4~0.2 占90%； -0.074<5%	0.2~0.074 占90%； -0.074<10%	-0.074 占100%
	浓度/%	25~30	25	20~25	20	<6
	排矿口径 ϕ/mm	32	30	28	26	
	上升水量/(m³·台$^{-1}$·h^{-1})	15	10	5	4	
	排矿次数*	4	4	3	2	
小于0.5 mm	粒级/mm 及其占有率	0.5~0.28 占96%； -0.074<3%	0.5~0.28 占90%； -0.074<4%	0.28~0.1 占90%； -0.074<8%	0.28~0.074 占80%； -0.074<20%	-0.074 占100%
	浓度/%	20	20	18	15	<4
	排矿口径 ϕ/mm	30	28	26	24	
	上升水量/(m³·台$^{-1}$·h^{-1})	10	8	4	4	
	排矿次数*	4	4	3	2	

注：*排矿次数是指搅拌叶片每转一周排矿的次数。

B. 影响机械搅拌式水力分级机分级效率的主要因素。

水力分级机的分级效率通常按分级室级别来计算，一般是对某分级室特定粒度的要求并结合考虑该室沉砂中含泥（-0，074 mm）量来衡量。影响机械搅拌式水力分级机分级效率的主要因素有：搅拌叶片、排矿方式、给矿粒度、上升水量和沉砂排矿口。

搅拌叶片：表6-43就是大吉山钨矿选厂开与不开搅拌叶片的分级产品比较。从中可以看出：开动搅拌叶片比不开搅拌叶片时，不但各室沉砂浓度更高，而且含-0.074 mm 的矿泥量也减少，说明开动搅拌叶片的分级效率优于不开搅拌叶片时的分级效率。

表6-43　开与不开搅拌叶片的分级产品比较

搅拌开动情况	指标	给矿	沉砂			
			一室	二室	三室	四室
开动搅拌	-0.074 mm 含量/%	24.84	0.89	1.93	6.67	15.06
	浓度/%	24.56	30.61	25.0	22.7	15.06
不开搅拌	-0.074 mm 含量/%	25.18	5.92	11.32	30.43	42.69
	浓度/%	14.51	15.72	16.4	11.15	9.75

排矿方式：有间断排矿和连续排矿两种方式。表6-44是大吉山钨矿选厂机械搅拌式水力分级机不同排矿方式对分级的影响。从中可以看出：间断排矿方式的分级效率明显优于连续排矿方式。然而，在给矿量大或给矿粒度粗时，须对一、二室采用连续排矿方式。

表6-44　机械搅拌式水力分级机不同排矿方式对分级的影响[9]

排矿方式		粒级/mm	+2	-2+0.8	-0.8+0.4	-0.4+0.35	-0.35+0.074	-0.074
搅拌间断排矿	产品及粒级分布/%	给矿	5.34	3.56	34.28	3.11	25.71	28.00
		一室沉砂	7.28	49.72	34.41	1.75	5.57	1.27
		二室沉砂	5.31	30.58	45.53	3.99	13.27	1.42
		三室沉砂		0.62	23.52	6.57	65.33	3.96
		四室沉砂			0.36	4.7	90.25	4.69
		溢流					14.84	85.16
不搅拌连续排矿	产品及粒级分布/%	给矿	1.68	16.81	32.69	17.49	20.49	10.66
		一室沉砂	1.36	28.80	47.61	12.41	7.72	2.04
		二室沉砂	0.40	4.75	40.81	31.21	18.68	4.15
		三室沉砂	0.60	0.23	9.85	33.10	48.23	7.91
		四室沉砂			0.58	8.49	70.38	20.55
		溢流					9.70	90.30

给矿粒度：给矿中进入过大矿粒或粗粒级含量偏高时，不仅影响分级过程的正常进行，降低分级效率，而且造成粗粒越室沉降，溢流跑粗。为了防止过大矿粒进入分级机，通常在分级机给矿处设置一固定格筛，预先隔除过大矿粒和杂物，当粗粒级过多时，一室常采用连续排矿方式，以减少对后续几个分级室的影响。

上升水量：上升水量的大小是矿粒群按比重和粒度分级的基本条件。上升水量必须适合给矿性质的需求，当给矿量大，粒度粗时要求较大的上升水量，但水量太大会造成粗粒越室，溢流跑粗，也造成分级效率下降；相反，上升水量则应小。在实际操作中，适宜的上升水量用控制沉砂中含泥量大小来确定，一般以一室沉砂出清水为准。为保证适宜和稳定的上升水量，水力分级要求恒定的上升水压，一般水压须达到 $1.2 \sim 1.5 \ kg/cm^2$。

沉砂排矿口：排矿口大小直接影响沉砂的产率、粒度和浓度。当给矿性质和沉砂粒度要求确定后，排矿口越大，沉砂体积就越大，产率越高，浓度越稀，不合格粒级和细泥也越多；反之，沉砂产率小，浓度高，细泥少，但粗粒可能有越室现象。因此，排矿口大小一经确定，就要保持基本不变，以防止因磨损使排矿口径增大而造成分级效率下降，钨重选厂一般都采用橡胶排矿口，既耐磨又在磨损后易于更换。

②筛板式槽型水力分级机。

筛板式槽型水力分级机又称为典瓦尔（Denver）水力分级机，也是一种干涉沉降水力分级机，其基本结构见图 6-8。它是上部为矩形下部为梯形的角锥箱，箱内用垂直隔板分成 4~8 个分级室和水箱，每个室的断面面积为 200 mm×200 mm，在距室底一定高度处设置筛板，筛板上钻有 36~72 个 $\phi 3 \sim 5$ mm 的筛孔，压力水由水箱经筛孔向上进入分级室，形成悬浮的矿粒群，进行干涉沉降分层，沉降的粗矿粒经筛板中心孔由排矿口排出，中心孔大小可由手轮控制旋塞来调节。各分级室的上升水，自给矿端向溢流端逐室减少，以致各室的沉砂粒度由粗变细。

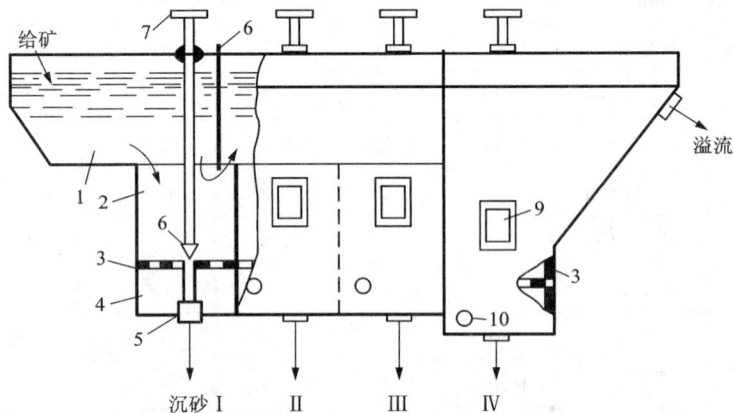

图 6-8 筛板式槽型水力分级机结构示意图

1—给矿槽；2—分级箱；3—筛板；4—水箱；5—排矿口；
6—控制旋塞；7—手轮；8—挡板；9—玻璃观察窗

这种四个室的水力分级机最初由美国丹佛（Denver）设备公司购进，于 1952 年安装在我国第一座机械化钨选厂——大吉山钨矿 125 t/d 重选厂中应用。后由国内衡阳冶金机械厂制造，并改制成 4~8 室不等的各种规格。由于结构简单无须动力，便于配置，可根据处理量大小，灵活制成四室、六室、八室等不同规格，这是我国钨选矿厂应用最多的一种水力分级机，特别为中、小型钨选厂所广泛采用，大型钨选厂也有部分应用。表 6-45 是下垅樟斗钨选厂典瓦尔六室水力分级机的分级效果。

表 6-45　典瓦尔六室水力分级机的分级效果

粒级/mm		-2 +1.5	-1.5 +1.0	-1.0 +0.75	-0.75 +0.5	-0.5 +0.25	-0.25 +0.15	-0.15 +0.074	-0.074
	给矿	1.28	14.04	17.87	19.87	26.63	12.55	6.17	1.50
产品及其粒级分布	沉砂 一室	3.02	26.07	27.08	23.05	16.08	3.3	0.78	0.12
	二室	0.78	13.36	22.05	28.7	26.3	4.41	0.78	0.13
	三室	0.18	3.13	8.51	20.22	47.63	15.97	3.64	0.28
	四室		0.47	1.85	9.09	46.87	31.66	9.09	0.97
	五室			0.28	2.57	36.27	45.13	15.38	1.37
	六室					11.57	46.84	37.36	4.63
	溢流						12.51	42.85	44.64

③水力分级箱。

水力分级箱实质是在一个底部安装若干不相连的与角锥分级箱等长的梯形流槽，与摇床配合使用，一个角锥分级箱沉砂口，对着一台摇床的给矿槽，角锥箱个数视摇床台数而定。每个角锥箱的宽度从 200~800 mm 不等，从给矿至溢流逐个加宽，梯形流槽以 1°~2° 的坡度与各角锥箱相连，流槽宽度与各连接的角锥箱的宽度一致，矿浆流速自第一个最窄的角锥箱至最后一个最宽的角锥箱，逐渐变慢，故矿粒沉降粒度从粗逐室变细，矿粒群得以分级。这种分级箱一般不加上升水，属于自由沉降式分级。但是，其分级精度不高，分级效率低，沉砂中含泥量高，黑钨选厂通常只将这种水力分级箱用于 -0.074 mm 粒级的分级或者细泥给矿的浓缩分配，与细泥摇床构成一个系统。

（2）水力分级效率与摇床选别的关系

摇床选别指标与水力分级效率关系密切，水力分级效率高，相应摇床的选别指标就高，反之，摇床选别指标就低。

西华山钨矿选厂曾对机械搅拌水力分级机分级效率较差的连续排矿和分级效率较好的间断排矿进行过摇床试验，给矿同为第三室沉砂，间断排矿时摇床作业回收率比连续排矿时的高 30.5%，中矿 WO_3 占有率和尾矿损失率也更低；给矿同为第四室沉砂，间断排矿时摇床作业回收率比连续排矿时的高 33.36%，在给矿品位更高的情况下，中矿和尾矿品位反而更低。表 6-46 就是西华山钨矿选厂不同分级效果时的摇床分选指标。由此可知，提高摇床选矿前水力分级效率不仅可以提高摇床分选指标，也可以提高钨细泥的归队率，对改善钨重选指标十分重要。

表 6–46　不同水力分级效果时的摇床分选指标　　　　　　单位：%

水力分级机状态	给矿名称		水力分级机三室沉砂			水力分级机四室沉砂		
	主要指标		产率	品位（WO₃）	回收率	产率	品位（WO₃）	回收率
连续排矿	摇床产品及其指标	精矿	0.22	21.02	39.63	0.26	38.28	52.38
		中矿	28.14	0.23	49.15	9.61	0.345	17.45
		尾矿	71.64	0.035	10.72	90.13	0.075	35.57
		给矿	100	0.15	100	100	0.19	100
间断排矿	摇床产品及其指标	精矿	0.34	28.18	70.13	0.89	28.9	85.14
		中矿	48.97	0.12	20.26	16.95	0.092	3.31
		尾矿	50.29	0.045	7.81	82.10	0.01	10.95
		给矿	100	0.29	100	100	0.30	100

6.3.4　溜槽选矿在黑钨矿砂重选中的应用

溜槽选矿是根据矿粒在坡面水槽中受到斜面水流的冲力、矿粒的重力、矿粒与槽底的摩擦力等联合作用下按比重分层的一种选矿方法。是我国钨矿开采百年来使用最早的选矿方法之一，早在 1936 年在我国湖南一些黑钨采矿点，除采用手拣、桶洗、筛选以外，还采用了一种称为"槽洗"的回收细粒黑钨矿和连生体的手工淘洗的方法，据当时记载，使用了"长约 5尺，宽约 1 尺的木槽，将锤碎之矿砂移入，利用山水冲洗，因比重不同，钨砂悉沉于槽之底部或他端，荒石及泥土等则流洗以去"。这就是我国钨选矿应用最早的一种溜槽选矿。在 20 世纪 50 年代初，在钨矿山广泛使用的戽槽、匀分槽、圆槽、铺布溜槽等都属于手工式的溜槽选矿方法，直至目前，已发展到广泛应用机械化的自动溜槽、皮带溜槽、离心溜槽、螺旋溜槽等工艺。溜槽选矿已成为我国黑钨选矿的重要选矿方法之一。溜槽选矿多用于处理钨细泥，在6.5 节中将详细叙述，在此小节中只论述其中的螺旋溜槽和螺旋选矿机应用于黑钨矿砂的分选。

（1）螺旋溜槽选矿[10]

螺旋溜槽和螺旋选矿机同属螺旋式溜槽，分选基本原理是：入选矿粒进入螺旋溜槽后，在斜面水流和离心力场中，受到重力、离心力、摩擦力及水冲力的作用，沿螺旋线轨迹运动按密度和粒度分层和分离。只不过断面为立方抛物线的螺旋溜槽与早期应用的螺旋选矿机不同之处，是具有较宽和较平缓的槽底，是一种适宜处理细粒级的重选设备。从 20 世纪 80 年代开始螺旋溜槽就逐步在黑钨矿选矿中应用。选矿实践还说明，螺旋溜槽也是一种矿砂分选设备，因其结构简单，制造成本低，能充分利用空间，单台设备占地面积小，本身没有动力消耗，水、电消耗相对较小，而且分选过程兼有分级和脱泥作用，与摇床相比，除富集比低外，其他选别技术效果无多大差别，其有效回收粒度下限与摇床相同，也是 0.030 mm 左右，螺旋溜槽却有明显的经济优势，能否用它代替摇床作为黑钨重选丢尾的设备，以解决摇床用量多，占地面积大，耗水、耗电较多的问题。近来进行了许多成功的试验，取得了较好的技术经济效果。

①螺旋溜槽用于黑钨矿砂的粗选。

选矿试验表明,螺旋溜槽粗选 1.4 mm 以下的各粒级黑钨矿石都能取得很好的选别指标。表 6-47 就是几种不同钨矿石类型、不同粒级采用螺旋溜槽粗选的试验结果。从中可看出,用螺旋溜槽粗选可以丢弃大量低品位的尾矿,但粗精矿的富集比还较低。

表 6-47 不同钨矿石类型、不同粒级采用螺旋溜槽粗选的试验结果

试验名称	入选粒度 /mm	产率/%		品位(WO$_3$)/%			回收率/%	
		精矿	尾矿*	给矿	精矿	尾矿*	精矿	尾矿*
行洛坑钨矿石流程试验	1.4~0.5	17.91	82.09	0.16	0.649	0.054	72.45	27.55
	0.5~0.25	15.93	84.07	0.383	2.199	0.019	91.38	8.62
	0.25~0.125	14.85	85.15	0.238	1.463	0.024	91.39	8.61
	0.125~0.074	29.82	70.18	0.217	0.657	0.033	89.39	10.61
行洛坑钨矿石选矿工艺研究	0.7~0.2	11.50	88.50	0.153	0.95	0.050	71.17	28.83
	0.2~0.074	13.20	86.80	0.29	2.00	0.038	88.98	11.02
江西某难选钨矿石流程试验	-0.5	34.31	65.69	0.4	1.06	0.054	91.13	8.87
江西某难选钨钽铌矿石流程试验	-0.5	11.66	88.34	0.245	1.40	0.093	66.47	33.53

注: *尾矿系指螺旋溜槽的尾矿与溢流之和。

②螺旋溜槽粗精矿的摇床精选。

利用摇床富集比高的特点精选螺旋溜槽粗精矿是一种很好的联合工艺。在行洛坑钨矿石流程试验中就采用了以摇床精选螺旋溜槽各粒级粗精矿,获得摇床精矿品位 WO$_3$ 为 23.89%~38.66%,摇床作业回收率可达 84%~95%。表 6-48 就是行洛坑钨矿石螺旋溜槽粗选—摇床精选的试验指标。

表 6-48 行洛坑钨矿石螺旋溜槽粗选—摇床精选的试验指标

粒级/mm	-1.4+0.5	-0.5+0.25	-0.25+0.125	-0.125+0.074
给矿品位(WO$_3$)/%	0.16	0.383	0.238	0.217
精矿品位(WO$_3$)/%	26.28	38.66	29.08	23.89
螺旋溜槽粗选回收率/%	72.45	92.56	91.39	89.39
摇床精选作业回收率/%	83.93	94.10	95.15	88.84
综合回收率/%	60.82	87.10	86.96	79.41

③螺旋溜槽-摇床联合工艺与单一摇床工艺的对比。

行洛坑钨矿石采用相同粒级进行螺旋溜槽-摇床联合工艺与单一摇床工艺分选试验,获

得的试验指标如表6-49所列,与表6-47和表6-48比较可以看出:螺旋溜槽-摇床联合工艺可以获得与单一摇床工艺同样的分选指标,但螺旋溜槽-摇床工艺的经济效果更佳,设备占地面积、总电耗和总水耗仅分别为单一摇床工艺的43.05%、19.06%和19.04%,这对于以摇床为主的钨重选厂而言,具有十分重要的意义。

表6-49 与螺旋溜槽粗选相同的粒级用单一摇床分选试验指标

粒级/mm	-1.4+0.5	-0.5+0.25	-0.25+0.125	-0.125+0.074
给矿品位(WO_3)/%	0.344	0.194	0.181	0.171
精矿品位(WO_3)/%	16.17	16.84	27.83	9.65
中矿品位(WO_3)/%	0.298	0.105	0.072	0.052
尾矿品位(WO_3)/%	0.089	0.023	0.019	0.0194
作业回收率/%	61.59	83.38	86.14	88.28

④螺旋溜槽-摇床用于难选黑钨矿石的选矿试验。

江西某钨矿属细脉型黑钨矿床,矿石组成复杂,钨矿物嵌布粒度细,单体解离晚,原矿须粗磨后才能入选,围岩与夹石矿化严重,不能采用手选预选丢废,原矿含$WO_3$0.4%,属于难选黑钨矿石。将该原矿磨至-0.5mm不分级采用螺旋溜槽粗选丢尾、再用摇床精选的工艺进行选别试验,获得较好的工艺指标。表6-50是该试验的结果。说明难选黑钨矿石采用此工艺重选,流程较为简单,而且能获得较好的工艺指标。螺旋溜槽选矿的尾矿粒级损失情况见表6-51。从中可看出螺旋溜槽在0.03mm以上各粒级尾矿中的损失率都小于8%。在0.03mm以下各粒级尾矿中损失较大,由此表明,螺旋溜槽回收钨矿的粒级下限可达0.03mm。

表6-50 难选黑钨矿石螺旋溜槽-摇床选矿试验结果

工艺名称	产品名称	产率/%	品位(WO_3)/%	回收率/%
螺旋溜槽 粗选	精矿	20.08	1.604	79.35
	尾矿	58.38	0.066	9.50
	溢流	21.54	0.21	11.15
	合计	100.00	0.406	100.00
摇床 精选	精矿	0.76	36.49	68.33
	中矿	0.88	2.68	5.81
	尾矿	17.49	0.108	4.65
	溢流	0.95	0.24	0.56
	合计	20.08	1.604	79.35

表 6 - 51　螺旋溜槽选矿的尾矿粒级损失情况

粒级/mm	产率/%		品位(WO$_3$)/%		尾矿损失率/%
	给矿	尾矿	给矿	尾矿	
+0.2	43.41	26.72	0.33	0.043	8.02
-0.2 +0.1	24.66	19.32	0.34	0.023	5.3
-0.1 +0.074	7.50	3.71	0.41	0.015	1.81
-0.074 +0.05	7.72	3.64	0.36	0.017	2.23
-0.05 +0.04	2.73	5.33	0.51	0.016	6.13
-0.04 +0.03	3.86	1.98	0.48	0.034	3.63
-0.03 +0.02	4.24	3.58	0.68	0.34	42.42
-0.02 +0.01	4.92	0.80	0.33	0.32	15.77
-0.01	0.96	0.61	0.30	0.38	80.49
合计	100	65.69	0.37	0.054	9.95

(2)螺旋选矿机的选矿[11]

螺旋选矿机是最早应用的螺旋形溜槽，螺旋断面是抛物线形或椭圆形的一部分，槽底在矿流流动方向和径向均有一定的倾斜度，分选断面为一个复合曲面。应用较广的 GL 型螺旋选矿机，其外缘坡度较大，近内缘的分选断面是较平的曲线。

螺旋选矿机更适合处理粒度较粗、含泥量较少的矿石。它具有处理能力大、给矿浓度大、占地面积小、设备本身无须动力、操作容易等特点，常作为粗选设备，虽然其粗精矿富集比不够高，但却可丢弃大量低品位尾矿，所获得的粗精矿再用摇床精选，也可获得不错的选矿效果。在行洛坑细脉型黑、白钨矿石的粗选试验中，对 -0.7 +0.2 mm 和 -0.2 +0.04 mm 两种粒级采用 GL 螺旋选矿机和螺旋溜槽同时进行试验，试验结果见表 6 - 52。从中可以看出：螺旋选矿机选别粗粒级(-0.7 +0.2 mm)的效果优于螺旋溜槽；而螺旋溜槽更适合处理细粒级(-0.2 +0.04 mm)。根据此试验结果，GL 螺旋选矿机已经在行洛坑钨选厂生产实践中应用，并取得了良好的效果。

表 6 - 52　GL 螺旋选矿机和螺旋溜槽分选不同粒级钨矿石的试验结果

给矿粒度/mm	设备及其试验条件	产品名称	产率/%	品位(WO$_3$)/%	回收率/%
-0.7 +0.2	GL 螺旋选矿机 给矿量：0.8 t/h 给矿浓度：30%	粗精矿	13.36	1.04	80.83
		中矿	1.53	0.43	3.82
		尾矿	85.11	0.031	15.35
		合计	100.00	0.171	100.00
	螺旋溜槽 给矿量：0.6 t/h 给矿浓度：30%	粗精矿	11.50	0.95	71.17
		尾矿	88.50	0.050	28.83
		合计	100.00	0.153	100.00

续表 6 – 52

给矿粒度/mm	设备及其试验条件	产品名称	产率/%	品位(WO₃)/%	回收率/%
−0.2 +0.04	GL 螺旋选矿机 给矿量：0.2 吨/时 给矿浓度：25%	粗精矿	32.02	0.72	82.12
		细泥	16.58	0.12	7.09
		尾矿	51.40	0.059	10.79
		合计	100.00	0.28	100.00
	螺旋溜槽 给矿量：0.2 吨/时 给矿浓度：25%	粗精矿	13.20	2.00	88.98
		细泥	2.58	0.17	1.48
		尾矿	84.22	0.034	9.54
		合计	100.00	0.29	100.00

6.4 黑钨的重选生产流程分类

在本书上篇中对中国钨矿重选流程的演变已作了叙述，通过长期的生产实践，形成了三级跳汰，4～5 级摇床，粗、中粒跳汰尾矿再磨闭路返回，细泥单独处理的通用基本重选流程。

根据不同钨矿石的特点，在通用基本重选流程的基础上，还形成了适应矿石特性的各类生产重选流程，这些流程以磨矿的段数命名，分为：一段磨矿、一段半磨矿、两段磨矿和多段磨矿重选生产流程。

6.4.1 一段磨矿重选生产流程

这种生产流程在整个重选过程中只设置一次磨矿，经选别后丢弃尾矿，它适合于钨矿物，主要呈粗、中粒均匀嵌布的钨矿石类型。由于流程结构较简单，矿浆流动畅通，便于操作管理，生产成本较低，也常被其他矿石类型的小型钨选厂采用。一段磨矿重选生产流程以下垱钨矿大平选厂为代表，其原则流程如图 6–9 所示。

大平选厂处理的黑钨矿石，属于高温热液充填型石英脉黑钨矿床。主要钨矿物为钨锰铁矿，其次为辉铋矿、辉钼矿及黄铁矿，还有少量的自然铋、锡石、绿柱石。黑钨矿呈粗中粒均匀嵌布，结晶粒粗，破碎至 1.5 mm 黑钨矿基本单体解离；至 0.175 mm 已完全单体解离；围岩为变质千枚岩，脉石矿物以石英为主，还有少量长石、云母等。

该重选流程的最大特点有以下三个：一是以跳汰为核心。设置了四段跳汰。合格矿给矿的三级跳汰作业中，细粒跳汰前设置螺旋脱水作业，解决了一般细粒跳汰作业由分级筛分下层产品直接给矿，因浓度稀、体积负荷过重而降低选别效率的问题；并且在棒磨机排矿口设置第四段跳汰作业，及时回收经磨矿产生的钨矿物单体和富连生体，充分发挥了跳汰作业对 1.5～0.25 mm 粒级的选矿回收作用。在此重选流程中跳汰回收的钨金属量占合格矿给矿的 68%～75%，跳汰作业的总回收率达 77% 以上。二是强化了摇床在重选中的分选作用。将四室水力分级机的溢流串并设置了浓泥斗作业，浓泥斗沉砂入摇床分选，使四级摇床变成为五级摇床；在实际操作中，注意调节分级机各室的上升水量，尽量减少前四级摇床给矿的含泥量，降低矿砂摇床的金属流失；设置的分级机溢流浓泥斗—摇床作业，可以防止分级溢流跑

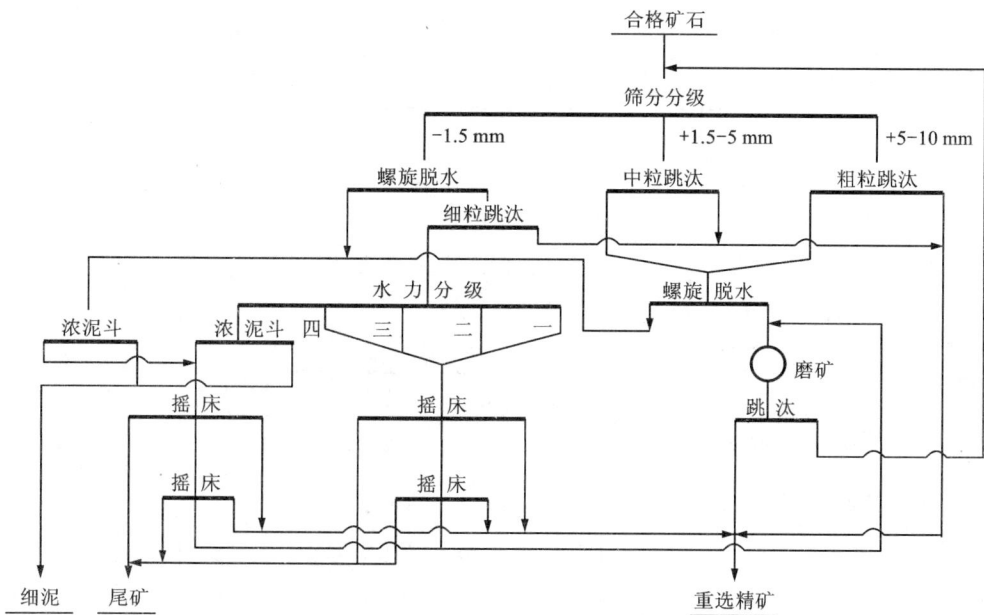

图 6 - 9　黑钨一段磨矿重选生产原则流程

粗时进入细泥处理系统造成损失。这样的设置还改善了摇床窄级别分选条件，有利于提高摇床选别的效率，提高细泥归队率。该选厂实行此流程生产，摇床尾矿品位 WO₃ 降低至 0.0176%，摇床总尾矿中细泥的产率和 WO_3 金属占有率分别只有 2.7% 和 15.7%，全流程细泥归队率达到 90%，所以，在出隆原矿品位 WO_3 为 0.27% 时，重选回收率还达到 95.3% 的高水平，一直处于全国黑钨重选厂的前列。三是重选中只设置一段磨矿，磨矿作业处理粗、中粒跳汰尾矿和矿砂摇床中矿，并通过磨后跳汰与合格矿分级筛分构成大闭路，使重选段从 -1.5 mm 开始丢尾，流程较简单，使用设备较少，磨矿费用较低，磨矿产生的次生细泥量较少。

　　一段磨矿流程在大型钨选厂——西华山钨矿选厂也得到了生产应用。该矿几十年的生产实践说明，像西华山钨矿这种矿物以中粒非均匀嵌布为主的黑钨矿石也适应一段磨矿流程，虽然闭路循环负荷较大，限制了重选处理能力的提高，但只要严格控制合格矿粒度（最终碎矿粒度），选择恰当的循环负荷，在一定的处理量条件下，也能达到与一段半磨矿或两段磨矿重选流程相同的技术效果。

6.4.2　一段半磨矿重选生产流程

　　一段半磨矿是合格矿在重选中在第一段磨矿后，只有一部分经分选丢弃最终尾矿，而另一部分中矿则进行第二次磨矿再选后丢弃尾矿，因为只是有一部分矿石进入了第二段磨矿，故称这种第二段磨矿为半段磨矿。大吉山钨矿选厂的重选流程就是一段半磨矿的典型代表，其生产原则流程见图 6 - 10。

　　大吉山钨矿属于高温热液裂隙充填型石英脉黑钨矿，其矿石特性在 6.1.4 节"①大吉山钨矿石的特性"中有所介绍。根据此特性和选矿试验，苏联为大吉山设计了三段磨矿重选流

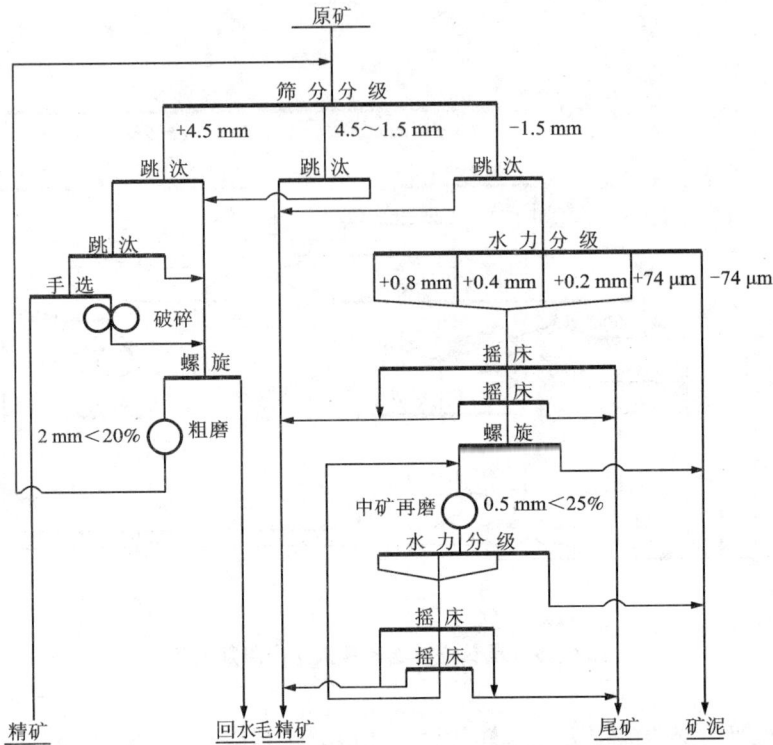

图 6 – 10 黑钨矿一段半磨矿重选生产原则流程

程(见图 2 – 8)。投产后发现：第一段磨矿作业处理量太小，不及设计能力的 60%；而第二段磨矿的负荷又过重，磨矿粒度过粗，达不到 – 0.5 mm 的排矿要求，以致矿量不平衡，日处理能力低；设置的 2 ~ 8 mm 宽级别跳汰设备生产能力小，回收率低，该作业回收的钨金属量仅占重选回收率的 18.4%，跳汰作业总回收率只有 35.6%，跳汰尾矿进入棒磨大于 2 mm 的单体钨矿物占本级给矿的 2.2%；第二、第三段磨矿系统占用大量主要选别设备，但所回收的钨金属量仅占重选给矿的 0.6%，尤其是第三段磨矿系统只能回收含 WO_3 1.2% 的低品位粗精矿，其金属量仅占重选给矿金属量的 0.08%。流程冗长，占用设备多，十分不经济。该流程中原生细泥未预选脱除，以致各段水力分级机给矿含泥过多，分级效率不高，泥砂混杂，影响矿砂和矿泥的回收率。以上这些问题，导致回收率达不到设计要求，重选给矿品位 WO_3 为 1.55% 时，重选回收率只有 77.69%，比设计要求的 91.86% 低 14.17%。这说明原设计的三段磨矿重选流程与粗粒嵌布为主的矿石性质不相适应。对此，大吉山钨矿选厂结合本矿矿石性质特性，吸收了丹佛重选流程和原设计流程的特点，进行了技术改造和流程调整，形成了图 6 – 10 所示的一段半磨矿流程。

该生产流程最大特点是：一段磨矿开始丢尾，重选中矿单独再磨再选，即第一段磨矿摇床丢尾，摇床中矿再磨再选丢弃尾矿，再选摇床中矿仍返回中矿再磨系统再磨矿，构成小闭路循环，这样，就使矿砂摇床中矿始终能得到磨矿解离再回收的机会，使占合格矿量 15% ~ 20% 的中矿，既不像一段磨矿流程那样形成大闭路循环，增加分级筛分、水力分级机和摇床的负荷，又避免了中矿返回第一段水力分级机，贫化了摇床的给矿，有利于改善重选工艺指标。该重选生产流程相对较简单,对黑钨矿石适应性较强,能获得较好的工艺指标,最适合处理粗、中粒非均匀嵌布的黑钨矿石。

大吉山钨矿选厂应用一段半磨矿流程生产后,跳汰作业回收率达60%~65%,摇床作业回收率达85%以上,重选段尾矿品位WO₃低于0.35%;当重选给矿品位WO₃为0.595%时,获得重选粗精矿含WO₃32.52%,重选段回收率达96.92%。

6.4.3 二段磨矿重选生产流程

二段磨矿重选生产流程是在我国黑钨矿第一个通用重选流程(图2-7)的基础上逐渐改进形成的。为了避免一段磨矿流程的大闭路循环影响重选处理能力的问题,有的钨选厂将一段闭路磨矿改为开路磨矿,并设置了第二段磨矿,不但增加了合格矿处理能力,而且使连生体中矿得到再磨解离的机会,改善了重选工艺的效果。典型的二段磨矿重选生产原则流程如图6-11所示,该流程是我国黑钨选矿生产中应用最广泛的一类。

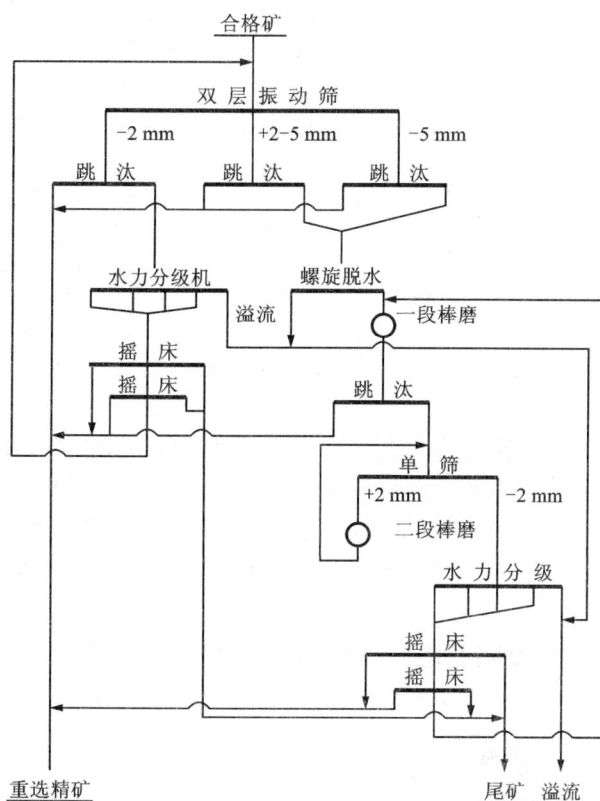

图6-11 黑钨二段磨矿重选生产原则流程

二段磨矿重选生产流程最大的特点是:阶段磨矿,贫富分选,第一段粗磨,第二段细磨。不同嵌布粒度的钨矿物在不同磨矿阶段得到解离和回收,做到早收多收;阶段磨矿还减少了钨矿物的泥化损失,钨矿物的泥化与分级双筛筛分效率关系较小;另外,还减少了磨矿的循环负荷,有利于合格矿处理能力的扩大。流程中摇床作业按入选品位不同,分为贫富两个系统，富系统分选的是原矿中跳汰作业不能回收的细粒级钨矿物，入选品位较高；贫系统分选的是跳汰尾矿经磨矿后再解离的矿物，尤其是第二段磨矿产物，是第一段磨矿后的跳汰尾矿，矿石品位较低。这样，按入选品位高低不同分系统分选，互不干扰，能提高摇床选矿效率，有利于整个重选工艺指标的改善。表6-53是湘东钨矿选厂应用此流程生产时，实行摇床贫富分选时两个系统摇床选别的指标对比，从中可以看出：两个系统摇床选别，无论是给矿品位、精矿品位和作业回收率都有较大的差别，尤其是作业回收率除水力分级机一室外，其余各室富系统摇床比贫系统摇床要高一倍，说明摇床分选按贫富系统设置是较合理的。

表6-53　湘东钨矿选厂贫富系统摇床选别的指标对比

| 系统 | 作业名称 | 品位(WO₃)/% | | | | 精矿回收率 /% |
		给矿	精矿	中矿	尾矿	
富系统	水力分级一室摇床	0.26	13.05	0.071	0.05	72.06
	水力分级二室摇床	0.16	13.84	0.065	0.05	67.14
	水力分级三室摇床	0.15	14.74	0.056	0.0625	60.84
	水力分级四室摇床	0.22	16.14	0.81	0.065	65.14
	浓泥斗沉砂摇床	0.485	16.76	0.05	0.025	81.24
贫系统	水力分级一室摇床	0.12	10.18	0.063	0.06	50.00
	水力分级二室摇床	0.09	13.80	0.075	0,04	33.75
	水力分级三室摇床	0.11	8.22	0.08	0.06	33.04
	水力分级四室摇床	0.12	6.16	0.11	0.08	28.34
	浓泥斗沉砂摇床	0.156	5.94	0.1	0.138	22.73

二段磨矿重选流程对黑钨矿石性质适应较广，尤其适合处理粗、中粒非均匀嵌布的钨矿类型。例如湘东钨矿、瑶岗仙钨矿、画眉坳钨矿、莲花山钨矿等矿山都在生产中采用了这种重选流程，除莲花山钨矿属于网脉状硫化矿—黑钨矿共生难选矿石外，生产应用的效果都较好，重选回收率瑶岗仙钨矿选厂达92.99%，画眉坳钨矿选厂达92.83%、湘东钨矿选厂为91.05%。

二段磨矿重选流程的主要缺点是：流程较复杂，使用设备较多，磨矿费用较高，影响重选生产成本。

6.4.4　多段磨矿重选生产流程

多段磨矿重选生产流程是指磨矿次数在三段以上的流程，这是较特殊的一类流程，只适合少数嵌布特性较复杂的黑钨矿石。图6-12所示的浒坑钨矿选厂重选生产原则流程，就是这类流程的典型代表。该钨矿矿石性质已在6.1.4节中作了介绍，其钨矿物呈中、细粒非均匀嵌布，从4 mm开始出现单体，直至0.1 mm才基本单体解离，到0.074 mm粒级还有少量钨矿物尚未解离，选矿难度大于一般大脉型黑钨矿石。

该矿最初也采用过图2-7的通用重选流程，选矿效果较差，当合格矿品位WO₃为0.8%时，重选回收率只有71.54%，其中跳汰作业回收率只占29.9%，摇床占41.64%，重选尾矿

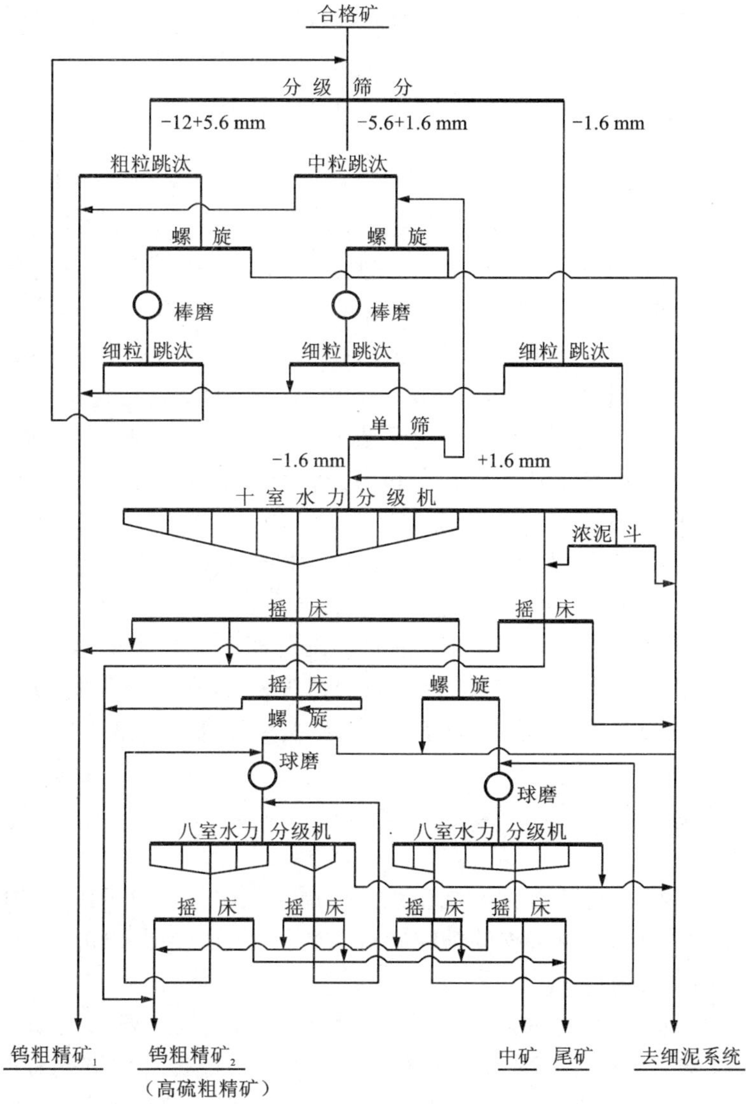

合格矿

分 级 筛 分

−12+5.6 mm　　−5.6+1.6 mm　　−1.6 mm

粗粒跳汰　　　中粒跳汰

螺 旋　　　　螺 旋

棒磨　　　　棒磨

细粒跳汰　　　细粒跳汰　　　细粒跳汰

单 筛

−1.6 mm　　　+1.6 mm

十 室 水 力 分 级 机

浓泥斗

摇 床　　　　摇 床

摇 床　　　螺 旋

螺 旋

球磨　　　　　球磨

八室水力 分级机　　　八室水力 分级机

摇 床　摇 床　　　摇 床　摇 床

钨粗精矿₁　　钨粗精矿₂　　　中矿　尾矿　　去细泥系统
　　　　　　（高硫粗精矿）

图 6 – 12　多段磨矿重选生产原则流程

品位 WO₃ 高达 0.18%。后来经过技术改造，逐步形成如图 6 – 12 所示多段磨矿重选生产流程，包括三级跳汰，多级摇床，粗细分磨，贫富分选，中矿和尾矿再磨再选。

浒坑钨矿选厂虽也实行三级跳汰，合格矿中 −12 +1.6 mm 粒级的 WO₃ 金属量占有率达 63.51%，但粗粒（ −12 +5.8 mm）、中粒（ −5.6 +1.6 mm）跳汰作业回收率仅 43.11%，回收的金属量只占合格矿金属量的 27.38%。大部分跳汰尾矿系连生体，须进行磨矿解离。而且粗粒跳汰尾矿粒度粗、品位较高，含 WO₃ 0.33%，金属量占合格矿的 25% 以上，中粒跳汰尾矿粒度细、品位较低，含 WO₃ 0.18% ~ 0.25%。这两种跳汰尾矿实行粗、细分磨，可以缩小磨矿比，改善磨矿效率，减少因磨矿比大造成钨矿物的过粉碎。浒坑钨矿选厂生产实践表明：当给矿品位相近时，粗、中粒跳汰尾矿分磨的跳汰作业回收率比两种跳汰尾矿混磨提高

10.05%，重选回收率则提高4.41%，粗、细分磨使不同粒度的钨连生体得到及时的解离分选，起到了早收多收的作用，磨后跳汰回收的金属量占跳汰作业总精矿的38.25%。由此，跳汰作业回收的WO_3金属量比例大幅度提高，当合格矿品位WO_3为0.596%时，整个跳汰作业回收的金属量占重选给矿的56.52%。说明粗、细分磨对于像浒坑钨矿这种细脉浸染型钨矿石是合适的。

在该重选流程中，摇床选矿按系统实行贫富分选，中矿、尾矿分别再磨再选。像前述二段磨矿重选流程一样，将细粒跳汰尾矿进入富系统摇床分选，富系统扫选摇床中矿粒度较细，品位较高，含$WO_3$0.11%～0.28%，将其进入中矿再磨再选系统（称之为老贫系统），再磨再选摇床中矿与本系统磨矿构成闭路循环，摇床尾矿品位WO_3为0.04%～0.065%，作尾矿丢弃；富系统摇床尾矿粒度较粗，品位较低，含$WO_3$0.086%～0.13%，进入尾矿再磨再选系统（称为新贫系统）其摇床中矿与本系统磨矿构成闭路循环，摇床尾矿（含$WO_3$0.042%～0.076%）作最终尾矿丢弃。这样，在贫系统又按中、粗、细、贫、富分别再磨再选。在整个重选工程中形成了多个分选系统，按粒度按品位分选，有利于提高分选指标。应用多段磨矿重选流程后，浒坑钨矿选厂重选回收率有较大提高，当合格矿品位WO_3为0.596%时，重选回收率达到89.07%，与原采用通用流程时比较。在合格矿品位更低的情况下，重选回收率提高了17.5%，证实多段磨矿重选流程是适合中、细粒非均匀嵌布黑钨矿石的。

然而，多段磨矿流程亦存在许多缺点：一是粗细分磨的矿量负荷较难平衡，当给矿发生变化时，仍然会发生粗细混磨现象，其优越性较难体现；二是中、尾矿再磨采用球磨，造成过磨损失；三是生产流程复杂沉长，使用设备多，选矿费用较高。四是流程适应性不广。

6.5 黑钨细泥处理

钨细泥通常分为两类：原生细泥和次生细泥。原生细泥是指由于矿床的风化和在采矿及粗碎过程中所产生的小于0.074 mm的细粒矿石，次生细泥是指在预选后碎矿和磨矿过程中产生的小于0.074 mm的物料。

钨矿物属性脆矿物，容易过粉碎和泥化，故钨细泥的品位一般高于原矿石，产率较大，占原矿的10%～12%，金属占有率为原矿的13%～15%；黑钨细泥选别难度大，回收率低，对黑钨重选厂选别指标影响较大，因此，我国钨选厂都十分重视钨细泥选别，将其集中归队处理，形成了黑钨选矿中一类特别工艺——钨细泥处理工艺。

6.5.1 黑钨细泥的性质

（1）黑钨细泥的粒度组成

几个黑钨选厂钨细泥的粒度组成见表6-54。从中可看出，钨细泥中小于0.037 mm的微泥产率和金属占有率都高，这部分是影响钨细泥回收率的主要因数。

表 6-54 几个黑钨选厂钨细泥的粒度组成

选厂名称	项目	粒级/μm					
		+74	-74+37	-37+19	-19+10	-10	合计
盘古山选厂	产率/%	24.27	17.13	14.18	15.60	28.64	100.00
	品位(WO₃)/%	0.15	1.21	0.44	0.29	0.25	0.421
	WO₃占有率/%	7.45	49.95	14.66	10.37	17.57	100.00
湘东钨选厂	产率/%	25.82	25.80	19.30	29.03		100.00
	品位(WO₃)/%	0.24	0.40	0.34	0.50		0.38
	WO₃占有率/%	16.46	27.44	17.49	38.81		100.00
西华山选厂	产率/%	20.08	36.15	18.07	5.80	19.88	100.00
	品位(WO₃)/%	0.02	0.44	0.45	0345	0.375	0.34
	WO₃占有率/%	1.18	46.92	23.99	5.92	21.99	100.00
浒坑钨选厂	产率/%	17.98	45.65	24.27	7.19	5.39	100.00
	品位(WO₃)/%	0.07	0.52	0.44	0.379	0.603	0.393
	WO₃占有率/%	3.11	60.41	6.95	6.95	8.28	100.00

（2）黑钨细泥主要矿物组成

黑钨细泥的矿物组成较复杂，有用金属矿物除黑钨矿、白钨矿外，还有一定量的铋、钼、铜等伴生金属矿物，这些伴生金属矿物的导磁性、可浮性与钨矿物有所差别，密度大部分在 5 g/cm³ 左右，主要的脉石矿物石英、云母、长石、高岭土、电气石、萤石等密度都为 2.65 ~ 2.7 g/cm³，这些矿物性质差异就决定了黑钨细泥分选可能采用的方法。表 6-55 是一些钨选厂细泥中钨矿物和几种影响磁选、浮选的主要矿物含量。从中可知，钨细泥普遍都含有白钨矿、褐铁矿、高岭土、电气石，这对钨细泥分选运用磁选和浮选工艺都会产生影响，它们含量的多少决定影响的大小；这也反映了不同原矿性质的钨细泥处理工艺存在差异的主要原因。

表 6-55 钨细泥中钨矿物和几种影响磁选、浮选的主要矿物含量(%)

选厂名称	黑钨矿	白钨矿	褐铁矿	菱铁矿	电气石	高岭土
漂塘大龙山选厂	0.27	0.09	6.0		1	2
下垅大平选厂	0.75	0.15	5.0	3.0	2.0	4.0
画眉坳选厂	0.19	0.15	4.0		10.0	2.0
铁山垅选厂	0.75	少量	7.0		8	1
盘古山选厂	0.70	微量	3.0		5	2
小龙选厂	0.82	0.51	6.0		12	
荡坪小樟坑选厂	0.30	0.035	3.0		少量	2.0
大吉山选厂	0.30	0.13	5.0	2.0	15	3.0
西华山选厂	0.44	0.08	2.0	2.0		3.0

续表 6 – 55

选厂名称	黑钨矿	白钨矿	褐铁矿	菱铁矿	电气石	高岭土
岿美山选厂	0.31	0.058	5.0	少量	10.0	4.0
浒坑选厂	0.91	微量	1.5	少量		2.0
下垅樟斗选厂	0.30	0.10	4.0	5	3.0	3.0

(3)原生细泥和次生细泥

一般说来,原生细泥和次生细泥在本质上并无太大差异,处理工艺和选别设备相同,通常只是原生细泥品位高于次生细泥,从贫富分选概念上将其分为两类,有利于提高钨细泥选矿总效率,特别是当二者在性质上(粒度组成、WO$_3$粒级分布率等)更是如此。盘古山钨矿选厂按原、次生细泥的分类进行选别就是一个典型例子。表 6 – 56 是该矿原生细泥和次生细泥粒度组成和粒级金属占有率。从中可看出,二者在粒度组成和 WO$_3$ 的粒级占有率都存在较大的差异,原生细泥 + 37 μm 粒级 WO$_3$ 金属占有率达到 63.4%,摇床作业不能有效回收的 – 19 μm 粒级 WO$_3$ 占有率为 15.81%;而次生细泥 + 37 μm 粒级 WO$_3$ 占有率只有38.14%,– 19 μm 粒级 WO$_3$ 占有率却高达 53.77%,这就决定了这两类细泥摇床选别效率的差距。表 6 – 57 就是盘古山钨矿选厂原生细泥和次生细泥刻槽摇床选别指标,表 6 – 58 是西华山钨矿选厂原生细泥和次生细泥主要性质及其刻槽摇床选别主要指标,从这二个表中可以看出两类细泥摇床选别指标存在的差异,这就是原生细泥与次生细泥为何分别处理的主要原因。

表 6 – 56　盘古山钨矿选厂原生细泥和次生细泥粒度组成和粒级金属占有率

粒级 /μm	原生细泥			次生细泥		
	产率/%	品位(WO$_3$)/%	WO$_3$占有率/%	产率/%	品位(WO$_3$)/%	WO$_3$占有率/%
+ 104	26.13	0.04	1.69	2.49	0.16	1.8
– 104 + 74	17.33	0.22	6.16	7.66	0.05	1.76
– 74 + 37	26.04	1.32	55.55	19.6	0.387	34.78
– 37 + 19	11.22	1.14	20.79	15.64	0.26	18.65
– 19 + 10	4.03	1.27	8.85	10.66	0.22	10.76
– 10	14.89	0.29	6.96	43.11	0.16	32.25
合计	100	0.62	100	100	0.22	100

表 6 – 57　盘古山钨矿选厂原生细泥和次生细泥刻槽摇床选别指标

产物	原生细泥摇床选别指标			次生细泥摇床选别指标		
	产率/%	品位(WO$_3$)/%	WO$_3$占有率/%	产率/%	品位(WO$_3$)/%	WO$_3$占有率/%
精矿	3.47	18.04	85.67	0.56	7.27	20.35
尾矿	96.53	0.108	14.33	99.46	0.16	79.6
给矿	100.00	0.731	100.00	100.00	0.20	100.00

表6-58 西华山钨矿选厂原生细泥和次生细泥主要性质及其刻槽摇床选别主要指标

细泥类别	原矿(摇床给矿)		刻槽摇床选别	
	品位(WO₃)/%	+38 μm 粒级 WO₃占有率 /%	精矿品位(WO₃)/%	作业回收率 /%
原生细泥	0.57 ~ 0.63	53 ~ 70	25.5 ~ 35	42 ~ 55
次生细泥	0.42 ~ 0.45	26 ~ 35	8.8 ~ 14.7	15.4 ~ 25.1

按两类细泥分别处理的最大问题是,细泥原矿的浓缩分级设备必须双倍配置,占用设备较多,但是两类细泥粗精矿最终还是需混合进入同一精选工艺精选,故流程较为复杂。实际上,许多小型钨选厂一般都将原生细泥和次生细泥原矿混合进入同一系统处理。

6.5.2 黑钨细泥摇床选矿及细泥分级处理工艺的应用

黑钨细泥处理工艺主要有重选、浮选、磁选和化学选矿几类,其中重选是我国黑钨细泥处理的主要方法。一是,钨细泥处理中最主要的问题是钨矿物与脉石矿物的分离,二者密度差异是重选的主要依据;目前已有分选细粒的重选设备,对钨细泥中大部分粒级(+0.019 mm)的WO₃金属量都能有效回收。二是重选方法长期来都是我国黑钨选矿的主要工艺,积累了十分丰富的实践经验。三是重选方法较简单,工艺操作较易掌握,生产成本较低。因此,重选成为了钨细泥处理粗选的首选工艺和主要工艺,尤其是细泥摇床选别是黑钨细泥处理的最基本和应用最广泛的工艺。

刻槽摇床是处理-0.074 mm粒级黑钨矿的主要设备,也是我国钨细泥处理重选工艺粗选的首选和主要设备。钨细泥归队浓缩后,分级或不分级大多都首先采用刻槽摇床一次粗选、一次扫选获得细泥粗精矿,或者以其他工艺获得细泥粗精矿,再用刻槽摇床精选,获得钨细泥精矿。

(1)刻槽细泥摇床的有效回收粒级

刻槽摇床对钨细泥的有效回收粒度为38 μm左右。对于40~74 μm的粒级,回收率一般可达65%~80%;对小于30 μm粒级,回收效果很差;对小于19 μm的粒级,几乎不能回收。表6-59是几个钨矿选厂刻槽摇床处理钨细泥的粒级回收情况。

表6-59 几个钨矿选厂刻槽摇床处理钨细泥的粒级回收情况

细泥名称	粒级/μm	+74	-74 +63	-63 +43	-43 +38	-38 +27	-27 +19	-19
西华山原生细泥	粒级回收率/%	70.56	88.01	74.68	44.11	39.60	10.36	1.20
大吉山次生细泥		72.72	83.47	65.14	51.85	59.85		11.67
盘古山山下细泥		93.33		86.12			18.46	3.74

(2)刻槽细泥摇床的处理量

处理量是影响细泥摇床选别指标的一个主要因素。刻槽细泥摇床的处理量比普通矿砂摇床要低许多,刻槽细泥摇床处理钨细泥较合适的处理量为0.3~0.4 t/台·h。不恰当的处理量会严重影响细泥摇床的分选指标。表 6-60 是大吉山钨矿选厂两组不同处理量时的刻槽细泥摇床的选别指标(同一组摇床的给矿品位相同)。从此表可以看出：细泥摇床处理量超过 0.6(t/台·h)后，分选指标明显变差，处理量由 0.215(t/台·h)加大到 0.872(t/台·h)，摇床尾矿的损失率提高了一倍。

表 6-60　不同处理量时的刻槽细泥摇床的选别指标

组别	处理量/ (t·台$^{-1}$·h^{-1})	产率/%			品位(WO$_3$)/%			WO$_3$占有率/%		
		精矿	中矿	尾矿	精矿	中矿	尾矿	精矿	中矿	尾矿
I	0.396	0.81	17.41	81.78	21.98	0.23	0.17	49.85	11.21	38.94
	0.627	0.49	8.97	90.53	24.97	0.36	0.27	30.66	8.10	61.24
II	0.215	0.39	36.71	62.90	21.02	0.12	0.07	46.66	26.67	26.67
	0.872	0.21	18.73	81.09	20.09	0.15	0.12	25.21	16.81	57.98

注：I 组给矿品位为 0.36WO$_3$%，II 组给矿品位为 0.17WO$_3$%。

(3)细泥刻槽摇床的给矿浓度

给矿浓度也是细泥摇床选矿的重要因素。无论原生细泥还是次生细泥，浓度都较低，都必须浓缩到一定的浓度才能进入摇床选别，否则会影响摇床分选效率。表 6-61 是西华山钨矿选厂进行的不同给矿浓度对细泥摇床选别指标影响试验结果。从中可以看出，在一定范围内，细泥摇床的选别指标随给矿浓度的提高而提高，但是，细泥原矿的粒度细，沉降速度慢，浓缩时须有相当大面积的浓缩设备，沉砂浓度越高，要求沉降时间越长，浓缩设备面积要求就越大，这就受到限制；在一定浓缩设备条件下，沉砂浓度越高，则浓缩溢流损失就越大，这也限制了沉砂浓度的过高，然而，浓度太低就会降低细泥摇床的回收率，一般要求细泥摇床给矿浓度控制在 15%～20% 为好。

表 6-61　西华山钨矿选厂不同给矿浓度对细泥摇床选别指标影响的试验结果

给矿浓度 /%	产率/%			品位(WO$_3$)/%				WO$_3$占有率/%		
	精矿	中矿	尾矿	给矿	精矿	中矿	尾矿	精矿	中矿	尾矿
13.87	0.77	23.49	75.74	0.515	21.87	0.20	0.33	32.86	22.93	44.21
15.45	1.66	32.75	65.59	0.50	15.0	0.258	0.255	49.66	16.87	33.47
22.13	1.90	63.91	34.19	0.597	18.7	0.265	0.213	59.51	28.36	12.13

(4)细泥分级对摇床选别的影响

从表 6-54 可知，钨细泥的粒度范围很宽，其中 -37 μm 粒级的产率和 WO$_3$占有率都占相当比例，这种微细粒级摇床回收效率很低，对细泥摇床分选还造成不利影响。表 6-62 是某钨选厂对入选钨细泥进行脱除 -30 μm 前后刻槽摇床分选指标的比较。不难看出，脱除 -30 μm 微泥后改善了刻槽摇床的分选指标，细泥分级处理有利于提高钨细泥分选效率。

表 6-62 入选钨细泥脱除 -30 μm 前后刻槽摇床分选指标的比较

入选钨细泥性质	给矿品位 (WO₃)/%	精矿			尾矿		
		产率 /%	品位 (WO₃)/%	回收率 /%	产率 /%	品位 (WO₃)/%	回收率 /%
脱除 -30 μm 粒级	0.38	0.65	31.36	53,78	60.53	0.10	15.93
不脱除 -30 μm 粒级	0.36	0.81	21.98	49.85	81.78	0.17	38.94

以西华山钨矿选厂为例说明钨细泥分级的重要性，该选厂曾进行了钨细泥原矿脱粗、去微和分级再选的工业试验，取得了很好的效果。

①西华山钨矿选厂细泥原处理流程。

西华山选厂原采用如图 6-13 所示的摇床-离心选矿机细泥选矿流程。该流程中亦设置了水力分级，但这种水力分级如其他许多钨选厂一样分级效果很差，基本只起到矿浆分配器的作用。表 6-63 是西华山钨矿选厂细泥水力分级机给矿和沉砂的粒度组成情况，说明一般水力分级机对钨细泥不能起到分级作用。从中还看出，细泥刻槽摇床给矿中基本不能回收的 19 μm 以下粒级的 WO₃ 含量高达 40.22%；+74 μm 细砂粒级的品位低，产率较大，这些都对细泥摇床分选带来不利影响，显然，细泥原矿脱粗去微是有必要的。

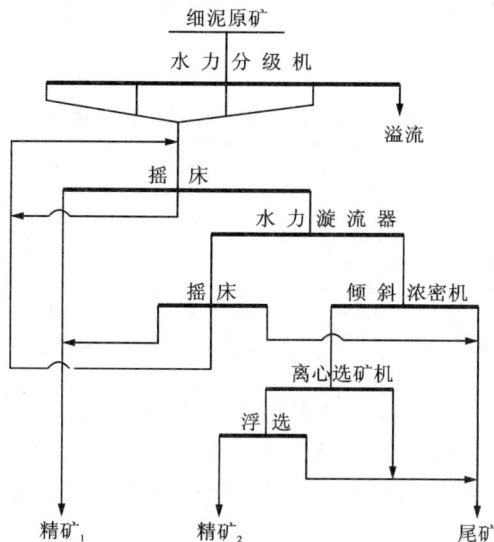

图 6-13 西华山钨选厂原细泥处理流程

表 6-63 西华山钨矿选厂细泥水力分级机给矿和沉砂的粒度组成

	粒度/μm	+74	-74+38	-38+19	-19+13	-13	合计
水力分级机给矿	产率/%	20.08	36.15	18.07	5.82	19.88	100.00
	品位(WO₃)/%	0.02	0.44	0.45	0.345	0.375	0.339
	WO₃占有率/%	1.18	46.92	23.99	5.92	21.99	100.00

续表 6 – 63

	粒度/μm	+ 74	– 74 + 38	– 38 + 19	– 19 + 13	– 13	合计
水力分级机沉砂	产率/%	17.21	29.85	22.29	7.26	23.39	100.00
	品位(WO₃)/%	0.025	0.345	0.4	0.435	0.43	0.33
	WO₃占有率/%	1.31	31.34	27.13	9.61	30.61	100.00

②水力漩流器脱粗。

西华山选厂采用 ϕ300 水力漩流器为细泥的脱粗设备。其锥角为 60°, 沉砂口径 23 mm, 溢流管插入深度 135 mm, 给矿浓度 15%。ϕ300 水力漩流器的脱粗效果见表 6 – 64。ϕ300 水力漩流器沉砂的粒度组成见表 6 – 65。计算的分级效率还不够高, 然而旋流器沉砂中 + 74 μm 粒级的含量已达 78.18%。虽然给矿中有部分 + 74 μm 粒级进入了溢流, 但是在下一级水力漩流器分级作业中仍然有机会进入沉砂。

表 6 – 64 ϕ300 水力漩流器的脱粗效果

给矿中粒级含量/%		沉砂中 + 74 μm 粒级含量 /%	溢流中 – 74 μm 粒级含量 /%	分级效率* /%
+ 74 μm	– 74 μm			
18.08	81.92	78.18	88.78	41.57

注：* 按汉克科分级效率式计算。

表 6 – 65 ϕ300 水力漩流器沉砂的粒度组成

粒级/μm	+ 74	– 74 + 38	– 38 + 19	– 19 + 13	– 13	合计
产率/%	78.18	15.15	3.23	0.51	2.93	100.00
品位(WO₃)/%	0.025	3.40	0.87	0.56	0.555	0.582
WO₃占有率/%	3.36	88.53	4.83	0.49	2.79	100.00

从表 6 – 65 中可看出, WO₃金属量已集中在 + 38 μm 粒级中, 该粒级中 WO₃占有率高达 91.89%, 摇床无法回收的金属量只有 3.3%; 水力漩流器还有明显的富集作用, 尤其是 – 74 + 38 μm 粒级与细泥给矿同粒级相比, 其富集比达 7.7 倍, 这些就为提高摇床分选效率创造了条件。

③水力漩流器分级。

从表 6 – 63 可知, 西华山选厂细泥原矿中 – 38 μm 粒级的产率和 WO₃占有率分别达 43.77% 和 51.9%, 显然, 这部分钨金属难以用摇床回收, 而且不必要增加了摇床负荷和降低分选效率, 故须预先将其分出另行处理。据此, 该选厂对脱粗 ϕ300 水力漩流器的溢流进行了以 38 μm 为界的分级工业试验, 试验采用锥角为 20°的 ϕ125 水力漩流器为分级设备。择优选取的主要工艺参数为: 给矿压力 1.5 kg/ cm² 水力漩流器沉砂口径 18 ~ 19 mm, 溢流管径 38 mm, 溢流导管管径 50 mm。试验的分级效率在 72% 以上, 表 6 – 66 是 ϕ125 水力漩流器的分级指标。从中可知 ϕ125 水力漩流器分级效果明显, 旋流器沉砂中 + 38 μm 粒级产率和金属占有率分别达到 85.20% 和 66.75%，摇床无法回收的 −19 μm 粒级的产率及金属占有率仅有 3.93% 和 5.38%，溢流集中了大部分 −19 μm 粒级数量和金属量。

表 6−66　φ125 水力漩流器的分级指标

粒级 /μm	给矿			沉砂			溢流		
	产率 /%	品位 (WO₃)/%	WO₃ 占有率/%	产率 /%	品位 (WO₃)/%	WO₃ 占有率/%	产率 /%	品位 (WO₃)/%	WO₃ 占有率/%
74	14.29	0.162	8.20	21.38	0.162	12.46			
−74+38	44.24	0.227	36.12	63.82	0.236	54.49	4.81	0.082	1.30
−38+19	18.98	0.39	26.23	10.37	0.713	27.87	35.31	0.19	23.03
−19+13	4.27	0.347	5.23	0.54	0.635	1.23	11.77	0.32	12.93
−13	18.22	0.375	24.22	3.39	0.341	4.15	48.11	0.38	62.74
合计	100	0.282	100	100	0.278	100	100	0.291	100

④细泥分级处理。

细泥原矿经 φ300 水力漩流器和 φ125 水力漩流器两次分级作业，已将钨细泥分为 +74 μm、−74 μm+38 μm 和 −38 μm 三个粒级，选用不同设备分别分选。前两级分别仍用细泥刻槽摇床分选，后一级则采用离心选矿机回收，实行细泥分级处理，以期提高细泥选别的总效率。细泥分级处理流程见图 6−14。

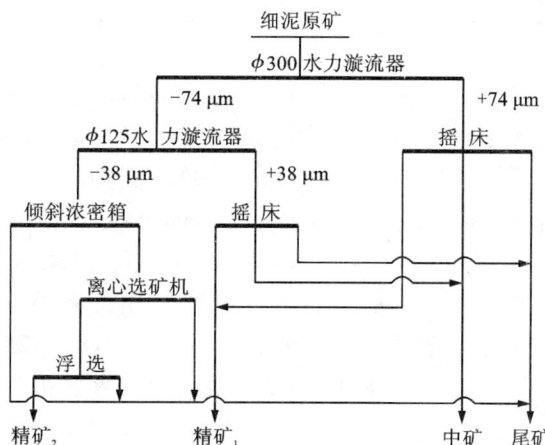

图 6−14　西华山钨选厂细泥分级处理流程

A. +74 μm 粒级摇床分选。由表 6−65 可知由 φ300 水力漩流器处理的 +74 μm 粒级沉砂中，−38 μm 粒级微泥的金属量占有率仅为 8.11%，对刻槽摇床分选的影响很小。+74 μm 粒级用刻槽摇床处理，获得很好的指标，当摇床给矿品位 WO₃ 为 0.6% 时，获得品位 WO₃ 为 32.5%，尾矿品位 WO₃ 低于 0.04%，作业回收率达 90.7%。该摇床精矿的粒级回收率见表 6 −67，其中 38 ~ 74 μm 的粒级回收率高达 96.59%。

表 6 −67　φ300 水力漩流器沉砂摇床分选的精矿粒级回收率

粒级/μm	+74	−74 +38	−38 +19	−19 +13	−13	合计
产率/%	16.03	78.76	2.61	1.3	1.3	100
品位(WO$_3$)/%	14.25	37.5	27	6.4	3.15	32.53
WO$_3$ 粒级回收率/%	67.57	96.59	61.54	34.2	6.18	90.77

B. −74 +38 μm 粒级摇床分选。由于 φ125 水力漩流器分级效率较高，其沉砂中 −19 μm 粒级金属占有率仅 5% 左右，这就有利于细泥刻槽摇床的分选。φ125 水力漩流器沉砂用摇床处理，获得了优良的分选指标；当给矿品位 WO$_3$ 为 0.278% 时，获得精矿品位 WO$_3$ 为 22.04%，尾矿 WO$_3$ 品位 0.035%，作业回收率达 81.11%。表 6 −68 是该摇床精矿粒级回收率情况，可知，不仅 +74 μm 和 −74 +38 μm 两粒级回收率相当高，而且 −38 +19 μm 的粒级回收率也高达 81%，这是不分级细泥摇床所不能比拟的。

表 6 −68　φ125 水力漩流器沉砂摇床分选的精矿粒级回收率

粒级/μm	+74	−74 +38	−38 +19	−19 +13	−13	合计
产率/%	16.35	54.5	26.75	1	1.5	100
品位(WO$_3$)/%	19.5	23	23	12	4.25	22.04
WO$_3$ 粒级回收率/%	93.62	84.98	81.27	35.61	5.67	81.11

C. −38 μm 粒级离心选矿机分选。由表 6 −68 可知 φ125 水力漩流器溢流中 −19 μm 粒级金属占有率达 75%，这部分是细泥摇床不能回收的，但恰好适合离心选矿机处理。

φ125 水力漩流器溢流采用 1400 mm × 1400 mm 倾斜浓密箱浓缩，使水力漩流器溢流浓度由 6% ~ 8% 提高到 15% 左右，再采用 φ800 mm × 600 mm 离心选矿机分选。选择离心选矿机的最佳工艺参数为：转速 550 r/min，给矿体积 40 L/min，给矿浓度 14%，给矿时间 1.5 min，当给矿品位 WO$_3$ 为 0.287% 时，离心机一次粗选获得粗精矿含 WO$_3$ 1.1%，作业回收率为 62.03%。粗精矿再经离心机和浮选进一步富集，得到品位 WO$_3$ 为 25% ~ 30% 的精矿。该部分回收的 WO$_3$ 金属量占细泥原矿金属量的 5.6%，说明离心选矿机是回收 −38 μm 粒级钨细泥的较好设备。

⑤细泥分级与不分级处理流程工艺指标比较。

西华山钨选厂细泥分级处理流程(图 6 −14)与细泥不分级处理流程(图 6 −13)的工艺指标比较见表 6 −69。在选别工艺相同的情况下，细泥分级处理流程的指标明显优于细泥不分级流程，摇床作业回收率提高一倍，达到 84.34%，离心选矿机作业回收率也由 37.27% 提高到 61.38%；全流程细泥回收率也由 44.02% 提高到 66.56%，效果十分显著，说明钨细泥分级处理的合理性。

表 6-69　西华山钨选厂细泥分级与不分级两种流程的分选指标

流程名称	作业名称	给矿品位(WO_3)/%	精矿		尾矿品位(WO_3)/%	作业回收率/%	选矿效率/%
			产率/%	品位(WO_3)/%			
细泥不分级处理生产流程	摇床	0.34	0.85	16.14	0.154	42.00	41.15
	离心选矿机	0.315	1.21	1.10	0.214	37.27	36.06
	全流程	0.34	0.88	16.21	0.193	44.02	43.14
细泥分级处理工业试验流程	摇床	0.338	0.78	25.70	0.037	84.34	60.13
	离心选矿机	0.29	3.64	1.10	0.134	61.38	57.74
	全流程	0.329	0.88	25.61	0.083	66.56	65.68

注：1. 产率系对细泥原矿而言；2. 选矿效率系按(精矿回收率-精矿产率)简式计算。

6.5.3　钨细泥的溜槽选别工艺

（1）自动溜槽的应用

自动溜槽实质是将间歇作业的铺布溜槽装设了机械自动翻转装置，实行精矿定期冲洗卸矿、复原重新给矿、周期工作的一种多层化溜槽。最初由苏联引进，在大吉山、西华山和岿美山三大钨选厂应用，主要用于细泥摇床尾矿的扫选，丢弃细泥尾矿。曾是我国钨细泥扫选丢尾较好的设备，在我国钨细泥选别中发挥了一定作用。

我国应用的是 1800 mm×1800 mm 五层自动溜槽，自动溜槽面一般铺以平面橡胶布或者格子橡胶布。其处理量比铺布溜槽大许多，一个宽×长为(1~1.5)×(2~3) m^2 铺布溜槽细泥处理量不超过 0.6 t/(台·d)，而一台 1800 mm×1800 mm 五层自动溜槽的处理量可达 1~1.5 t/h，二者的回收粒级下限可达 19 μm。表 6-70 是自动溜槽和铺布溜槽选别钨细泥的粒级回收情况，从中可见这两种溜槽对钨细泥选收效率基本相同。自动溜槽虽然对钨细泥回收率较高，扫选细泥摇床尾矿的作业回收率可达 44%~58%，对 -37 μm 粒级的回收效果好于摇床，但精矿品位低，精矿富集比小于 1，其精矿尚需摇床精选后，品位 WO_3 才能达到 12%~15%，这样，溜槽回收的 -37 μm 粒级金属在摇床精选时大多丢失了，这种溜槽+摇床的重选工艺难以真正发挥溜槽选矿的作用。另外，由于五层自动溜槽结构上的缺陷，结构较复杂，零部件和固定橡胶面的螺栓多，检修麻烦，工作量大，特别是下面四层的操作维护困难，生产实践表明，运转时间长后，除第一层外，下部四层基本不能起到有效分选作用，选矿效率明显下降。在 1964 年应用初期，大吉山和西华山两钨选厂自动溜槽的作业回收率分别达到 44.3% 和 57.86%，经过 9 年生产后，1973 年测定时作业回收率就分别降低到 12.61% 和 28.92%。随着离心选矿机的出现和推广应用，自动溜槽就逐渐被取代，退出钨细泥选矿。然而，铺布溜槽至今仍在一些尚未应用离心选矿机的小型钨选厂用于细泥摇床尾矿扫选丢尾，不过，铺布面料大多改为绒毯或毛毯(毡)。

表 6 – 70　自动溜槽和铺布溜槽选别钨细泥的粒级回收情况

溜槽类型	产物	指标	粒级/μm						
			+75	–75 +55	–55 +37	–37 +27	–27 +19	–19	合计
铺布溜槽	给矿	产率/%	19.42		8.75	10.23	10.33	51.77	100.50
		品位(WO₃)/%	0.16		0.21	0.19	0.16	0.15	0.162
		WO₃占有率/%	19.14		11.32	11.98	10.18	47.38	100.00
	精矿	产率/%	7.89	15.12	13.92	14.63	13.07	35.37	100.00
		品位(WO₃)/%	0.05	0.48	0.41	0.34	0.28	0.16	0.278
		粒级回收率/%	65.0	76.3	66.9	58.0	43.5	19.9	
自动溜槽	给矿	产率/%	29.05	25.03	8.38	12.34	11.43	13.77	100.00
		品位(WO₃)/%	0.022	0.13	0.308	0.54	0.53	0.286	0.286
		WO₃占有率/%	2.25	11.59	8.71	23.30	21.18	32.97	100.00
	精矿	产率/%	22.94	47.31	6.29	12.46	6.02	5.00	100.02
		品位(WO₃)/%	0.039	0.341	1.03	0.78	0.845	0.78	0.42
		粒级回收率/%	30.33	75.28	72.28	38.44	33.84	15.08	42.29

（2）皮带溜槽的应用

皮带溜槽是我国 20 世纪 60 年代研制成功的一种细泥选别设备。它是一种类似斜置的皮带运输上实施流膜选矿的设备。皮带溜槽的结构示意见图 6 – 15 所示。由于它具有结构简单、运转可靠、制造容易、作业稳定、操作方便、易于维护、处理细泥作业回收率高等特点，特别是对 –37 μm 粒级微泥选收率高，在我国钨选厂广泛用于 –37 μm 细泥粗精矿的精选，作业回收率可达 75% ~80%，粒级回收下限可达 10 μm。

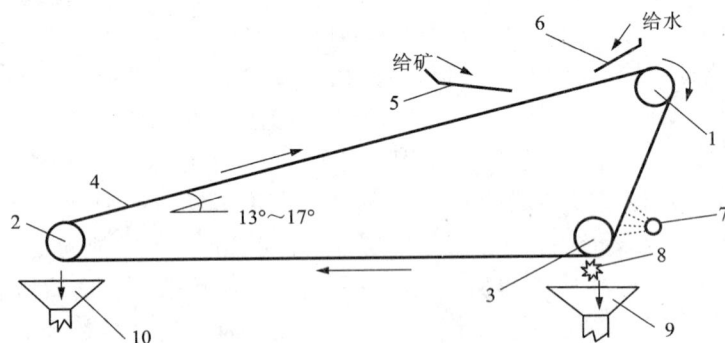

图 6 – 15　皮带溜槽结构示意图

1—首轮；2—尾轮；3—张紧轮；4—皮带面；5—给矿匀分板；6—给水匀分板；
7—精矿冲洗管；8—精矿刷；9—精矿接收槽；10—尾矿接收槽

①皮带溜槽的选别过程：矿浆被给矿匀分板 5 均匀地给入带有凸边的平皮带面 4 上，顺着坡度为 13° ~17°（坡度可调节）的皮带面呈薄层向下流向皮带尾轮 2，在此过程中矿浆流在皮带向上运动和矿流向下运动的作用下，矿粒群发生按密度分层分选，小密度的脉石矿粒在上层顺流至尾轮处排入尾矿接收槽 10；大密度矿粒沉积于皮带面上，被斜向运动的皮带向上

带入设置于首轮 1 附近的精矿清洗区，受到由匀分板 6 给入的薄层水流的清洗，夹杂于精矿中的小密度矿粒进一步被剔除，进入给矿区；经清洗后的精矿留在皮带面上，绕过首轮带入卸矿区，被冲洗水管 7 的高压水冲洗排入精矿接收槽 9，设置于皮带张紧轮 3 处的精矿刷 8，以逆向运动方式，进一步将皮带面上的精矿卸净。

皮带溜槽与普通间歇式溜槽（铺布溜槽、自动溜槽、匀分槽等）分选细泥的区别在于：皮带溜槽的溜槽面是运动的，矿流运动与溜槽运动方向呈逆向；皮带溜槽精矿是连续排矿，溜槽面沉积的精矿厚度和粒度组成保持相对稳定，不随时间而变化（加厚）；皮带溜槽面平整光滑，坡度较大，采用小流量薄流层分选，流速接近层流，故回收粒级下限可达 10 μm；皮带溜槽有精选区，通过添加洗涤水清洗，精矿进一步精选，故富集比高。

②皮带溜槽的主要操作因素：

A. 皮带运动速度：皮带溜槽的处理量、精矿产率和回收率与皮带运动速度成正比，精矿品位则成反比，实践表明，用于精选的皮带速度以 1.8 m/min 为宜。

B. 皮带坡度：皮带坡度为 2°～17°，随坡度的增大，精矿品位和选别效率上升，尾矿品位变化不大，但超过 17°以后，分选效率开始下降，尾矿品位增高，较适宜的皮带坡度为 13°～17°。

C. 给矿条件：在给矿浓度一定时，增大给矿体积，处理量提高，回收率降低，精矿品位提高；在给矿体积一定时，增大给矿浓度，处理量提高，但矿浆黏度增高，分层速度降低，回收率降低，调节精矿洗涤水量，对浓度的影响不显著。

D. 洗涤水：适宜的洗涤水量可获得较高的精矿品位，适当增大洗涤水量，可以提高精矿品位，精选作业洗涤水量以 5～7 L/（台·min）为宜，若精矿品位要求不高时，亦可不加洗涤水。洗涤水要求沿整个皮带面十分均匀地给入，且给入强度不宜太大，落差要小，否则，不均匀的水速易产生急流，恶化分选。

③皮带溜槽的主要技术条件。

皮带溜槽的主要技术条件见表 6-71。

表 6-71 皮带溜槽的主要技术条件

项目	单位	条件
外形尺寸（长×宽×高）	mm×mm×mm	3400×1500×1900
占地面积	m²	0.7
皮带面宽	mm×mm	1000
皮带面坡度	°	13～17（可调节）
皮带运行速度	m/min	1.8（首轮 2.29 r/min）
处理量	t/台·d	粗选：2～3；精选：0.9～1.2
给矿浓度	%	25～35
给矿粒度	mm	0.074～0.010
矿浆流量	L/min	粗选：5～5.5；精选：3～3.5
洗涤水量	m³/台·d	粗选：3～6；精选：7～10

续表 6-71

项目	单位	条件
水压	kg/cm²	0.5
转动方式		四联共轴
电动机功率	kW	1.7

④皮带溜槽在钨细泥精选中的应用。

我国钨选厂多将皮带溜槽用于钨细泥重选精矿的精选作业,获得高品位钨细泥精矿。表 6-72 是几种钨细泥重选精矿用皮带溜槽精选的生产指标。瑶岭钨矿选厂利用皮带溜槽取代木质匀分槽精选离心选矿机精矿,使该部分的细泥精矿品位 WO_3 由 15% 提高到 20%,细泥作业回收率达到 63.65%, +19 μm 粒级回收率达到 92.10%, -19 μm 的粒级回收率仍有 54.9%。表 6-73 是盘古山钨矿选厂钨细泥水力分级机溢流经离心选矿机三次分选的精矿,用皮带溜槽精选的粒级回收情况。从中可知,皮带溜槽的回收粒级下限可达 13 μm。尽管皮带溜槽的处理能力较小,但仍不愧为钨细泥粗精矿精选的较好设备。

表 6-72　几种钨细泥重选精矿用皮带溜槽精选的生产指标

处理原料	给矿品位(WO₃)/%	精矿		
		产率/%	品位(WO₃)/%	回收率/%
盘古山钨选厂细泥溢流离心机精矿	3.76	10.91	24.39	70.69
小龙钨选厂细泥离心机精选精矿	14.34	32.39	40.85	92.28
西华山钨选厂细泥摇床粗精矿	24.19	41.20	55.92	95.25
西华山钨选厂细泥摇床精选精矿	46.18	71.29	61.20	94.48

表 6-73　盘古山钨选厂离心选矿机精矿皮带溜槽精选的粒级回收情况

粒级/μm	-75+63	-63+43	-43+38	-38+19	-19+13	-13	合计
精矿产率/%	12.30	16.40	25.91	23.53	13.16	8.10	100.00
精矿品位(WO₃)/%	30.00	32.50	30.40	23.74	14.74	10.74	24.36
精矿粒级回收率/%	84.25	94.09	69.81	65.43	59.66	44.03	70.69

(3)振摆皮带溜槽的研制与应用

振摆皮带溜槽是一种复合运动的流膜选矿设备,是我国 20 世纪 70 年代研制成功的用于细泥精选的重选设备。它是在皮带溜槽的基础上,吸收了我国古老的犀斗淘金原理,并结合摇床的非对称往复运动特点,在弧形面皮带溜槽上,增加了往复振动和左右摆动的外力作用,强化了细粒矿物在重力场中的分选。

振摆皮带溜槽就是在皮带溜槽的基座上设置了一个使其左右摆动的装置;在尾轮基座部位连接一个 6-S 摇床头,带动整个皮带溜槽作前后非对称往复运动;并将皮带面改为弧形;

皮带面与水平倾斜 1°~4°(首轮高,尾轮低)。矿浆流在皮带面上受到斜面水流的作用,又受到左右摇摆运动和类似摇床那样往复运动的综合作用,矿粒群迅速松散,按密度分层分选。

①振摆皮带溜槽分选的简单过程。

在距皮带首轮三分之一处的两侧设置给矿槽。矿浆在皮带摆动至高处时,左右用均分板轮流均匀给入皮带面,矿浆在皮带摆动中出现一个浪头和一个浪尾,呈 S 形沿皮带向下运动,在皮带面的不对称往复运动和矿浆流动作用下,轻重矿粒很快分层,沉积在皮带槽面上的微细重矿粒随水流左右摆动推向皮带面的两则,粗粒重矿物则富集在皮带槽面中心的底层;矿浆主流携带上层轻矿物流至尾矿端。在这一过程中,不断发生这种分层分选;由于左右摆动形成的波浪,使皮带槽下部的粒群受到多次类似横向水流的淘洗作用,使夹于其中的轻矿物清洗出,流向尾矿端,皮带面上的重矿物受到摩擦力和不对称往复惯性力的作用,贴于皮带面向上移动。移动至给矿点以上的精选区,受到设于两则冲洗水的淘洗,进一步清洗出混入其中的轻矿粒,提高精矿品位,皮带面上的精矿在首轮处用喷水管冲入精矿槽。

②振摆皮带溜槽主要操作因素:

A. 给矿体积。对于细粒级物料,要求分选时间适宜,精度要高,故给矿体积不应太大,也不宜太小。试验表明,精矿回收率随给矿体积增大而降低,当超过 3 L/min 时回收率急剧下降,较适合的给矿体积为 2~3 L/min。

B. 给矿浓度。当给矿体积一定时,给矿浓度的大小决定矿层的厚度,浓度太大时,矿层厚度大,矿粒间机械阻力大,流动性不好,不利于流膜分选,导致回收率低,尾矿流失大;给矿浓度过低,分层沉积于皮带面上的重矿物颗粒容易被冲走,此时处理能力也低。试验表明,适当高的给矿浓度比低浓度更好,较适合的给矿浓度为 25%~35%,此时精矿品位和回收率都较高。

C. 皮带速度。皮带速度越快,皮带面上的重矿物受到冲洗时间短,分选次数不够,精矿产率和回收率虽高,但精矿质量下降;反之,皮带速度越慢精矿质量虽高,尾矿损失率却增高,回收率下降。合适的皮带速度一般应根据给矿性质和对精矿质量的要求,通过试验确定。

D. 坡度。皮带面的坡度对矿浆的流速影响较大,决定坡度大小的因素主要是给矿粒度,给矿粒度粗坡度要大,给矿粒度细坡度应小。振摆溜槽皮带面的坡度不宜过大,大的坡度虽然精矿富集比较高,但会降低回收率,过大的坡度还会减低横向水流的作用,对淘洗不利。对精选 -30 μm 粒级的钨细泥适宜的坡度为 4°左右。

E. 摆角和摆次。摆角和摆次对分层粒群的淘洗作用发生直接影响,摆角越大,矿浆沿弧形带面横向运动速度就越高,横向水流的淘洗作用越强,尾矿品位增高,但精矿回收率降低;摆角过小,横向水流减小,淘洗作用减弱,不利分选。摆次决定淘洗的次数,一般说,摆次多,精矿品位高,但太高的摆次会降低回收率,通常摆次与摆角协同考虑,摆角大时摆次宜少,摆角小时摆次可适当增多。对于 -30 μm 粒级钨粗精矿精选的摆角为 6°左右,摆次为 17 次/min。

F. 冲程、冲次。冲程和冲次的影响类似摇床选别,过大和过小的冲程不利于振摆溜槽的分选,同时冲程与冲次要相互配合,即大冲程配以低冲次,小冲程须高冲次,对于 -30 μm 粒级钨细泥精选适宜的冲程为 7 mm,冲次为 330 次/min。此时,精矿品位和回收率都较高。

G. 不同运动方式对选别的影响。

只有振动(不对称往复运动)而无摆动时，矿浆集中于弧形面低洼处，矿浆仅靠振动作用分层，由于分选面积较小，矿浆流在皮带中心部位流速较快，没有横向水流的淘洗作用，矿粒在带面上分选时间较短，一部分重矿物颗粒随中心快速水流带于尾矿中损失，故精矿回收率比有摆动时要低。

只有摆动无振动时，由于床层得不到松散，虽有横向水流的淘洗作用，也仅只将表层的部分轻矿粒带入尾矿，因此精矿产率高，但无明显富集作用；尾矿品位低，产率极小，分选效果差。

仅有往复运动，无差动时，精矿品位和回收率均比有差动的往复运动都低。

③振摆皮带溜槽的主要技术条件。

振摆皮带溜槽的主要技术条件见表6-74。

表6-74 振摆皮带溜槽的主要技术条件

规格 宽×长 /mm×mm	冲程 /mm	冲次 /(次· min^{-1})	摆角 /(°)	摆次 /(次· min^{-1})	坡度 /(°)	带速 /(m· min^{-1})	处理量 /(kg· 台$^{-1}$·h^{-1})	洗涤水 /(kg· 台$^{-1}$·h^{-1})	精矿冲洗水 /(kg· 台$^{-1}$·h^{-1})
600×1700	5~17	240~450	4~13	17~25	0~8	1~5.3	40~65	350~400	1000~150

④振摆皮带溜槽在钨细泥精选中的应用。

振摆皮带溜槽最早在大吉山钨选厂用于钨细泥精选作业，后相继又在韶关精选厂等选厂应用。表6-75是大吉山钨选厂弹簧细泥摇床粗精矿采用振摆皮带溜槽和刻槽细泥摇床精选的工业对比试验结果，说明振摆皮带溜槽精选的效果优于刻槽摇床。大吉山钨选厂应用振摆皮带溜槽精选钨细泥摇床粗精矿的工业生产指标见表6-76。

表6-75 细泥摇床粗精矿用振摆皮带溜槽和刻槽细泥摇床精选工业试验对比结果

精选工艺	给矿品位 (WO$_3$)/%	精矿			尾矿		
		产率/%	品位(WO$_3$)/%	回收率/%	产率/%	品位(WO$_3$)/%	损失率/%
刻槽摇床	11.73	11.21	68	64.95	88.79	4.63	35.05
振摆皮带溜槽	11.98	18.54	58.01	89.81	81.46	1.51	10.19

表6-76 大吉山钨选厂应用振摆皮带溜槽精选钨细泥摇床粗精矿的工业生产指标

处理原料	给矿品位 (WO$_3$)/%	精矿			尾矿		
		产率/%	品位(WO$_3$)/%	回收率/%	产率/%	品位(WO$_3$)/%	损失率/%
细泥摇床粗精矿	6.92	8.05	61.83	71.97	91.95	2.11	28.03

韶关精选厂应用振摆皮带溜槽结合浮选除硫的先重后浮工艺，处理石人嶂钨矿和瑶岭钨矿的粉钨粗精矿，当给矿品位WO$_3$为25%和17%时，分别获得细泥精矿含WO$_3$50.8%和

40.14%，作业回收率达 86.11% 和 88.47%；在精矿品位相近的情况下，钨的回收率比原离心选矿机粗选—皮带溜槽精选工艺提高近 20%。

振摆皮带溜槽的主要缺点是：设备结构较为复杂，弧形皮带面加工较困难，处理能力偏低，设备安装和维护必须精细，特别是操作要做到"精工细作"，否则，难以发挥其作用。这些问题限制了它的推广应用。

6.5.4　黑钨细泥离心流膜选矿工艺的应用

离心流膜选矿是我国首创的微细粒级高效重选工艺，对提高我国钨锡细泥回收率起到了重要作用。离心流膜选矿工艺的主要设备就是离心选矿机，大多数情况下也简称离心机，它是我国 20 世纪 60 年代自行研制成的细泥选矿重选设备，它利用离心力场和重力场相结合的流膜选矿原理，按密度分选细粒矿物。由于在离心力作用下，矿物粒度沉降速度比在脉动重力场中要大得多，因此，这种离心流膜选矿工艺，使钨、锡这类重矿物的重选有效回收粒级下限降低至 10 μm 左右，大大提高了细粒选矿回收率。该设备最早应用于砂锡矿，现在，在钨矿细泥选矿试验研究和生产实践中已得到广泛应用。对各种不同黑钨矿细粒试料的大量试验研究数据表明，离心选矿机用于粗选，富集比为 6～13 时，作业回收率可达 79%～89%。其中 10～20 μm 的粒级回收率还可达 70% 以上；−10 μm 的粒级回收率仍有 30% 左右。这是目前各种细粒黑钨重选设备中分选效率较高的一种，也是各种新型细泥重选设备中推广应用最迅速、最广泛和最久远的一种，从研制成功开始，近 60 年来，离心选矿机的应用一直备受关注和重视。

（1）离心选矿机的结构和分选过程

离心选矿机结构较简单，它是一个卧式截锥形空心转鼓，截锥的锥角为 3°～5°，通过安装于转鼓一端的底盘与转轴连接，在转鼓近小端的内面处设置矿浆给矿扁嘴，扁嘴与转鼓内面有一定间距并呈切线配置。在给矿嘴的前部（小端）安装有高压水冲矿嘴和洗涤水给水嘴。

离心选矿机的分选过程：当矿浆通过给矿嘴呈切线给入转鼓，在离心力的作用下附着在转鼓上，同时沿鼓壁斜面流动，构成在空间中的螺旋形运动轨迹，在此过程中，发生矿粒分层，重矿粒附着在鼓壁上，较少移动，而轻矿粒最上层，随矿浆流向转鼓大端排出。当重矿粒沉积到一定厚度时，停止给矿，并开启洗涤水，稍后打开冲矿嘴的高压水，将沉积在转鼓内面的重矿物（精矿）冲洗入精矿接收器，完成一个分选周期。又重新开始另一选别周期。每个周期的给矿、洗涤和冲矿的时间，由控制器自动控制。最初自动控制采用时间继电器加凸轮机械或电磁铁机构执行器来完成；现在的变频式离心选矿机的选别已采用电脑单板机控制，提高了控制的精确度，一些操作条件也方便调整，更方便操作和管理。

（2）离心选矿机的主要技术操作条件

在钨矿常用离心选矿机的规格为 800 mm×600 mm，即大头直径为 800 mm，小头直径为 700 mm，长 600 mm，其主要技术操作条件见表 6−77。

表 6 – 77   钨选厂 800 × 600 离心选矿机主要技术操作条件

作业	给矿浓度 /%	给矿体积 /(L·min⁻¹)	给矿时间 /min	转速 /(r·min⁻¹)	洗涤水量 /(L·min⁻¹)	给矿粒度 /mm	处理量 /(t·台⁻¹·h⁻¹)
粗选	15 ~ 25	50 ~ 150	2 ~ 3	450 ~ 500	4 ~ 10	– 0.074	19 ~ 23
一次精选	15 ~ 20	30 ~ 75	1 ~ 3	450 ~ 500	10	– 0.074	13
二次精选	15 ±	40 ~ 60	2 ~ 3	350 ~ 500	10	– 0.074	10

（3）离心选矿机选别钨细泥的技术指标

①试验技术指标。江西冶金研究所采用 $\phi245 \sim \phi285$ mm 试验型离心选矿机对江西十二个钨选厂的钨细泥进行了选矿试验，都获得较好的结果，选矿试验指标见表 6 – 78。对盘古山、西华山和大吉山等选厂钨细泥进行了试验型离心机和工业型离心机选矿试验指标对比，二者相差不太大，这些为钨细泥应用离心选矿机提供了依据。

表 6 – 78   江西十二个钨选厂的钨细泥离心选矿机小型选矿试验指标

选厂名称	原矿品位 (WO₃)/%	粗精矿				尾矿品位 (WO₃)/%
		产率/%	品位(WO₃)/%	回收率/%	富集比	
漂塘矿大龙山	0.299	13.23	2.05	89.85	6.9	0.035
下垅矿大平	0.668	9.43	6.22	85.26	9	0.112
画眉坰	0.595	7.91	6.4	85.13	10.9	0.096
铁山垅	0.448	8.14	4.54	82.56	10.1	0.085
盘古山	0.38	9.1	3.49	83.5	9.2	0.069
浒坑	0.67	6.98	8.13	82.55	12.1	0.125
小龙	0.93	9.24	8.13	80.62	8.7	0.199
大吉山	0.353	6.1	4.62	79.8	3.1	0.076
荡坪矿小樟坑	0.265	3.35	6.25	79.75	23.6	0.055
西华山	0.36	14.04	2.75	79.27	7.6	0.084
岿美山	0.304	9.4	1.83	56.53	6	0.146
下垅矿樟斗	0.268	6.81	3.33	84.68	12.4	0.044

赣州有色冶金研究所最近对某透闪石—硫化矿型难选白钨矿进行选矿试验，对占入选矿石量 73% 的细粒级采用离心机粗选，获得离心机粗精矿富集比为 6 时，作业回收率达 74%，预先丢弃占该粒级矿量 88%（占原矿量 64%）的尾矿。与全浮工艺比较，在选矿指标相近情况下，除节省选矿成本外，还免去了全部都采用浮选工艺所需要的尾矿废水处理工序。

②生产技术指标。铁山垄钨选厂在生产中采用离心选矿机处理钨细泥，当细泥品位 WO₃ 为 0.32% 时，经一次粗选一次精选获得离心机精矿含 WO₃ 5%，回收率为 64% ~ 78%。几个钨选厂工业生产离心机的选别指标如表 6 – 79 所示。

表 6 – 79　几个钨选厂离心选矿机处理钨细泥的工业生产指标

选厂名称	作业名称	入选品位 (WO₃)/%	精矿			尾矿品位 (WO₃)/%
			品位(WO₃)/%	作业回收率/%	富集比	
盘古山	粗选	0.32	0.54	82.41	1.7	0.11
	精选	0.67	1.26	91.58	1.9	0.11
瑶岭	粗选	0.416	1.00	69.23	2.4	0.18
	扫选	0.192	0.573	67.39	3.0	0.08
西华山	粗选	0.311	1.38	58.50	4.4	0.15
	精选	1.16	8.00	76.23	6.9	0.30

由于离心选矿机的应用，提高了钨细泥分选效率，降低了有效回收粒度下限，使钨细泥选别的总回收率明显提高。盘古山和瑶岭两钨矿选厂应用摇床—离心机—皮带溜槽工艺取代原来的摇床—铺布溜槽工艺，使细泥回收率提高了 20% 以上。表 6 – 80 就是此二选厂应用离心机前后钨细泥生产指标的对比。说明应用离心选矿机能明显提高钨细泥选别效率。

表 6 – 80　盘古山和瑶岭钨选厂应用离心选矿机前后细泥回收率的比较

选厂名称	选别工艺	品位(WO₃)/%			精矿回收率 /%
		给矿	精矿	尾矿	
盘古山	摇床—铺布溜槽	0.65	27.9	0.334	40.34
	摇床—离心机—皮带溜槽	0.418	10.39	0.154	63.63
瑶岭	摇床—铺布溜槽	0.52	16.25	0.46	13.17
	摇床—离心机—皮带溜槽	0.417	18.06	0.144	73.02

（4）离心选矿机与其他几种细泥选矿设备的选别指标的比较

大吉山钨选厂曾对处理细泥二次分级沉砂的几种设备进行了生产指标比较，比较结果见表 6 – 81，在精矿品位相近的情况下，采用离心机一次粗选，三次精选的生产工艺指标高于单用刻槽弹簧细泥摇床和自动溜槽粗选—细泥摇床精选两种工艺的生产指标。不仅精矿回收率高许多，设备单位面积处理能力也高得多；表 6 – 82 是盘古山钨选厂心选矿机与铺布溜槽处理钨细泥的选别指标的比较，离心选矿机的分选指标明显高于铺布溜槽。表 6 – 83 是离心选矿机和铺布溜槽的粒级回收率，离心机分选钨细泥的粒级下限可达 10 ~ 20 μm，优于铺布溜槽的 20 ~ 30 μm。这些都表明了应用离心机处理钨细泥的优势。

表 6 – 81　大吉山钨矿选厂几种细泥选矿设备选别钨细泥生产指标的比较

选别设备	入选原料	品位(WO₃)/%			精矿回收率 /%	处理量 /(t·m⁻²·d⁻¹)
		给矿	精矿	尾矿		
离心机—离心机	−30 μm 细泥	0.195	24.34	0.06	55.85	14.2
刻槽弹簧细泥摇床	细泥分级机沉砂	0.2	24.01	0.134	33.98	1.2
自动溜槽—摇床	−30 μm 细泥	0.153	23.435	0.1	13.24	1.5

表 6-82　盘古山钨选厂离心选矿机与铺布溜槽处理钨细泥的选别指标

选别设备	品位（WO₃）/%			精矿回收率/%	精矿富集比	处理量/(t·m⁻²·d⁻¹)
	给矿	粗精矿	尾矿			
离心选矿机	0.19	1.34	0.08	61.57	7.05	18.7
铺布溜槽	0.19	0.33	0.13	39.52	1.70	1.25

表 6-83　离心选矿机与铺布溜槽处理钨细泥的粒级回收率

粒级/μm	+60	-60+40	-40+30	-30+20	-20+10	-10
离心选矿机/%	32.04	66.52	70.67	74.27	70.85	34.38
铺布溜槽/%	75.38	66.85	58.0	43.5	16.9	

（5）离心选矿机用于细泥粗精矿的精选

离心机粗选作业回收率很高，但富集比并不高，一般只能达到 4~8 倍，其粗精矿须进行精选才能达到钨细泥精矿的要求，为此，必须选择较合适的精选工艺，才能发挥离心机有效回收粒级达 -20 μm 的优点，否则易造成细泥的得而复失。除选用皮带溜槽、浮选作精选工艺外，采用离心选矿机作为精选设备也是一种较好的选择。实践证明，离心机粗精矿再用离心机精选 1~2 次就能达到不错的效果，富集比可达 4~10，精选回收率可达 90% 左右。表 6-84 就是西华山钨选厂和小龙钨选厂离心机粗精矿用离心机精选的试验结果，小龙钨选厂离心机粗精矿品位 WO₃ 只有 2.61%，经离心机两次精选，细泥精矿品位 WO₃ 提高到28.64%，富集比近达 11，两次精选的作业回收率达 84%，离心机的精选粒级回收率与粗选相近，例如 -20+10 μm 的精选粒级回收率仍达 74%。

表 6-84　西华山钨选厂和小龙钨选厂离心机粗精矿用离心机精选的试验结果

作业名称	选厂名称	精矿产率/%	品位（WO₃）/%			作业回收率/%	富集比
			给矿	精矿	尾矿		
一次精选	西华山钨选厂	22.61	2.75	11.38	0.24	93.21	4.1
	小龙钨选厂	15.91	2.61	14.35	0.35	88.72	5.6
二次精选	小龙钨选厂	47.45	14.35	28.64	1.44	94.73	2.0

某钨选厂钨细泥强磁机粗精矿用离心机精选也是一个很好的例子[13]，该选厂细泥原矿品位 WO₃ 虽高达 1.42%，但粒度很细，-20 μm 粒级 WO₃ 金属量占有率高达 63.37%，细泥原矿经强磁场磁选获 WO₃ 粗精矿，粗选作业回收率为 61,10%；磁选粗精矿用离心机精选两次，获得细泥精矿含 WO₃ 达 44.29%，离心机第一次精选的富集比为 3.75，作业回收率为84.67%；离心机第二次精选富集比为 2.41，作业回收率达 92.01%，精选总富集比达 9，精选总回收率为 77.9%，按强磁—离心机的处理工艺，获得细泥精矿品位 WO₃ 为 44.29%，总回收率为 47.72%。

近来,有人[14]将已经过浮选 – 粗选 – 精选处理的钨细泥精矿采用离心机精选试验,取得较好的选别效果:当浮选粗精矿含 WO₃ 9.47% 时,经离心机精选获得细泥精矿含 WO₃ 33.01%,离心机作业回收率为 73.95%;当浮选—粗选—精选的精矿含 WO₃ 14.13% 时再用离心机精选,获得细泥精矿品位 WO₃ 为 34.62%,离心机精选作业回收率达 87.19%。

这些都说明,离心选矿机不仅是钨细泥选矿粗选的好设备,同时在细泥粗精矿的精选中也能发挥很好的作用,这对不宜采用磁选、浮选方法精选的黑、白钨矿混合型钨细泥具有很现实的意义。

(6)影响离心机选别的主要操作因素

①给矿体积。给矿体积过大,精矿回收率和产率降低,尾矿品位升高,甚至不起选矿作用;给矿体积过小,矿浆流速慢,精矿品位降低。对钨细泥选别较适合的给矿体积粗选为 90 ~ 120 L/(台·min),精选为 80 ~ 90 L/(台·min)。

②给矿浓度。给矿浓度大小直接影响离心机的处理能力和选别指标,浓度越高,精矿产率和回收率就越高,但精矿品位降低;浓度稀,精矿产率和回收率降低,精矿品位则提高,适宜的给矿浓度粗选为 25% ~ 27%,精选为 15% ~ 20%。

③给矿时间和选矿周期。给矿时间增长,尾矿品位随之升高,精矿产率则随之减少,给矿时间过长,精矿产率降低,虽然富集比增大,但回收率降低;给矿时间太短,不但设备处理能力降低,而且富集比低。给矿时间长短应根据入选原矿性质并通过试验决定,一般地,给矿时间约 3 min,冲洗 0.5 min,选矿周期为 3.5 min。

④转鼓转速。转速越高,离心加速度就越大,矿粒沉降速度就越快,精矿产率和回收率提高,精矿品位则下降;反之,转速越低,精矿产率和回收率就降低。为确保精矿回收率,转鼓转速宜适当提高;欲要求精矿品位较高时,宜采用较低的转速。分选钨细泥较适宜的转速:粗选为 450 ~ 500 r/min,精选为 400 ~ 450 r/min

⑤给矿粒度。入选粒级过宽易影响分选指标。给矿中粗粒(+74 μm)过多,会导致"拉沟"现象,精矿层厚薄不均,降低分选效率。最好做到脱粗(+74 μm)去微(– 10 μm),尽量使给矿粒度控制在 10 ~ 74 μm 粒级,并且特别要脱除给矿中的木屑、纤维等有害杂物,还要保持冲洗水的压力和水质清洁。

6.5.5　黑钨细泥的磁选处理工艺

黑钨矿的比磁化系数为 $32.01 \times 10^{-6} ~ 42.33 \times 10^{-6}$ cm³/g,与赤铁矿、褐铁矿、菱铁矿、水锰矿、硬锰矿、石榴子石、黑云母、辉石等同属弱磁性矿物,石英、方解石、长石等脉石矿物及白钨矿、锡石等属非磁性矿物,因此,在强磁场中,特别是高梯度磁场中能实现黑钨矿与大部分脉石矿物的分离。合适的磁选设备是实现黑钨细泥磁选工艺分选的关键。

(1)磁选设备

适合黑钨细泥磁选的设备需具备磁场强度大,磁场梯度高,且能采用湿式作业的特点。在我国自行研制成功并得到广泛应用的这类磁选机主要有:SHP 型(平环型)、立环型、SQC 型、SLon 型等几类,它们的最高场强可达 $11.94 \times 10^5 ~ 15.92 \times 10^5$ A/m(即 15000 ~ 20000 奥斯特),其中在黑钨选矿中应用最广泛的是 SQC 型系列湿式强磁选机和 SLon 型立环脉动高梯度磁选机。

①SQC 强磁机。

SQC 型强磁机是由我国自行研制发明的湿式强磁场磁选机。它主要由给矿装置、分选转环、磁系、精矿和中矿冲洗装置、传动机构等部分组成，其结构见图 6 – 16。该强磁机的磁系是环式链状闭合磁路，其磁系可制成二对、四对、六对等呈水平辐射状磁极，每对磁极有一个外磁极头，内外磁极头之间的间隙为分选区，所有外磁极头铸在一个环状的外铁轭上，所有内磁极头铸在一个环状的内铁轭上，每对磁极头上装有两个水内冷激磁线圈，直流电在线圈中流动方向要使相邻磁极头的极性相反。激磁线圈由铜管绕制而成，采用低电压大电流激磁，水内冷散热降温。这种磁系具有结构紧凑，磁路短，漏磁少，制造容易的优点。内外磁极之间隙为分选区，在分选区安装有一个分选转环，整个分选环由非导磁隔板分成若干分选室，每个分选室均填充了由不锈钢导磁齿板和非导磁不锈钢片间隔的缝隙，这些缝隙就是分选腔。

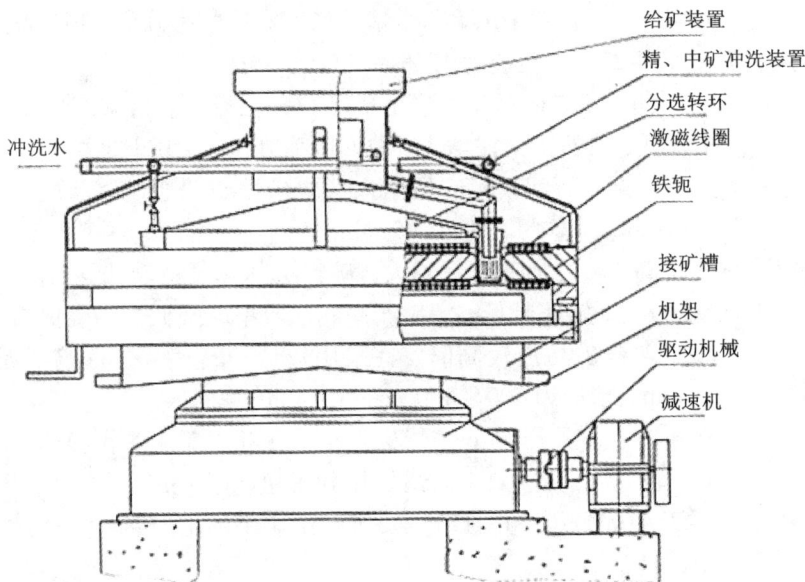

图 6 – 16　SQC 湿式强磁选机结构图

SQC 湿式强磁选机的分选过程：分选环携带分选室慢速旋转，分选室内的齿板介质在分选区被磁化，其上方给矿点给入的矿浆通过分选腔时，弱磁性矿粒被磁力吸在齿板的齿尖上；非磁性矿粒随矿浆通过齿板间隙排入尾矿槽。分选室被旋转的分选环带入精矿清洗区后，留在齿板上的磁性矿粒被少量清洗水清洗，将夹杂在磁性矿粒中的非磁性物和矿泥清洗排出，齿板上的磁性矿粒随分选环转动到相邻的两磁极中间的磁中性点处时，被压力为 3 ~ 5 kg/cm^2 的高压水冲入精矿槽。卸矿后，分选环进入下一分选区进行新一轮分选过程。

SQC 系列湿式强磁选机的主要技术参数见表 6 – 85。

表 6-85 SQC 系列湿式强磁选机的主要技术参数

机型	SQC-6-2770A	SQC-6-2770	SQC-4-1800	SQC-2-1200	SQC-2-710
分选环外径/mm	2800	2770	1800	1200	710
分选环转速/(r·min^{-1})	2~3	2~3	3~4	4~5	5~6
干矿处理能力/(t·h^{-1})	35~45	25~45	8~12	5~7	0.5~0.8
分选区最高磁场强度/T	1.6	1.6	1.6	1.7	1.8
额定激磁功率/kW	40	36	16	14.8	8
传动电机功率/kW	7.5	7.5	5.5	3	2.2
给矿粒度上限/mm	-0.8	-0.8	-0.8	-0.8	-0.8
给矿浓度/%	20~35	20~35	15~25	15~25	15~25
精、中矿冲洗水压/MPa	0.3~0.4	0.3~0.4	0.3~0.4	0.2~0.3	0.2~0.3
最大部件重/t	11.2	11.2	5	3	1.6
机重/t	40	35	15	9	4.5
外形尺寸(外直径 mm×高 mm)	φ4000×3435	φ4000×3435	φ2800×2717	φ2100×2235	φ1628×1450

②SLon 型立环脉动高梯度磁选机。

SLon 型立环脉动高梯度磁选机是我国 1987 年自行发明研究制造的一种高效强磁选设备,主要用于分选细粒弱磁性矿物,是目前国内外最先进的强磁选设备之一。

众所周知,磁性矿粒在非均匀磁场中受到的磁场力是磁场强度与磁场梯度之积:即

$$F = H_o \cdot \mathrm{grad} H_o$$

其中:F——磁场力,H_o——磁场强度,$\mathrm{grad} H_o$——磁场梯度

磁场梯度是磁场力的一个重要因素,在一个没有磁场梯度的磁场(均匀磁场)中是不能进行磁选分离的。大的磁场强度和高磁场梯度相结合,就能产生更大的磁场力,采用高磁场强度和磁场梯度高的磁介质来强化磁选就是高梯度磁选机最大的特点。

SLon 立环脉动高梯度磁选机就是一种配置有立式旋转分选环、反冲精矿装置、矿浆脉动机构、导磁不锈钢网(棒)或钢毛介质的湿式强磁机,它具有富集比大、分选效率高、磁介质不易堵塞、对给矿粒度、给矿浓度和给矿品位波动适应性强、工作可靠、操作维护方便等优点。

SLon 立环脉动高梯度磁选机的构造:SLon 磁选机的构造如图 6-17 所示。设备主要由脉动机构 1、激磁线圈 2、上下铁轭 3、分选转环 4、精矿冲洗装置 7 和各种接、排矿斗、给水斗以及驱动装置构成。分选转环分隔为若干小格,每个小格内安置有导磁不锈钢板网或钢棒或钢毛等磁介质,进入磁化区被磁化,形成高梯度磁场;分选转环通过上下铁轭之间的弧形缝隙转动,磁轭缝隙弧度约为 1/3π,也就是说,分选转环在旋转时总有 1/4 部分处在磁化区内;上下铁轭在转环通过的部分制成上下通透的缝隙,作为矿浆流的通道。

SLon 立环脉动高梯度磁选机的工作原理:入选矿浆由设于上磁轭上方的给矿斗 5 给入,矿浆透过上磁轭的缝隙进入分选转环内圆周的磁介质格中,磁性矿粒被吸附在磁介质上,被

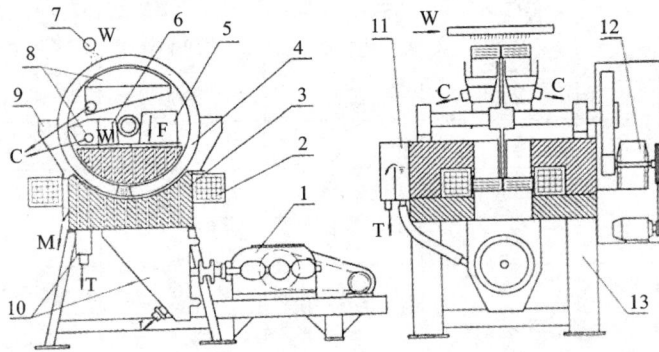

图 6 - 17　SLon 型立环脉动高梯度磁选机结构图

1—脉动机构；2—激磁线圈；3—铁轭·4—转环；5—给矿斗；6 溉洗水，7　精矿冲洗装置；
8—精矿斗；9—中矿斗；10—尾矿斗；11—液位斗；12—转环驱动机构；12—机架

F—给矿；W—清水；C—精矿；M—中矿；T—尾矿

顺时针旋转的转环慢慢带离磁化区，并在完全脱离磁化区前的低磁场中受到洗涤水 6 的冲洗，使夹杂在磁性矿物中的非磁性矿物受到清洗，提高磁性产品的质量，磁性产品随转环带到顶部的无磁性区，从上方用高压水冲入精矿斗 8 中；非磁性矿物透过下磁轭的缝隙排入尾矿斗 10 中；在矿浆进入分选腔后，始终保持一定的液面高度，并受到脉动机构的反复运动作用，使矿浆上下往复运动，这样，矿浆中的矿粒群在分选过程中始终保持松散状态，有效地消除非磁性矿粒的机械夹杂，显著地提高磁性产品的质量，还有利于防止磁介质的堵塞；转环立式旋转和反冲矿的设置，使万一有粗矿粒给入分选介质时也不能穿过介质堆，而停留在靠近转环内圆周的磁介质表面，当它们被转环带至顶部时，变成了在磁介质的下表面，很容易被精矿冲洗水冲入精矿斗中，这样就不容易堵塞磁介质。

SLon 立环脉动高梯度磁选机的主要技术参数见表 6 - 86。

表 6 - 86　SLon 立环脉动高梯度磁选机的主要技术参数

机型	SLon - 2000	SLon - 1750	SLon - 1500	SLon - 1250	SLon - 1000	SLon - 750
转环外径/mm	2000	1750	1500	1250	1000	750
转环宽度/mm	900	750	600	450	300	100
转环转速/(r · min^{-1})	3	3	3	3	3	0.3 ~ 3
给矿粒度/mm	-1.3	-1.3	-1.3	-1.3	-1.3	-1.3
给矿浓度/%	10 ~ 40	10 ~ 40	10 ~ 40	10 ~ 40	10 ~ 40	10 ~ 40
矿浆通过能力/(m³ · h^{-1})	100 ~ 200	75 ~ 150	50 ~ 100	20 ~ 50	10 ~ 20	1.0 ~ 2.0
干矿处理量/(t · h^{-1})	50 ~ 80	30 ~ 50	20 ~ 30	10 ~ 18	4 ~ 7	0.1 ~ 0.5
额定背景磁场/T	1	1	1	1	1	1
最高背景磁场/T	1.1	1.1	1.1	1.1	1.3	1.35

续表 6-86

机型	SLon-2000	SLon-1750	SLon-1500	SLon-1250	SLon-1000	SLon-750
额定激磁电流/A	1080	1050	1050	1050	1050	1200
额定激磁电压/V	76	59	42	35	27.3	17
额定激磁功率/kW	82	62	44	35	28.6	20.4
转环电机功率/kW	5.5	4	3	1.5	1.1	0.55
脉动电机功率/kW	7.5	4	4	2.2	2.2	0.75
脉动冲程/mm	0~30	0~30	0~20	0~20	0~20	0~50
脉动冲次/(次·min^{-1})	0~300	0~300	0~300	0~300	0~300	0~400
供水压力/MPa	0.3~0.5	0.3~0.4	0.2~0.4	0.2~0.3	0.2~0.3	0.1~0.2
耗水量/(m³·h^{-1})	100~200	80~150	60~100	30~50	10~20	1.5~3.0
主机重量/t	50	35	20	14	6	3
最大部件重量/t	14	10	5	4	2.22	0.6

（2）磁选工艺的应用

①湿式强磁选用于黑钨细泥原矿的分选。

A. 黑钨细泥原矿湿式强磁分选试验。在原矿含白钨矿很少的情况下，应用湿式强磁工艺分选细粒黑钨矿能获得很好的技术指标。表 6-87 是几个黑钨矿相占 90% 以上的钨选厂细粒原矿采用湿式强磁工艺分选的试验指标，从中看出采用湿式强磁处理钨矿细粒原矿能获得不错的选矿试验结果，为钨细泥处理应用磁选工艺提供了技术依据。

表 6-87　几个钨选厂细粒黑钨原矿湿式强磁分选试验结果

磁选产品	浒坑钨矿选厂			盘古山钨矿选厂			铁山垄钨矿选厂		
	产率/%	品位(WO₃)/%	回收率/%	产率/%	品位(WO₃)/%	回收率/%	产率/%	品位(WO₃)/%	回收率/%
精矿	2.82	16.62	73.35	5.65	7.04	75.76	9.87	3.47	74.95
中矿	1.1	3.252	5.6	2.4	0.744	3.4	5.94	0.578	7.52
尾矿	96.08	0.14	21.05	91.95	0.119	20.84	84.19	0.095	17.53
给矿	100	0.639	100	100	0.525	100	100	0.456	100

B. 黑钨细泥原矿湿式强磁生产实践。浒坑钨矿选厂是我国应用湿式强磁选处理钨细泥的范例。该钨矿原矿中钨矿物绝大多数系钨锰矿，白钨矿含量甚微，共生金属矿物主要有褐铁矿、菱铁矿、黄铁矿、和闪锌矿以及少量的辉铋矿、辉钼矿等，非金属矿物主要有石英、白云母、钾长石和黏土以及少量萤石、方解石磷灰石等。细泥原矿中 $-90 \sim +10~\mu m$ WO₃ 占有率为 88.6%。细泥原矿用 SQC-2-1100 型湿式强磁机进行一次粗选，一次扫选的工业试验，采用分选场强为 $13.27 \times 10^5 \sim 14.73 \times 10^5$ A/m（16600~18500 Oe），当给矿品位 WO₃ 为

0.506% 时，获得 WO_3 品位为 8.92% 的精矿，回收率达 78.52%，丢弃 95% 以上的尾矿，尾矿含 WO_3 0.063%。磁选的富集比达 15 以上，平均粒级回收率 80% 以上，其中 10~20 μm 粒级回收率大于 60%，湿式强磁选的粒级的回收情况见表 6-88；磁选精矿再经浮选精选，获得最终细泥精矿含 WO_3 达 58%，钨细泥的总回收率达 72%，创造了该矿钨细泥处理的最佳指标。

表 6-88　湿式强磁选分选钨细泥的粒级的回收情况

粒级 /μm	磁选给矿			磁选精矿			富集比	粒级回收率 /%
	产率 /%	品位 (WO_3)/%	WO_3 占有率 /%	产率 /%	品位 (WO_3)/%	WO_3 占有率 /%		
+76	24.58	0.065	4.25	25.14	0.93	4.42	14.3	76.85
76+50	25.04	0.878	43.12	29.39	8.85	49.45	10.1	94.55
-50+40	9.48	0.36	10.08	9.13	6.6	11.38	18.3	93.37
-40+30	14.80	0.34	14.99	13.51	6.35	16.2	18.6	89.38
-30+20	10.28	0.3	9.30	9.44	5.3	9.45	17.6	84.69
-20+10	9.20	0.36	9.83	8.51	4.55	7.31	12.60	61.90
-10	6.60	0.4	7.93	4.88	1.94	1.79	4.8	18.90
合计	100.00	0.34	100.00	100	5.25	100.00	15.50	82.80

在工业试验的基础上，浒坑钨矿选厂安装了 SQC-4-2770 型湿式强磁机用于钨细泥选矿生产，将原来的浮选-重选的细泥处理工艺改为磁选-浮选工艺，取得了很好的技术经济效果。表 6-89 是浒坑钨矿选厂两种钨细泥处理工艺的指标比较。不难看出：以磁选为主的细泥处理工艺使钨细泥回收率提高了 14.6%。该选厂钨细泥分选生产指标跃居全国同行业之首，据 1985 年统计，该选厂钨细泥回收率（70.89%）比江西全省平均指标（49.38%）高 21.51%，而且处理每吨细泥原矿的单位成本下降了 37.1%。

表 6-89　浒坑钨矿选厂两种钨细泥处理工艺的指标比较

细泥处理工艺*	品位(WO_3)/%			回收率 /%	作业成本比较（百分比）/%
	原矿	精矿	尾矿		
磁-浮工艺	0.32	35.69	0.085	73.58	62.9
浮-重工艺	0.363	46.03	0.150	58.98	100.0

注：* 磁—浮工艺系用湿式强磁—粗—扫获磁选精矿，磁选精矿再浮选脱硫后，用氧化石蜡皂和甲苯砷酸浮得细泥精矿；浮—重工艺系经—粗—精—扫浮选获细泥精矿，浮选尾矿再用摇床扫选。

②湿式强磁选用于钨细泥粗精矿的精选。

钨细泥粗精矿的精选是提高细泥回收率和细泥精矿质量十分重要的一环。湿式强磁选对黑钨矿的有效回收粒级可达 10 μm 左右，这恰好是能与以离心选矿机或浮选为主的细泥粗选工艺相配合的精选手段。表 6-90 是铁山垄钨矿选厂重选、重选—浮选所获细泥粗精矿用湿式强磁选工艺一粗一扫的精选试验结果。可看出，无论哪类粗精矿用湿式强磁选精选的效果都不错。精选离心机粗精矿的富集比达 11.3 倍，精选尾矿品位低于钨细泥原矿品位（含 WO_3 0.452%）；精选离心机精选精矿时，获精矿加中矿的合计品位 WO_3 为 32.20%，作业回收率为 91.59%。

表 6-90　铁山垄钨矿选厂钨细泥粗精矿湿式强磁选精选试验结果

试料名称	产率/%		品位（WO_3）/%				精矿回收率/%
	精矿	尾矿	给矿	精矿	中矿	尾矿	
离心机粗选精矿	6.50	84.67	2.58	29.05	4.95	0.296	73.31
离心机精选精矿	20.73	73.12	9.45	37.65	13.65	1.09	82.76
离心机粗选-浮选精矿	41.40	48.64	19.23	39.21	21.45	1.77	84.41
离心机精选-浮选再精选精矿	44.48	45.71	29.89	56.22	30.06	3.08	87.43

湿式强磁选精选小于 0.03 mm 微泥的重选粗精矿效果也明显。例如，西华山钨选厂细泥原矿经 ϕ125 mm 旋流器分级的溢流，粒度小于 0.03 mm，该难选物料用离心选矿机一粗一精分选得到的粗精矿含 WO_3 5.22%，其中 -0.015 mm 粒级的产率占 61.05%，此粗精矿采用湿式强磁选精选，当场强为 9.55×10^5 A/m（即 12000 奥斯特），用一粗二扫流程，获得磁选精矿品位 WO_3 22.18%、中矿品位 WO_3 14.35%、尾矿品位 WO_3 1.92%、钨精矿回收率为 60.52%（对黑钨矿的回收率为 73.34%）的技术指标。

③高梯度磁选用于钨细泥的分选。

由于高梯度磁选的高效性能，近年来将它用于钨细泥的分选引起了高度重视。例如，原中南工业大学（现中南大学）最早曾用钢毛为磁介质的高梯度磁选装置对瑶岗仙钨矿选矿厂的细泥原矿进行了分选试验研究。试料中金属矿物主要有黑钨矿、锡石、黝锡矿、其次为方铅矿、闪锌矿、褐铁矿、毒砂和黄铁矿等，脉石矿物主要为石英、萤石、白云母等。试料 96.76% 的 WO_3 都分布于 -0.074 mm 粒级中。采用一粗一精的流程，分选背景场强为 11.74×10^5 A/m，当原矿品位 WO_3 为 0.43% 时，获得品位 WO_3 为 21.89% 的精矿，磁选回收率为 77.11%。

应用 SLon 型立环脉动高梯度磁选机对盘古山钨矿选厂钨细泥原矿进行分选试验表明：当给矿品位 WO_3 为 0.74% 时，经一次分选就能获得精矿品位 WO_3 为 21.87%，回收率为 60.88% 的指标；当磁选精矿含 WO_3 17.9%~13.03% 时，回收率可达 73.78%~75.54%。与该选厂钨细泥重选处理流程生产指标比较：精矿品位 WO_3 高 8.18% 时，回收率高 12.73%；精矿品位 WO_3 高 1.61%~3.81% 时，回收率则高 17.73%~17.04%；当回收率相近时，精矿品位 WO_3 则高 12.15%。

用 SLon-1000 型立环脉动高梯度磁选机处理精选厂通风防尘收集的钨粉尘也取得较好的效果。该物料粒度细，-0.074 mm 粒级占 80%，组成复杂，钨金属中黑钨占 74%，白钨占 26%。物料经 SLon-1000 型磁选机一次分选，当给矿品位 WO_3 为 44.63%，获得钨精矿品位

WO$_3$为59.55%，钨的回收率为77.88%，其中黑钨矿的回收率达89.08%。

浒坑钨矿选厂对SLon高梯度磁选机与SQC型湿式强磁机选别钨细泥的效果进行了比较，表明SLon-1000型立环脉动高梯度磁选机优于SQC型强磁机。表6-91就是这两种磁选机处理浒坑钨选厂细泥原矿的分选指标。

表6-91 不同类型磁选机处理浒坑钨选厂细泥原矿的分选指标

磁选机类型	分选磁场强度 $/(A \cdot m^{-1})$	品位(WO$_3$)/%			精矿回收率 /%
		原矿	精矿	尾矿	
SLon型高梯度磁选机	$4.77 \times 10^5 \sim 8.75 \times 10^5$	0.249	2.26	0.042	84.68
SQC型强磁选机	12.09×10^5	0.40	5.03	0.085	80.10

柿竹园多金属矿应用高梯度磁选工艺进行浮选混合精矿的黑、白钨矿分离取得了较好的技术经济效果[15]。在2011年以前，普遍采用全浮加重选工艺进行黑、白钨矿分离，即浮选混合精矿采用抑制黑钨浮白钨的分离方法获得白钨精矿，被抑制的黑钨等矿物再用活化浮选—摇床工艺获黑钨精矿。因为多次添加捕收剂、抑制剂、活化剂，有部分黑钨矿表面易产生浮选"钝化"效应，影响其回收率。为避免黑钨被浮起后又被抑制，又再次活化浮起的反复药剂作用过程，从2011年开始，各个选厂逐渐改为采用高梯度磁选进行黑、白钨分离的新工艺不但提高了钨的回收率，简化了生产流程，还节约了药剂成本，又有利于提高萤石的综合回收率。表6-92就是该矿各选厂应用高梯度磁选前后钨选矿回收率的比较。由于各选厂处理原矿的性质略有差异，钨回收率提高幅度有所差别，但应用高梯度磁选新工艺后，各选厂钨回收率提高了3%~8.7%，柿竹园全矿钨的综合回收率提高了4.6%，每年可新增效益3900万元以上，经济效益十分可观。

表6-92 柿竹园各选厂应用高梯度磁选前后钨选矿回收率的比较

选厂名称	原混浮-黑、白钨浮选分离工艺全流程WO$_3$回收率/%	混浮-黑、白钨高梯度磁选分离新工艺全流程WO$_3$回收率/%	新工艺比原工艺提高WO$_3$回收率/%
380选厂	62.36	66.15	3.79
野鸡尾选厂	62.59	65.79	3.2
柴山选厂	53.25	61.98	8.73
多金属选厂	60.57	67.61	7.04
全矿综合	61.34	65.95	4.61

6.5.6 黑钨浮选药剂与应用

黑钨浮选是我国研究最多，也是最有成就的选矿工艺之一。无论是黑钨矿物可浮性的基础理论、黑钨浮选药剂还是黑钨浮选方法、实际应用，都有较系统和深入的研究，从20世纪60年代开始，直至目前从未间断过。这不仅仅是对像黑钨矿这类氧化矿的浮选性能的认识与硫化矿相比还不够深入，更重要的原因是优质黑钨矿资源已近枯竭，贫细杂的钨资源开发利用已成为实际和迫切的问题。一百多年来中国的钨选矿以重选为主的工艺，已不能完全适应钨资源变化的状况。不断降低有效回收粒度下限，提高钨资源利用率，成为了共识，这就促进了浮选工艺在黑钨选矿中的试验研究和工业应用。

(1) 黑钨矿可浮性基础研究

在 20 世纪 60 年代初，中南矿冶学院(现中南大学)的胡为柏和陈万雄就对黑钨矿的润湿性进行了较深入的研究[16]。发现黑钨矿的不同结晶面在油酸钠或混合胺溶液中的接触角大小不同，O—Fe, Mn 键合断裂面[001]与油酸钠(混合胺)的接触角总是大于氧—钨键合断裂面[01]的接触角；而在黑钨矿晶格中氧—钨原子间距为 1.73 Å，而 O—Fe, Mn 原子间距为 2.25 Å；在氧原子和钨原子组成的络阴离子—钨氧四面体中，原子间以共价键连接，在矿物破裂时钨氧四面体不发生破裂；只是氧与铁或锰之间的原子键断裂，这种断裂面的断裂键越多，对捕收剂(油酸钠等)吸附能力就越强。这就说明黑钨矿浮选活动中心是 Fe^{2+}、和 Mn^{2+}。

有人曾系统研究了产自不同矿床，不同组成的黑钨矿的浮选行为，Mn^{2+}、Fe^{2+} 离子的作用以及 Mn/FeO 比例与可浮性的关系。结果表明：用油酸钠为捕收剂时，钨的回收率随 Mn/FeO 比例增大而升高，也即黑钨矿类质同象系列的可浮性顺序为：钨锰矿 > 钨锰铁矿 > 钨铁矿。油酸钠与黑钨矿的作用主要呈化学吸附，黑钨矿与油酸钠作用后，其表层 MnO/FeO 的比值增大；油酸锰的生成量和生成速度要大于油酸铁的生成量和生成速度，因此认为锰离子是浮选活性中心。

杨久流运用扫描电镜图像，红外光谱分析以及吸附量测定等手段，系统地研究了选择性絮凝剂 FD 在微粒黑钨矿颗粒表面的吸附作用[17]，研究表明：黑钨矿晶体中，W^{6+} 与 4 个 O^{2-} 构成四面体，Mn^{2+} (或 Fe^{2+}) 与六个 O^{2-} 构成 Mn(Fe)—O_6 八面体，Mn—O 离子键(键长 0.210 nm)能小于 W—O 间的共价键(键长 0.185 m)能，在破碎时，黑钨矿从 Mn(Fe)—O 离子键断开，此时，O^{2-} 与 Mn^{2+}(Fe^{2+}) 暴露在黑钨矿表面。在黑钨颗粒表面 Fe^{2+} 晶体场稳定能大于 Mn^{2+}，当黑钨矿颗粒与表面活性剂(如捕收剂)作用时，颗粒表面 Fe^{2+} 是较迟钝的离子，而 Mn^{2+} 是活性较强的离子，易与表面呈吸附态的阴离子或阴离子基团发生作用。

随着一些新型高效捕收剂的研制和应用，以及对黑钨矿可浮性影响的深入研究，黑钨矿表面离子对其可浮性影响的基础理论有所发展，Fe^{2+}、Mn^{2+} 哪个是活性中心出现了不同的观点。叶志平采用红外光谱研究了以苯甲羟肟酸为捕收剂浮选黑钨矿的机理[18]。认为羟肟酸是通过 N、O 原子与黑钨矿表面的 Fe^{2+}、Mn^{2+} 离子发生键合作用，生成四原子环和五原子环的螯合物，苯甲羟肟酸与黑钨矿表面的 Fe^{2+}、Mn^{2+} 生成的螯合物，比组成和结构相近的直线型捕收剂与 Fe^{2+}、Mn^{2+} 作用的生成物的稳定性要高得多。根据配合物的晶体场理论，晶体场稳定化能对中心离子与配体形成配合物时的稳定性起决定作用。在以苯甲羟肟酸为捕收剂的浮选体系中，Fe^{2+} 最外层电子轨道 d^6 比 Mn^{2+} 最外层电子轨道 d^5 形成螯合物时晶体场稳定化能的贡献更大，生成物的稳定性更高。因此认为，在矿浆中苯甲羟肟酸主要与黑钨矿表面 Fe^{2+} 离子起作用，黑钨矿表面 Fe^{2+} 离子是与捕收剂作用的主要活性中心。

根据上述的论述，有一个共同点：Fe^{2+}、Mn^{2+} 离子是黑钨矿表面浮选的活性中心。只是在不同捕收剂的浮选体系中，表现出这两种金属离子活性大小不同而已。

(2) 黑钨矿浮选的主要药剂

① 捕收剂。

A. 脂肪酸类。

这类捕收剂主要指油酸、油酸钠及它们的榍生物。油酸和油酸钠是我国最早采用的浮选黑钨矿的捕收剂，它的最大特点是捕收能力强，但选择性差。对白钨也有很好的捕收性能，也可以作为其他金属氧化矿的捕收剂。由于油酸难溶于水，一般须配成煤油溶液或乙醇溶液使用，才能较好地在矿浆（水）中弥散，被矿物所吸附；而且对分选温度有一定要求，在冬季的用量更大，往往需提高矿浆温度才能获得较好的浮选效果。用油酸为捕收剂浮选黑钨细泥都进行过试验和生产应用。在 20 世纪 50 年代末，盘古山钨矿曾以油酸为捕收剂进行黑钨细泥的浮选试验，获得较好的技术指标。将油酸与煤油按 1:2 的比例配成油酸煤油溶液，以硅酸钠为抑制剂，碳酸钠为调整剂，浮选 10 ~ 90 μm 占 90% 的钨细泥，给矿品位 WO_3 为 0.51%，获得含 WO_3 2.8% 的粗精矿；扫选三次的扫选精矿再经过一次精选的精矿与粗精矿合并，经药剂解吸后，用摇床精选两次获品位 WO_3 为 45% 的细泥精矿，浮选尾矿含 WO_3 0.07%，细泥总回收率为 52.5%。

浒坑钨矿选厂的钨细泥含 WO_3 0.532%，细泥原矿中 75% 的 WO_3 金属量分布于 10 ~ 43 μm 级中，约 18% 分布于 -10 μm 中。该细泥原矿采用油酸为捕收剂进行回收试验。在 pH 为 6.5 的条件下全浮硫化矿后，再以草酸为脉石的抑制剂（100 g/t），油酸乙醇溶液为捕收剂（1500 g/t），经一粗、二扫流程获粗精矿含 WO_3 2.72%，浮选尾矿含 WO_3 0.018%，粗选回收率为 87.45%。浮选粗精矿再加温 70 ~ 80℃，用氢氧化钠和硅酸钠调浆后，精选两次获浮选精矿含 WO_3 7.26%；浮选精矿用单宁酸及硫酸铜进行药剂解吸后，入摇床精选两次获得细泥精矿品位 WO_3 达 57.87%，WO_3 总回收率为 57.61%。

以油酸为捕收剂浮选黑钨细泥虽能获得较好的工艺指标，但由于油酸的选择性较差，难以获得较高的浮选精矿品位，一般还需摇床精选，工艺流程较重选更复杂，选矿成本也较高，所以单一采用油酸浮选黑钨细泥，在生产实际中应用逐渐减少。

B. 胂酸类和膦酸类。

这类捕收剂以甲苯胂酸（和苄基胂酸）和苯乙烯膦酸为代表，在 20 世纪 60—70 年代曾广泛用于黑钨细泥的浮选，对提高黑钨细泥回收率起了很好的作用。实践说明，甲苯胂酸和苯乙烯膦酸都是黑钨矿较有效的捕收剂，只是甲苯胂酸的选择性较苯乙烯膦酸更好，但捕收性能不如苯乙烯膦酸；苯乙烯膦酸捕收能力更强，但选择性不如甲苯胂酸。例如：在浮选西华山选厂钨细泥原矿时，二者的用量均为 400 g/t，用苯乙烯膦酸为捕收剂获浮选粗精矿品位 WO_3 只有 2.7%，回收率达 91%；而用甲苯胂酸时，获浮选粗精矿品位 WO_3 提高到 3.2%，但钨的回收率却降低至 85%。

a. 用于钨细泥原矿的浮选试验。以甲苯胂酸或苯乙烯膦酸为捕收剂浮选钨锰矿（浒坑钨矿），钨锰铁矿（西华山钨矿）还是黑、白钨共生钨矿（湘东钨矿）的结果都很好，采用这种浮选工艺粗选、重选精选处理钨细泥的技术指标比单一重选的高很多。表 6-93 就是几个钨矿以甲苯胂酸或苯乙烯膦酸为捕收剂浮选钨细泥原矿，获浮选精矿含 WO_3 3% ~ 4%，再用离心机精选的试验结果。但是浮选的富集比较低，细泥浮选粗精矿都需用离心机、摇床重选手段精选，才能获得品位较高的细泥精矿。

表 6-93 甲苯胂酸或苯乙烯膦酸为捕收剂浮选钨细泥原矿的试验情况

试料及其性质	主要浮选药剂	原则工艺流程	主要试验指标			回收率 /%
			品位(WO₃)/%			
			给矿	精矿	浮选尾矿	
西华山钨矿混合细泥原矿(含白钨16%，-10μm产率34.31%)	甲苯胂酸为捕收剂，Pb(NO₃)₂为活化剂，Na₂SiO₄为抑制剂，H₂SO₄为调整剂(pH:6.5)	以黄药全浮硫化矿后，进行黑、白钨混浮，混浮精矿用离心机脱泥精选	0.56	33~35	0.05	80~81
西华山钨矿混合细泥原矿(含白钨24%，-10μm产率14.6%)	苯乙烯膦酸为捕收剂，Pb(NO₃)₂为活化剂，Na₂SiO₄为抑制剂，HCl为调整剂(pH:6.75)	以黄药全浮硫化矿后，进行黑、白钨混浮，混浮精矿用离心机脱泥精选	0.28	44.4 / 23.52	0.014 / 0.014	68.38 / 79.62
浒坑钨矿混合细泥原矿(钨锰矿，-10μm产率5.3%)	苯乙烯膦酸为捕收剂，Na₂SiF₆和酸化水玻璃为抑制剂，H₂SO₄为调整剂	全浮硫化矿后，浮黑钨，浮选精矿离心机脱泥精选—苯乙烯膦酸+油酸煤油再精选离心机精矿	0.41	53~56 / 30~32	0.021 / ~0.024	81~84 / 85~86
湘东钨矿细泥原矿(黑钨:白钨为52:48，-35μm占49%，-10μm占16%)	苯乙烯膦酸+731氧化石蜡皂为捕收剂，Na₂SiO₄为抑制剂，H₂SO₄为调整剂，(pH:6.5~6.85)	浮流后，一粗一扫浮钨，浮选精矿用摇床、离心机精选	0.42	粗精矿3.6~4.0 精矿55 中矿3.5	0.037 ~0.039	92 / 55.39 / 30.52

b. 用于细泥中矿的精选试验。用甲苯胂酸、苯乙烯膦酸精选其他方法处理所获钨细泥中矿(粗精矿)，也能获得很好的效果。一些钨矿的细泥粗精矿采用甲苯胂酸、苯乙烯膦酸为捕收剂精选，获得很好的试验指标。表6-94就是几个钨矿细泥中矿用甲苯胂酸、苯乙烯膦酸浮选精选的试验结果。

表6-94 几个钨矿细泥中矿用甲苯胂酸、苯乙烯膦酸浮选精选的试验结果

浮选试料	主要浮选药剂	主要试验指标			作业回收率/%
		品位(WO₃)/%			
		给矿	精矿	尾矿	
浒坑钨矿细泥强磁精矿	捕收剂:甲苯胂酸+731 抑制剂:Na₂SiF₆ 调整剂:H₂SO₄(pH3.5)	11.73	46.17 36	0.42	92.88 96.88
铁山垄钨矿细泥铺布溜槽粗精矿	捕收剂:甲苯胂酸 活化剂:Pb(NO₃)₂ 抑制剂:Na₂SiO₄	1.5	45.9	0.1~0.12	88.4
铁山垄钨矿细泥铺布溜槽粗精矿	捕收剂:苯乙烯膦酸 抑制剂:Na₂SiF₆ H₂C₂O₄ 调整剂:H₂SO₄ (pH3.8~4.6)	1.5	37.02~41.37	0.046~0.048	93.28~88.78
铁山垄钨矿离心机精矿	捕收剂:苯乙烯膦酸 抑制剂:Na₂SiF₆	4.5	19.26~20.26 28.3~30.1	0.27~0.282	91.16~94.61 74.45~86.75
西华山钨矿-0.3毫米细泥精矿	捕收剂:甲苯胂酸 +油酸煤油 抑制剂:Na₂SiF₆	15,75	57~62		82~78其中黑钨>95

c.钨细泥处理工业生产应用。由于甲苯胂酸、苯乙烯膦酸浮选不脱泥的原料时,大量-10 μm微泥都进入泡沫产品,通常泡沫产品中-10 μm粒级含量高达49%~78%,大大降低精矿富集比,严重影响精矿质量,为此,不得不采用离心机等重选手段脱泥精选,使部分微细粒钨矿又得而复失;由于选矿生产成本较高;工艺过程控制要求较严;对环境有影响等问题,限制了其工业应用,尤其是没能在钨细泥原矿处理中推广应用,主要用于钨细泥粗精矿(中矿)的精选。

浒坑钨选厂采用甲苯胂酸+731氧化石蜡皂为捕收剂处理精选工段的溢流钨细泥,使分选指标显著提高:溢流细泥精矿品位WO₃由43.21%提高到45.11%,回收率由34.13%提高到80.39%;该矿用甲苯胂酸+731氧化石蜡皂为捕收剂、氟硅酸钠为抑制剂,在硫酸介质(pH3.5~4)中,浮选含WO₃8%~10%的精选工段的粉钨中矿,获得粉钨精矿含WO₃45%、作业回收率80%的生产指标。

铁山垄钨矿选厂采用甲苯胂酸精选铺布溜槽细泥粗精矿的工艺指标比原来用重选工艺精选时的大大提高,精矿品位WO₃由原来的16.13%提高到31.83%,回收率由原来的41.1%提高到91.73%。当铺布溜槽细泥精矿含WO₃为2.8%~2.84%时,用甲苯胂酸精选获得浮选细泥精矿品位WO₃达31.83%~37.88%、浮选尾矿品位WO₃为0.16~0.24%、作业回收率达91.43%~91.73%的生产指标。

西华山钨选厂采用3A浮选机单槽浮选处理积压粉钨中矿,不但提高了品位,还降低了

杂质元素 As、P 的含量。粉钨中矿含 WO_3 30%~38%、P 0.27%~0.6%、As 0.5%~2.6%，在硫酸介质中(pH≤2)以混合甲苯肿酸和油酸煤油为捕收剂，氟硅酸钠为抑制剂浮选黑钨，获得黑钨精矿含 WO_3 62%、P 0.05%~0.10%、As 0.1%~0.15%、WO_3 回收率 66% 的生产指标。用 120 L 浮选机单槽浮选含 WO_3 20%~24%，TR_2O_3 3% 的细泥摇床中矿，以甲苯肿酸和油酸煤油为捕收剂、氟硅酸钠为抑制剂浮选黑钨，获得钨精矿含 WO_3 50%、P<0.15%、WO_3 作业回收率为 77% 的生产指标。

由于肿酸、膦酸类捕收剂具有一定毒性，在药剂生产和工业使用中会给环境造成污染，因此，这类浮选药剂经过十多年的选矿试验和生产使用后，在黑钨细泥浮选中的应用已逐渐淡出。

C. 螯合捕收剂。

以萘羟肟酸、苯甲羟肟酸、水杨羟肟酸为代表的羟肟酸类螯合捕收剂，是近二十年来研制和应用的黑钨矿的良好捕收剂。它们在黑钨矿表面产生化学吸附，与黑钨表面的定位离子 Fe^{2+}、Mn^{2+} 生成螯合物。例如苯甲羟肟酸对黑钨矿的捕收机理被认为是[18]：在合成苯甲羟肟酸时，合成产品有两种互变异构体：，前者为苯甲羟肟酸，后者为苯甲异羟肟酸(氧肟酸)，二者同时存在，并以苯甲异羟肟酸为主，习惯统称苯甲羟肟酸。苯甲羟肟酸与黑钨矿中的 Fe^{2+}、Mn^{2+} 是 O—O 键合和 N—O 键合原子的化学作用，苯甲羟肟酸在黑钨表面产生了化学吸附。羟肟酸的两异构体通过 N、O 原子与黑钨表面的 Fe^{2+}、Mn^{2+} 发生键合作用，生成四原子环和五原子环的螯合物：

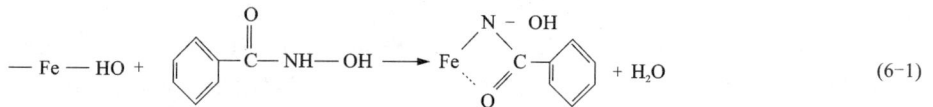

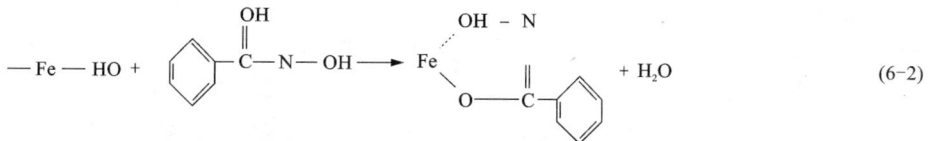

$$\text{—Fe—HO} + \text{(苯环)C=O/NH—OH} \longrightarrow \text{Fe(...)C(苯环)N—OH/O} + H_2O \tag{6-1}$$

$$\text{—Fe—HO} + \text{(苯环)C—OH/N—OH} \longrightarrow \text{Fe(...)C(苯环)OH-N/O} + H_2O \tag{6-2}$$

在苯甲羟肟酸中异羟肟酸的含量高，与黑钨矿表面的作用几率大，通过 O—O 键合生成式(2)的五原子环螯合物稳定性更好，故在黑钨表面形成五原子螯合物为主。

一些试验研究和实践都表明：螯合捕收剂比其他直线型捕收剂在黑钨表面生成的产物要稳定得多，因而螯合捕收剂对黑钨矿有较好的捕收能力；配合恰当的调整剂对黑钨矿浮选具有较好的选择性。

对黑钨矿、白钨矿和萤石异步浮选动力学研究得出的结论[19]：以苯甲羟肟酸为捕收剂，pH 为 9.5 时，白钨矿、黑钨矿和萤石存在一定的浮游性差异。苯甲羟肟酸对黑钨矿、白钨矿可浮性影响较小，而对萤石影响较大，这三种矿物的可浮性顺序为黑钨矿>白钨矿>萤石。加入调整剂柠檬酸后，黑钨矿能保持较好的浮游性，而白钨和萤石的浮游性较差，可以较好地实现黑钨矿与其他矿物间的浮选分离。

D. 组合捕收剂。

两种和两种以上的不同捕收剂配合使用，能发挥药剂间的互补和协同效应，增强有用矿物的捕收能力。大多数螯合捕收剂和两性捕收剂的选择性较好，但捕收能力较弱，而脂肪类捕收剂的捕收能力较强，但选择性较差，往往这二者恰当组合应用，就既有增加捕收能力又有提高选择性的功效。

研究成果表明：以硝酸铅为活化剂，添加以苯甲羟肟酸为主、塔尔油与煤油为辅的组合捕收剂，可以强化捕收效果，大大降低主捕收剂用量；采用以水玻璃为主、组合添加羧甲基纤维素、硫酸铝为抑制剂，浮选柿竹园矿 $-40~\mu m$ 占90%的黑钨细泥时，给矿含 WO_3 1.63%，获得粗精矿含 WO_3 8.73%、粗选回收率达79.03%的试验指标；粗精矿精选时再添加改性氟硅酸钠为抑制剂，采用一粗、三扫、三精选矿流程，获得黑钨细泥精矿含 WO_3 48.91%，回收率70.89%的工业生产指标。

新型羟肟基螯合捕收剂 COBA 对黑钨有良好的捕收性能，但单独使用 COBA 时，黑钨矿基本不浮，只有与油酸钠和2号油混合使用时，才能有效发挥其捕收性能。 $-75+35~\mu m$ 黑钨矿单矿物浮选试验表明，单独使用油酸钠 8×10^5 mol/L 时钨的回收率达90%；而采用 COBA 与油酸钠的混合捕收剂用量只要 3×10^5 mol/L 并辅加2号油 50 mg/L（以改善起泡效果）时钨的回收率就能达到90%，当混合捕收剂用量增大至 5×10^5 mol/L 时，钨的回收率可达99.1%，说明混合用药可以减少药剂用量，改善黑钨的捕收性能。

方夕辉等人采用苯甲羟肟酸与731氧化石蜡皂的组合捕收剂，在 pH7~8 的弱碱性介质中，对某钨矿的钨细泥进行全浮选试验，钨的回收率达86.01%，比常规重选工艺高20个百分点。余军等人将螯合捕收剂 CKY 与油酸钠混合使用，并配以组合抑制剂，以硝酸铅为活化剂，在常温下，较好地实现钨矿物与萤石、方解石等脉石矿物的浮选分离，在开路试验中，当给矿含 WO_3 0.53%时，获得钨精矿品位 WO_3 54.36%，回收率为60.72%。高玉德用苯甲羟肟酸和辅助捕收剂 WT 组合浮选含 WO_3 0.199%、 $-30~\mu m$ 粒级占有率达90%的微细粒级钨细泥时，获得钨精矿品位 WO_3 47.30%，回收率52.34%的工业试验指标。

②活化剂。

硝酸铅对黑钨矿浮选有显著的活化作用。研究结果表明，硝酸铅可以使黑钨矿表面的 ζ 电位由负变正，Pb^{2+} 在黑钨矿表面的特性吸附促进了捕收剂的作用。陈万雄采用硝酸铅作活化剂，对含 WO_3 1.62%的黑钨细泥进行浮选试验，获得含 WO_3 66.04%的钨精矿，回收率达90.86%的试验指标；周晓彤等人对硝酸铅的活化作用试验表明[20]：用螯合捕收剂 GYB（1 g/L）、GYR（50 mg/L）为捕收剂，以硝酸铅为活化剂的黑钨浮选试验，当不用硝酸铅时，WO_3 的回收率只有30%，随硝酸铅用量的增加，黑钨矿的回收率提高，当硝酸铅用量提高到50 mg/L 时 WO_3 回收率达到85%；浮选黑钨:白钨 = 7:3 的混合钨矿试料时，当不用硝酸铅 WO_3 的回收率只有56%，硝酸铅用量提高到50 mg/L 时，WO_3 的回收率提高到90%，说明硝酸铅对钨矿物的活化作用十分明显。

某难选黑、白钨共生矿，黑钨和白钨 WO_3 占有率分别为29.41%和65.61%，黑钨矿嵌布粒度以 0.01~0.08 mm 为主，采用浮—重—浮工艺进行分选试验。首先采用 GYB + GYR 为捕收剂，改性水玻璃、硝酸铅为调整剂，一粗、三扫、三精的闭路流程粗选，给矿品位 WO_3 为0.48%，获得混合粗精矿含 WO_3 17.01%；混合粗精矿用加温精选法获品位 WO_3 为72.21%的白钨精矿，对原矿的回收率59.37%；精选尾矿用摇床分选获含 WO_3 47.92%的黑钨精矿，对原矿回收率为14.06%；摇床尾矿为黑钨细泥，用 GYB + GYR 为捕收剂、改性水玻璃为抑制剂、硝酸铅为活化剂进行浮选，获得品位 WO_3 55.72% 的黑钨细泥精矿，黑钨细泥浮选作业回收率达 77.25%，黑钨细泥精矿对原矿的回收率为 6.79%，

Fe^{3+}、Fe^{2+} 也是黑钨矿的活化离子。国外在研究超细粒黑钨矿的载体浮选时，使用油酸钠为捕收剂，用 37~53 μm 的黑钨作 -5 μm 微细粒黑钨矿的载体，在 pH8 的条件下，微细粒的浮游率由不用载体时的 41% 提高到 76%，再添加 Fe^{3+} 为活化剂，微细粒黑钨的浮游率可提高到 97%；用微细粒黑钨矿与石英混合试样进行载体浮选，精矿品位显著提高，回收率也由 54% 提高到 83%，再添加活化剂 Fe^{3+} 时，回收率可以提高到 98%，精矿品位也达 10% 左右。中南矿冶学院对瑶岗仙钨矿宝塔溪坑口的原生矿泥的浮选试验也采用了硫酸亚铁为活化剂，用其代替硝酸铅作黑钨矿的活化剂，选择性好，无毒且价廉。但使用时需注意 $FeSO_4$ 与肟酸的用量比例，比例不当，对浮选的选择性和 WO_3 的回收率不利。当细泥原矿含 $WO_3$0.58% 时，浮硫后用水玻璃 + 腐植酸钠(150 + 150 g/t)为抑制剂，以硫酸调整 pH 至 6.6，添加硫酸亚铁(450~500 g/t)为活化剂，以甲苯肟酸(450~500 g/t) + 美狄兰(椰子油脂肪酸肌胺酸)(20~28 g/t)为捕收剂，2 号油为起泡剂，经一粗、五精的闭路流程，获得细泥精矿含 $WO_3$17.32%、回收率 77.30% 的试验指标。

6.5.7　黑钨浮选工艺的研究

絮团浮选、载体浮选、异步浮选等浮选新工艺是近年来改善黑钨矿浮选的一个研究方向，而且在试验研究方面取得了一些进展，这将推动我国微细粒黑钨矿的选矿技术进步发挥很好的作用。但是，这类浮选工艺目前大多仍然处于实验室试验研究阶段，在黑钨矿选矿生产中应用还尚待时日。

（1）絮团浮选

絮团浮选工艺，就是在经过高速搅拌加入脉石分散剂的分散处理的微细粒黑钨矿矿浆中，加入对黑钨矿有桥联作用的选择性絮凝剂，微细粒黑钨矿粒絮凝成较大的聚团，再用捕收剂浮出。

FD 就是一种对微细粒黑钨有良好选择性的高分子絮凝剂[17]。通过电镜研究，不加任何药剂时微细粒黑钨矿呈较均匀的分散状态，添加 FD 后，在 FD 的桥联作用下，形成了呈球状的絮团，结构较致密；红外光谱分析证实，FD 较牢固地吸附于黑钨矿表面，形成特性吸附，(这种特性吸附既不是物理吸附，也不如化学吸附那样明显。)在 FD 的桥联作用下，FD 可以使微细粒黑钨矿和磁铁矿形成致密而稳定的复合聚团。其中，高品位(WO_3 >13.5%)条件下，仅以 FD 为絮凝剂的选择性絮凝工艺就可以使黑钨矿—脉石人工混合矿，实现良好的分离。在低品位(WO_3 <13.5%)条件下。还需添加微细粒磁铁矿，通过 FD 的桥联作用和磁铁矿对黑钨矿的磁吸引作用，使黑钨矿与磁铁矿形成复合聚团，实现黑钨矿脉石人工混合矿的良好分离。

微细粒黑钨絮团浮选的研究表明，絮团浮选能显著提高微细粒黑钨矿的浮选速率。聚丙烯酸是一种选择性絮凝剂，它与捕收剂油酸钠的联合团聚效应更能使细粒黑钨矿形成良好的絮团而上浮。聚丙烯酸团聚活化黑钨矿浮选的最佳用量随其分子量的增大而降低，四种不同相对分子质量的聚丙烯酸 PAA—3，4，5，6 中以中等相对分子质量(80×10^4)PAA - 5 的浮选效果最好。在 pH6.8、PAA - 5 的用量 1 mg/L、油酸钠用量 100 mg/L 条件下，对 -20 μm 的微细粒黑钨与石英的混合矿的絮团分离浮选，可获得钨精矿品位 WO_3 68.46%、回收率

91.31%的分选指标，分选效率达69.10%，比常规浮选提高17.83%。

黑钨絮团浮选研究也表明，采用CPC（即捕收剂－聚合物－捕收剂）的加药方式能提高细粒黑钨矿的分选效率。试验研究以－20 μm纯黑钨矿和石英混合物为试料，油酸钠为捕收剂，聚丙烯酸（PAA）为聚合剂，当PAA用量小时能活化黑钨矿，于油酸钠混合添加时能改善黑钨矿的浮选效果；用量大时则显著抑制黑钨矿的浮选，而且随PAA分子量的增大抑制作用增强。在pH6.8油酸钠用量100 mg/L的条件下，加1 mg/L用量的PAA－5与不加PAA－5的浮选比较，前者比后者精矿品位WO_3提高2.49%，回收率也提高了17.83%。应用激光粒度分析证明：油酸钠＋PAA的联合团聚效应，比这两种药剂单独使用更显著，在上述药剂用量情况下，联合用药使原试料中－5 μm粒级含量由34%减少至4%，最大聚团粒度达88 μm，改变了细粒黑钨矿的粒度特性。采用CPC加药方式的浮选工艺能提高捕收剂在钨矿表面的吸附量，强化聚合物与捕收剂的联合团聚作用，显著提高微细粒黑钨矿的浮选速率，对－20 μm的黑钨、石英混合试料（1:1）采用CPC方式加药的絮团浮选试验，可获得钨精矿品位WO_3 68.76%，回收率95.40%的分选指标，分选效率达76.30%，而仅用油酸钠的浮选效率只有51.27%，采用聚合物－捕收剂加药方式的常规絮团浮选效率也只有69.1%。

（2）载体浮选

载体浮选是用粗粒矿物作载体，在捕收剂选择性疏水作用下，细粒矿物选择性吸附在粗粒载体表面，使细粒矿物与粗粒载体一同浮游的一种浮选工艺。

有人在试验研究中发现，在pH8的苯乙烯膦酸溶液中，－5 μm的微粒黑钨矿可在粗粒黑钨矿表面黏附，而－5 μm的石英难以在黑钨矿上黏附，也难和细粒黑钨矿发生异凝聚，因而可用粗粒黑钨矿作载体，实现微细粒黑钨矿与石英的浮选分离。朱建光用－5 μm微细粒级黑钨矿进行载体浮选试验，与同条件下的常规浮选比较，发现加入大于10 μm不同粒级的黑钨矿作载体，可提高－5 μm微细粒黑钨矿的浮选速率，极大地改善微细粒黑钨矿的浮选效果。邱冠周等人用大于10 μm的不同粒级黑钨矿为载体，进行－5 μm粒级微细粒黑钨矿的载体浮选试验，回收率由不用载体时的40.5%提高到70.38%。

（3）异步浮选

异步浮选就是按矿物等可浮性（等浮选速度）进行分步浮选的工艺，即利用不同矿物和同种类矿物的可浮性和浮游速度的差异，实现矿物个性化、差异性浮选。20世纪70年代起，已在许多有色金属选矿实践中得到应用，取得很好的技术经济效果。在钨矿选矿中的应用仅处于试验阶段。例如70年代推广应用的分支浮选，分速精选就是一种异步浮选。用甲苯胂酸和美狄兰为捕收剂浮选钨细泥表明：用分支粗选，分速精选工艺，与普通浮选工艺比较，在给矿品位WO_3为0.3～0.31%时，精矿品位WO_3由21.84%提高到28.13%，精矿回收率由44.18%提高到59.10%，说明这种工艺能显著提高钨细泥的分选效率。然而，当时尚未引起足够重视，也未进行深入的技术经济研究，这种工艺未能在钨细泥处理中推广应用。

近来，有人针对柿竹园矿的黑钨矿、白钨矿、萤石、石榴石、方解石及人工混合矿石（含$WO_3$22.4%）进行异步浮选分离试验研究，经黑钨矿、白钨矿异步两次选别，得到钨精矿$_1$含$WO_3$71.24%，回收率62.34%，其中黑钨矿的上浮率达84.74%，白钨矿上浮率为40.91%；钨精矿$_2$含$WO_3$52.51%，回收率33.81%，钨的总回收率达96.15%，与黑钨、白钨混合浮选工艺相比，分离指标明显改善，使黑钨矿得到最大限度的回收。用苯甲羟肟酸为捕收剂浮选上述物料的试验时，在前0.5 min黑钨的浮游率达到80%左右，而白钨的浮游率为48%左右，萤石的浮游率仅10%左右，大部分黑钨在这段时间浮游，说明黑钨的浮选速度大于白钨，更大于萤石。因此，可以利用异步浮选技术第一步以浮选黑钨矿为主，浮选时间较短，可获得大部分浮游速度快的黑钨矿和部分白钨矿；第二步以浮白钨为主，可用Pb^{2+}活化极少部分的黑钨矿和大部分难选的白钨矿，最大限度地使钨矿物在不同浮选时间内获得回收，以保证钨矿物的总回收率，也为后续拟采用脉动高梯度磁选进行黑、白钨分离创造条件。

6.5.8　浮选用于黑钨细泥处理的生产实际

尽管近来高梯度磁选技术的发展有望取代包括浮选在内的其他选矿工艺用于处理钨细泥原矿。但是，浮选对 $-40~\mu m$ 细粒黑钨矿的回收效率高，是其他选矿工艺不能比拟的，以离心机或湿式强磁机作为钨细泥粗选手段，丢弃大量尾矿后，再用浮选工艺精选，既能确保粗选时已回收的微细粒黑钨矿不易丢失，又较为经济；用浮选工艺还可以排除富集于粗精矿中的其他磁性矿物和硫化矿，提高精矿质量。因此，浮选作为整个细粒黑钨选矿不可缺少的配套工艺在选矿实践中应用越来越广泛。

（1）浮选用于离心选矿机精矿的精选

铁山垄钨矿的钨细泥原矿含 WO_3 0.56%，$-40~\mu m$ 粒级 WO_3 金属量占有率为66%。钨细泥生产处理先经离心选矿机粗选，丢弃83%的尾矿，得到离心机精矿品位 WO_3 为2.7%，粗选回收率为80.5%。粗精矿以混合甲苯肿酸为捕收剂，经一粗一扫的浮选工艺精选，获得细泥精矿品位 WO_3 为36.75%、精选回收率为91.29%的生产指标。

西华山钨选厂精选段浓缩作业溢流的沉淀产物，用离心机一次选别得到粗精矿含 WO_3 9%，其粒度小于 $40~\mu m$ 的粒级产率占83%。该粗精矿采用浮选进行精选。以埃罗索 -22 为捕收剂，硅氟酸钠和硅酸钠为硅酸盐和稀土矿物的抑制剂，经一次浮选得到精矿品位 WO_3 为36.6%，尾矿品位 WO_3 0.07%，浮选作业回收率达98%。

此二例说明，采用适宜的浮选药剂，浮选离心机粗精矿能获得较满意的效果。

（2）浮选用于湿式强磁选精矿的精选

当湿式强磁选分选含其他弱磁性矿物较多的黑钨细泥原矿时，虽回收率较高，但精矿品位较低，若再用磁选精选效果甚差。用浮选精选却能获得较好的效果。例如，浒坑钨矿选厂细泥原矿用湿式强磁选处理，得到的磁选精矿中除黑钨外，尚有大量的云母、铁染石英、褐铁矿、石榴子石、菱铁矿等弱磁性矿物和少量黄铁矿等硫化矿。这种粗精矿经浮选脱硫后，以硅氟酸钠为抑制剂，甲苯肿酸和氧化石蜡皂为捕收剂，在pH3.5左右的酸性介质中浮选黑钨矿，经一粗、一扫流程，使精矿品位 WO_3 由6.98%提高到47.69%，浮选作业回收率达92.69%。

（3）浮选用于柿竹园矿黑钨细泥的处理

柿竹园矿黑、白钨混合精矿精选分离后的黑钨产品，用摇床精选产生的黑钨细泥，各选厂都采用浮选方法处理，取得较好的分选效果。该钨细泥采用苯甲羟肟酸为主的混合捕收剂，硝酸铅为活化剂浮选黑钨，经一粗、一扫、一精的闭路生产流程处理。浮选给矿品位 WO_3 为2%~7%，获得细泥黑钨精矿品位 WO_3 45%~63%、浮选作业回收率为68%~83%的生产指标。

6.5.9　难选钨细泥的化学选矿工艺

难选钨细泥处理采用单一物理选矿方法，很难得到高品位、低杂质含量的商品钨精矿，若将低品位细泥精矿进一步提高 WO_3 含量，降低杂质含量，又易造成已回收钨金属量的损失，而且也只能获得一部分合符商品要求的精矿；另一部分只能作为难选中矿处理。再加上选厂精选段溢流沉砂、细粒难选钨中矿、粉尘钨等，构成"难选细粒黑钨"，这种物料 WO_3 含量低、粒度小、杂质含量高、成分复杂，只有采用化学选矿方法处理，才能获得较好的效果。

在我国难选钨细泥化学选矿处理中，主要采用了烧碱高温浸出—合成白钨—分解的方法，即用经典法生产合成白钨或三氧化钨；常压碱浸—萃取获得 A. P. T，曾在选矿生产实际中应用，在此作一简述。

（1）难选钨细泥经典法处理工艺

湘东钨矿选厂早在 20 世纪 70 年代就采用了化学方法处理难选低品位的精选溢流钨细泥，应用经典的烧碱簸煮法生产三氧化钨。

①处理原料性质。

化学处理原料系该选厂精选段的溢流沉淀钨细泥，粒度为 $-74\ \mu m$ 的占 85% ~95%，WO_3 含量 14% ~20%，其中白钨金属占有率为 7% ~13%。主要杂质含量见表 6 -95，可看出该原料粒度细，WO_3 含量低，杂质含量高，属难选物料。

表 6 -95　精选溢流沉淀钨细泥主要杂质含量

杂质元素	Ca	Sn	S	SiO_2	As	P	Mo
含量/%	3 ~5	2 ~4	5 ~7	14 ~28	1.5 ~3	0.4 ~0.7	0.02

②化学选矿流程。

处理难选钨细泥的化学选矿方法：首先采用 NaOH 高温簸煮浸出获取 Na_2WO_4 溶液；溶液经浓缩结晶、过滤、净化、再溶除 Mo 后，以 $CaCl_2$ 沉淀，获得人造白钨（$CaWO_4$）；再用 HCl 分解人造白钨获得 H_2WO_4；最后将 H_2WO_4 干燥、煅烧获得 WO_3。湘东钨矿化学选矿处理精选溢流钨细泥的生产工艺流程详见图 6 -18。

③化学选矿生产工艺。

A. 浸出。

浸出前应根据原料的 WO_3 含量计算固体 NaOH 加入数量。由于原料品位低，NaOH 加入数量为理论计算用量的 4 ~5 倍，浸出时将 NaOH 与原料一起加入浸出槽，同时将结晶母液按固液比 1 : 1.2 一并加入浸出槽，用蒸汽间接加温沸腾 8 h，以第二次洗涤水作补加水，浸出液稀释澄清、过滤，获 Na_2WO_4 溶液；浸出渣洗涤两次。浸出率为 85% ~95%。

B. Na_2WO_4 溶液浓缩结晶。

用蒸汽间接加温浓缩，使溶液密度达到 1.45 以上后，自然冷却结晶，获结晶态 Na_2WO_4。一般结晶后母液含 NaOH 180 ~200 g/L、WO_3 70 ~100 g/L。这种母液抽出再返回浸出工序，可回收 85% 的 NaOH。

C. Na_2WO_4 结晶体的净化。

将 Na_2WO_4 结晶加水或处理硅残渣的洗涤水加热至沸腾溶解，再加入稀盐酸（$H_2O : HCl = 3 : 1$）中和，使碱度调整至 1 ~1.3 g/L，加入密度 1.16 ~1.18 的 $MgCl_2$ 溶液（加入量为中和前 Na_2WO_4 的 6% ~10%），继续搅拌加热沸腾 1 h 后，用板框压滤机过滤洗涤，滤液即为净化的

溢流钨细泥
　　补加水　　　NaOH
↓
高温 浸出
稀释 澄清
　　浸渣
一次洗涤 稀释澄清　　Na₂WO₄ 溶液
　　一次洗涤水
一次洗涤渣　　　　　　浓缩 结晶
二次洗涤过滤　　　　　　冷却
　　二次洗涤水　　结晶 母液
浸渣

H₂O
↓
溶解
　　1:3 HCl中和MgCl₂溶液
净化
冷却 两次过滤
滤渣　　Na₂WO₄ 溶液
洗涤 过滤　　　Na₂S溶液+HCl调pH至8.5
　　滤液　　除钼
　　　　　　CaCl₂溶液
滤渣　　沉淀人造白钨
澄清 洗涤
人造白钨　　白钨母液(废弃)
盐酸、硝酸铵、硝石
酸 分解
软化水加温至80°以上
过滤洗涤分离
废酸　　　H₂WO₄
待回收HCl、CaCl₂　　干燥(300~400℃)
　　　　煅烧(800~850℃)
　　　　三氧化钨

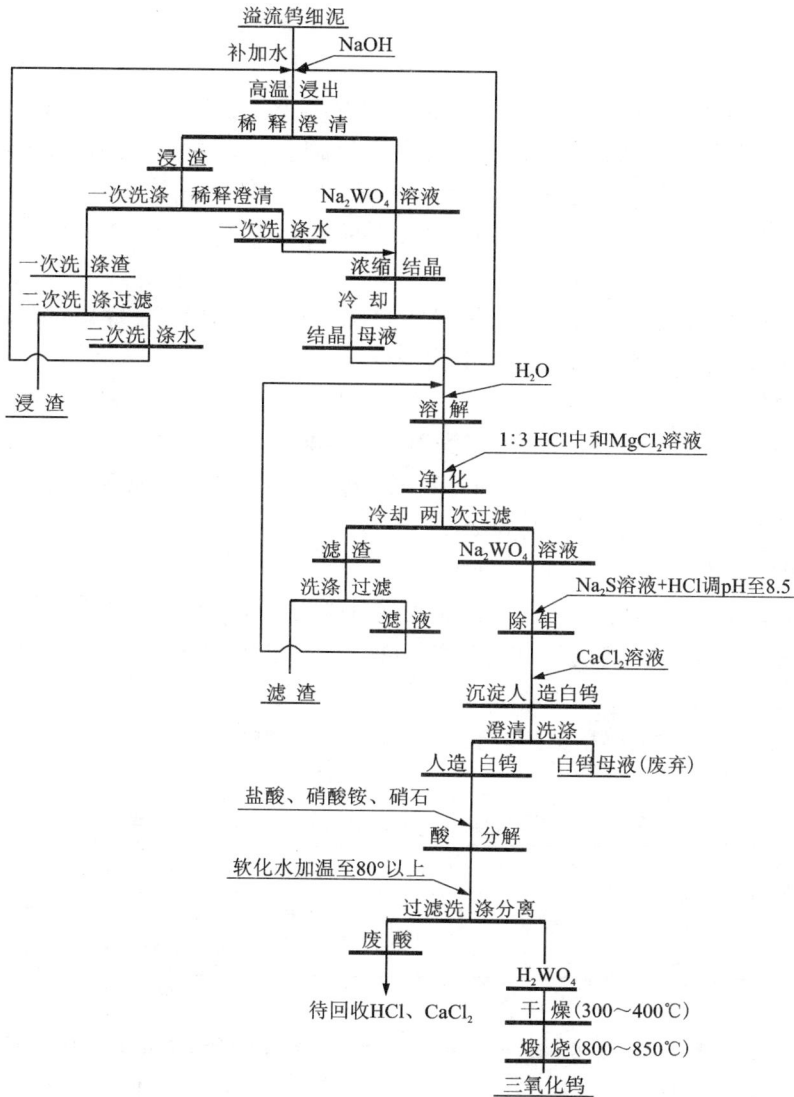

图 6 - 18　湘东钨矿化学选矿处理精选溢流钨细泥的生产工艺流程

Na₂WO₄ 溶液，As、P 等杂质元素则沉淀于滤渣中，得以清除。净化作业 WO_3 的回收率为 94% ~ 96% 。

D. 除钼和合成白钨。

净化的 Na_2WO_4 溶液放入合成槽内(每槽处理 200 ~ 250 kg)，先加温至 80℃，再按 Mo 含量计算 Na_2S 加入的理论数量的 2 ~ 3 倍加入 Na_2S 溶液，Na_2S 溶液按 15% ~ 20% 的浓度配成，并用 HCl 中和至 pH 为 8.5，随即加入密度为 1. 18 ~ 1. 20 的 $CaCl_2$ 溶液，生成 $CaWO_4$ 沉淀。大部分钼生成硫代钼酸钠留在溶液中，吸出合成 $CaWO_4$ 的母液(母液中 WO_3 控制在 0. 4 ~ 1 g/L)后，再以离子交换水(软水)洗涤两次，除去大部分硫酸盐、氯化钠、砷酸盐等杂质，然后以人造白钨形态直接进入白钨分解作业。合成白钨(WO_3)的回收率可达 98% 左右，除 Mo 率达 70% 左右，除 Mo 溶液中含 Mo 约 0.15 g/L，经除 Mo 后所获三氧化钨含 Mo 可降至 0.03% 以下。

E. 白钨分解。

将人造白钨 WO_3 重量的 3~4 倍的工业盐酸加温至 80℃，加入 5~10 kg 硝石或硝酸铵，边搅拌边加入白钨浆，然后再加入 10~12 kg 硝石沸腾 25~30 min；分解所获钨酸（H_2WO_4）用吸滤器脱出废液，并在吸滤器上酸洗一次，再用 90℃ 的软水抽滤淋洗，洗至钨酸中的 pH 为 3~4。白钨分解获钨酸的 WO_3 作业回收率为 96%~98%。

F. 干燥与煅烧。

合格的钨酸先在热烘箱内温度为 300~400℃ 的条件下干燥，干燥好的钨酸再在 800~850℃ 条件下煅烧，最后得到合格的三氧化钨产品。

④技术经济效果。

从原料浸出到获得三氧化钨产品全流程 WO_3 总回收率为 71% 左右。

以当时的三氧化钨产品、原料、材料等的价格，劳动工资及其他费用计算，用化学选矿方法处理溢流钨细泥的生产利润大约为 25%。

（2）难选钨细泥常压碱浸－萃取法处理工艺

采用常压碱浸－萃取工艺处理难选钨细泥原料能获得比经典法更好的技术经济指标。赣州有色冶金研究所以大吉山钨选厂细粒黑钨粗精矿为原料，采用常压碱浸—萃取工艺生产 A.P.T 进行试验，取得了很好的结果。

①大吉山钨选厂细粒黑钨粗精矿的化学组成见表 6-96。

表 6-96　大吉山钨选厂细粒黑钨粗精矿的化学组成　　　　　　单位：%

元素	WO_3	Mo	P	As	SiO_2	Fe	Mn	Ca
含量	27.8~30.3	0.053~0.033	0.368~0.42	0.048	24.8~29.0	12.08~9.21	2.38~3.08	3.68~3.70

②工艺过程。原料先经振动球磨机磨碎至 −43 μm 占 98% 的细度，用烧碱在沸腾条件下浸出，浸出作业 WO_3 的回收率为 95%；浸出液经活性炭吸附处理后，进行盐析结晶得到 Na_2WO_4 晶体；再经溶解净化和除钼后，用有机溶剂萃取和反萃取，萃取作业回收率可达 99%；反萃取液经浓缩结晶和过滤干燥即得到商品 A.P.T，全流程钨的总回收率可达 90.9%。

③回收率指标。用萃取法生产 A.P.T 各工序的作业回收率如表 6-97 所列。

表 6-97　用萃取法生产 A.P.T 各工序的作业 WO_3 回收率　　　　　　单位：%

磨矿和浸出	活性炭吸附	结晶	溶解	除 Mo	萃取和反萃取	浓缩和干燥	全流程
95.3	99.8	99.2	99.0	99.4	99.4	98.7	90.9

从上述结果可以看出，用常压碱浸－萃取法处理难选钨细泥产品不但回收率高，而且能获得符合商品 A.P.T 质量要求的产品。常压碱浸－萃取法是目前为止难选钨细泥产品化学处理的较佳工艺。

6.5.10 黑钨细泥处理的主要工艺流程

(1)单一重选流程

由于重选工艺应用历史悠久，经验丰富，而且重选流程比较简单，操作管理方便，生产成本低，故这种工艺仍然是黑钨细泥处理最主要和应用最广泛的工艺。

单一重选流程曾是我国黑钨细泥处理最普遍采用的工艺流程。其中一类是单一摇床选别流程，即细泥原矿浓缩后用水力分级机(箱)或水力漩流器分级，分级沉砂用刻槽摇床粗选，摇床中矿和尾矿分别再用摇床扫选，尾矿扫选摇床丢尾。这种流程实际有效回收率粒度下限只能达 37 μm，因此细泥回收率只有 40% 左右；另一类是摇床－铺布溜槽流程，即用摇床粗选，摇床尾矿再用铺布溜槽扫选丢尾。虽然铺布溜槽的回收粒级下限更低，但是其精矿品位低，往往又需用摇床精选，细粒级又会得而复失，这种流程与单一摇床流程实质上无太大差别。近年来，铺布溜槽的铺面材料普遍采用绒毯或毛毯，即绒毯(毛毯)溜槽，这可改善细粒回收效果。现在，大多数黑钨选厂的钨细泥处理仍然采用细泥归队浓缩，经水力分级机分级，采用摇床－绒毯(毛毯)溜槽的简单重选工艺分选。

目前，钨细泥处理较经典的重选工艺是：细泥分级 → +37 μm 粒级摇床 → －37 μm 粒级离心机或铺布溜槽 → 皮带溜槽或振摆溜槽。盘古山钨选厂钨细泥选别流程就是这类工艺流程的代表。

盘古山钨选厂钨细泥的产率占出窿原矿的 12% 左右，WO₃ 品位为 0.43%，含 Bi 0.15%。原生细泥和次生细泥在粒度组成和 WO₃ 分布方面都有较大的差异，因而分选条件及指标都存在差异，故在分选中采用了有分有合的流程。即 +37 μm 粒级进入各自摇床系统选别，摇床精矿合并进入一个系统精选；－37 μm 粒级部分合并处理。

盘古山选厂钨细泥处理重选工艺，经过多次变革，形成图 6－19 所示生产流程。流程的特点是以摇床为核心、粗细分级处理、设备配合恰当的摇床—离心选矿机—皮带溜槽的重选工艺。充分发挥了刻槽摇床选别 +37 μm 粒级的富集比高、回收率高(+37 μm 粒级回收率可达 86% 以上)的特点；又利用离心选矿机分选 －37 +10 μm 粒级回收率高(可达 70% 以上)的优点，完善了钨细泥主要粒级粗选回收工艺，还设置了配合粗选有效回收粒级的摇床—皮带溜槽精选工艺。实质是 +37 μm 粗粒级用刻槽摇床粗选和精选、－37 μm 细粒级用离心机粗选—皮带溜槽精选的分级重选处理工艺；还兼顾了铋和其他硫化矿的综合回收。但该流程设置尚存在采用自由沉降分级设备分级，影响分级效率的缺陷，尽管如此，仍然是目前为止一种较合理、较完善的钨细泥处理全重选流程。盘古山选厂应用该流程处理含 WO₃0.44% 的钨细泥原矿，获得细泥精矿含 WO₃40% ~45%、回收率为 60% ~61%、铋的回收率 >40% 的生产指标。

(2)磁－浮流程

磁－浮流程是采用湿式强磁粗选，粗精矿用浮选精选获精矿的细泥处理工艺。这种钨细泥处理工艺以浒坑钨矿选厂的流程为代表。由于浒坑钨选厂的细泥原矿中钨矿物以黑钨矿为主，且白钨矿含量仅占细泥 WO₃ 的 5%，褐铁矿、菱铁矿、石榴子石等其他弱磁性矿物含量也很少，很适合用湿式强磁选工艺分选，而钨锰矿又是黑钨矿中浮游性能最好的种类，使得该矿具有应用磁－浮工艺的优越条件。

浒坑钨选厂细泥处理的磁－浮流程如图 6－20 所示。该流程的特点是：以湿式强磁选为

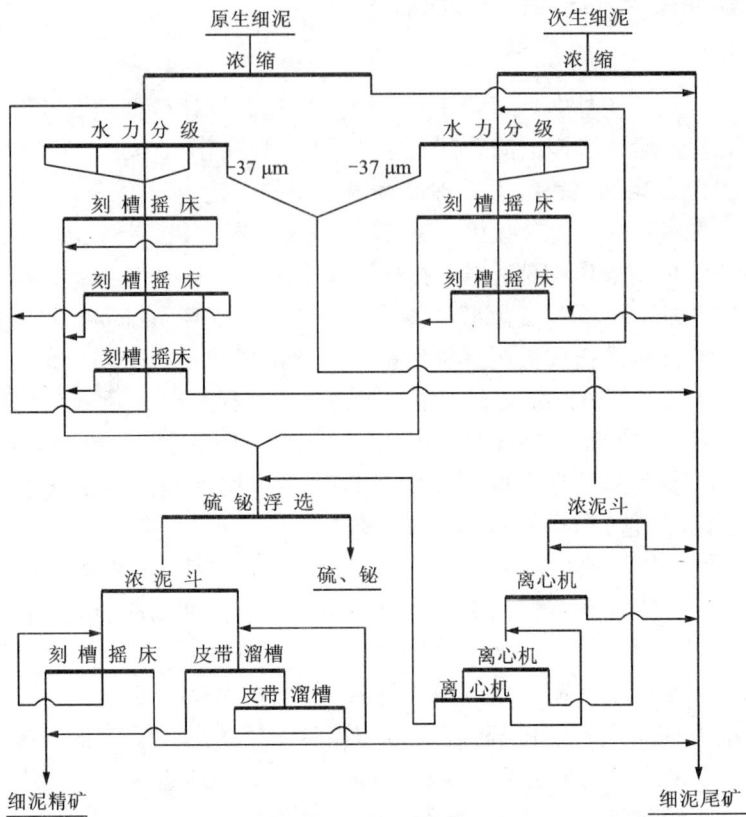

图 6 – 19 细泥处理重选流程(盘古山选厂)

主,配以浮选工艺精选获得细泥精矿,工艺流程简单、精矿品位高、回收率高。钨的磁选回收率可达80%以上,其中20～10 μm 粒级的回收率也达60%以上;经一粗一扫磁选可丢弃大于95%、含 $WO_3$0.067%的低品位尾矿,大大减少进入浮选精选的矿量;在磁选作业中就丢弃了方解石、萤石、高岭土等黑钨浮选的脉石矿物,为提高浮选效率创造了良好条件;浮选前的弱磁选作业脱除了铁屑等强磁性杂质,降低了浮选时硫酸耗量;用浮选工艺精选,不但进一步提高细泥精矿品位,而且浮选有效回收粒度下限与湿式强磁选回收粒级下限配合恰当,确保了微细粒黑钨矿的回收;浮选精选作业回收率大于90%。

浒坑钨选厂应用该流程处理细泥原矿获得很好的分选效果,当钨细泥原矿品位 WO_3 为0.4%左右时,获得钨细泥精矿含 WO_3大于45%,全流程 WO_3 的回收率达70%以上,这是目前为止我国黑钨细泥处理获得的最好生产指标。然而,磁 – 浮流程的应用受到细泥原矿性质的限制,主要受限于原矿中不含或者含少量白钨矿的钨细泥处理的应用。

(3)浮 – 磁 – 重流程

该流程是细泥原矿浓缩后不分级浮选硫化矿,浮硫尾矿采用 SLon 型脉动高梯度磁选机分选,获黑钨细泥粗精矿;粗精矿再用快速微细摇床精选,获得细泥精矿。钨细泥浮 – 磁 – 重流程如图 6 – 21 所示。该工艺流程在铁山垅钨矿上坪选厂得到工业应用,并取得了较好的技术经济指标。

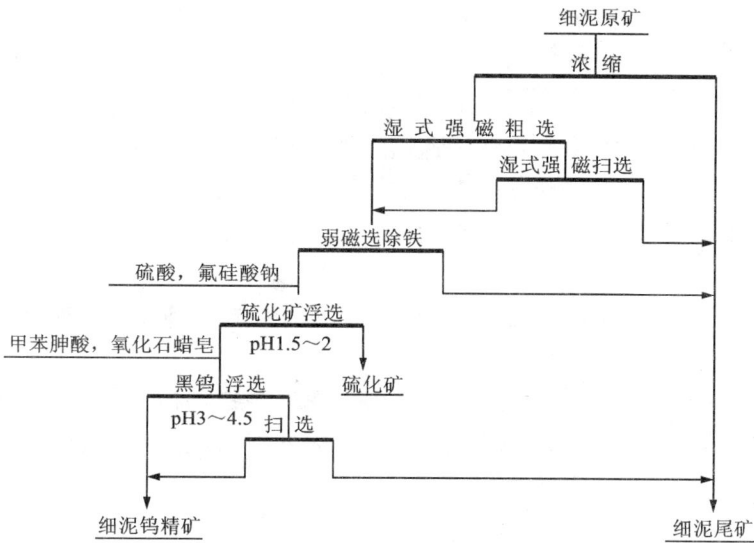

图 6 - 20　细泥处理磁 - 浮流程 (浒坑选厂)

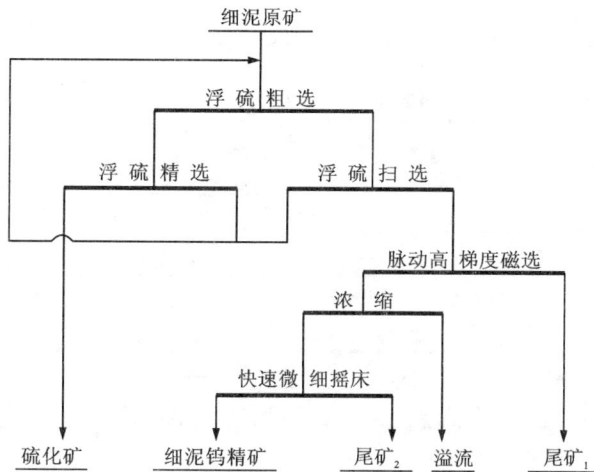

图 6 - 21　钨细泥处理浮 - 磁 - 重流程 (铁山垅上坪选厂)

铁山垅钨矿上坪选厂是 2005 年建成的中型黑钨重选厂，原矿处理能力 1200 t/d。原矿品位 WO₃0.2%，细泥原矿量占出窿原矿的 8%，含 WO₃0.31%。主要钨矿物为钨锰铁矿，还有少量白钨矿；伴生有用金属矿物主要有辉钼矿、辉铋矿、黄铜矿、斑铜矿等硫化矿，具有综合回收价值。

该选厂投产初期钨细泥回收采用全重选工艺，即摇床粗选、毛毯溜槽扫选、毛毯溜槽精矿入摇床精选，流程较简单，回收效果较差，实际只回收了 +37 μm 粒级的细泥金属，获得细泥精矿含 WO₃19.94% 时，回收率低于 30%，细泥尾矿含 WO₃ 还高达 0.22%，而且富集在细泥重选精矿中 Cu、Mo 和 Bi 的回收率都很低，分别只有 18%、9% 和 12%。后来经过技术改造，形成了图6-21所示的浮-磁-重的细泥处理流程。细泥钨精矿品位WO_3由19.9%提高到21.3%，钨细泥回收率由30%提高到55%以上；Cu、Mo和Bi进入混合硫化矿的金属量分别达到58.6%、89.1%和66.1%[21]，为后续综合回收Cu、Mo、Bi精矿创造了条件。

该流程的最大特点是：充分利用SLon脉动高梯度磁选机回收细粒黑钨效果好的性能进行粗选，并以选别细粒重矿物效率高的快速微细摇床相配合进行精选，使微细粒黑钨矿得到有效回收；流程较简单，操作管理方便，适合在小型黑钨重选厂推广应用。但对于白钨矿含量较高的钨选厂来说，则会造成钨金属损失，影响钨细泥回收率。

（4）多种工艺综合流程

将对钨细泥处理较有效的工艺合理组合，构成细泥综合处理流程，能够提高钨细泥回收效率。

铁山垅钨矿杨坑山选厂将离心选矿机、刻槽摇床、绒毯溜槽、浮选、湿式强磁选等钨细泥选别效率高的设备和工艺，恰当地应用于同一细泥处理流程，获得较好的选别效果[22]，杨坑山钨选厂的细泥处理流程如图6-22所示。

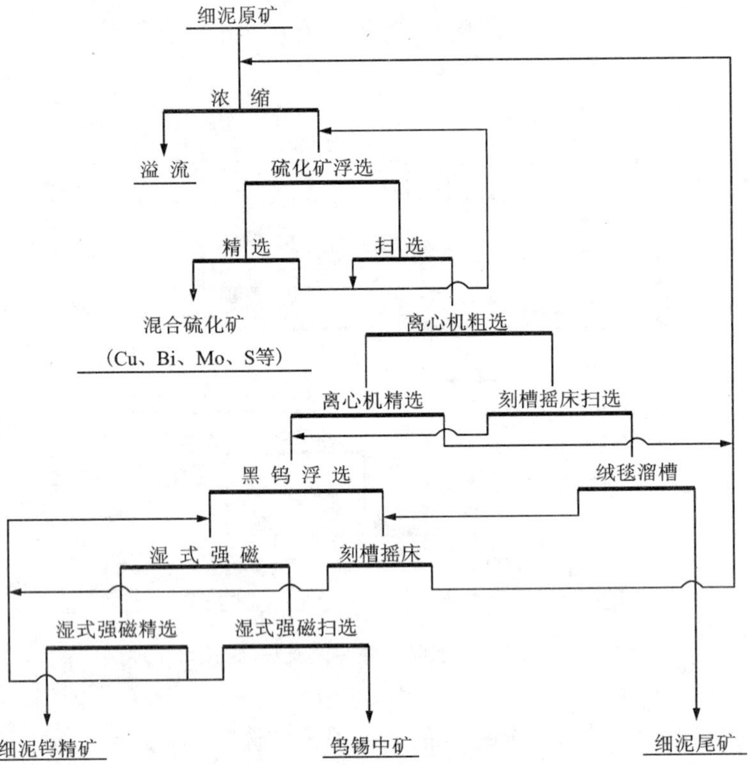

图6-22　细泥处理多种工艺综合流程（铁山垅杨坑山选厂）

杨坑山钨选厂处理的原矿为高中温热液裂隙充填型黑钨-多金属硫化物石英脉矿石。金属矿物以黑钨矿为主，含有少量白钨矿、黄铜矿、黄铁矿、辉铋矿、锡石、闪锌矿等，脉石矿物有石英、云母、电气石、萤石、长石、磷灰石和方解石。钨细泥占原矿产率为7%～9%、金属占有率为11.5%左右；细泥原矿-74 μm粒级占80%、WO_3占有率为95.44%；-40 μm

粒级占 62.82%、WO_3 占有率为 58.76%；-10 μm 微细粒级占 37.26%、WO_3 占有率 23.77%。

该选厂最初对钨细泥处理采用摇床-铺布溜槽的简单工艺，细泥选别指标低，获得细泥精矿品位 WO_3 为 30% 左右，回收率只有 43%。后来采用浮选脱硫-离心机-黑钨浮选工艺，细泥回收率提高到 59%~60%；但细泥精矿品位 WO_3 只有 43.7%，含 Sn 也较高；接着又增加了湿式强磁工艺，细泥精矿品位 WO_3 提高到 57%，细泥回收率达 58%~59%；最后又调整形成图 6-22 所示的多种工艺综合流程，当细泥原矿品位 WO_3 为 0.4% 时，获得细泥精矿品位 WO_3 62.08%、全流程 WO_3 回收率达 66.39% 的生产指标。

该细泥处理流程工艺较完备，其特点是细泥不分级入选。首先浮硫，使 Cu、Mo、Bi 等有价矿物集中于混合硫化矿中，有利于综合回收；细泥钨金属用离心机一粗一精回收，充分发挥了离心机回收细粒钨矿物的作用，离心机给矿品位 WO_3 0.52% 时，获精矿品位 WO_3 7.38%，作业回收率为 69.18%；通过刻槽摇床-绒毯溜槽扫选丢尾，有利于提高回收率，使细泥尾矿品位 WO_3 降低至 0.092%；最后采用浮选-湿式强磁选精选，使细泥精矿品位 WO_3 达到 60% 以上，钨细泥 WO_3 的全流程回收率大于 66%，这是以往一般钨细泥处理生产流程从未达到的技术指标。

多种工艺综合流程，虽然流程较复杂，使用设备种类和数量较多，投入的成本较高，但由于细泥回收率高，产出的精矿产值比成本高许多，还是能获得较好的经济效益。根据杨坑山选厂 1998—2000 年的统计计算，每生产一折合吨（含 WO_3 65%）钨细泥精矿的车间生产利润率（即利润/产值）达 76%，这是一个不错的经济指标，由此可以看出，该工艺流程值得在同类黑钨矿山中借鉴和推广。

6.6 黑钨重选粗精矿的精选工艺

黑钨矿重选所获粗精矿，不但 WO_3 含量较低，而且因密度与黑钨相近的其他矿物，或与钨矿物相嵌关系复杂的其他矿物，在重选时也易进入钨粗精矿中，严格说来，这只是一种中间产物。因此，必须进一步提高 WO_3 含量和剔除杂质元素，才能达到钨精矿质量标准的产品。

由于黑钨粗精矿所含杂质矿物种类多、性质复杂，所以精选工艺通常都较复杂，重选、磁选、浮选、电选、化学选矿各种选矿工艺几乎全部都要应用，而且多采用各种方法的综合工艺流程，许多工艺都采用间断作业方式，流程虽复杂，但能灵活应用和调整。

6.6.1 黑钨重选粗精矿的性质[23]

（1）黑钨粗精矿中钨的物相分析

我国黑钨矿床中极少不含白钨矿的，因而各钨选厂重选钨粗精矿钨的物相均为黑钨和白钨组成，白钨矿的金属占有率最少的为 5% 左右，最多的达 40% 左右。表 6-98 是一些钨选厂重选粗精矿钨的物相分析结果[24]。

（2）黑钨粗精矿中钨矿物单体解离情况

重选阶段矿石粒度从 8~12 mm 就开始回收钨矿物，不可避免有许多富连生体进入粗精矿中，表 6-99 就是几个钨选厂重选粗精矿钨矿物单体解离情况，从中可以看出，无论是黑钨矿还是白钨矿，在大于 0.7 mm 的粒级中都未到达基本单体解离，它们与脉石连生情况较普遍，白钨与黑钨互为连生体情况亦多见，钨矿物也常与硫化矿连生。这些连生体的解离及其分离都是精选阶段须解决的问题，否则将会影响最终钨精矿的质量。

表 6 - 98 一些选厂重选粗精矿钨的物相分析结果

选厂名称	黑钨矿相		白钨矿相		粗精矿合计
	WO_3 含量/%	WO_3 占有率/%	WO_3 含量/%	WO_3 占有率/%	WO_3 含量/%
盘古山选厂	23.60	88.22	3.15	11.78	26.75
铁山垅选厂	25.69	92.4	2.11	7.6	27.8
画眉坳选厂	11.6	75.57	3.75	24.43	15.35
下垅樟斗选厂	31.41	81.37	7.19	18.63	38.6
下垅大平厂	48.26	85.88	7.94	14.12	56.2
漂塘大龙山选厂	37.62	80.22	9.28	19.78	46.9
荡坪小樟坑选厂	35.57	90.74	3.63	9.26	39.2
荡坪樟东坑选厂	29.29	90.12	3.21	9.88	32.5
西华山选厂	13.84	89.29	1.66	10.71	15.5
大吉山选厂	28.98	77.28	8.52	22.72	37.5
浒坑选厂	33.58	95.26	1.67	4.74	35.25
小龙选厂	19.58	60.26	12.92	39.74	32.5

表 6 - 99 几个钨选厂重选粗精矿钨矿物单体解离情况

选厂名称	粒度/mm	黑钨矿				白钨矿			
		单体/%	连生体/%			单体/%	连生体/%		
			—石英	—白钨	—硫		—石英	—黑钨	—硫
大吉山钨选厂	+1.4	79.7	13.3	4.0	2.0	61.0	6.8	25.4	6.8
	+1.0	80.3	16.1	0.8	2.8	84.2	5.3	10.5	
	+0.7	82.9	10.9	3.5	2.7	83.1	3.8	12.0	1.1
西华山钨选厂	+1.4	36.9	52.0	8.5	2.6	50.8	17.4	30.2	1.6
	+1.0								
	+0.7	45.3	49.0	4.5	1.2	74.3	8.6	15.7	1.4
画眉坳钨选厂	+1.4	63.1	9.9	22.8	4.2	35.0	12.4	49.6	3.0
	+1.0	72.3	13.1	10.6	3.9	56.1	14.5	28.9	0.5
	+0.7	78.6	9.5	7.8	4.1	75.6	9.6	10.4	4.4
樟斗钨选厂	+1.4	75.9	17.8	3.5	2.8	55.3	15.5	24.0	5.2
	+1.0								
	+0.7	78.9	15.7	2.2	3.5	79.1	4.0	15.5	1.4

（3）黑钨粗精矿的多元素分析

一些钨选厂重选粗精矿的多元素分析结果见表6-100。从该表可以看出，钨精矿限制含量的主要杂质元素在粗精矿中含量都很高，尤其是 SiO_2、S 和 CaO 含量高成为影响 WO_3 品位的主要因素；粗精矿中含有的 Sn、Mo、Bi、Cu 等元素，虽然是钨精矿含有的杂质，但也是黑钨矿综合回收的主要来源。

表6-100　一些钨选厂重选粗精矿多元素分析结果　　　　单位：%

选厂	WO_3	Sn	Bi	Mo	Cu	CaO	S	As	P_2O_5	SiO_2
盘古山	26.75	<0.03	1.98	0.06	0.204	0.812	12.16	0.43	0.486	23.20
铁山垅	27.80	0.99	0.68	0.086	2.25	2.100	16.16	1.00	0.188	7.27
画眉坳	15.35	<0.03	0.90	0.057	0.72	2.310	31.74	0.012	0.039	5.44
樟斗	38.60	<0.03	1.52	0.18	0.105	4.788	9.66	0.043	0.206	14.62
大平	57.07	0.14	2.27	0.99	0.067	3.25	3.07	0.014	0.158	7.86
大龙山	46.90	2, 381	1.95	2.80	0.074	4.20	4.99	0.090	0.053	14.80
小樟坑	39.20	0.838	1.35	1.30	1.780	3.626	9.99	1.88	0.117	5.14
樟东坑	32.50	0.076	1.19	0.25	0.28	8.162	3.68	0.111	0.282	22.94
西华山	15.50	0.059	0.18	0.23	0.122	2.562	6.64	1.25	0.034	44.01
大吉山	37.50	<0.03	0.84	0.073	0.132	4.746	9.33	0.076	0.325	17.21
浒坑	35.25	<0.03	0.46	0.024	0.040	2.80	14.13	痕	0.099	14.01
效率	32.50	0.300	0.535	0.036	2.71	3.900	16.43	1.18	0.215	7.26

（4）黑钨粗精矿中主要有价金属元素赋存状态

①铋。

铋主要呈辉铋矿-斜方铅铋矿、自然铋、泡铋矿和氧化铋矿产出，以辉铋矿-斜方铅铋矿为主。在 +0.074 mm 时有80%以上的铋矿物已与脉石分离；在粗精矿中硫化铋矿物已基本单体解离。

②钼。

钼几乎只呈辉钼矿产出，钼华等其他钼矿物极少。辉钼矿粒度一般较粗，钼金属主要分布于 +0.150 mm 粒级，而且在 0.150 mm 时就已经基本单体解离。

③铜。

铜主要呈黄铜矿产出，铜蓝、辉铜矿、斑铜矿等次生硫铜矿及孔雀石等氧化铜矿属少量。黄铜矿的嵌布粒度较粗，粒度在 0.074 ~ 0.150 mm 时就与脉石基本分离，于 0.074 ~ 0.10 mm 时已经单体解离。

④锡。

锡主要呈锡石产出，尚有少量黝锡矿，锡石嵌布粒度较粗，在重选粗精矿中的锡石约有70%以上分布于 +0.150 mm 粒级中。

6.6.2 重选粗精矿的再富集工艺

在重选阶段,主要要丢弃最终尾矿,尽量提高钨的回收率,一般不要求高品位的精矿。故重选粗精矿的品位都不是很高,从表6-100可看出,SiO_2和CaO的含量都较高,说明除硫化矿外,影响精矿品位的主要因素是含脉石矿物较多,因而仍可用重选方法进一步剔除脉石矿物,使粗精矿再富集,这也是一种提高精矿品位最经济的方法。

在精选中的重选工艺设置原则与重选段一样,按粒度分级分选,一般重选跳汰粗精矿仍用跳汰精选,称之为加工跳汰;重选摇床粗精矿仍用摇床精选,称之为加工摇床。

(1)加工跳汰再富集

精选的加工跳汰作业一般只分为两级进行,即重选粗粒跳汰和中粒跳汰的筛上精矿(粒度为1.7~2 mm及以上)合并为一级进入粗粒加工跳汰作业精选;重选粗、中粒跳汰筛下精矿和细粒跳汰精矿则进入细粒加工跳汰精选。加工跳汰设备只采用300×450 曲瓦跳汰机,粗粒加工跳汰的操作条件与重选段的粗、中粒跳汰略有不同:跳汰室尾板高度比重选段的高40~50 mm,甚至达到180 mm;为确保筛下精矿的质量,床底砂的厚度更高,达到100 mm左右,并采取大冲程(16~18 mm)和高冲次(280~290 次/min)的操作条件。加工跳汰获得的精矿品位WO_3大于65%,作业回收率一般为60%~70%。

加工跳汰所获得的高品位黑钨精矿中通常都含有少量锡石、硫铁矿、毒砂等杂质矿粒。对其处理方案有两种:一是经筛分分级后,将其中+5 mm粒级特粗部分(约占精选段总精矿产率的1.5%~3%),由于数量较少、粒度粗,采取人工挑拣法剔除,西华山选厂就是如此处理的,获得高品位合格钨精矿,表6-101就是该选厂加工跳汰+5 mm粒级精矿的质量情况,-5 mm粒级破碎后进行磁选处理。二是将筛分分级+3.5(4.5)mm粒级用对辊机破碎至-3.5 mm后,进入台浮、磁选作业选别,获得高品位黑钨精矿,例如大吉山钨选厂就是如此处理。

表6-101 人工剔除杂质颗粒的+5 mm加工跳汰精矿质量

占总精矿的产率/%	占总精矿WO_3占有率/%	主要元素含量/%			
		WO_3	Sn	As	P
1.76	1.86	69.90	0.151	0.186	0.016

粗粒加工跳汰尾矿基本是钨的富连生体,通常用对辊机破碎至-2 mm后返回至细粒加工跳汰处理。

细粒加工跳汰机的冲程略大于重选细粒跳汰机。细粒加工跳汰所获黑钨精矿品位WO_3一般都大于60%,作业回收率大于70%;细粒加工跳汰尾矿则返回矿砂加工摇床处理。

(2)加工摇床再富集

精选加工摇床与重选摇床对应设置,也是分为矿砂和细泥两类,分别处理-2~+0.074 mm粒级和-0.074 mm粒级的重选粗精矿,矿砂加工摇床仍采用水力分级机分级处理,只是矿砂加工摇床的处理量应比重选摇床小,平均只有重选摇床的50%左右,平均约为0.7 t/台·h;细泥加工摇床的处理量只有0.12~0.15 t/(台·h)。这样的条件主要是确保获得更高的精矿品位和回收率。表 6 - 102 是西华山钨选厂矿砂和细泥加工摇床的主要分选指标。

表 6 - 102　矿砂和细泥加工摇床的主要分选指标

加工摇床类别	品位(WO$_3$)/%				作业回收率/%
	给矿	精矿	中矿	尾矿	
矿砂加工摇床	14.18	33.39	6.74	1.98	83.17
细泥加工摇床	15.35	67.39	20.10	3.43	75.40

6.6.3　粗精矿的脱硫工艺

我国黑钨矿石普遍都含硫铁矿、硫砷铁矿和钼、铋、铜、锌等金属硫化矿物,这些硫化矿物与黑钨矿的密度差较小,在重选时很容易与钨矿物一道富集在粗精矿中,造成重选粗精矿含硫都很高,因而,脱除硫化矿物是所有钨矿选厂精选必不可少的工序,也是硫化矿综合回收原料必需的作业。

我国黑钨选厂粗精矿精选脱硫工艺,按粒度和方法主要分为台浮和浮选两大类。

(1)台浮脱硫工艺[3]

台浮是一种粒浮选矿方法。粒浮法又称为浮游重选法或团粒浮选法,它是在同一时间、同一设备上进行浮游选矿和重力选矿的方法。粒浮可以在摇床上进行,也可以利用溜槽来实施,后者是在黑钨矿手工和半机械化开采时期多采用的一种人工脱硫方法。它是将"净砂"(即含杂质的钨精矿)拌入煤油、黄药后,放入溜槽上端的分砂板处,使矿浆均匀分布于溜槽上流动,经药剂作用后的硫化矿漂浮于水面,越过溜槽下端的堰板流出,钨矿颗粒沉积于溜槽的上部底层,脉石等轻矿粒则顺溜槽流向溜槽的下端,使钨矿物、硫化矿物、脉石矿物得以分离。操作者还需用铁耙上下来回耙动,以提高重力分选和脱硫效果。这种溜槽粒浮脱硫精选方法,现在已不再应用。我国现在广泛采用的粒浮设备是摇床,生产现场将摇床选矿俗称为"枱洗",所以将这种在摇床上进行的粒浮称为"台浮"。

台浮分选工艺在我国主要用于钨、锡这类性脆矿物 +0.2 mm 粗粒精矿的脱硫精选作业,台浮也曾用于磁选尾矿中白钨与锡石的分离精选(粒浮白钨)。

①台浮脱硫的基本原理。

台浮选矿是利用矿物物理性质和表面化学性质的差异,借助化学药剂的作用,增大不同矿物表面疏水性的差别,使疏水性矿物表面更疏水,当与药剂混合搅拌后的矿浆经给矿槽给入摇床时,疏水性矿物漂浮于水面,在摇床斜面水流作用下,流向摇床尾矿侧排出;亲水性矿物按照重选摇床选矿原理进行分选,得到精矿、中矿和脉石尾矿等产物。

台浮脱硫就是利用硫化矿物为疏水性好的矿物,黑钨矿表面亲水,在粗精矿中加入易与硫化矿物表面发生吸附作用的煤油、黄药搅拌后,更增加了硫化矿物表面的疏水性,在摇床分选作用下得以分离。台浮脱硫是我国黑钨选矿工艺的一大特色,也是黑钨粗精矿精选脱硫作业最主要和应用最广泛的工艺,台浮脱除的硫一般占重选粗精矿脱硫量的80%以上。这适应了黑钨矿嵌布粒度较粗又性脆的特点,避免了已经单体解离的粗粒钨矿物因浮选脱硫须细磨，造成过粉碎损失，还节省了磨矿费用；这种脱硫方法的设备和流程简单，操作方便，工艺技术容易掌握，适应性强，各种规模的钨选厂都可应用；台浮脱硫的效率高，既脱除了硫化矿，又使钨精矿进一步得到富集；处理成本较低，深受生产厂、矿的欢迎，在黑钨矿山应用十分普遍。

②台浮脱硫的准备作业。

台浮脱硫前的准备作业主要是入选物料的分级和浓缩。台浮脱硫须按窄级别分选原理进行。首先必须对重选粗精矿进行分级处理，+3.5 mm 粗粒级需破碎至 -3.5 mm；并筛除 -0.2 mm 的细粒级（此细粒级采用浮选脱硫处理）；+3.5 mm 粗粒级和 -0.2 mm 细粒级无论是单独台浮或是混入其他粒级处理都会降低分选效果。粒度大于 3.5 mm 的硫化矿粒比表面过小，重量大，难以漂浮于水面，过粗的粒度也不适于钨矿物在摇床上分选；小于 0.2 mm 的细粒级，尤其是 -0.074 mm 粒级的硫化矿易黏附在粗粒钨矿表面，造成脱硫效率下降，而且增大药剂耗量。一般是将 -3.5 +0.2 mm 的原料筛分为 -3.5 +1 mm 和 -1 +0.2 mm 两级台浮脱硫。台浮分级与不分级的分选效果不一样，表 6-103 是一组在相同操作条件下的不分级与分级台浮脱硫试验结果。从中可以看出，分级台浮无论是脱硫率还是钨的回收率都优于不分级台浮。其次，台浮原料须预先浓缩脱水，以满足加药高浓度搅拌调浆的需要。

表 6-103　不分级与分级台浮脱硫试验结果

粒级 /mm	产品名称	产率 /%	品位/%		回收率/%	
			WO₃	S	WO₃	S
0~2	给矿	100.00	22.08	22.19	100.00	100.00
	钨精矿	25.74	67.00	0.99	78.10	1.16
	硫化矿	42.03	0.775	44.66	1.41	84.60
0.83~2	给矿	100.00	21.25	22.80	100.00	100.00
	钨精矿	28.83	65.27	0.74	86.56	0.94
	硫化矿	46.27	0.73	45.41	1.59	92.15
0.15~0.83	给矿	100.00	20.79	23.28	100.00	100.00
	钨精矿	29.19	65.81	0.19	92.42	0.24
	硫化矿	51.60	0.62	44.65	1.55	98.96

③台浮前的加药搅拌。

原料在给入台浮摇床前，必须进行加药搅拌调浆。台浮脱硫只是硫化矿全浮游，除硫酸外，无须添加其他调整剂和起泡剂。添加硫酸的作用一是除去硫化矿表面的氧化膜，露出新鲜表面；二是调整 pH 以适应硫铁矿在硫酸酸性介质（pH=5~6）中易浮的特点；除添加捕收能力强的高级黄药（一般用丁黄药）外，还添加使辉钼矿易浮游的非极性烃油——煤油或柴油。前者在酸性介质中的的分解速率比低级黄药要小，更适合在硫酸酸性介质中使用；后者对其他硫化矿物也有辅助捕收作用，阴离子捕收剂与烃油类混合使用，常能提高捕收能力，能收到更好的效果，也能节省药剂用量。台浮脱硫的药剂用量依重选粗精矿含硫量和分选粒度不同而异，一般根据试验和原料、钨精矿含硫化验品位确定。

台浮加药搅拌可分为人工搅拌和机械搅拌。人工搅拌是将粗精矿加入木制槽或桶（盆）

内，按粗精矿量加入药剂后，用人工搅拌均匀。这种方式仅适合于条件较差的小型选厂。机械搅拌是在卧式搅拌桶（又称鼓式机械调浆器）内进行。卧式搅拌桶是一种较特殊的搅拌设备，它是一个平放在两排托辊上的中空长形圆桶，长度为直径的两倍以上，搅拌桶及其内装物料的重量支撑在托辊上，搅拌桶由机械带动旋转。搅拌原料和药剂由给矿端给入桶内，原料与药剂在桶内一边翻滚搅拌，一边向排矿端运动，经搅拌均匀的矿粒从排矿端排出，由流槽直接给入台浮摇床。这种卧式搅拌桶主要适合粒度较粗的高浓度加药搅拌调浆。

搅拌的主要工艺参数：搅拌时间可用转速和给矿量来控制调节。搅拌桶的长度与搅拌时间正相关，长度越长，矿粒在桶内停留时间越久；搅拌桶转速则与搅拌时间反相关，转速越慢矿粒搅拌时间越长，一般搅拌时间为 4~5 min，对细粒级调浆搅拌时间应适当加长一些；调浆搅拌浓度一般为 70%~90%，粒度粗搅拌浓度应大，粒度细则浓度可小一些；搅拌温度对台浮硫化矿时不像台浮白钨矿时要求那么严格，但调浆搅拌温度不得低于 5℃。在低温条件下，捕收剂的活性低，硫化矿甚至完全不能浮起，在冬季严寒地区进行台浮脱硫调浆搅拌时，须加温水进行，但温度对台浮作业本身影响不大，故在调浆后的台浮时可在 0℃ 以上的冷水中进行。

台浮搅拌调浆加药顺序一般并不像泡沫浮选那样严格要求先调整剂后捕收剂，而是将硫酸、黄药、煤油同时给入搅拌桶，这样虽然会影响药剂的效果和增加药剂消耗量，但是只要适当增加药剂用量，并不会影响脱硫效率，由于重选粗精矿数量较少，药剂总用量不大，因此并不会对精选成本产生多大影响，但这种同时加药方式可以缩减流程、节省设备。

表 6-104 是西华山钨选厂台浮加药调浆搅拌的操作条件。

表 6-104 台浮加药调浆搅拌的操作条件

	台浮给矿粒度/mm	-2 +1.7	-1.7 +0.2
	搅拌器规格 $\phi \times L$/(mm×mm)	$\phi 600 \times 1600$	$\phi 600 \times 1600$
	搅拌器转速/(r·min⁻¹)	32	32
	搅拌器电机功率/kW	4.5	4.5
	搅拌给矿浓度/%	85~95	80~85
	搅拌器处理量/(t·h⁻¹)	0.8~1	0.5~0.6
药剂*制度	硫酸/(g·t⁻¹)	2500	2000
	丁黄药/(g·t⁻¹)	1200	1100
	煤油/(g·t⁻¹)	500	400

注：* 给矿含 S 13.5%。

④台浮摇床结构及脱硫过程。

A。台浮摇床及其辅助设施：摇床是台浮的核心设备，其结构与重选摇床相同，无论是哪种转动装置都可应用，只是为了适应耐腐蚀的需要，对铺面材料有所要求。台浮摇床一般都采用环氧树脂刻槽床面或生漆床面，生漆床面钉设床条后，再多次塗敷生漆，以防腐蚀；也有的采用硬塑料床面上粘贴塑料床条。

为了提高脱硫效率，有的台浮摇床在靠转动端的上部给矿槽处安装一块如图 6-23 所示的类似摇床面的附加小床面。

附加小床面稍高于摇床面，并与摇床面成 7°~9° 的斜坡设置，使大量硫化矿在此处浮出流入尾矿端，由于小床面与摇床面交接处有一个小的跌宕，使经由此处的矿粒有一次接触空气的机会，那些尚未浮出水面的硫化矿有机会再露出水面而浮出，提高了脱硫效率；小床面的设置也能提高台浮作业的处理量。

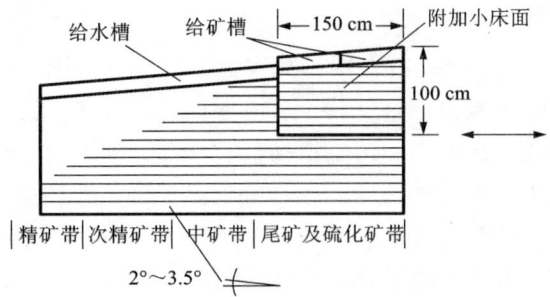

图 6-23　附加小床面简图

改变台浮摇床条的布置方向，也能提高脱硫效率。床条以与排矿侧成 2°~3.5° 的角度向转动端方向倾斜（如图 6-23 所示），这样就使在床条间的钨精矿和中矿在摇床面上停留时间延长，更有利于混入精矿和中矿中的硫化矿的分离，能硫化矿的漂浮排出方向不受影响，能使精矿尽量向精矿端的侧面排出，更加大了与硫化矿排出的距离，减少硫化矿混入钨精矿的机会，提高了硫化矿的分离率，还有利于提高钨的回收率。

有的台浮摇床在钨精矿精选区紧靠床条尖灭线处，钉设数条垂直于床条的楔形条，如图 6-24 所示，楔形条薄的一边对着转动端，厚的一边厚度高于摇床面 3 mm 左右，矿粒前进经过楔条处时露出水面，尚未浮起的硫化矿接触空气而上浮，能提高浮硫率。有的选厂在台浮摇床分选操作时，以人工手持竹片、木片或硬毛刷，在离开精矿侧 50~

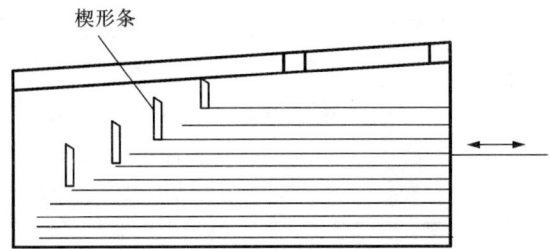

图 6-24　台浮摇床面楔形条设置图

70 cm 处，轻轻拨开洗涤水面，使精矿层接触空气，也能起到犹如床面加楔形条一样强化脱硫的效果。

为了达到更好的脱硫效果，许多钨选厂在台浮工作时还采取向床面吹气或喷水的方法，使床面上的矿粒有机会充分接触空气。向台浮床面吹气的装置如图 6-25 所示。即在摇床面上方悬空安装若干排吹气支管，吹气支管与压气总管相连，压气总管与压风机连接；在支管和总管上都安有气阀，以调节控制吹气量。支管之间的距离为 10~15 cm，支管的直径为 1.5~2.5 cm；在支管面向

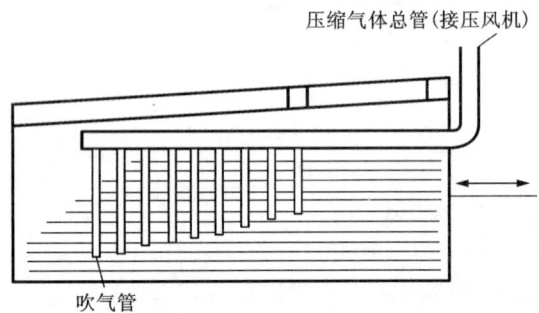

图 6-25　台浮摇床吹气装置

摇床面的一面钻有一排孔径约 2 mm 的吹气孔。在安装时应使气孔对准两排床条的中间（即凹槽），并靠近下边一床条的边缘。吹气支管的设置一般起始于距转动端 1.5 m 处，止于床面精选区。在台浮操作时，须控制吹气压力和吹气量，只需吹开床面水膜使矿粒刚好露出水

面即可，气压和气量过大或过激的气流，都会引起水面的紊乱，反而使已浮起的硫化矿颗粒沉入水中，降低脱硫效率。

B. 台浮摇床的产物：台浮脱硫时在距转动端 1.5 m 区域内，是脱硫效果最明显的地方，在此处能脱除给矿中含硫量的 70% 以上，此处也是硫化矿含 WO_3 最低之处。

一般在台浮摇床上接取 3~4 个产品：精矿、中矿和尾矿（即硫化矿），有的选厂增加了一个次精矿，充分利用台浮摇床精选作用，尽量提高精矿质量，如图 6-23 所示的产品分带；其中尾矿就是硫化矿，中矿是主要是黑钨与脉石的连生体和尚未解离的硫化矿连生体，将其返回精选工序的再磨系统处理，进行钨矿物、硫化矿的再解离选别，实际是构成台浮精选的大闭路循环；次精矿混杂着少量单体钨和钨的富连生体，WO_3 含量低于钨精矿，S 的含量也稍高，将其返回台浮系统构成小闭路循环处理，这样，既确保了精矿质量，又有利于钨回收率的提高。

C. 台浮摇床工艺条件：台浮摇床的工艺条件既要有利于提高脱硫效率，又要发挥摇床的富集作用，还要求钨的作业回收率大于 85%，因此，它的工艺条件有别于重选。台浮摇床的给矿含大密度矿物多，需要更大的运搬能力，矿粒层的厚度要求更小，故台浮摇床的处理量要较小，冲程要较大，横向坡度也要稍大。表 6-105 是西华山钨选厂台浮摇床的主要工艺条件。

表 6-105 台浮摇床的主要工艺条件

给矿粒度 /mm	给矿浓度 /%	处理量 /($t \cdot 台^{-1} \cdot h^{-1}$)	冲程 /mm	冲次 /(次·min^{-1})	纵向坡度 /(°)	横向坡度 /(°)
2~1.7	20~25	0.5~0.6	18~19	270~280	0.5	3~4
1.7~0.2	20~25	0.4~0.5	17~17	290~300	0.5	3~4

⑤台浮脱硫的主要分选指标。

台浮脱硫选别最主要的指标是脱硫率（钨精矿含硫量）和 WO_3 在硫尾矿中的损失。表 6-106 是西华山钨选厂台浮脱硫的主要分选指标。从中可以看出，台浮脱硫率达 98%，钨精矿含硫已低至 0.27%，钨的回收率达 92% 以上。

表 6-106 台浮脱硫的主要分选指标

品位/%							WO_3作业 回收率 /%	脱硫率 /%
给矿		精矿		次精矿	中矿	尾矿		
WO_3	S	WO_3	S	WO_3	WO_3	WO_3		
35.74	13.5	63.23	0.27	12.01	6.19	0.63	92.85	98.0

（2）浮选脱硫

重选粗精矿中 -0.2 mm 粒级的部分采用泡沫浮选脱硫，与通常的硫化矿全浮选无差异，一般都采用机械搅拌式浮选机为浮选设备；以丁黄药为捕收剂，2 号油为起泡剂，硫酸为调整剂，在 pH6 ~7 的条件下全浮选，在此不赘述。浮选脱硫率一般大于80%，－0.2 mm 细粒脱硫精矿含硫小于1%，脱硫浮选 WO_3 的作业回收率可达98% ~99%。

6.6.4　粗精矿的钨锡磁选分离工艺

在黑钨矿石中锡既是重要的综合回收元素，又是钨精矿限制含量的杂质元素，因此钨锡分离是重选粗精矿精选十分重要的工序。黑钨矿石中锡主要以锡石态赋存，而且嵌布粒度较粗，70% 以上的锡石都分布于 +0.150 mm 粒级中，故矿石中的锡主要在重选时与钨矿物一同富集于粗精矿中。

钨锡分离工艺可根据黑钨、白钨与锡石的物理、化学性质的差异，采用磁选、浮选、化学选矿方法进行。其中磁选是我国重选粗精矿钨锡分离的首选工艺，不仅适应入选原料的性质特点，也由于磁选工艺简单、分选效率高、使用设备少、选矿成本低，而且白钨和锡石的综合利用率高；其次是浮选工艺，它主要适合不宜采用磁选分离的细粒级粗精矿；再次是化学选矿方法，主要是焙烧工艺，它只适合处理特别难选的高锡钨杂砂，以降低其锡的含量，达到钨杂砂合理利用、提高钨回收率的目的。

（1）黑钨－锡石的干式磁选分离

为了提高分离效率，首先须将已脱硫的粗精矿进行分级、分类。一类是适合干式磁选的 +0.074 mm 粒级，将其充分干燥后破碎筛分为 －5 +0.5 mm 粗砂和 －0.5 +0.074 mm 细沙两级，分别用不同的磁选机分选。另一类为 －0.074 mm 粒级，该粒级在干燥条件下矿粒间容易发生相互黏附，分离效果差，而且在选别过程易产生粉尘损失，还污染环境。故宜采用湿式磁选处理。前者的选别设备在我国大多都采用盘式磁选机，后者多选用湿式强磁机或者高梯度磁选机。

①盘式磁选机的结构及工作原理。

盘式磁选机是一种感应磁盘式强磁场磁选机，这种磁选机在选矿领域应用范围较有限，作为干式强磁机主要用于黑钨矿、钛铁矿这类弱磁性矿物的精选作业和锆英石等稀有金属矿的除杂提纯精选中，特别是在黑钨矿与锡石、白钨矿、辉铋矿、泡铋矿、自然铋等的分离精选中得到较好地应用。

盘式磁选机可分为三盘式、双盘式和单盘式几种，无论那种其主要结构基本相同，即主要都由电磁激磁系统、悬吊于磁系上方的感应纯铁磁盘、给矿分选皮带（非导磁板）和传动装置构成，在此，仅以三盘磁选机为例简述该类磁选机的结构和分选原理。图6－26是三盘磁选机的结构及工作原理简图。

电磁激磁系统1设置于环形给矿选别皮带2的中部，磁极紧靠给矿皮带上部的底面，磁场强度可用控制激磁电流大小来调节；感应磁盘3由纯铁制成，其形状像一个倒扣、边沿带尖齿的碟子，尖齿的设置如图6－27所示的单齿、三齿状，齿尖呈小弧形。尖齿的设置起到聚磁作用，形成磁场梯度，以提高磁选机的实际工作磁场力。第一个磁盘和第二个磁盘采用三个尖齿，用于选出比磁化系数较大的磁性矿物；第三个磁盘采用一个尖齿，便于选出比磁化系数较小的矿物。磁盘直径约为皮带宽度的1.5倍。磁盘吊装在分选皮带面紧靠磁系上方，使磁盘前后齿尖在皮带中心刚好对着一对磁极，每个磁盘固定在传动装置的一个转动轴上，由传动装置带动磁盘以36 r/min 的速度顺时针旋转。

三盘和两盘磁选机的各个磁盘轴并非完全垂直皮带平面，而是稍有倾斜，旋转时使磁盘

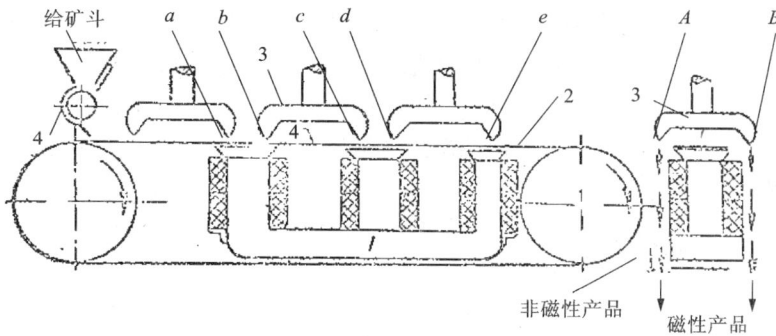

图 6 – 26　三盘磁选机的结构及工作原理简图

靠近给矿端的一边距皮带面稍高于靠近尾矿端的一边，即磁盘前面的空气隙大于后面的，而且前面一个磁盘的空气隙大于后面磁盘的，如图 6 – 26 所示空气隙大小排序为：a 点 >b 点 >c 点 >d 点 >e 点，在相同的激磁电流下，磁力大小与空气隙大小成反比，也即磁力大小排序为：e 点 >d 点 >c 点 >b 点 >a 点。这样设置更能确保磁选精矿的质量和

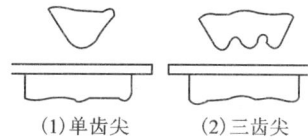

图 6 – 27　磁盘齿尖示意图

回收率。磁盘距皮带面的间距和倾角可以调节。同一种矿物的比磁化系数与矿物粒度有正相关的关系，同一场强中粗粒磁性矿物比细粒更容易被磁极吸起。在 a 点处因磁隙最大，而且磁盘只有一半通过磁极，磁场力最弱，一般只选出铁屑、磁铁矿等强磁性物体；在 b 点处首先被选出的距齿尖最近的粗粒黑钨矿，粒度较细的黑钨矿在 c 点和 d 点处被选出，在 e 点处被选出的是次精矿或中矿。

②盘式磁选机的选矿过程。

当含有锡石、白钨矿等大密度矿物的黑钨精矿物料，由圆筒给矿机 4 均匀给入分选皮带 2 上，经过磁盘工作间隙时，黑钨矿粒受磁力的作用被吸在磁盘 3 齿尖环上，磁盘旋转至皮带外，脱离磁极区，磁场强度急剧下降，在重力和离心力的作用下，掉入磁性产品接矿槽中（如图 6 – 26 的右视图所示），经过最后一个磁盘选别后，留在皮带上的锡石、白钨等非磁性矿物被带至皮带末端排入磁选尾矿槽。

三盘磁选机和双盘磁选机可按不同精矿排出点，接取为不同质量的若干精矿产品和中矿产物。

单盘磁选机的磁盘直径达 900 mm，其处理能力可达三盘磁选机的 3 ~ 4 倍，处理物料粒度范围较广，可适应处理 0.074 ~ 5 mm 的物料。一台单盘磁选机可代替 2 ~ 3 台三盘磁选机工作，场强高，既可用于粗选、精选，也可作为扫选设备；占地面积小，深受选厂欢迎，在生产中应用较广。单盘磁选机的磁盘尖齿环为 2 ~ 3 个。虽然分选磁盘只有一个，但在给矿装置中设置了永磁弱磁滚筒，在给矿时就可除去铁屑等强磁性物，由于磁盘直径大，磁盘离开磁极的范围更宽，磁盘在靠给矿端一边的磁间隙大，靠尾矿端一边更小，这也是便于在近给矿端选出粗粒黑钨矿，在近尾矿端选出细粒黑钨矿。我国钨精矿单盘机磁选精选的通常操作方法是：在图 6 – 28 前 1 后 2 两个磁性矿物卸矿范围内，均分为四个接矿区，分别接取四个产品。磁场强度从磁盘的 A 点到 B 点迅速下降，几乎从最大降低至 0，故在此区域内磁盘上各点的"剩余"磁感应强度逐渐减低，不同比磁化系数的矿粒在重力、离心力的作用下，就会在不同地方掉落，如图所示刚离开皮带时接取中矿 1、2(俗称接口砂)，然后接取分别是次精矿 1、2，精矿 1、2，最后接出的是铁砂 1、2。这样就能使单盘磁选机也能像三盘磁选机一样，一次选别就能得到多个产品。表 6 – 107 就是赣州精选厂单盘磁选机进行钨锡分离作业时分区接矿各产品的质量情况。

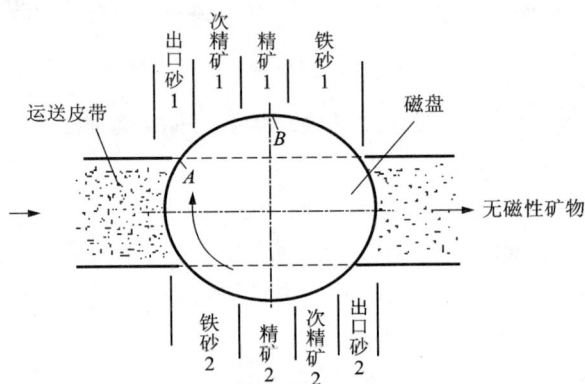

图 6 – 28　单盘磁选机分区接矿简图

表 6 – 107　单盘磁选机钨锡分离分区接矿各产品的质量情况

产品名称	品位/%		备注
	WO$_3$	Sn	
精矿 1	72.82	0.46	
次精矿 1	68.10	4.05	
中矿 1	56.12	12.58	磁盘前侧产品
铁砂 1	32.11	5.56	
合计	68.75	2.64	
精矿 2	67.59	4.48	
次精矿 2	61.10	9.40	
中矿 2	54.55	15.23	磁盘后侧产品
铁砂 2	49.92	3.14	
合计	57.91	11.94	

③盘式磁选机的主要技术规格。

表 6 – 108 是单盘磁选机、三盘磁选机和双盘磁选机的主要技术规格，其中处理量随给矿粒度不同而变化：给矿粒度粗，磁选机的处理量就大；给矿粒度越细，处理量就越小。

表 6-108 盘式磁选机的主要技术规格

磁选机 类型	给矿皮带 宽度/mm	磁盘直径 /mm	激磁电流 /A	磁极处最高 场强/Oe	转动功率 /kW	给矿粒度 /mm	处理量 /(t·h⁻¹)
单盘式	600	900	6	16000	2.8	<5	0.8~1.6
三盘式	400	600	3.4	14000~15000	2.1	<3	0.1~0.5
双盘式	460	600	2	14000	2.0	<2	0.2~0.5

注：1 Oe = 79.5775 A/m

④盘式磁选机的主要操作因素。

影响盘式磁选机分选效率的主要操作因素有、给矿层厚度、给矿带速度、磁场强度和空气间隙。

A. 给矿层厚度。给矿层厚度与给矿粒度和 WO_3 含量有关。一般给矿粒度粗比粒度细的给矿层更厚一些，当给矿粒度上限达 3 mm 时，给矿层厚度不宜超过最大矿粒直径的 1.5 倍；当处理粒度 <1 mm 的给料时，给矿层厚度可达最大粒度的 3~4 倍，而处理 0.2 mm 以下的细粒级时，给矿层厚度可达最大粒度的 10 倍以上；当给矿含 WO_3 高时，也即含黑钨矿颗粒多时，给矿层可厚一些，反之，给矿 WO_3 含量低时，黑钨颗粒含量少，连生体、锡石和其他脉石颗粒含量多，给矿层宜薄一些，这样就可避免因矿层太厚，被压在下层的黑钨矿粒，难以克服这种阻力被吸上磁盘，以致影响黑钨矿的磁选回收率。因此，在磁选扫选时，为了提高回收率，给矿层厚度要比粗选时更薄。具体的给矿层厚度，应根据对钨精矿质量要求，回收率的要求以及给矿性质等，通过试验来确定。

B. 给矿带速度。盘式磁选机的给矿带速度并非无极调节，根据分选弱磁性矿物的特点，一般都只设置高、中、低三挡供选择，选择的原则是：精选时带速可高一些，以提高精矿质量；扫选时，为提高回收率带速应低一些。在生产实践中，大多都选择中等带速进行生产。

C. 磁场强度。磁场强度是影响钨、锡分离最基本的因素，它与入选物料的粒度、黑钨的含量、产品质量的要求、回收率指标密切相关。一般来说，锡和其他杂质含量少时，为提高回收率磁场强度可适当高一些；扫选时，宜选择较高的磁场强度，精选时，为确保精矿质量，应选择较低的磁场强度。磁场强度可通过调节激磁电流大小来改变。

D. 空气间隙。空气间隙是指磁盘与给矿皮带面之间的距离。在磁场强度一定时，空气间隙的变化会使磁盘的磁感应强度和磁场梯度发生变化，也就是磁场力大小发生变化。减小空气间隙，磁力急剧增加；反之，磁力剧减。空气间隙可与磁场强度相互配合调节，调节恰当可以提高磁选的效率。但空气间隙的大小必须满足处理原料粒度大小的需要，首先应根据给矿的最大粒度确定最小的空气间隙。一般的原则是：处理粗、中粒级时，空气间隙应为最大粒度的 3~4 倍，最小的空气间隙为 4~5 mm；处理 -0.5 mm 的细粒级时，最小空气间隙为 1.5~2 mm；扫选时，尽量将空气间隙调到最小，以提高回收率；精选时，应调大空气间隙，以减小两磁极间磁力分布不均匀程度，增加选择性，以提高精矿品位，但此时必须增大磁场强度来补偿因空气间隙增大所降低的磁场力。

⑤盘式磁选机进行钨、锡分离的主要技术操作条件。

表 6-109 是赣州精选厂单盘磁选机的主要生产操作条件。表 6-110 是西华山钨选厂盘

式磁选机进行钨、锡分离的生产技术操作条件。

表 6 – 109 单盘磁选机不同粒级的主要生产操作条件

操作条件	给矿粒度 3~0.83 mm			给矿粒度 0.83~0.2 mm			给矿粒度 -0.2 mm		
	给矿厚度 /mm	空气隙 /mm	电流 /A	给矿厚度 /mm	空气隙 /mm	电流 /A	给矿厚度 /mm	空气隙 /mm	电流 /A
粗选	4~5	6.5~7	5.5~6.5	3~4	4~5	6~6.5	2~2.5	3~3.5	5.5~5
扫选 1	4~5	5.5~6.5	7~8	3~4	3.5~4	7~8	2~2.5	3~3.5	7~7.5
扫选 2	4~5	5.5~6.5	8~9.5	2.5~3	3~4	8~9.5	2~2.5	3~3.5	8.5~9
扫选 3	3.5~4	5~6	9.5~10	2~3	2.5~3.5	9.5~10	1.5~2	2.5~3	9~10
精选 1	4~5	5.5~6	5.5~6	2~3	4~4.5	6~6.5	2~2.5	4~4.5	5.5~6
精选 2	4~5	6~6.5	6~6.5	2~3	4~4.5	6.5~7	2~2.5	4~4.5	6~6.5
精选 3	4~5	6~6.5	6~6.5	2~3	4~4.5	7~7.5	2~2.5	3.5~4	6.5~7

表 6 – 110   盘式磁选机进行钨、锡分离的生产技术操作条件

磁选机规格	作业名称	给矿粒度 /mm	处理量 /(t·h⁻¹)	激磁电流 /A	空气间隙 /mm	给矿带速度 /(m·s⁻¹)
ϕ900 mm 单盘磁选机	粗选	5~0.5	0.4~1	9~10	8~6	0.34
	扫选	5~0.5	0.3~0.7	9~10	7~5	0.34
ϕ576 mm 三盘磁选机	粗选	0.5~0.2	0.3	6~7	1.5~2	0.3
	精选	0.5~0.2	0.25	3~4	1.5~2	0.3
	扫选	0.5~0.2	0.2~0.3	2.5~3	1.5~2	0.3
ϕ576 mm 双盘磁选机*	扫选	0.5~0.074	0.2	4	1.5~2	

注: * 双盘磁选机为振动给矿盘给矿。

⑥盘式磁选机钨、锡分离的生产技术指标。

表 6 – 111 是赣州精选厂单盘磁选机对不同给矿粒级进行钨锡分离的生产技术指标。从中可看出，粗粒级的分离效果优于细粒级，-0.2 mm 级别的盘式磁选效果最差，尚不能获得质量合格的钨精矿，而且回收率也低。

表 6 – 112 是西华山钨选厂采用盘式磁选机对台浮精矿(0.5~5 mm 和 0.2~0.5 mm 粒级)进行钨锡分离的综合生产指标。从中可以看出，+0.2 mm 粒级采用盘式磁选机分选的综合脱锡率可达 91% 以上。磁选尾矿含 WO_3 主要原因是白钨矿，对黑钨矿而言，钨锡磁选分离的回收率可达 98% 以上。盘式磁选机对进一步脱除 S、As 等杂质效果也十分明显，例如上述磁选作业中，给矿含 S 和 As 分别为 1.4% 和 0.86%，经盘式磁选获得钨精矿含 S 和 As 分别降低至 0.22% 和 0.096%。

表 6-111 单盘磁选机各粒级的钨锡分离生产指标

粒级 /mm	产品名称	品位/%		回收率/%	
		WO₃	Sn	WO₃	Sn
3~0.83	精矿	72.79	0.44	96.87	0.71
	中矿	15.64	40.26	0.52	2.26
	尾矿	2.75	60.72	2.61	97.03
	给矿	43.21	25.70	100.00	100.00
0.83~0.2	精矿	71.40	0.58	88.13	0.72
	中矿	28.75	30.83	1.22	1.30
	尾矿	5.62	52.11	10.65	97.98
	给矿	31.50	31.70	100.00	100.00
-0.2	精矿	63.85	1.31	79.09	2.75
	中矿	32.04	16.62	6.67	3.75
	尾矿	6.64	40.72	14.24	94.50
	给矿	27.84	25.73	100.00	100.00

表 6-112 盘式磁选机钨锡分离综合生产指标

产品名称	产率 /%	品位/%		回收率/%	
		WO₃	Sn	WO₃	Sn
磁选精矿	83.20	70.3	0.058	93.9	8.8
磁选尾矿	16.80	22.6	3.98	6.1	91.2
给矿(台浮精矿)	100.00	62.3	0.55	100.00	100.00

(2)黑钨-锡石湿式磁选分离

-0.074 mm 粒级的细泥黑钨精矿的钨锡分离采用湿式强磁场磁选工艺进行，能获得较理想的分离效果，而且生产成本较低，能获得较好的经济效果。常用于细粒毛精矿的精选，处理成分复杂的精选粉尘及细粒锡中矿等，对提高精矿品位、降低杂质含量十分有效。我国黑钨-锡石湿式磁选分离的常用设备是双辊湿式强磁场磁选机和平环强磁场磁选机。

①双辊湿式强磁场磁选机的应用。

由于双辊湿式强磁场磁选机是从磁感应辊上部给矿，磁感应辊的下半部分是浸在水槽中，便于细粒磁性矿物的脱落，以及控制精矿、尾矿的分离，特别适合细粒弱磁性矿物与非磁性矿物的分离。

双辊湿式强磁场磁选机的分选过程：分选物料先经弱磁机脱除铁屑、磁铁矿等强磁物后，经给矿箱从上面给入感应辊与磁极头之间的分选间隙，黑钨矿在磁力作用下被吸到感应辊齿上，并随感应辊旋转到离开磁场区时，在重力、离心力、水浮力等的作用下，脱离辊齿掉入精矿槽中，含锡石、白钨等非磁性矿物的尾矿则直接随矿浆排入尾矿槽中，得以分离。在精矿和尾矿槽间设有分离隔板，分选矿浆液面可由精矿区和尾矿区补加辅助水来控制。当精矿补加水大于尾矿补加水时,精矿槽的水会流向尾矿槽,此时精矿质量较高,但钨的回收率有所降低;当尾矿补加水大而流入精矿槽时,精矿质量变差,回收率会更高。因此需要控制好精矿区和尾矿区补加水的平衡,以获得较好和稳定的分选指标。

双辊湿式强磁场磁选机(简称双辊湿式强磁机)的生产技术条件:西华山钨选厂曾应用 CKBA-1 型 ϕ300 mm × 2000 mm 双感应辊式湿式强磁场磁选机,对脱硫后的细泥摇床精选精矿进行钨锡分离生产,取得不错的效果。其主要生产技术条件见表 6-113。

表 6-113 双辊湿式强磁机钨锡分离的主要生产技术条件

双辊湿式强磁机规格 /mm	磁场强度 /Oe	感应辊转速 /(r·min^{-1})	给矿粒度 /mm	处理量 /(t·h^{-1})	耗水量 /(m^3·h^{-1})
ϕ300×2000	11000~12000	50	-0.25	0.3~0.4	4~6

双辊湿式强磁场磁选机钨锡分离的生产技术指标:在上述技术条件下,当给矿含 WO_3 67%~69%、Sn 1.0%~1.5%时,获得磁选精矿含 WO_3 70%~72%、Sn 0.3%~0.4%,磁选尾矿含黑钨的品位(WO_3)小于 5%~8%。

②平环强磁场磁选机的应用。

我国研发的 SQC 型平环强磁场磁选机如 6.5.4 节所述,不但在黑钨细泥处理中获得了较好的应用,而且在细粒级钨精矿和中矿的钨锡分离精选中也发挥了较好的作用。

赣州有色冶金研究所对西华山钨矿 -0.3 mm 的 Sn、Ca 等杂质含量较高的细粒钨精矿进行湿式强磁精选试验,获得了很好的分选指标。试料中黑钨矿与白钨矿的比例为 83:17,黑钨矿与白钨矿的单体解离率分别为 96.72% 和 87.27%。试验设备为工业型 SQC-2-1100 湿式强磁机。试验流程及分选场强见图 6-29,试验结果见表 6-114。试验结果表明:只要选择合适的磁选设备和恰当的磁场强度,就能获得较好的钨锡分离效果,Sn、Ca 等杂质元素不合格的细粒钨精矿通过湿式强磁选精选,可以使大部分细粒钨精矿达到特级品的质量要求。

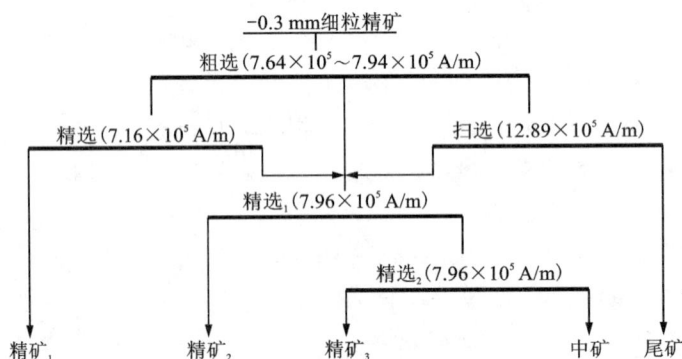

图 6-29 -0.3 mm 细粒精矿磁选试验流程

表 6-114 SQC 型湿式强磁选机精选 -0.3 mm 细粒精矿试验结果

产品名称	产率/%	品位/%				金属占有率/%			
		WO₃	Sn	Ca	As	WO₃	Sn	Ca	As
精矿₁	61.22	68.3	0.048	0.36	0.013	61.85	2.67	10.05	15.36
精矿₂	16.74	69.6	0.067	0.52	0.014	17.24	1.02	3.97	4.52
精矿₃	5.46	68.19	0.196	1.29	0.037	5.51	0.97	3.21	3.9
精矿合计	83.42	68.55	0.06	0.45	0.0147	84.6	4.66	17.23	23.78
中矿	2.84	59.8	3.32	7.32	0.23	2.51	8.55	9.6	12.6
尾矿	13.74	63.4	6.96	11.68	0.24	12.89	86.79	73.17	63.62
给矿	100	67.59	1.1	2.19	0.05	100	100	100	100

赣州精选厂应用 SQC-4-3 型湿式强磁场磁选机处理精选作业收集的粉尘,是经浮选脱硫后的难选中间产物,该物料成分复杂、粒度细,-0.074 mm 粒级占 90%,WO₃ 金属量达 93%,其中 -0.04 mm 粒级占 59.75%,WO₃ 金属占有率达 60%;含 WO₃ 大于 40%,Sn 1% ~ 3%。物料的主要化学成分见表 6-115。分选条件为:给矿浓度 10%,磁场强度为 10000 Oe,磁介质间距为 1.8 mm。采用一次粗选、一次扫选、粗选精矿和扫选精矿合并精选的磁选流程,获得较好的选别指标(详见表 6-116)。说明平环湿式强磁机对含杂质高、微细粒产率大的收尘粉钨难选物料精选除锡,脱钙效果很好,既提高了 WO₃ 的含量,又大幅度降低了 Sn 的含量,除锡率大于 90%,使这种精选作业安全防尘中收集的粉尘能得到合理利用,有利于提高精选段的回收率。

表 6-115 粉尘物料的主要化学成分

元素名称	WO₃	CaWO₃	Sn	S	Fe	SiO₂
含量/%	53.66	6.10	2.05	0.29	9.12	12.00

表 6-116 SQC 强磁机一粗、一扫、一精磁选粉尘钨的分选指标

产品名称	产率/%	品位/%				回收率/%			
		WO₃	CaWO₄	Sn	S	WO₃	黑钨	Sn	S
精矿	55.04	67.48	2	0.39	0.14	72.04	80.07	7.05	27.47
中矿(精选尾矿)	11.75	50.2	8.25	2.5	0.36	11.43	10.94	12.96	10.88
精、中矿合计	67.99	64.44	3.11	0.68	0.16	83.47	91.01	20.01	33.56
尾矿	32.01	27.12	14.25	5.76	0.55	16.53	8.99	79.99	61.53
给矿	100	52.5	6.68	3.31	0.29	100	100	100	100

表 6-117 是各种不同细粒级物料用 SQC 型湿式强磁机进行钨锡分离一次分选的技术指

标，表明平环强磁机对各类物料的钨锡分离精选都有较好的效果。

表6-117　SQC型湿式强磁机对不同细粒级物料进行钨锡分离的技术指标

物料名称	产品名称	产率/%	品位/%		回收率/%	
			WO$_3$	Sn	WO$_3$	Sn
赣州精选厂收尘粉钨	精矿	52.57	66.69	0.217	88.32	3.30
	中矿	19.43	18.88	2.06	9.56	11.58
	尾矿	28.00	3.15	10.51	2.22	85.12
	给矿	100.00	39.74	3.46	100.00	100.00
九龙脑细泥钨中矿	精矿	35.72	61.88	0.32	95.79	21.47
	中矿	4.91	2.60	1.38	0.56	12.74
	尾矿	59.37	1.42	0.59	3.65	65.79
	给矿	100.00	21.31	0.53	100.00	100.00
铁山垅细泥摇床精矿	精矿	76.70	55.66	0.19	95.47	11.35
	中矿	4.01	34.11	1.57	3.05	4.82
	尾矿	19.29	3.42	5.56	1.48	83.83
	给矿	100.00	44.72	1.30	100.00	100.00

6.6.5　黑钨-锡石的浮选分离工艺

-0.25 mm细粒级黑钨与锡石的分离除了磁选工艺外，采用浮选也是一种较好的方法。特别是对细粒高锡钨精矿或者高钨锡精矿往往能获得较满意的效果。

黑钨矿与锡石的可浮性十分相近，许多对黑钨矿有效的捕收剂，例如脂肪酸及其皂类、膦酸类、胩酸类等也是锡石的有效的捕收剂，二者浮选分离应用选择性捕收剂的方法较为有限，主要还是研究和应用适宜的调整剂来实现。根据抑制剂不同，可选择抑钨浮锡或抑锡浮钨的方法。

（1）抑钨浮锡工艺

此方法基于草酸是黑钨矿的有效抑制剂，同时也能抑制白钨矿、萤石、石榴子石、稀土等矿物。选择胩酸或膦酸为捕收剂浮选锡石。

①用混合甲苯胩酸法抑钨浮锡工艺。

胩酸类捕收剂对锡石的捕收能力与油酸相似，但选择性优于油酸。烷基苯胩酸对锡石的捕收性能优于烷基胩酸，其中甲苯胩酸类效果更好，尤其以混合甲苯胩酸对锡石的浮选效果最好，各类苯基胩酸对锡石的捕收能力有如下规律：混合甲苯胩酸＞对位甲苯胩酸＞邻位甲苯胩酸＞苯胩酸＞对硝基苯胩酸。

A.混合甲苯胩酸抑钨浮锡的工业试验。试料为西华山钨选厂-0.162 mm的高锡钨中矿，含WO$_3$40%～42%（其中白钨为10%）、Sn 32%，其中-0.074 mm粒级的WO$_3$和Sn金属量分别占90%和85%。经择优试验，选择抑制剂草酸用量为34 kg/t、捕收剂混合甲苯胩酸4.9～5.3 kg/t抑钨浮锡，一次浮选分离工业试验，获得如表6-118所示的分选指标，表明钨锡分离效果明显，锡的分离率很高，获得了含锡低的高品位钨精矿，只是锡精矿含钨较高，WO_3 在锡精矿中的损失较大。为此，进行了一粗、二精的浮锡开路流程试验，即按上述一次浮选条件进行粗选，锡粗精矿添加草酸 17 kg/t 和 9.4 kg/t 进行两次精选，所获试验指标见表 6 – 119。经过锡粗精矿两次精选后，品位提高，含钨量大幅度降低，钨的回收率也提高了 10% 以上。

表 6 – 118　抑钨浮锡一次浮选分离的工业试验指标

产品名称	产率/%	品位/%		回收率/%	
		Sn	WO_3	Sn	WO_3
锡精矿	56.54 ~ 51.87	57.20 ~ 61.80	18.25 ~ 14.00	99.42 ~ 99.44	26, 40 ~ 17.13
钨精矿	43.46 ~ 48.13	0.262 ~ 0.376	68.00 ~ 73.00	0.38 ~ 0.56	73.60 ~ 82.87
给矿	100.00	32.46 ~ 32.29	40.15 ~ 42.47	100.00	100.00

表 6 – 119　抑钨浮锡一粗二精开路流程试验指标

产品名称	产率/%	品位/%		回收率/%	
		Sn	WO_3	Sn	WO_3
锡精矿	41.89 ~ 44.34	74.89 ~ 69.73	1.30 ~ 1.15	95.64 ~ 97.07	1.43 ~ 1.33
钨精矿[①]	54.36 ~ 51.30	0.771 ~ 0.404	66.23 ~ 69.66	1.38 ~ 0.61	94.25 ~ 93.67
中矿[②]	6.19 ~ 3.96	24.16 ~ 20.02	44.00 ~ 4850	2.98 ~ 2.32	4.32 ~ 5.00
给矿	100.00	30.41 ~ 34.20	3820 ~ 3844	100.00	100.00[*]

注：①浮锡粗选尾矿和精选尾矿合并为钨精矿，②锡精选为中矿。

B. 混合甲苯胂酸抑钨浮锡的工业应用。西华山钨选厂应用混合甲苯胂酸为捕收剂、草酸为抑制剂的抑钨浮锡浮选工艺处理积压的不合格锡精矿，采用单槽浮选方式处理含 Sn 56.93%、WO_3 7.93% 的物料，生产出含 Sn 69.5% ~ 71.9%、WO_3 3.3% ~ 3.8% 的高质量锡精矿，消除了不合格产品的积压。由于这种物料的数量和质量不稳定性，只适合采用单槽浮选的间断生产方式，作为精选的辅助工艺，而且需在 pH 1.5 ~ 2 的酸性介质中进行，对浮选设备腐蚀性较强，故工业应用有限。

②用苯乙烯膦酸法抑钨浮锡工艺。

苯乙烯膦酸也是锡石较好的捕收剂，对钨矿物也有较强的捕收能力。可在弱酸性和中性矿浆中浮选，选别指标较好，价格也较便宜。苯乙烯膦酸与甲苯胂酸浮锡的对比试验表明，前者比后者的浮选效果更好，药剂消耗也更少，虽然苯乙烯膦酸是锡石较好的捕收剂，但选择性较差，在浮锡石时钨矿物也易同时浮起，此时，须选择特定的调整剂进行钨锡分离，才能取得较好的效果。

西华山选厂 −200 目黑钨磁选尾矿经白钨浮选后再用摇床分选的中矿和摇床扫选精矿是一种含黑钨、白钨、锡石、锆英石、萤石、石榴子石、褐铁矿、云母等矿物的钨锡混合物料。含 WO_3 15%、Sn 23%。对这类精选中矿应用苯乙烯膦酸浮选分离黑钨与锡石，其方法分为以下两步。

第一步：采用苯乙烯膦酸为捕收剂、酸化水玻璃（pH 为 2）和氟硅酸钠为脉石和稀土矿物的抑制剂，混合浮选钨和锡，获得钨锡混合精矿。表 6-120 是钨锡混合浮选的药剂制度及分选指标。通过混合浮选可丢弃大于 40% 的尾矿，使钨和锡得到富集，有利于下一步的钨锡浮选分离。

表 6-120　钨锡混合浮选的药剂制度及分选指标

	产率/%	品位/%		回收率/%		药剂制度/(kg·t⁻¹)	pH
		WO_3	Sn	WO_3	Sn	酸化水玻璃：0.5	
钨锡混合精矿	58.43	19.67	39.43	80.43	99.31	氟硅酸钠：0.75	
尾矿	41.57	6.75	0.38	19.59	0.69	苯乙烯膦酸：0.625~0.65	5
给矿	100.00	14.30	23.20	100.00	100.00	2 号油：0.12	

第二步：对钨锡混合精矿采用抑钨浮锡方法进行浮选分离。分离分选采用几种不同的抑制剂组合抑制黑钨矿，仍用苯乙烯膦酸或苯乙烯膦酸+少量甲苯胂酸为捕收剂浮锡。对上述混合浮选精矿进行钨锡分离浮选，结果见表 6-121。从中可以看出，以三氯化铁+碳酸铵+草酸的混合抑制剂，苯乙烯膦酸+少量甲苯胂酸的混合捕收剂效果最好，当给矿含 WO_3 19.03%、Sn46% 时，可获得含 Sn 67.84%、WO_3 4.75% 的高品位锡精矿，分离浮选作业 Sn 的回收率为 86.2%，混合浮选+分离浮选全工艺 Sn 的回收率达 85%；获得钨中矿含 WO_3 39.24%、Sn15.29，分离浮选钨作业回收率为 85.44%，混合浮选+分离浮选全工艺钨的回收率为 68%。

表 6-121　钨锡混合精矿分离浮选结果

产品名称	产率/%	品位/%		回收率/%		浮选药剂
		WO_3	Sn	WO_3	Sn	
锡精矿	76.05	7.25	65.37	37.20	90.09	抑制剂：碳酸铵，草酸　　pH 7
尾矿（钨中矿）	23.95	38.86	22.86	62.80	9.91	捕收剂：苯乙烯膦酸
合计	100.0	14.81	55.18	100.00	100.00	起泡剂：2 号油
锡精矿	65.97	7.75	67.17	29.40	85.43	抑制剂：三氯化铁　　pH 6.5~4
尾矿（钨中矿）	34.03	36.08	22.22	70.60	14.57	捕收剂：苯乙烯膦酸
合计	100.0	17.38	51.87	100.00	100.00	起泡剂：2 号油
锡精矿	53.26	17.90	63.66	21.69	76.34	抑制剂：三氯化铁，碳酸铵，草酸
尾矿（钨中矿）	46.74	32.51	22.52	78.31	23.69	捕收剂：苯乙烯膦酸
合计	100.0	19.41	44.44	100.00	100.00	起泡剂：2 号油　　pH 3
锡精矿	58.44	4.75	67.84	14.56	86.20	抑制剂：三氯化铁，碳酸铵，草酸
尾矿（钨中矿）	41.56	39.24	15.29	85.44	13.80	捕收剂：苯乙烯膦酸+少量甲苯胂酸
合计	100.0	19.09	46.00	100.00	100.00	起泡剂：2 号油　　pH 2

（2）抑锡浮钨工艺

在钨细泥精矿精选和细粒钨锡中矿精选分离中，我国曾采用过烷基磺化琥珀酸四钠盐为捕收剂。烷基磺化琥珀酸四钠盐商品名为埃罗索 - 22，简称 A - 22（以下同），原本是一种广泛使用的表面活性剂，有良好的润湿性。具有一定的起泡性能，无毒，易溶于水，用量低，选择性良好，也是矿泥的有效分散剂，很早就在湿法提金过程中用以分散泥团，以提高金的浸出率。在选矿上，A - 22 是锡石的良好捕收剂，对 65～100 目的粗粒锡石的捕收效果好，对 -0.043 mm 的微细粒锡石捕收效果稍差，它对黑钨矿也有良好捕收性能。例如西华山钨选厂将 A - 22 用于含 WO_3 9.33% 的离心机细泥精矿精选工业试验，一次浮选就获得浮选钨精矿含 WO_3 30.7%，作业回收率 95.6% 的指标，说明该药剂是钨矿物的有效捕收剂。

西华山钨选厂采用 A - 22 对细粒钨精矿的磁选尾矿浮白钨后的钨锡中矿进行浮选，获得了较好的精选分离效果。

试料含 WO_3 24.4%（其中白钨的 WO_3 为 4.4%）、Sn 40.2%，粒度为 -0.074 mm 占 73.3%。采用抑锡浮钨的工艺，进行精选分离。锡石的抑制剂有硫酸 + 水玻璃、硫酸 + 氟硅酸钠、硫酸 + 氟化钠、氢氟酸，经试验考察，以硫酸 + 氟化钠的抑制效果最好。当采用 A - 22 为黑钨矿的捕收剂，硫酸 + 氟化钠为锡的抑制剂，经一次粗选、三次扫选、粗选精矿和三次扫选精矿合并精选一次的抑锡浮钨的开路流程分选，获得钨精矿；精选尾矿再以草酸为抑制剂，混合甲苯胂酸为捕收剂，抑钨浮锡获得锡精矿。所获钨精矿品位 WO_3 达 68.06%，含 Sn 2.21%，钨精矿回收率为 62.13%，锡在钨精矿中的损失率为 1.22%；锡精矿含 Sn 72.46%，WO_3 1.95%，锡的回收率为 86.24%，WO_3 在锡精矿中的损失率为 3.82%。表 6 - 122 是用 A - 22 抑锡浮钨的开路流程试验指标。

表 6 - 122　A - 22 抑锡浮钨的开路流程试验指标

产品名称	产率/%	品位/%		回收率/%	
		WO_3	Sn	WO_3	Sn
钨精矿	22.29	68.07	2.21	62.13	1.22
锡精矿	47.92	1.95	72.46	3.82	86.24
中矿 1（钨精选尾矿）	3.33	36.93	35.79	5.04	2.95
中矿 2（浮锡尾矿）	26.46	26.77	14.58	29.01	9.59
给矿	100.00	24.42	40.26	100.00	100.00

6.6.6　黑钨精选中白钨 - 锡石分离工艺

在黑钨精选中应用强磁场磁选工艺可以解决黑钨与锡石的分离问题，但白钨矿作为非导磁体与锡石一同进入了磁选尾矿，因而，白钨与锡石分离也是重选钨精矿精选必须解决的问题之一。白钨 - 锡石的分离工艺可分为干式法和湿式法两类。前者适于粒度大于 0.1 mm 的粗粒级，主要应用电选工艺；后者适于细粒级，主要应用浮选工艺。

（1）白钨 - 锡石电选分离[24]

　　白钨与锡石的导电性能存在差异。锡石导电性较好，介电常数为 24 ~ 27，电阻为 $10^9\Omega$，在高压静电场中可成为导电产品，白钨矿介电常数为 5 ~ 6，电阻为 10^{12} Ω，在高压静电场中属非导体，在电选机中得以分离。

　　①电选设备。

　　用于白钨 – 锡石分选的电选机主要是电晕电选机。这种电选机主要由带负电的高压电晕电极、带正电的接地中空金属转鼓和带加热器的给矿装置构成。电晕电极为一组细的金属导线，工作时的最高电压可达 80 kV，电晕电极在工作时可放出负电，使工作区的空气负离子化；有时还在电晕电极与转鼓间装有称为偏转电极（又称静电极）的介电体，由电晕电场中获得电荷，以增加电场的非均匀性，也就能增加由非均匀性导致的电力，使导体矿物落下的轨迹更偏离转鼓，更有利于与非导体矿物的分离。

　　我国钨选厂用于白钨 – 锡石分离的电选机主要有 ϕ120 mm × 1500 mm 鼓式电晕电选机、Y – D2 型电晕电选机等类型，表 6 – 123 和表 6 – 124 是这两类电选机的主要技术规格。

表 6 – 123　ϕ120 mm × 1500 mm 双鼓式电晕电选机主要技术规格

规格 $\phi \times L$ /(mm × mm)	转鼓个数 /个	电极尺寸 ϕ/mm		工作电压 /kV	加热器功率 /kW	给矿粒度 /mm	处理量 /(t · min^{-1})
		电晕电极	偏转电极				
ϕ120 × 1500	2	0.3	40	0 ~ 22	13	– 3	0.3 ~ 0.5

表 6 – 124　Y – D2 型电晕电选机主要技术规格

规格 $\phi \times L$ /(mm × mm)	弧形电晕电极		工作电压 /kV	电极间可调节距离 /mm	给矿加热温度 /℃	分选粒度 /mm	处理量 /(t · d^{-1})
	电晕丝直径 /mm	电极弧长 /mm					
ϕ300 × 305	0.3	300	0 ~ 50	30 ~ 90	200	3 ~ 0.074	1.5 ~ 7.0

　　②电选过程。

　　含白钨锡石的干式原料首先放入装有加热器的原料给矿仓中加热至100℃以上，使给料充分干燥后均匀给在转鼓表面，给料随转鼓进入电场后，矿粒接触空气负离子，表面即带负电荷，导电体的锡石迅速将电荷传导给转鼓，表面不再荷电，在重力和离心力的作用下，首先脱离转鼓，掉入导电体区的接矿斗中；非导电体的白钨矿表面荷负电，与带正电的转鼓异性相吸，附在转鼓上，带入非导电体掉落区，被刷子刷下，掉入非导体矿物接矿斗；那些尚未完全分离的白钨锡石相互黏附的矿粒和半导体矿物，则只有部分电荷被导入转鼓，当电力小于重力和离心力时，便在导电体矿物之后，掉落于中矿接矿斗中。

　　③影响电选的主要因素。

　　A. 电选的电压：一般来说，电压越高场强越大，从电晕电极逸出的电子越多，越有利于分选，但对具体矿物而言，要求的分选的电压不同，太低或太高都会影响电选效率，表 6 – 125 是 – 40 ~ + 150 目白钨与锡石分选不同电压的试验结果。从中可以看出，以电压为 30 kV 的选别效果最好。

表 6−125 白钨与锡石分选不同电压的试验结果

分选电压 /kV	产品名称	产率 /%	品位/%		回收率/%	
			WO_3	Sn	WO_3	Sn
18	锡精矿	25.65	53.70	16.70	21.14	90.57
	白钨精矿	74.35	69.10	0.60	78.86	9.43
	给矿	100.00	65.147	4.729	100.00	100.00
24	锡精矿	18,84	43.82	24.10	12.67	96.18
	白钨精矿	81.16	70.09	0.33	87.33	3.82
	给矿	100.00	65.14	4.720	100.00	100.00
30	锡精矿	14.14	33.70	32.14	7.32	96.89
	白钨精矿	85.86	70.32	0.22	92.88	3.11
	给矿	100.00	65.14	4.733	100.00	100.00
36	锡精矿	13.05	34.00	32.71	6.18	90.26
	白钨精矿	88.95	69.81	0.53	93.19	9.74
	给矿	100.00	65.136	4.729	100.00	100.00

注：试验采用 ϕ200 mm×900 mm 电选机，分选一次，极距为 60 mm，转鼓转速为 80 r/min。

B. 转鼓转速 转速与物料粒度、产品质量要求及其回收率有关。物料粒度粗，转速要小，粒度细，转速要大。粗粒白钨矿在低转速下通过电场时间较长，获得电荷更多，黏附在转鼓上更牢，不易掉入锡石接矿区，转速过大，离心力增大，白钨会过早脱离转鼓掉入锡石接矿区；转速越小，锡石精矿品位越高；白钨的回收率越高。表 6−126 是不同转速的白钨−锡石分选效果。合适的转速应根据对产品质量和回收率的要求，通过试验来确定。

表 6−126 不同转速的白钨−锡石分选效果

转鼓转速 /(r·min⁻¹)	产品名称	产率 /%	品位/%		回收率/%	
			WO_3	Sn	WO_3	Sn
70	锡精矿	13	30.26	33.41	6.04	91.73
	白钨精矿	87	70.35	0.45	93.96	8.27
	给矿	100.00	65.138	4.734	100.00	100.00
80	锡精矿	16.4	39.64	27.98	9.98	97.00
	白钨精矿	83.6	70.14	0.17	90.02	3.00
	给矿	100.00	65.14	4.731	100.00	100.00
100	锡精矿	18.8	43.64	24.16	12.52	96.22
	白钨精矿	81.2	70.13	0.22	87.38	3.78
	给矿	100.00	65.15	4.72	100.00	100.00
120	锡精矿	38.2	59.51	11.56	34.82	93.34
	白钨精矿	61.8	68.61	0.51	65.18	6.68
	给矿	100.00	65.33	4.731	100.00	100.00

注：试验采用 ϕ200 mm×900 mm 电选机，分选一次，极距为 60 mm，电压为 30 kV。

C. 物料粒度：电选给矿最适宜的粒度为 0.1~1 mm，粒度太粗分选效果变差，而且电极容易产生火花放电现象，粒度越细，分选效果越差。一般对原料进行分级入选，窄级别效果优于宽级别。表 6-127 是不同粒级白钨-锡石电选分离的指标。从中可以看出，粗粒级电选效果优于细粒级。因此，电选原料须筛除 -0.1 mm 细粒级和进行除尘处理。

表 6-127　不同粒级白钨-锡石电选分离的指标

粒级 /mm	产品名称	产率 /%	品位/%		回收率/%	
			WO$_3$	Sn	WO$_3$	Sn
0.83~0.42	锡精矿	73.60	2.15	73.60	15.31	84.10
	中矿	20.58	23.32	48.72	46.42	15.62
	白钨精矿	5.82	67.97	3.16	38.27	0.28
	给矿	100.00	10.34	64.00	100.00	100.00
0.42~0.18	锡精矿	60.49	4.00	70.99	16.89	82.40
	中矿	13.56	15.77	58.06	14.89	15.14
	白钨精矿	25.95	37.87	4.94	68.22	2.46
	给矿	100.00	14.39	52.12	100.00	100.00
-0.18	锡精矿	28.12	10.33	61.63	12.97	43.52
	中矿	32.29	10.70	62.00	15.43	50.27
	白钨精矿	39.59	40.51	6.24	71.60	6.21
	给矿	100.00	22.40	39.82	100.00	100.00

D. 物料加温除湿：虽然电选原料一般经过干燥处理，由于粒度较细，在空气中停留稍久就易吸收空气中的水分，造成矿粒间的黏附，不利于电选。故通常都需在原料进入电选前进行加温至 150~200℃，以保持入选矿粒的充分干燥状态，这是电选前必需的过程。

④白钨-锡石电选分离指标。

电选在黑钨精选中主要应用于干式磁选尾矿的白钨-锡石的分选。由于磁选尾矿组成较复杂，除含白钨和锡石外，还有硫化矿物、黑钨矿、其他弱磁性矿物和非磁性矿物，一般仅只简单采用电选作业难以获得很好的分选效果。表 6-128 是西华山钨选厂直接采用电选工艺一次分选 0.25~0.6 mm 干式磁选尾矿的指标。从中可以看出，非导电产品的白钨精矿含 Sn 已很低，但 WO$_3$ 的含量较低，尤其是锡精矿的富集比低。这说明磁选尾矿简单直接采用电选难以获得较好的分选指标。当除电选外还应用其他工艺综合处理磁选尾矿时，分选效果就有很大的改善。西华山钨选厂采取电选-重选-粒浮-磁选的综合工艺来处理相同的磁选尾矿，即磁选尾矿首先用电选分离，所获非导电产品再用摇床精选，获得白钨精矿；导电产品经台浮脱硫后，再用强磁机分选获得黑钨精矿和锡精矿。采用此综合工艺的分选指标见表 6-129。从中可以看出，获得的白钨精矿 WO$_3$ 和 Sn 的含量达到了 I 类一级品的要求，黑钨精矿也达到混批出厂的要求，WO$_3$ 的作业回收率达到 80%；锡精矿品位大幅度提高，可作产品出厂，钨和锡的回收率也有所提高。

表 6 – 128 干式磁选尾矿直接采用电选一次分选指标

给矿粒度 /mm	产品名称	产率 /%	品位/%		回收率/%	
			WO₃	Sn	WO₃	Sn
0.6 ~ 0.25	白钨精矿 锡精矿 给矿	48.7 ~ 49.9 41.5 ~ 47.1	47.03 ~ 48.17 7.1 ~ 11.1 30.7	0.15 ~ 0.28 11.74 ~ 10.92 5.9	74.6 ~ 78.3 9.60 ~ 17.03	1.24 ~ 2.008 2.6 ~ 87.2

表 6 – 129 磁选尾矿电选 – 重选 – 粒浮 – 磁选的综合工艺分选指标

给矿粒度 /mm	产品名称	产率 /%	品位/%		回收率/%	
			WO₃	Sn	WO₃	Sn
0.6 ~ 0.25	白钨精矿 黑钨精矿 锡精矿 硫化矿 给矿	21.41 10.76 5.78 19.57	65.35 55.93 17.46 1.25 30.70	0.158 0.93 48.25 0.44 5.90	55.83 24.02	90.83

    韶关精选厂对磁选尾矿的处理采用先台浮脱硫，再用摇床精选获得钨锡混合精矿，混合精矿干燥后筛分为 –2 +1.4 mm，–1.4 +0.83 mm，–0.83 +0.2 mm 和 –0.2 mm 四个粒级，分别用 φ120 mm × 1500 mm 双辊电选机电选分离，并采用一粗、一扫、三精的电选流程，获得白钨精矿含 WO₃ 大于 65%，含 Sn 0.2% ~ 0.3%，WO₃ 回收率为 80% 左右，如若只精选一次，白钨精矿含 Sn 还有 4% 左右，两次精选含 Sn 降至 1% 左右，经第三次精选后白钨精矿含 Sn 才降至 0.2%。

    由此可以看出，磁选尾矿的白钨 – 锡石电选分离须采用多种选矿方法的综合工艺，并注意分选的次数，才能获得更好的选别效果。加之电选工艺要求严格，钨锡分离效果不够理想，限制了其推广应用，在生产中白钨 – 锡石电选分离逐渐被浮选工艺所取代。

    (2) 白钨与锡石的浮选分离

    白钨与锡石的可浮性差异较大，较容易利用浮选分离。白钨矿在碱性介质中容易被脂肪酸及其皂类所捕收；锡石、石英等用水玻璃即可抑制，白钨与锡石浮选分离药剂制度较简单，可采用常规浮选方法进行。只是浮选有粒度的要求，往往需要磨矿处理，而且工艺流程较复杂，需用设备多，生产成本较高。但是分选效果好，故在磁选尾矿处理中，浮选是白钨锡石分离的主要工艺。

    ① 白钨锡石浮选分离的经典工艺。

    以西华山钨选厂磁选尾矿处理为例，简述白钨锡石浮选分离经典工艺。

    西华山钨选厂磁选尾矿中主要金属矿物有白钨矿、黑钨矿、锡石、硫化矿、稀土矿物等，主要脉石矿物有石英、萤石、石榴子石、云母等。主要元素含量：WO₃ 28.5%（其中白钨 20.6%），Sn 5.5%、S 7.8%、As 6.42%、SiO₂ 10.1%；在粒度 –80 目(0.18 mm) ~ 100 目 (0.15 mm)时白钨矿的单体解离率为 89%，锡石单体解离率为 92%，以此粒度进行浮选是合适的。该磁选尾矿白钨锡石分离原则流程如图 6 – 30 所示。

重选粗精矿磁选尾矿

棒磨

筛 分 分 级

−0.18 mm +0.18 mm

摇 床

脱硫 浮选

白 钨 浮 选

尾矿
（返回重选）

混合硫化矿

磁 选

锡精矿 黑钨精矿 白钨精矿

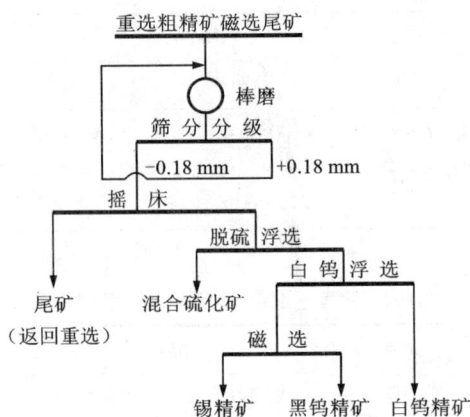

图 6 − 30 磁选尾矿白钨锡石分离原则流程

磁选尾矿首先用 φ600 mm × 1000 mm 棒磨机磨细至 − 0.18 mm 后，经摇床选别，脱除产率约 40% 的尾矿，再用丁黄药全浮硫化矿，浮硫尾矿采用抑锡浮钨进行白钨锡石分离。以碳酸钠为 pH 调整剂，用量为 2.9 kg/t，调整到 pH 10；以水玻璃为抑制剂，油酸煤油（1 : 1）和 731 氧化石蜡皂为捕收剂，经一次粗选（水玻璃 6.2 kg/t，油酸煤 2.3 kg/t，731 氧化石蜡皂 1.8 kg/t）、二次扫选（水玻璃 3.5 kg/t、油酸煤油 1 kg/t）、一次精选（7.1 kg/t）的流程浮白钨。当给矿含 WO₃ 29.08%、Sn 6.29% 时，获得含 WO₃ 67.0%、Sn 0.086% 的合格白钨精矿，降锡率达 94.92%，锡在白钨精矿中的损失率为 5.08%。WO₃ 的作业回收率为 70.89%，对白钨而言其回收率达 89.93%。这些都表明采用浮选进行白钨锡石分离的效果很好。

浮白钨的尾矿（槽底物）主要金属矿物为锡石和黑钨矿，采用摇床进一步富集，脱除石英、石榴子石、云母等脉石矿物，获得 WO₃ 32.5%、Sn 29% 的黑钨锡石混合精矿；再经磁选处理，获得含 WO₃ 66.5%、Sn 2.45% 的高锡钨精矿和含 Sn 47.6%、WO₃ 8.3% 的锡精矿。

这种采用浮选 − 重选 − 磁选综合选矿方法处理磁选尾矿的工艺，就是中国黑钨选矿精选中钨锡分离较典型的工艺。

②白钨 − 锡石浮选分离工艺的改进[25]。

铁山垅钨选厂对磁选尾矿的白钨锡石浮选分离工艺，进行了浮选药剂和工艺流程合理的改进，取得了很好的技术经济效果。

该选厂白钨锡石浮选分离原料是重选粗精矿经干式磁选 − 浮选脱硫 − 摇床丢尾—湿式磁选等工艺处理中产出的钨锡混合中矿。原料含白钨矿、锡石、黑钨矿、泡铋矿、辉铜矿、辉铜矿等金属矿物，石英、云母、萤石、方解石和硅酸盐等非金属矿物。粒度为 − 0.074 mm 占 75%；有用矿物的单体解离率达 95%。各主要金属品位为：WO₃ 12% ~ 22%、Sn 17% ~ 34%、Bi 3% ~ 4%。

铁山垅钨选厂原处理工艺是先将原料用硫化钠浸泡 12 h 以硫化泡铋矿，再进行脱硫浮选，浮硫尾矿加碳酸钠（0，5 kg/t）、水玻璃（7 kg/t）抑制锡石，以油酸煤油（2 : 3）2 kg/t 为捕收剂、在 80℃ 条件下开路浮选白钨，分别获白钨精矿和锡精矿。该工艺流程存在的主要问题是：在无精选作业情况下，难获高品位白钨精矿；单以水玻璃为抑制剂效果较差；热水调浆温度难达到工艺要求，影响浮选白钨效果，采用直接加温浮选，对品位不高的钨锡中矿会增加产品成本。对此,铁山垅钨选厂采取了一些工艺改进的措施,进行了相应的工艺试验。

首先,在原料脱硫后,采用摇床选别,丢弃大量脉石矿物,提高钨锡混合中矿的品位。这一措施的采取,可丢弃产率达41.31%、含WO_3和Sn分别为0.63%和0.38%的尾矿,使浮选原料含WO_3和Sn品位分别由原来的16.93%和20.33%,提高到28.43%和34.4%。这就大幅度减少了白钨加温浮选的入选矿量,为提高白钨锡石浮选分离的技术经济效果创造了条件。

其次,采用木薯淀粉+水玻璃的混合抑制剂代替单一水玻璃抑制锡石,明显提高了白钨锡石分离效果。表6-130是几种不同抑制剂进行白钨锡石一次分离浮选的技术指标,从中可以看出,水玻璃+淀粉的混合抑制剂效果最好。在木薯淀粉、红薯淀粉和玉米淀粉的应用试验对比中,表明以木薯淀粉的效果最佳。淀粉难溶入水,直接添加,与矿物的作用活性差,一般需配制成溶液添加。配制方法是在5%的淀粉冷水液中加入相当于淀粉量1%的NaOH,搅拌均匀,加热煮沸15~20 min后,调制浓度为5%的溶液使用。

表6-130的结果表明,一次分离选别,还难以获得高品位的白钨精矿,故对分离的白钨粗精矿需进行精选。在添加水玻璃5 kg/t和油酸煤油0.6 kg/t的条件下,精选一次,白钨精矿品位WO_3由63.48%提高到69.48WO_3%,含Sn也由3.58%降低至0.30%,WO_3作业回收率达99%,精选效果明显。

表6-130 不同抑制剂进行白钨锡石浮选分离粗选指标

抑制剂及用量	产品名称	产率/%	品位/%		回收率/%	
			WO_3	Sn	WO_3	Sn
水玻璃7 kg/t	白钨精矿	40.63	59.25	6.12	84.55	7.23
	锡精矿	59.36	7.40	53.26	15.45	92.77
	给矿	100.00	28.43	34.40	100.00	100.00
淀粉2 kg/t	白钨精矿	42.23	58.57	7.41	87.00	9.10
	锡精矿	57.77	6.40	54.13	13.00	90.90
	给矿	100.00	28.43	34.40	100.00	100.00
水玻璃0.5 kg/t 淀粉1,5 kg/t	白钨精矿	42.84	61.59	3.10	92.80	3.86
	锡精矿	57.16	3.58	57.86	7.20	96.14
	给矿	100.00	28.43	34.40	100.00	100.00

浮白钨的槽底物(锡粗精矿)WO_3含量尚高,以致钨在锡精矿中的损失较大,主要是含黑钨导致。因此,将槽底产物干燥后,进行干式磁选选别,经一粗一精作业,当给料含WO_3 3.10%、Sn 57.85%,获得含WO_3 42.1%、Sn 1.35%的高锡黑钨精矿,含Sn 60.5%、WO_3 1.52%的锡精矿,锡的作业回收率达99.4%,钨的作业回收率为51.5%。

在上述工艺改进基础上,进行了白钨锡石浮选分离闭路流程试验,将白钨精选尾矿和锡粗精矿磁选精选尾矿返回白钨浮选粗选作业。该闭路流程试验的结果如表6-131所示。结果表明,该工艺使钨锡分离得较彻底,锡的分离率高达96%以上,钨(白钨+黑钨)的回收率也达92%。改进后的工艺用于生产的指标与试验指标基本一致,改进前后的生产指标见表6-132。从中可以看出,工艺改进后生产的白钨精矿品位WO_3提高了35.9%,还回收了黑钨精矿；锡精矿含 Sn 提高了 31%，钨和锡的回收率分别提高 21.2% 和 11.3%，钨精矿和锡精矿中的互含量也明显降低，取得了显著的技术经济效果。

表 6-131 白钨锡石浮选分离闭路流程试验结果

产品名称	产率/%	品位/%			回收率/%		
		WO$_3$	Sn	Bi	WO$_3$	Sn	Bi
泡铋精矿*	13.62	2.71	3.49	24.24	2.66	2.66	85.1
白钨精矿	17.44	68.95	0.32		89.33	0.27	
黑钨精矿	1.01	58.5	0.78		5.02	0.05	
锡精矿	32.2	1.49	61.2		3.46	96.52	
尾矿	35.73	0.59	0.48		1.53	0.48	
给矿	100	13.17	20.41	3.6	100	100	100

注：*泡铋精矿系由硫化后脱硫的硫化矿中浮选而得。

表 6-132 工艺改进前后白钨锡石浮选分离生产指标对比

生产工艺状况	产品名称	产率/%	品位/%		回收率/%	
			WO$_3$	Sn	WO$_3$	Sn
A. 改进后工艺 （1999 年 8~11 月）	白钨精矿 黑钨精矿 钨精矿合计 锡精矿 原矿	20.34 0.36 20.70 35.19 100.00	68.30 68.43 68.30 1.54 15.36	0.35 0.87 0.36 61.40 22.31	90.39 1.61 92.00 3.53 100.00	0.32 0.01 0.33 96.87 100.00
B. 原工艺 （1992 年度）	白钨精矿 锡精矿 原矿	31, 56 49, 92 100.00	32.35 7.93 14.43	5.74 30.36 17.03	70.74 27.42 100.00	10.19 85.51 100.00
工艺改进前后 指标比较（A-B）	钨精矿 锡精矿	-10.86 -14.13	+35.95 -6.39	-5.38 +31.04	+21.26 -23.89	-9.86 +11.36

6.6.7 化学处理工艺用于难选物料的钨锡分离

黑钨粗精矿精选中产出的一些钨锡混合中矿，有的是因锡石表面不同程度地被"铁染"，分离难度增大；有的是经过多次处理的难选物料；有的是用物理选矿方法再处理效率很低；有的虽然 WO$_3$ 含量很高，尽管经过各种钨锡分离工艺处理，钨锡分离不彻底，经处理后含 Sn 仍达不到混批出厂要求的高锡钨精矿。这些物料只好采用化学处理方法除锡，虽然这样会造成少量锡的损失，但能确保钨的回收率。

钨锡化学分离主要是指氯化焙烧工艺，该工艺是除锡较好的方法，它是基于在有还原剂存在条件下，锡及其氧化物（硫化物）容易被氯化，生成易挥发的氯化亚锡。例如用 NH$_4$Cl 为氯化剂时，其化学反应式为：

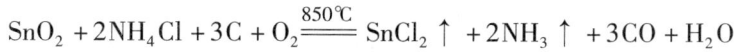

$$SnO_2 + 2NH_4Cl + 3C + O_2 \xrightarrow{850℃} SnCl_2 \uparrow + 2NH_3 \uparrow + 3CO + H_2O$$

钨矿物则不能被氧化为挥发物，即使在有 Ca 存在的条件下，利用 $CaCl_2$ 为氯化剂，也只有部分被转化为 $CaWO_4$：

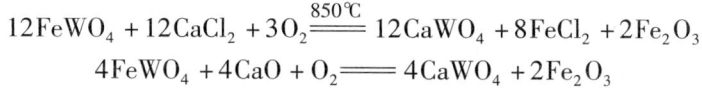

$$12FeWO_4 + 12CaCl_2 + 3O_2 \xrightarrow{850℃} 12CaWO_4 + 8FeCl_2 + 2Fe_2O_3$$
$$4FeWO_4 + 4CaO + O_2 \xrightarrow{} 4CaWO_4 + 2Fe_2O_3$$

钨精矿除锡焙烧的氯化剂通常采用 NH_4Cl，故氯化焙烧容易达到钨锡分离的目的。

氯化焙烧通常都在反射炉或回转窑中进行。为了确保氯化在还原气氛中进行，配料时须加入一定数量的木炭粉或锯木屑；加入的氯化铵数量要根据原料含锡量而定，一般是原料含锡 1 kg 需加入氯化铵 3 ~ 4 kg。氯化铵、木屑（木炭粉）与原料在入炉前必需搅拌均匀. 原料含 Sn 1.5 ~ 4.5 kg 时，原料、氯化铵、木屑的比例为原料：氯化铵：木屑 = 100:6:5。操作时，应先将焙烧炉加温至 850℃ 后，再将混合好的原料装入炉中，并均匀铺洒在炉腔内，如若使用反射炉，则在焙烧中，每隔 20 ~ 30 min 就对炉内物料翻动一次，表 6 - 133 是西华山钨选厂氯化焙烧除锡的主要技术操作条件。

表 6 - 133 氯化焙烧除锡的主要技术操作条件

焙烧炉规格	处理量 /(kg·炉$^{-1}$)	NH_4Cl 耗量 Sn:NH_4Cl	木屑耗量 /(kg·炉$^{-1}$)	焙烧温度 /℃	焙烧时间/h		燃料煤耗量 /(kg·t^{-1})
					还原	氧化	
2.7 m^2 反射炉	170	1:3.5	14	850	1.5 ~ 2	1.5 ~ 2	800

氯化焙烧除锡效果：西华山钨选厂用氯化焙烧方法，1975—1978 年间共处理了 700 多吨含锡钨中矿，除锡率在 82% 以上，WO_3 的作业回收率达 98%，这些钨中矿经除锡处理，达到商品钨精矿混批对 Sn 含量的要求，使这些原来积压的钨中矿全部混批出厂，得到合理利用。这些含锡钨中矿氯化焙烧除锡生产平均指标见表 6 - 134。

表 6 - 134 含锡钨中矿氯化焙烧除锡生产主要指标

原料品位/%		焙烧品位/%		WO_3 回收率 /%	除 Sn 率 /%
WO_3	Sn	WO_3	Sn		
34.50	3.30	37.67	0.58	98.06	82.42

6.6.8 精选中的钨磷分离工艺

磷是钨精矿限制含量的杂质元素，在钨矿精选中必须尽量除去。在钨矿石中主要含磷的矿物：一是磷灰石，二是以磷钇矿、独居石为主的稀土矿物。这两类含磷矿物的分离方法有所不同。

（1）钨与磷灰石的分离工艺

磷灰石密度只有 3.2，与钨矿物相差较大，一般情况下，用重选方法就易分离，但由于种种因素的影响，特别是因为细粒级重选效率较低，当原矿含磷灰石较多时，容易造成部分钨精矿含磷超标；另外，在黑钨粗精矿磁选时磷灰石也容易与白钨矿一同进入磁选尾矿，对磁选尾矿进行处理时也会产出一些含磷较高的白钨矿和黑钨白钨混合中矿。对于这类产品的除磷方法，一是直接用稀盐酸浸出磷灰石：一般用 20% ~ 30% 的稀盐酸与物料充分搅拌，可使 P 含量降至 0.05% 以下。这种方法盐酸消耗大，也会造成钨的损失，还易影响环境。二是对含白钨的钨精矿（或钨中矿）采取浮选 - 重选 - 酸浸联合工艺处理：在浮白钨时磷灰石与白钨一同进入泡沫产品，与槽底的黑钨分离；浮选泡沫产品（白钨精矿）再用摇床选别，获得含磷低的白钨精矿，大部分磷灰石进入摇床中、尾矿，最后用稀盐酸处理，获得含磷较低的钨中矿，这种联合工艺使进入酸浸的物料量大大减少。这样，不但节省了盐酸的消耗，也降低了钨金属的损失。例如，大吉山钨矿选厂 -60 目脱硫后的摇床精选精矿含 WO_3 50% ~ 55% 、P 0.12% ~ 0.2% ，其中白钨产率为 33% ~ 34% ，采用浮 - 重 - 酸浸工艺处理，实际进入酸浸作业的矿量仅为该脱硫精选摇床精矿的 10% 左右，酸浸用盐酸耗量减少约 90% ，钨精矿的含磷降低至 0.033% ，钨的作业回收率达 97% 以上。

酸浸除磷灰石虽然方法简单、效果好，但也存在许多问题：浸出时产生酸雾、废气污染工作环境，必须采用排风扇强力排风，保持空气流通，否则有损操作者的身体健康；酸浸废液须经净化处理才能排放，否则会造成环境污染；酸浸时少量钨矿物会溶于盐酸中，在浸渣处理时也造成微细粒钨矿物的损失，影响钨的回收率；酸雾和液漏容易造成周围厂房和其他设备的锈蚀。

（2）钨与含磷稀土矿物的分离工艺

磷钇矿、独居石等含磷稀土矿物的密度为 4.5 ~ 5，属中等密度物质，与黑钨矿、白钨矿的密度差较小，较难用重选方法分离，在重选时细粒级（尤其是细泥）常与钨矿物一同富集。例如西华山钨矿选厂原矿中磷钇矿是主要含磷稀土矿物，故可用含 Y_2O_3 品位来看磷含量的高低。该选厂出窿原矿含 Y_2O_3 为 0.023% ，细泥原矿 Y_2O_3 为 0.039% ~ 0.044% ；当获得细泥重选精矿含 WO_3 为 55% 时，其 Y_2O_3 含量达 0.7% ，Y_2O_3 的富集比达到 16 ~ 18 倍，这就说明磷元素在重选中也与钨一起得到富集。

磷钇矿、独居石等含磷稀土矿物属于弱磁性矿物，其磁性比黑钨矿稍弱，常在细粒磁选精矿和扫选磁精矿中与黑钨矿一起富集，用磁选方法也难将其与黑钨矿分离。所以只能利用它们与黑钨矿的其他性质，例如可浮性和导电性的差异进行分离。

①钨磷电选分离工艺的应用。

磷钇矿与黑钨矿在导电性能上存在一定差异，它在一定电压的电晕电场中表现为弱（非）导电体与导电体的黑钨矿分离。西华山钨选厂对 -0.5 mm 重选粗精矿经脱硫和摇床精选所获钨精矿，用 YD - 2 型 $\phi300$ mm ×505 mm 电晕电选机进行降磷试验，给料含 P 8% ，在工作电压为 25000 V 的条件下，获得电选钨精矿含 P 为 0.046% ，降磷率达 82.7% ，钨的作业回收率为 82.1% 的试验指标；应用 $\phi120$ mm ×1500 mm 双辊电晕电选机生产处理这类原料，在工作电压为 15000 V 的条件下，入选原料含 WO_3 58% ~ 62% 、P 0.132% ，获得电选精矿含 WO_3 69% 、P 0.017% ~ 0.03% 的生产指标，除磷率达 80% 以上，达到了较好的降磷效果。

②钨磷浮选分离工艺的应用。

在以油酸煤油和甲苯肿酸（1:1）为捕收剂浮选黑钨矿时，磷钇矿等稀土矿物在硫酸介质中，可以被氟硅酸钠所抑制，故可用此浮选工艺从黑钨精矿中除去。

西华山钨选厂采用图6-31的流程和药剂,对重选细泥粗精矿进行钨与这类磷的分离精选试验,获得了显著的除磷效果。浮选除磷的工艺指标见表6-135。

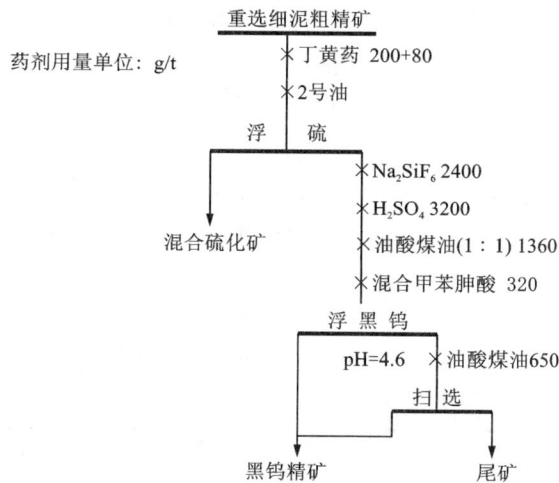

```
                        重选细泥粗精矿
  药剂用量单位: g/t          │
                    ✕ 丁黄药 200+80
                         │
                    ✕ 2号油
              浮    硫     │
          ┌──────────────┤
          │              │ ✕ Na₂SiF₆ 2400
          │              │
          ▼              │ ✕ H₂SO₄ 3200
      混合硫化矿          │
                         │ ✕ 油酸煤油(1:1) 1360
                         │
                         │ ✕ 混合甲苯胂酸 320
                         │
              浮  黑  钨   │
          ┌──────────────┤
    pH=4.6│              │ ✕ 油酸煤油650
          │           扫选 │
          │          ┌────┤
          │          │    │
          ▼          ▼    ▼
       黑钨精矿          尾矿
```

图 6-31 重选细泥粗精矿浮选除磷药剂及试验流程

表 6-135 重选细泥粗精矿浮选除磷试验主要指标

产品名称	产率/%	品位/%		回收率/%	
		WO₃	P	WO₃	P
混合硫化矿	15.99	0.4	0.015	0.46	1.71
黑钨精矿	19.84	57.39	0.024	82.17	2.17
尾矿	64.17	3.75	0.207	17.37	94.88
给矿	100	13.85	0.13	100	100

这种钨磷分离工艺在选矿生产实际中得到较好的应用。西华山钨选厂用单槽浮选方式处理含 WO_3 30% ~38% 、P 0.27% ~0.6% 的粉钨中矿,药剂耗量:丁黄药 0.5~1 kg/t, H_2SO_4 45~120 kg/t, Na_2SiF_6 6~8 kg/t,混合甲苯胂酸 0.4 kg/t,油酸煤油 2~2.5 kg/t,95% 的含磷稀土矿物被抑制进入尾矿,得到较好地分离,获得浮选钨精矿含 WO_3 大于62% ,含 P 0.05% ~0.1% ;当用单槽浮选处理细泥精选中矿时,原料含 WO_3 20% ~24% 、P 0.56% ,获得黑钨精矿含 WO_3 55% ~60% ,含 P 0.15% 。这种工艺较好地解决了高磷中矿除磷问题,还提高了黑钨中矿的品位,使原来不能混批出厂的高磷黑钨中矿得到合理利用,提高了钨的利用率。

6.6.9 重选粗精矿的精选流程

黑钨重选粗精矿的精选过程比较复杂,采用的选矿方法多,对于矿石性质复杂的钨选厂,几乎所有的选矿方法都要应用。

精选工艺的特点:一是入选原料的数量较少,原料性质复杂;二是应用选矿设备的种类繁杂、规格型号多;三是一种设备、一台设备多种用途,要适应各种不同类型原料的选别,既要用于粗选又要用于扫选，还要用于精选，因而精选作业大多都为间歇式；四是各种选矿工艺要根据精选原料性质变化灵活应用，例如选别次数不固定，分选条件应灵活、及时调整，要求操作工人有丰富的经验，目视判断产品质量，在选别过程中实时调整操作条件；五是精选产物(精矿，中矿，尾矿)须有相应的储存容器和储存时间，需等待取样分析结果，确定产物下一步处理方案。因此，精选工序很难形成固定的选矿流程，又由于各种钨矿石性质的差异，也很难形成像黑钨通用重选流程那样的通用黑钨精选流程。

(1)精选原则流程

根据各黑钨选厂的重选粗精矿WO_3的品位及杂质元素情况和钨精矿质量标准要求，按照各自精选工艺特点、杂质分离方法，大致可归纳为如图6-32所示的精选原则流程。

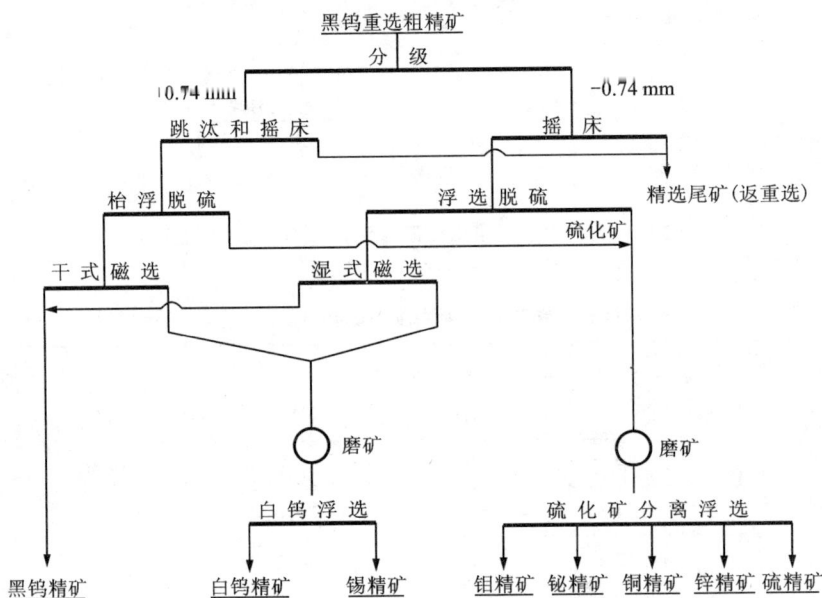

图6-32　黑钨重选粗精矿精选原则流程

(2)典型精选流程

西华山钨选厂因原矿性质较复杂，伴生金属矿物种类多，在重选阶段大多进入重选粗精矿中，为确保钨和伴生有用金属的充分回收，重选粗精矿品位，尤其是摇床精矿和细泥精矿的品位较低(详见表6-100)，因此，在精选段设置了较复杂的工艺流程，是我国黑钨重选粗精矿精选中应用选矿方法最齐全的选矿厂，从重选、浮选、磁选、电选到化学选矿一应俱全。精选原料分类分级，处理工序繁多，图6-33就是该钨选厂精选的简明流程，其详细流程十分繁杂，在此不便具体介绍，甚至连钨与稀土矿物分离以及氯化除锡这类化学选矿工艺也不便反映。但由此简明流程图就可明显看出黑钨精选工艺的复杂性，这也可以说是中国典型的黑钨矿精选工艺流程。

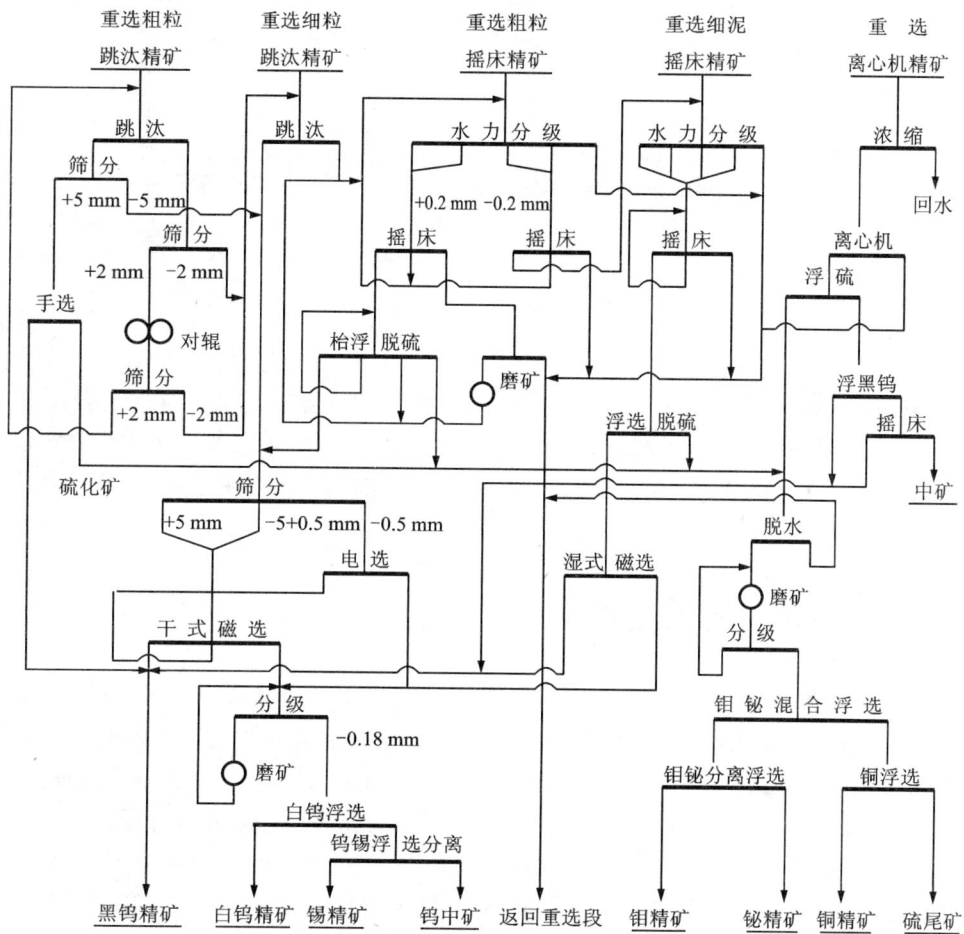

图 6-33　重选粗精矿精选典型简明流程

7 白钨矿选矿技术的进展

中国黑钨矿石资源经过一百多年的开采,已近枯竭,接替的是黑、白钨混合型矿石和白钨矿石。中国白钨矿资源十分丰富,不但发现了世界级的特大型矿床,而且类型齐全。白钨矿选矿已经逐渐成为中国钨选矿的主类,白钨选矿技术的研究和应用发展迅速,取得了很大进展。

7.1 白钨矿重选工艺的生产应用

白钨矿的密度为 $5.9 \sim 6.2 \ \mathrm{g/cm^3}$,稍低于黑钨矿,但比脉石矿物(石英、长石、云母、方解石、萤石、绿泥石、磷灰石等)大得多,白钨矿与脉石的重选分离属于极容易类型。

从理论上来说,当白钨矿单体解离粒度大于 0.037 mm 时,就有可能采用重选方法与脉石矿物分离,尤其是 +0.074 mm 粒级的重选效果好。从经济观点来看,对粗粒白钨矿采用重选法是合适的。我国早期的白钨选矿就是采用的重选工艺。于 1943 年最早发现和开采的白钨矿 – 湘西金(钨)矿就是一个典型例子。但由于我国的白钨矿绝大多数都是与其他金属矿共生,嵌布粒度较细,单独采用重选法回收的较少。在此简单介绍几个曾应用重选法分选白钨的选厂。

(1)湘西西安白钨选厂

湘西西安白钨选厂是中国首个应用重选工艺生产的白钨选矿厂。

湘西金矿西安矿区在 1954 年末建立了我国最早的白钨矿重选厂。所处理原矿为低温热液充填型石英网脉状白钨矿,白钨矿体赋存于隐晶质微粒状和细粒状方解石、铁白云石、与石英组成的层位中。主要金属矿物是白钨矿,并有少量的黝锡矿、黄铜矿、黄铁矿、孔雀石、钨铜钙矿、钨华等;脉石矿物主要为石英及方解石等。白钨矿以粗细不均匀浸染状、星点状分布于脉石中,粗粒结晶粒度达 3 mm 以上。

湘西西安白钨选厂的主要选矿工艺是:出窿原矿先经手选选出块钨和丢弃占原矿40%的废石后,破碎至 – 8 mm 分级用跳汰和摇床处理,获得重选精矿,细泥用浮选处理获浮选精矿;重选精矿再经粒浮、浮选、磁选等作业精选,获得最终白钨精矿。该白钨重选简明流程见图 7 – 1。该选厂 1983 年所获生产指标:原矿品位 WO_3 1.247%,白钨精矿品位 WO_3 69.73%,回收率91.36%。其中,粗选(手选)段给矿品位 WO_3 1.247%,合格矿品位 WO_3 1.697%,粗选回收率99.08%;重选给矿品位 WO_3 1.697%,重选精矿品位 WO_3 42.29% ~ 63.3%,作业回收率94.59%;精选给矿品位 WO_3 57.76%,精矿品位 WO_3 69.73%,作业回收率97.48%。

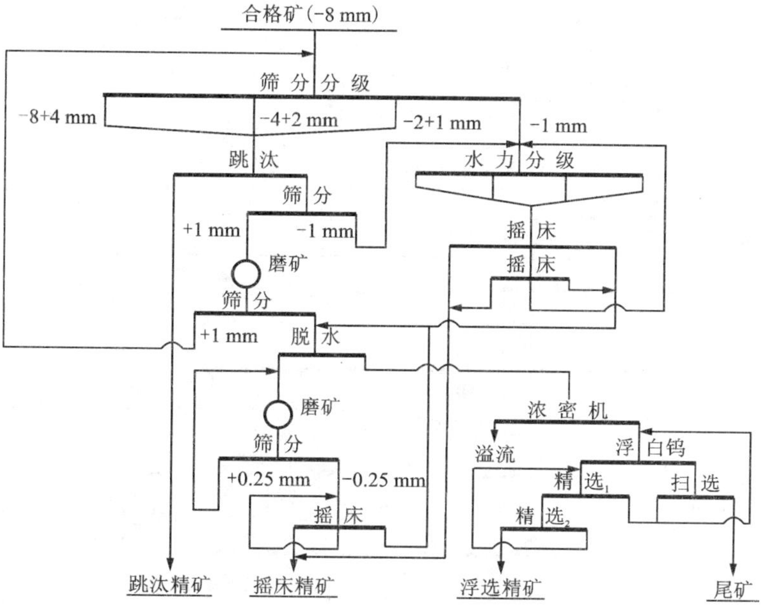

图7-1 我国第一个白钨重选简明流程(湘西西安选厂)

(2)湘西沃溪锑金白钨选厂

该选厂也是我国最早采用重选工艺从钨、锑、金共生矿中回收白钨的选厂。该选厂处理的原矿是低温热液充填石英脉钨、锑、金共生矿,主要金属矿物有:白钨矿、辉锑矿、自然金、黄铁矿,少量黑钨矿、闪锌矿、方铅矿、毒砂等;非金属矿物主要为石英,其次为方解石、白云石、磷灰石、钠长石、绿泥石、白云母等。白钨矿呈粗细非均匀嵌布,白钨矿开始单体解离粒度为3 mm,至0.1 mm时基本完全解离。采用以重选为主的重-浮联合流程(见图7-2)处理:合格矿经第一段磨矿磨细至-0.45 mm后,用摇床分选获钨、锑、金混合精矿,混合精矿经浮选选得锑、金混合精矿,浮选槽底产物用摇床分选获粗粒白钨精矿;第一段磨矿摇床尾矿再磨细至-0.074 mm占78%后,优先浮出锑、金混合精矿,再浮白钨,所得细粒白钨粗精矿用彼得洛夫法经一粗、二精、二扫精选流程得到含$WO_3$55%~60%白钨精矿,最后经酸浸除磷获一类白钨精矿。摇床尾矿再磨后浮选回收白钨的工艺条件为:

白钨浮选粗选条件为:$Na_2CO_3$2400 g/t(pH=9.5)、$Na_2SiO_3$300 g/t、油酸120 g/t。

白钨粗精矿精选条件:$Na_2SiO_3$50~100 kg/t,加温温度95℃。

主要生产技术指标(1983年):原矿品位$WO_3$0.316%、Sb 1.49%、Au 3.93 g/t;精矿品位:钨精矿$WO_3$70.50%,锑精矿含Sb 35.58%,金精矿含Au 72.2 g/t;尾矿品位:$WO_3$0.054%,Sb 0.053%,Au 0.504 g/t;回收率:$WO_3$82.43%,Sb 96.40%,Au 87.30%。

(3)香花铺白钨选厂

该选厂是湖南香花岭锡矿一个白钨选矿厂,处理香花铺矿区的白钨矿石,矿石属于低温热液充填交代萤石型白钨、铅、锌共生矿。选厂在1990年以前白钨矿的回收也采用重选工艺,其重选流程类似图6-10所示。黑钨一段半磨矿重选流程,只是开始选别的粒度更细:

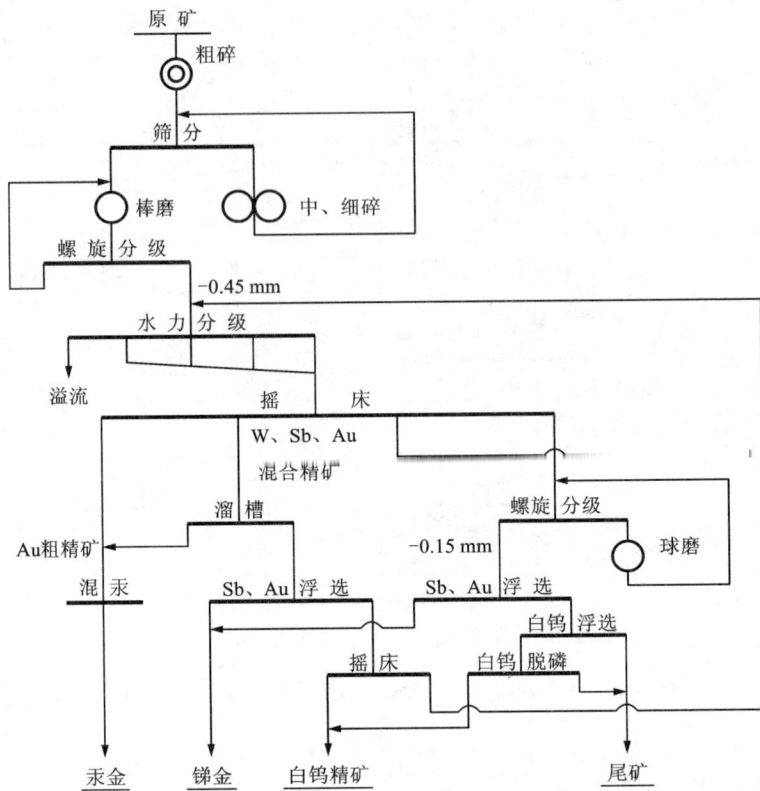

图 7-2 锑、金、白钨矿重-浮原则流程(湘西金矿沃溪选厂)

合格矿筛分分级的 +1 mm 粒级先经棒磨粗磨入跳汰选别获跳汰精矿,跳汰尾矿与筛分分级成闭路; -1 mm 粒级用摇床分选获摇床精矿,并丢尾,摇床中矿再磨再选;细泥采用弹簧细泥摇床获细泥粗精矿。

跳汰和摇床重选精矿经摇床精选所获精矿,与精选摇床尾矿再磨再选精矿合并,先脱硫再用台浮分选获白钨精矿;细泥粗精矿经浮选获细泥白钨精矿。

香花铺白钨重选主要生产指标(1990 年):给矿品位 WO_3 0.87%,精矿品位 WO_3 65.78%,尾矿品位 WO_3 0.24%,回收率 72.69%。

(4)川口钨矿杨林坳选厂

杨林坳选厂在 1992 年以前也是采用的重选工艺选别白钨矿。所处理矿石为杨林坳矿区的原生和半风化矿石,该矿石是以白钨为主的岩浆期后高中温热液充填石英脉黑、白钨矿,由于矿石风化严重,含钨褐铁矿、含钨硬锰矿、铁锰钨华、钨华等次生矿物含钨量占矿石总含钨量的 37%,属于难选钨矿石。白钨矿呈细脉状和不规则粒状产出,粒度一般为 0.005 ~ 0.5 mm,部分可达 0.5 ~ 1.5 mm,属不等粒中细粒嵌布。采用类似黑钨选矿的三级跳汰,多级摇床的重选流程生产效果较差,1990 年杨林坳矿区白钨矿石生产,获钨精矿品位 WO_3 为 70.57% 时的回收率只有 32.10%;采用图 8-9 所示的重选流程试验(详见 8.3.3 节),获得精矿品位 WO_3 65.31%、回收率 54.56% 的试验指标。

7.2　白钨矿的浮选

我国白钨矿床大多是品位低[$w(WO_3)$ < 0.5%]、矿物组成复杂、白钨嵌布粒度细、多种金属共生矿，矽卡岩、类矽卡岩类型居多，因此，浮选是我国白钨矿最主要的选矿方法，浮选药剂的研究和应用也取得了长足进展。

7.2.1　白钨浮选的主要捕收剂[27]

白钨矿的捕收剂可分为四类：阴离子捕收剂，阳离子捕收剂、两性捕收剂和非极性捕收剂。其中最主要的是阴离子捕收剂，不但对其研制进行得最多，而且广泛应用于生产实践，其他类型基本都停留在研究试验阶段，在生产中极少应用。

阴离子捕收剂主要包括脂肪酸类、磺酸类、膦酸类、羟肟酸及其衍生物的螯合物类（改性脂肪酸类）等。

（1）脂肪酸及其皂类

油酸及油酸钠是这类捕收剂的典型代表，也是我国白钨浮选应用最早、最广和最久的捕收剂。在1970年以前，几乎所有白钨浮选生产均以此为捕收剂，通常还用作白钨粒浮的捕收剂。油酸制取原料来源广，制取工艺较简单，故易在选矿实践中得到应用。其特点是捕收能力强，选择性较差；对含Ca、Mg、Ba的矿物均有较好的捕收能力。因而必须配合使用合适的调整剂（特别是抑制剂）才能取得较好的浮选效果。油酸使用的缺陷为：一是油酸不易在水中溶解和分散，须与煤油同时使用，将其先溶入煤油（一般按1:1配制）使其乳化，在矿浆中弥散；二是在低于14℃的温度下使用用量要加大，在冬天使用矿浆加温后效果才好；三是对水质有一定要求，不宜在硬水中使用，否则用量将增加；四是难获高品位白钨精矿，一般需采用彼得罗夫加温法精选。

油酸应用于生产的典型是图7-2所示湘西金矿沃溪选厂的白钨浮选流程，该选厂重选一段磨矿摇床尾矿再磨细至-0.15 mm后，先浮出锑金混合精矿，再用碳酸钠调整pH为9～10，加入水玻璃作石英等脉石矿物的抑制剂，以油酸为捕收剂浮选白钨，获白钨粗精矿品位WO_3为7%～10%。白钨粗精矿再用彼得罗夫加温法精选，获得白钨精矿用酸浸除磷得到商品白钨精矿。药剂用量和分选指标如前所述。

我国许多黑钨选厂精选磁选尾矿钨锡浮选分离工艺中，浮选白钨的捕收剂大多都采用油酸。如6.6.6一节白钨与锡石浮选分离部分所述西华山钨选厂、铁山垅钨选厂就是用油酸浮白钨，获得与锡石分离较好效果的实例。

虽然现在氧化石蜡皂取代油酸，成为了白钨浮选的主要捕收剂，但是为了提高白钨浮选效率，无论是选矿试验研究还是在生产实际中，不少在浮白钨时仍然以油酸作为辅助捕收剂使用。

（2）731氧化石蜡皂

731氧化石蜡皂，简称731，是目前白钨浮选用得最普遍的捕收剂。

氧化石蜡皂是石油炼制的副产品石蜡，经过氧化、皂化后的产物。731氧化石蜡皂是我国采用大连石油化工七厂常三线一榨蜡（731蜡）为原料，它的分馏温度为262℃～350℃，熔点39.7℃，含油量20.07%，正构烷烃含量34.10%，异构烷烃含量14.8%。由731蜡加工制成的氧化石蜡皂就称为731氧化石蜡皂，一般简称为731。它的质量标准是：羟基酸15%～

25%，羧基酸 25% ~ 35%，不皂化物 ≯15%，游离碱 ≯1.0%，水分 ≯3%。

731 氧化石蜡皂成分中起捕收作用的是羧酸；而未被氧化的高级烷烃或煤油，则对羧酸起稀释作用，使羧酸容易在矿浆中弥散，同时也起辅助捕收剂作用；成分中的不皂化的氧化物醇、酮、醛等极性物质，在选矿过程中有起泡作用，故在用731为捕收剂时，可不另加起泡剂。还有一种混合型733氧化石蜡皂，简称733，其性质和捕收性能与731氧化石蜡皂相似，在白钨浮选中也有所应用。

我国将氧化石蜡皂用于白钨浮选生产实践始于1970年，荡坪钨矿宝山选厂首次将其用于浮选常温白钨，开创了我国白钨常温浮选生产的先河。在此以前，宝山选厂也是采用油酸为捕收剂在常温下粗选、然后用彼得罗夫加温法精选的白钨浮选工艺。应用731氧化石蜡皂浮选，实现了全浮选过程常温生产后，不但在精矿品位相同情况下，白钨回收率提高了15%以上，精矿质量稳定（一级一类白钨精矿），选矿药剂费用也下降了60%，还节省了锅炉蒸汽加热的费用，取得了很好的技术经济效果。

矿浆 pH 是影响氧化石蜡皂浮选白钨的关键因素。生产实践表明，适宜的矿浆 pH 是9.5 ~ 10.5，在两段调浆时，第一段加入碳酸钠调整 pH，必须控制 pH 为8.5 ~ 9；第二段加入水玻璃调浆使矿浆 pH 达到9.5 ~ 10.5。当 pH 低于9时，泡沫直径变大，泡沫量很少，泡沫颜色变黑，浮选过程开始恶化，大量磁黄铁矿上浮，即使加入氢氧化钠也难将磁黄铁矿抑制下去，白钨的回收率显著下降；若碳酸钠用量过大，矿浆 pH 高于10.5 时，会降低水玻璃的抑制作用，碳酸盐类矿物和萤石大量上浮，泡沫发黏，发生跑槽现象，粗精矿产率增加，精矿品位和回收率显著下降；若水玻璃用量过大，导致 pH 过高，泡沫颜色很白，泡沫很细，矿化差，泡沫发黏跑槽，浮选过程恶化，回收率明显下降。

影响 pH 调控的因素除药剂外，还有原矿含有害离子 Ca^{2+}、SO_3^{2-}、Mg^{2+} 的含量和原矿含泥量，当处理未风化的原矿，有害离子浓度：Ca^{2+} 20.1 mg/L、Mg^{2+} 5.4 mg/L、SO_3^{2-} 为0，矿浆 pH 容易控制和调整；当处理含泥量高的风化矿时，有害离子浓度高：Ca^{2+} 238.7 mg/L、Mg^{2+} 225 mg/L、SO_3^{2-} 3.9 mg/L，致使 pH 下降、矿泥聚团、跑槽，这种情况就应加强洗矿脱泥。在未进行洗矿脱泥时，就应适当调整碳酸钠和水玻璃的用量，以确保对 pH 的要求。为控制好矿浆的 pH，一般每半小时就测定一次矿浆 pH，及时调整。

气温和矿浆温度对氧化石蜡皂浮选白钨影响不很大，表7-1是宝山选厂一年中不同月份平均气温与731浮选白钨矿生产指标的关系。从中可以看出，只要合理少量的调整浮选药剂用量，气温保持6.3℃到26℃，生产指标都较稳定。不同气温就代表了当时不同的矿浆温度，这说明在常温下矿浆温度对731氧化石蜡皂浮选白钨影响不大。

表7-1 气温与731浮选白钨矿生产指标的关系

月平均气温/℃	6.3	12.2	19.5	22.7	23.6	25.1	26.0
精矿品位（WO_3）/%	65.11	66.80	66.40	68.38	71.10	69.67	69.64
WO_3 回收率/%	75.15	80.31	79.12	78.67	76.43	77.82	74.40
Na_2CO_3 用量/($kg·t^{-1}$)	2.523	2.502	1.42	1.295	1.776	1.643	1.088
Na_2SiO_3 用量/($kg·t^{-1}$)	14.722	12.158	8.889	8.599	9.453	8.062	8.023
731 用量/($kg·t^{-1}$)	0.812	0.860	0.748	0.689	0.653	0.799	0.598

注：生产指标和药剂用量为当月的平均值。

731 氧化石蜡皂现在已广泛应用于各类白钨矿的浮选,而且在黑钨浮选中,也将其作为捕收剂或辅助捕收剂应用。

(3)螯合捕收剂

螯合捕收剂也可统称为改性脂肪酸类捕收剂,是由脂肪酸衍生物制得。其中在选矿上用得最多的羟肟酸就是将制氧化石蜡皂时产生的低分子脂肪酸进行分馏时截取 $C_7 \sim C_9$ 的馏分作为原料,在浓硫酸的存在下用甲醇(或乙醇)进行酯化,获羧酸甲酯;$C_7 \sim C_9$ 的羧酸甲酯再与硫酸羟氨和氢氧化钠合成羟肟酸钠,羟肟酸钠最后用硫酸酸化获得羟肟酸[28]。因其能与一些金属离子 Fe^{2+}、Mn^{2+}、Ca^{2+}、Cu^{2+}、Pb^{2+} 等络合生成螯合物,故称之为螯合捕收剂。我国螯合捕收剂的研制和应用,在近二十多年来有很大的发展,各个研制单位多冠以繁多的代号,例如由广州有色金属研究院研制的 GY 系列就有 GYR、GYT、GYW 等,北京有色金属研究院研制的 CF 系列的 FX、FW、TA、ZL 等,还有 EA、OS、CKY……这些不同冠名的螯合捕收剂,实质上大多都是羧酸及其衍生物类,或是羧酸类的混合物,基本都以羟基为基础,选择不同长短的碳链,或改变为异构,或改变为苯基等。

螯合类捕收剂选择性较强,但疏水能力较弱,起泡能力也不强,大多还须与脂肪酸及其皂类或者氧化石蜡皂搭配,混合用药,发挥药剂的协同作用,以增强捕收能力。

目前,螯合捕收剂处于实验室试验研究的居多,真正用于工业实践的较少。在工业中应用成功的主要有 GY 型和 CF 型(亚硝基苯胺胺盐)这两类螯合捕收剂,它们对白钨和黑钨都有良好的捕收性能。已在柿竹园多金属矿用于黑钨、白钨的浮选生产中,由此,创建了我国对钨、铋、钼、萤石复杂多金属矿综合选矿的新技术——柿竹园法。该矿采用螯合捕收剂后,与原采用传统的脂肪酸类捕收剂比较,钨的总回收率由 54.11% 提高到 76.44%[28]。甘肃新洲矿业公司处理小柳沟风化型白钨矿时,白钨浮选生产工艺中采用了 GYW 和 731 氧化石蜡皂为捕收剂,获得了较好的生产指标(详见第 8 章 8.6 节)。

螯合捕收剂对黑钨、白钨的捕收机理被认为是:钨矿物表面的 Fe^{2+}、Mn^{2+} 离子和吸附的活化剂离子 Pb^{2+} 与羟肟酸根发生化学吸附,生成螯合物而疏水。螯合捕收剂与钨矿物作用的示意图如图 7-3 所示。

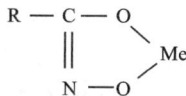

$$R - C - O$$
$$\| \quad \quad Me$$
$$N - O$$

Me-代表钨矿物表面的 Fe^{2+}、Mn^{2+}、Pb^{2+} 离子

图 7-3 螯合捕收剂与钨矿物作用示意图

7.2.2 白钨浮选常用调整剂

(1)pH 调整剂

矿浆 pH 对白钨浮选十分重要,尤其是粗选作业。无论是羧酸类捕收剂还是螯合捕收剂,都应该在碱性介质中进行,故白钨浮选矿浆都是弱碱性和碱性的,pH 调整剂主要是 Na_2CO_3 和 NaOH,Na_2SiO_3 虽然也可调整 pH,但其主要是作为抑制剂使用的,其抑制作用的好坏,也与 Na_2CO_3 和 NaOH 的用量密切相关。

以 Na_2CO_3 为 pH 调整剂的白钨浮选工艺称为碳酸钠法；以 NaOH 为 pH 调整剂的白钨浮选工艺称为苛性钠法。一般来说，碳酸钠法适合含方解石较多的矿石类型；苛性钠法更适合含萤石多、含方解石少的矿石类型。试验研究表明[29]：以 Y－17 脂肪酸为捕收剂浮选白钨时，在不加抑制剂的条件下，在 pH 为 8～12 较广泛的范围内，白钨的可浮性都较好，在 pH 为 10 左右时，到达最优值；而方解石的上浮量也随 pH 的增大而增加，pH 到达 10～12 时，还稍有增加；萤石上浮量在 pH <9 以前随 pH 增大而上浮量增加，大于 10 以后急剧下降，pH 达 12 时上浮量已很小；当浮选不含和少含方解石的白钨矿时，用苛性钠法调整 pH 达 10.5 以上时，以水玻璃为抑制剂，萤石和其他硅酸盐矿物受到抑制，白钨矿的可浮性却不受影响；在有水玻璃作抑制剂时，用 Na_2CO_3 调整 pH 至 7～10 时，水玻璃主要以 $Si(OH)_3^-$ 存在，对方解石的抑制作用强，用油酸及其皂类和氧化石蜡皂这类羧酸捕收剂时，在 pH =9.8～10.5 条件下，它们在矿浆中主要以离子[$RCOO^-$]和分子[$RCOONa$]的活性状态存在，有利于白钨矿的浮游，故以 Na_2CO_3 调整 pH 至 9.5～10.5，适合浮选含方解石较多的白钨矿石。

(2)白钨浮选时的主要抑制剂[30]

作为白钨浮选时脉石矿物的抑制剂，主要分为无机抑制剂和有机抑制剂两大类。其中最重要的是无机抑制剂。

①水玻璃(Na_2SiO_3)。

水玻璃是硅酸钠(Na_2SiO_3)的一般称谓，是石英和硅酸盐类矿物常用的有效抑制剂，它是在白钨浮选中用得最广泛最基本的一种抑制剂，其他一些无机和有机抑制剂大多只作为水玻璃的辅助抑制剂使用。水玻璃通常并不是纯粹意义上的硅酸钠，由于水玻璃在水中容易水解，生成 H_2SO_3，$HSiO_3^-$，SiO_3^{2-}，SiO_2 等，这些都是起抑制作用的成分，在不同 pH 和不同水玻璃模数下，这些成分的组成亦不同。水玻璃中的 SiO_2 与 Na_2O 的比值称为"模数"，水玻璃的"模数"越小越易溶于水，但抑制效力较差；"模数"越大，抑制效力越好，但越难溶于水。当模数大于 2 时就已有胶态 SiO_2 存在于水玻璃中，水玻璃模数越大，水玻璃溶液中的胶态 SiO_2 就越多，吸附在方解石表面的 SiO_2 就越多。这就是为什么用 Na_2CO_3 调整 pH 为 10 左右，选择水玻璃模数 2.4～2.8 时方解石能受到很好的抑制的原因之一。水玻璃进行改性可以提高其抑制性能，例将水玻璃加酸制成酸化水玻璃，就会生成更多的亲水胶态的 SiO_2 胶粒，和其他一些亲水胶粒，选择性吸附在萤石、方解石等含钙脉石矿物表面，阻碍对捕收剂的吸收。改性水玻璃在柿竹园矿黑、白钨矿混合浮选的 GY 法中得到应用，改善了混合浮选粗选的效果。用普通水玻璃 2600 g/t 时钨粗精矿品位 WO_3 只有 1.48%，粗选回收率 78.69%；改用同量的改性水玻璃后，钨粗精矿品位 WO_3 达到 3.4%，粗选回收率也提高到 93%[31]。

②混合抑制剂。

近年来，我国进行了许多钨浮选中对萤石、方解石等脉石矿物作高效抑制剂的研究，将水玻璃与其他无机盐类、有机抑制剂配成以水玻璃为主的混合抑制剂，能改善抑制效果，提高选择性抑制性能。

代号为 AD 的抑制剂就是一种以水玻璃为主，再配以羧甲基纤维素和硫酸铝的混合抑制剂。在这种混合抑制剂中，硫酸铝的三价铝离子水解产生 OH^- 作用，生成弱碱性氢氧化物，增强了水玻璃的水解作用，生成更多硅酸胶体，这两种胶体交杂一起，增加了脉石矿物的选择性抑制作用；而羧甲基纤维素则是由于其分子中每个葡萄糖单元上由醚化而引进的羧基与 Ca^{2+} 作用，因羧基的亲水导致抑制作用，故能抑制方解石、萤石等含钙矿物。抑制剂 AD 已成功用于柿竹园矿的黑钨细泥浮选中。

近年来，有人采用水玻璃＋偏磷酸盐的组合抑制剂用于白钨浮选试验中，也取得了很好的浮选效果，这种组合抑制剂对含磷矿物有较强的抑制能力，还有调整泡沫的作用。对某含磷灰石的矽卡岩白钨矿石用 731 氧化石蜡皂和塔尔油为捕收剂，水玻璃＋偏磷酸盐为抑制剂，经一次粗选、两次扫选、六次精选的闭路流程试验，从含 WO_3 0.35%、P_2O_5 0.10% 的原矿中，获得白钨精矿含 WO_3 70.18%、P 0.03%，钨的回收率 85.35% 的试验指标[32]。

石灰＋碳酸钠＋水玻璃是白钨浮选的另一类混合抑制剂，现在较广泛用于白钨浮选中。这种混合抑制剂的应用方法又称为"石灰浮选法"。其实质是：在浮选调浆时，先加适量石灰搅拌，然后再加碳酸钠和水玻璃；石灰中的钙离子首先吸附在方解石、萤石、石英表面，后添加的碳酸钠使这些矿物表面产生碳酸钙沉淀，形成微粒覆盖层，使它们受到抑制，而白钨矿表面则一直荷负电，没有沉淀产生，保持良好的可浮性，对锡石、硫化物、砷化物也有抑制作用。赣州有色冶金研究所采用"石灰浮选法"对湖南某含胶态白钨的矽卡岩白钨矿进行选矿试验研究，该矿石中钨金属占 23.6% 的白钨矿呈胶态非均匀分布在褐铁矿中，试验以氧化石蜡皂为捕收剂，采用一次粗选、两次扫选、五次精选的常温浮选闭路流程，当给矿品位 WO_3 0.74%，获得白钨精矿品位 WO_3 68.51%，回收率 70.46% 的试验指标[33]。原中南工业大学将"石灰浮选法"用于白钨的精选试验，也获得很好的效果。试料为广西某钨锡选厂的电选白钨中矿，含 WO_3 50.5%、Sn 9.8%，原采用加温浮选法要用大量的水玻璃和硫化钠在 90℃ 的温度下煮 3 h 以上，再经 4~5 次精选才能获精矿；采用"石灰浮选法"，以油酸为捕收剂，在常温下只要一次粗选、一次扫选、两次精选，就能获得白钨精矿含 WO_3 76.66%、Sn 0.16%、钨回收率 92.48% 的指标。

③有机抑制剂。

柠檬酸是一种有机化合物，对萤石等矿物有选择性抑制作用。采用柠檬酸作萤石的抑制剂进行白钨矿与萤石的浮选分离试验研究表明[34]，在柠檬酸溶液中，测定白钨表面的 ζ 电位无明显变化，而萤石表面的 ζ 电位明显变负，说明柠檬酸未在白钨矿表面吸附，而吸附在萤石表面，使萤石表面亲水，降低其可浮性。用柠檬酸为抑制剂、F305 为捕收剂对白钨矿单矿物与萤石单矿物混合(1:4)的试料进行浮选分离试验，获得了白钨精矿品位 WO_3 65.2%、钨的回收率为 88.3% 的试验指标；对柿竹园矿含 WO_3 0.57% 的原矿进行一次浮选粗选试验，获得粗精矿含 WO_3 3.24%、回收率为 88.45% 的试验指标。

（3）白钨浮选的活化剂

在白钨、黑钨的浮选中常加入 Pb^{2+}、Fe^{3+} 等金属离子作为活化剂，改善钨矿物的浮选性能，特别是应用螯合捕收剂浮选钨矿物时，添加活化剂显得十分重要，常用的活化剂是硝酸铅。

在应用 CF 法浮选钨矿物的研究表明[35]：硝酸铅是白钨矿和黑钨矿浮选的有效活化剂，其活化效果优于硝酸铁，起活化作用的主要成分是离子 Pb^{2+} 和 $PbOH^+$，在 pH < 6.0 时，起主要作用的是 Pb^{2+} 离子，pH 为 6.0~9.0，Pb^{2+} 离子和 $PbOH^+$ 离子都起活化作用；在未添加硝酸铅时，捕收剂 CF 不能化学吸附于白钨矿和黑钨矿表面，钨矿物可浮性差，说明药剂 CF 对白钨矿和黑钨矿表面的 Ca^{2+}、Mn^{2+}、Fe^{2+} 作用不敏感；在添加了硝酸铅后，Pb^{2+} 离子取代白钨表面的 Ca^{2+} 而优先化学吸附在白钨表面，同样 Pb^{2+} 也优先化学吸附于黑钨矿表面，CF 与钨矿物表面吸附的 Pb^{2+} 离子反应生成金属螯合物；硝酸铅对萤石、方解石基本没有活化作

用，捕收剂 CF 在萤石和方解石表面只呈物理吸附，药剂吸附不牢固，故萤石、方解石容易被抑制。

对由纯矿物白钨矿、黑钨矿、萤石、方解石的混合试料用螯合捕收剂 CF 进行浮选试验表明：在最佳 pH 为 6～9 时，不加活化剂硝酸铅时白钨、黑钨的回收率均小于 60%；有活化剂存在时，钨矿物回收率提高到 85% 以上。对柿竹园矿含 WO_3 0.46% 的原矿（磨矿至 -0.074 mm 占 83%～85%）用螯合捕收剂 GY 浮选钨矿物表明：在中性和弱性矿浆中粗选，不加硝酸铅时粗精矿含 $WO_3 < 1.5\%$，WO_3 回收率 73%；当加入硝酸铅 700 g/t（最佳用量）时，粗精矿含 WO_3 达 4.8% 左右，WO_3 回收率提高到 88% 以上。说明在螯合捕收剂浮选钨矿物时添加活化剂的重要作用。现在硝酸铅作为活化剂，已在柿竹园矿黑、白钨浮选生产中得到广泛应用。

7.3 白钨浮选工艺进展

大多数矽卡岩白钨矿不但品位低、嵌布粒度细、矿物组分复杂，而且与白钨矿浮选性能相近的其他含钙矿物较多，难采用较简单的浮选工艺获得合格白钨精矿，一般须采用两段浮选工艺。第一段为粗选工艺，以分离硫化矿、丢弃大部分脉石矿物和尽量回收钨矿物为目的，又确保钨矿物最好的回收，还要使粗精矿有较高的富集比。白钨粗选的关键是有选择性强的捕收剂和抑制剂，不同矿石类型的白钨矿的捕收剂不同，特别是脉石矿物组分不同选择的抑制剂对白钨粗选尤为重要。故按抑制剂的组合不同，白钨粗选工艺可分为碳酸钠浮选法、苛性钠浮选法和石灰浮选法三种；第二段为精选工艺，以提高精矿品位，分离黑、白钨，获得合格钨精矿为目的，一般可分为加温精选法和常温精选法两类。

7.3.1 白钨粗选碳酸钠浮选法的应用

碳酸钠浮选法是指以碳酸钠为 pH 调整剂、硅酸钠或硅酸钠组合剂为抑制剂的白钨粗选方法。这种方法是目前为止在生产实践和试验研究中应用最广泛、最久远的白钨粗选浮选方法。碳酸钠不但是弱碱性矿浆 pH 的调整剂和矿浆分散剂，而且由于有 CO_3^{2-} 离子的存在，可与 Ca^{2+} 生成 $CaCO_3$ 沉淀，能消除矿浆中 Ca^{2+} 离子的不良影响，与添加的硅酸钠产生协同抑制效应，可以改善白钨矿与方解石、萤石等含钙矿物的分离效果。

研究表明[36]：采用油酸为捕收剂、水玻璃为抑制剂浮选白钨矿时，油酸浓度为 0.0001 mol/L，用 Na_2CO_3 调整 pH 时，水玻璃浓度 $> 1.8 \times 10^{-3}$ mol/L，方解石基本不浮游，水玻璃浓度为 4.0×10^{-3} mol/L，萤石基本不浮游，而水玻璃浓度为 4.0×10^{-3} mol/L 时，白钨矿的浮游率大于 90%。这是由于白钨矿表面对 CO_3^{2-} 存在特性吸附，CO_3^{2-} 与 Ca^{2+} 生成 $CaCO_3$ 覆盖于白钨表面，使白钨矿对抑制剂离子 SiO_3^{2-} 缺乏吸附活性，在白钨表面水玻璃吸附量减少，改善了白钨的可浮性能，水玻璃为抑制剂时有利于白钨与方解石、萤石的分离。

碳酸钠浮选法一般用于硅酸盐、石英型白钨矿的浮选，对其他含钙矿物而言，更适合于含方解石多、含萤石少的白钨矿。例如湖北某低品位白钨矿主要金属矿物以黄铁矿为主，其次有白钨矿、磁黄铁矿、磁铁矿、黄铜矿等，非金属矿物主要有石英、方解石、石榴子石、碳酸盐矿物等，采用 731 氧化石蜡皂为捕收剂，选用了几种不同组合的调整剂进行白钨粗选，比较试验结果说明：在 $Na_2CO_3 + Na_2SiO_3$、$NaOH + Na_2SiO_3$、$Na_2CO_3 + Na_2SiO_3 + Al_2(SO_4)_3$、

$CaO + Na_2CO_3 + Na_2SiO_3$ 四种调整剂中，$Na_2CO_3 + Na_2SiO_3$ 的浮选效果最好，粗精矿品位和回收率均高于其他组合调整剂，表明碳酸钠法更适合这类白钨矿石。

（1）碳酸钠法用于品位较高的石英脉型白钨矿浮选实例

某石英脉型白钨矿有用金属矿物以白钨矿为主，尚有少量黄铜矿、闪锌矿、方铅矿，脉石矿物以石英、绢云母、方解石为主，其次为黑云母、绿帘石、斜长石、高岭土。原矿含 $WO_3 0.648\%$，$CaF_2 0.152\%$，$CaCO_3 3.109\%$，$SiO_2 86.06\%$，白钨矿嵌布粒度为 0.01 ~ 1.06 mm，其中 −0.04 mm 占 65%。属于含少量方解石、萤石的易选石英类白钨矿石。该白钨矿应用碳酸钠浮选法进行试验，采用的流程为：原矿磨矿至 −200 目占 79%，先脱硫后用碳酸钠调浆至 pH 为 9，以水玻璃和氰化钠为组合抑制剂、731 氧化石蜡皂为捕收剂进行白钨粗选，粗精矿直接精选五次，获白钨精矿。闭路试验流程及药剂制度如图 7-4 所示，此浮选流程特点是：经一次粗选、两次扫选和五次精选，精选时仅在精选 I 中加入抑制剂，精选 Ⅱ ~ Ⅴ 均为空白精选，流程中的各中矿均循序返回。全流程并未截然分为粗选和精选两段，流程简短，药剂制度简单，常温浮选，操作管理方便。这是白钨浮选最为简单的工艺。闭路试验流程获得的指标：原矿品位 $WO_3 0.65\%$，白钨精矿品位 WO_3 为 68.65%，WO_3 回收率84.75%[37]。

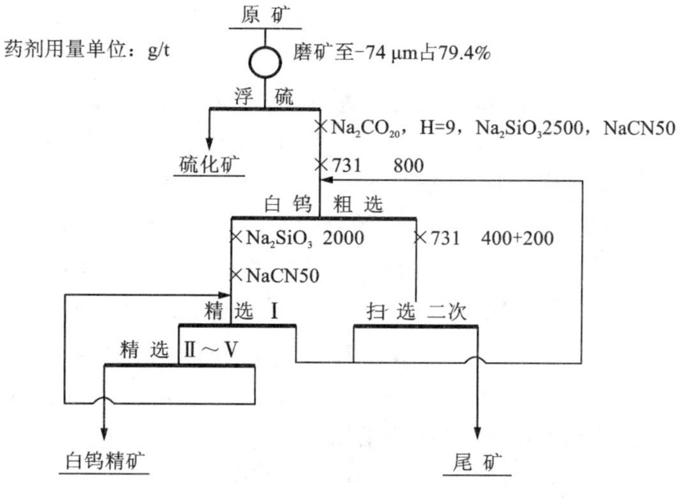

图 7-4 某石英脉型白钨矿浮选简明流程

（2）碳酸钠法用于普通矽卡岩型白钨矿浮选实例

云南某矽卡岩型白钨矿主要金属矿物有白钨矿、磁黄铁矿、黄铁矿、闪锌矿、黄铜矿、锡石等，非金属矿物多为硅酸盐类，主要有透闪石、石榴子石、黝帘石、石英、斜长石、辉石、绿泥石，萤石、方解石等，主要成分含量为：$WO_3 0.46\%$、$SnO_2 0.11\%$、$CaO 17.37\%$、$SiO_2 52.17\%$、$TFe 5.59\%$、$Al_2O_3 0.62\%$。矿石属于易选的含少量萤石、方解石的硅酸盐类白钨矿。

原矿磨细至 −200 目占 75% 时进行浮选试验，先脱硫后，采用 $Na_2CO_3 + Na_2SiO_3$ 为调整剂粗选，当仅用 731 氧化石蜡皂为捕收剂时，用量达 1000 g/t，白钨粗精矿含 $WO_3 9.21\%$，回收率为 77.25%；用 731 氧化石蜡皂 300 g/t + 油酸 80 g/t 为混合捕收剂，白钨粗精矿含 WO_3

9.12%，回收率为78.71%，在相近的分选指标时，混合捕收剂的用量大为减少，凸显混合用药的优越性。采用类似图7-4的闭路流程，即一粗、二扫、五精的常温常规浮选流程，仅在粗选调浆中加入 Na_2CO_3 1000 g/t、Na_2SiO_3 3000 g/t、捕收剂731氧化石蜡皂300 g/t、油酸80 g/t，扫选一加731氧化石蜡皂150 g/t、油酸40 g/t，扫选二加731氧化石蜡皂100 g/t、油酸20 g/t，五次精选均不加药；中矿均循序返回。该浮选闭路试验流程获得的指标：给矿品位 WO_3 0.44%，白钨精矿品位 WO_3 67.82%，WO_3 回收率88.87%[38]。

该白钨浮选工艺流程的特点与实例A相同，还采用了混合捕收剂，发挥了731氧化石蜡皂选择性好、油酸捕收能力强的协同捕收效应，用常规浮选流程获得了很好的指标。

（3）碳酸钠法用于含钙矿物多的矽卡岩型白钨矿浮选实例

某矽卡岩白钨矿含多类硅酸盐矿物、石英、萤石等脉石矿物，虽然原矿品位较高，但脉石中的透闪石、阳起石、绿泥石、萤石等含钙矿物与白钨矿的可浮性相近，难以用一般常温浮选工艺分选。原矿中主要组分的含量为：WO_3 0.73%、CaO 13.03%、CaF 3.94%、SiO_2 45.32%、Al_2O_3 8.39%、TFe 2.89%……

该白钨矿采用碳酸钠法进行浮选试验，应用常温粗选加温精选的两段浮选工艺，获得不错的分选指标。

原矿磨细至 -0.074 mm占80%后，先脱硫后进行粗选，采用一次粗、两次扫选、两次粗精的常规闭路流程：粗选加入 Na_2CO_3 1000 g/t、Na_2SiO_3 7000 g/t调浆，以螯合捕收剂 FW-2 240 g/t浮白钨，扫选一和扫选二分别加入 FW-2 1000 g/t和800 g/t，粗精一和粗精二分别各加入 Na_2SiO_3 1000 g/t；粗选段 Na_2SiO_3 总用量达9000 g/t，FW-2总用量为4200 g/t，粗选闭路流程试验获得白钨粗精矿含 WO_3 12.07%，粗选回收率达93.22%；白钨粗精矿采用改良型彼得罗夫法精选：将白钨粗精矿浓缩至50%的浓度，加入 Na_2SiO_3 3500 g/t、辅助调整剂 SN 300 g/t，加温至80~90℃搅拌1 h，矿浆稀释后直接加入 FW-2捕收剂60 g/t，经一次粗选、两次精选、两次扫选的常规闭路流程精选，其中两次扫选加入 FW-2各25 g/t，两次精选均未加药，获得白钨精矿品位 WO_3 69.71%，精选作业回收率95.99%；全流程的试验指标为：给矿品位 WO_3 0.73%，精矿品位 WO_3 69.71%，WO_3 回收率89.48%[39]。

此工艺流程的特点：一是两段浮选——常温粗选，加温精选；二是整个浮选过程大量使用 Na_2SiO_3，特别是在白钨粗选中 Na_2SiO 的添加量高达7000 g/t，粗选段的总用量达9000 g/t，这在一般碳酸钠法浮选中是少有的；三是使用了对白钨有较强捕收能力和选择性的螯合捕收剂 FW-2；四是加温精选应用了以 Na_2SiO_3 为主、SN为辅的混合抑制剂，采用加温搅拌后不脱药直接浮选的改良型彼得罗夫法精选；五是在粗选段增加了精选，提高了粗精矿品位，减少了精选段的精选次数，获得了很好的选别指标。

（4）碳酸钠法用于低品位伴生石英型白钨矿浮选实例

某以钼为主且伴生白钨的多金属矿，含 WO_3 品位很低，仅0.045%左右，为了综合回收白钨资源，进行了从浮钼尾矿中浮选白钨的选矿试验。试料主要金属矿物为白钨矿、黄铁矿、辉钼矿、磁铁矿等，主要脉石矿物有石英、长石、云母、方解石、辉石等，主要成分的含量为：WO_3 0.045%，Mo 0.02%、CaO 4.17%、MgO 3.61%、S 0.88%、SiO_2 66.20%、Al_2O_3 11.41%。试料中含方解石和辉石较多，给白钨精选带来了一定的困难。

试验采用碳酸钠法粗选、加温法精选的浮选工艺。原矿先脱硫后，以 Na_2CO_3 和 Na_2SiO_3 为调整剂、731氧化石蜡皂为捕收剂进行白钨粗选，采用一次粗选、一次精选、两次扫选的闭路粗选流程。粗选、扫选一和扫选二分别加入731氧化石蜡皂500 g/t、250 g/t和200 g/t，精选加入 Na_2SiO_3 100 g/t，获得白钨粗精矿含 WO_3 2.55%，粗选回收率为78.50%，粗精矿的富集比达56倍；白钨粗精矿应用改良型彼得罗夫加温法精选，加入解析、抑制剂为改性 Na_2SiO_3 和 NaOH，加入适量 NaOH 不但可调整 pH，加强对硫化矿物的抑制，而且可以促进 Na_2SiO_3 的水解，生成更多的胶体硅酸，增加选择性抑制作用，然而 NaOH 的用量不宜过多，否则导致 WO_3 回收率的下降，例如 NaOH 的用量由2000 g/t增加至3000 g/t时作业回收率由97.5%降低到91%。粗精矿浓缩至50%的浓度加入改性 Na_2SiO_3 2500 g/t、NaOH 2000 g/t，搅拌加温至90℃并保温50 min后调浆，采用一粗三精二扫的闭路流程精选，除精扫一和精扫二分别添加731氧化石蜡皂100 g/t和80 g/t外，其他作业均未加药，获得白钨精矿含 WO_3 31.03%，精选作业回收率96.02%，精选富集比为12，。全流程分选指标：给矿品位 WO_3 0.045%，精矿品位 WO_3 31.03%，回收率75.38%[40]。精矿富集比达672倍。如若再增加精选次数和调整药剂制度，提高富集比，可获得含 WO_3 >60% 的精矿，但钨的回收率太低。

7.3.2 白钨粗选苛性钠浮选法的应用

苛性钠浮选法是用 NaOH 为矿浆 pH 调整剂、硅酸钠或硅酸钠与其他辅助调整剂组合为抑制剂的白钨浮选粗选方法。用 NaOH 调整 pH 时间较短，容易得到高碱度矿浆，一般需要 pH 高时大都采用 NaOH 调浆。由于 Na_2SiO_3 对非硫化矿物抑制强弱的顺序：石英 > 硅酸盐 > 方解石 > 磷灰石 > 钼酸钙 > 重晶石 > 萤石 > 白钨，萤石与白钨的可浮性相近，选择合适的调整剂就是二者分离的关键。有关研究表明，脂肪酸类浮选法用 NaOH 调整 pH 时，矿浆的 Na_2SiO_3 浓度达 2×10^{-3} mol/L，白钨矿的浮游率大于80%，萤石浮游率小于50%，方解石基本不浮；Na_2SiO_3 浓度达 2.6×10^{-3} mol/L 时，萤石基本不浮，而白钨矿的浮游率仍有70%左右，说明采用 NaOH 调整 pH 可以加大白钨矿与方解石和萤石可浮性的差异，选择合适用量的 Na_2SiO_3 或者它与其他辅助药剂剂的组合抑制剂，可以较好地将它们分离。苛性钠浮选法多用于含萤石多方解石较少的白钨矿石类型。

（1）苛性钠法用于方解石较多、萤石较少的白钨矿浮选实例

云南某白钨矿的矿物种类繁多，金属矿物主要有白钨矿、黄铁矿、磁黄铁矿等，脉石矿物主要有辉石、石榴子石、萤石、方解石、长石、石英等，属于含方解石较多、萤石较少的白钨矿石，原矿主成分的含量为：WO_3 0.33%、$CaCO_3$ 6.03%、CaF_2 2.40%、Al_2O_3 8.95%、SiO_2 58.05%、S 1.62%。

该矿石原矿采用苛性钠法常温浮选工艺精选白钨浮选试验，试验分为粗选和精选两段。白钨粗选工艺：原矿磨细至 -200目占80%优先浮硫，再采用 NaOH 和 Na_2SiO_3 为调整剂、改性脂肪酸 FW 为捕收剂进行白钨粗选，随 NaOH 用量增加，白钨粗精矿品位和回收率不断提高，用量达1000 g/t以后，粗精矿品位不再增加，回收率却逐渐下降，因而 NaOH 用量不宜过多；随改性脂肪酸 FW 用量增加粗选回收率不断提高，粗精矿品位不断降低，需综合此二指标来选择 FW 的用量。采用一粗、二精、二扫的常规粗选闭路流程，粗选 NaOH 用量为1000 g/t，粗选加入 Na_2SiO_3 3000 g/t、FW 300 g/t，精选一和精选二各加入 Na_2SiO_3 500 g/t，扫选二加入 FW 100 g/t。当原矿品位 WO_3 为0.32%时，获粗精矿含 WO_3 5.91%，粗选作业回收率95.95%。

白钨粗精矿采用加 Na_2SiO_3 强烈搅拌的常温浮选法精选。Na_2SiO_3 用量和搅拌时间是影响

精选指标的主要因素。单因素试验表明：随着 Na_2SiO_3 用量的增加，精矿品位提高，而回收率降低，综合二指标选择 Na_2SiO_3 用量为 3000 g/t；搅拌时间由 30 min 增加至 90 min，精矿 WO_3 含量由 48.34% 提高到 53.46%，精选回收率由 96.06% 降低至 92.25%。搅拌时间以 60 min 为宜。白钨粗精矿加 Na_2SiO_3 3000 g/t 强烈搅拌 60 min 后直接经一粗、三精、二扫的常规闭路流程精选，仅在两次精选中添加捕收剂 FW 各 25 g/t，其余作业均未加药。精选作业获白钨精矿品位 WO_3 51.78%，精选回收率 95.31%。全流程 WO_3 回收率为 81.44%[41]。

(2) 苛性钠法用于萤石、方解石含量高的白钨矿石浮选实例

某白钨矿床主要钨矿物为白钨矿、黑钨矿，其中白钨矿 WO_3 占有率为 83.91%，脉石矿物主要为绢云母、方解石、萤石等，原矿中含钙矿物萤石、方解石的量极大，对白钨的浮选有一定的影响。矿石主成分的含量为：WO_3 1.46%、CaF_2 34.26%、$CaCO_3$ 24.29%、SiO_2 18.80%、Al_2O_3 6.54%、MgO 6.27%、Fe 2.33%。白钨矿的嵌布粒度为 0.02~0.32 mm，黑钨矿嵌布粒度集中在 0.04 mm。

由于钨矿物的嵌布粒度较粗，脉石矿物与钨矿物的密度差较大，所以可在粗磨条件下，用重选方法回收大部分钨矿物，矿石磨至 -0.2 mm 后先将 -0.2 +0.074 mm 粒级用 GL 螺旋选矿机(粗)+摇床(精)、-0.074 mm 粒级用螺旋溜槽(粗)+微细摇床(精)的重选工艺处理，获得重选钨精矿；重选的中矿和尾矿再细磨至 -0.074 mm 为 85% 后采用苛性钠法进行白钨浮选，获浮选钨精矿[42]。

白钨浮选的给矿除 WO_3 含量降低至 0.257% 以外，其他组分与原矿基本相同，属于含萤石、方解石极高的难选白钨矿试料。白钨浮选试验流程分为粗选和精选两段，粗选采用 Na_2SiO_3 调浆，以螯合捕收剂 FW2 为捕收剂，经一次粗选、两次精选、两次扫选的常温常规闭路流程粗选，粗选 NaOH 最佳用量为 1500 g/t，控制 pH 为 9~10，Na_2SiO_3 用量为 3000 g/t，FW2 用量 250 g/t；精选一和精选二分别加入 Na_2SiO_3 750 g/t 和 500 g/t；两次扫选均加 Na_2SiO_3 210 g/t。获得白钨粗精矿含 WO_3 6.79%，粗选作业回收率为 56.97%。

白钨粗精矿精选采用常温浮选法，因萤石、方解石含量高，无法获得合格白钨精矿，故采用加温浮选法精选，即将白钨粗精矿浓缩后加入 Na_2SiO_3，在高浓度、高温下强烈搅拌解析脱药，稀释后精选。解析脱药条件为：Na_2SiO_3 用量 3500 g/t，加温至 90℃，强烈搅拌保温 1h，矿浆稀释后经一粗、二精、一扫的常规闭路流程分选，精选各作业均未加药。白钨浮选流程及药剂制度见图 7-5。精选获白钨精矿品位 WO_3 66.70%，精选尾矿含 WO_3 0.39%，精选作业回收率为 94.82%，白钨浮选全流程指标为：给矿品位 WO_3 0.25%，精矿品位 WO_3 66.70%，尾矿品位 WO_3 0.11%，白钨浮选系统回收率 54.02%，白钨浮选对原矿的回收率为 9.34%；原矿重—浮全流程选矿指标：给矿品位 WO_3 1.46%，综合精矿品位 WO_3 68.70%(其中重选精矿 WO_3 68.93%)，尾矿品位 WO_3 0.12%，WO_3 回收率 92.05%(其中重选 82.71%)。

该工艺流程的特点：一是首先充分发挥重选作用，大部分钨矿物从重选中得到回收，重选尾矿和中矿再磨浮选细粒白钨，获得很高的分选指标；二是根据与白钨浮选性质相近的萤石、方解石含量高的特点，发挥了 NaOH 调浆的作用，采用多量、多作业添加 Na_2SiO_3 抑制含钙矿物，全浮选流程 Na_2SiO_3 的总用量达 7750 g/t，应用了选择性强的螯合捕收剂 YW 为白钨的捕收剂；三是采用了两段浮选工艺，精选采用彼得罗夫加温法，发挥了 Na_2SiO_3 高温强烈搅拌解析脱药作用，浮选采用常规闭路流程，流程结构较简单，仅用两次精选就获得了高品位白钨精矿，白钨精选的富集比达 10 倍。

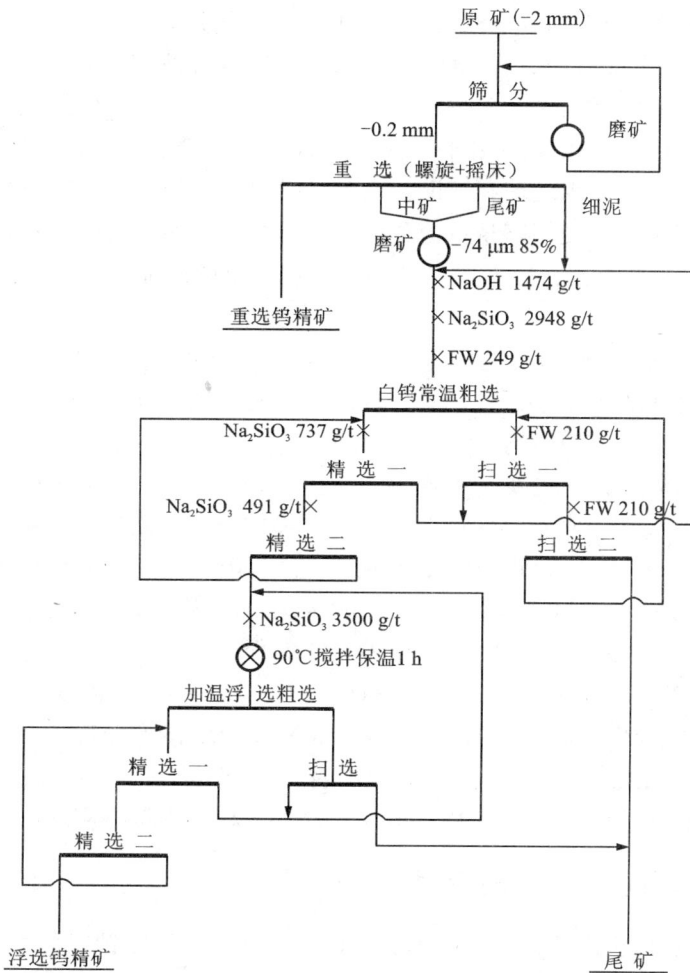

图 7-5 某高萤石、方解石白钨矿浮选工艺流程

该试验虽然全流程回收率高，但白钨浮选部分还不够理想，在给矿品位 WO_3 0.25% 时，浮选尾矿品位 WO_3 还达 0.11%。采用 NaOH 调浆、单一 Na_2SiO_3 为抑制剂在用量较大的条件下，对萤石、方解石有较好的抑制作用，但同时对白钨也会有一定的抑制，这说明萤石、方解石对白钨浮选影响较大。

（3）苛性钠法用于含钙矿物多的矽卡岩白钨矿浮选实例

黑龙江某白钨矿属以矽卡岩为主的白钨矿类型，主要金属矿物有磁黄铁矿、黄铁矿和白钨矿，脉石矿物主要有石英、斜长石（钙长石、斜微长石）、透辉石、云母等，钙长石等含钙矿物在矿石中占有比例较大，原矿含 WO_3 0.416%、SiO_2 44.26%、CaF_2 13.26%、TFe 6.18%、Al_2O_3 9.91%、CaO 4.62%。

原矿白钨浮选采用苛性钠法粗选，改进型彼得罗夫法加温精选。矿石磨细至 -0.074 mm 占 75% 后先浮硫，再用 NaOH 调浆，改性水玻璃为抑制剂，733 氧化石蜡皂为捕收剂常温粗选，白钨粗选随 NaOH 用量增加，粗精矿品位逐渐增高；回收率在 NaOH 用量小于 2000 g/t

前，随 NaOH 用量增加逐渐提高，超过 2000 g/t 后则迅速降低，NaOH 用量由 2000 g/t 提高到 2200 g/t，粗选回收率由 85% 降至 82.5%，NaOH 用量提高至 2500 时，粗选回收率降低到 79%。因此，白钨粗选药剂用量：NaOH 2000 g/t，改性水玻璃 2500 g/t，733 氧化石蜡皂 500 g/t，可获得白钨粗精矿含 WO_3 3.8%，粗选回收率为 87%。粗选采用一粗、一精、二扫常温常规闭路浮选流程获白钨粗精矿；采用改良型彼得罗夫法精选：粗精矿浓缩至 50% 的浓度，加温至 85℃ 以上，加入水玻璃和辅助药剂 MS(矿浆 pH 达 13)搅拌 1 h，矿浆稀释后精选，采用一粗、三精、二扫的常规闭路精选流程获得白钨精矿。精选各分选作业均为不加药剂的空白浮选。全流程试验指标：给矿品位 WO_3 0.418%，精矿品位 WO_3 67.87%，回收率为 85.99%[43]。

此白钨浮选工艺最大特点是：粗选采用了改性水玻璃为脉石抑制剂，精选加温解析脱药搅拌作业中除加入水玻璃外，还添加了辅助抑制剂 MS，矿浆 pH 达 13 以上。

(4)苛性钠法用于石英型白钨矿的浮选实例

云南某白钨矿脉石矿物主要为石英和透闪石等，原矿含 WO_3 0.65%、SiO_2 72.63%、Al_2O_3 6.89%、CaO 7.42%，属于较易浮选分离的白钨矿类型。该矿石白钨浮选试验采用苛性钠法进行。原矿磨矿至 −200 目占 80%，先脱硫，在脱硫中分别加入 Na_2CO_3 1000 g/t 和 Na_2SiO_3 1500 g/t，在白钨粗选中再加入 NaOH 1000 g/t，以 733 氧化石蜡皂为捕收剂(用量为 500 g/t)，经一粗、五精、三扫的常温常规闭路流程，获得试验指标为：给矿品位 WO_3 0.80%，精矿品位 WO_3 63.17%，尾矿品位 WO_3 0.11%，回收率为 86.32%[44]。

此浮选工艺在脱硫作业调浆中加入 Na_2CO_3 和 Na_2SiO_3，既有分散矿泥的作用，又有抑制石英等脉石的作用；在白钨粗选时再加入 NaOH 不仅调节 pH，而且对石英等产生抑制作用，白钨仍能保持较好的可浮性，使得采用一般常规浮选流程在常温下实现白钨的浮选。

7.3.3 白钨粗选石灰浮选法的应用

石灰浮选法是在白钨浮选粗选中添加石灰搅拌，再加入碳酸钠、水玻璃，以脂肪酸及其皂类进行白钨浮选的方法。这种浮选方法早在 20 世纪 70 年代我国白钨浮选工艺研究中就有所应用。该方法的药物机理是：添加石灰后，矿浆中的 Ca^{2+} 离子吸附在方解石、萤石、石英等脉石矿物表面，使其表面电性发生变化，由负电荷变成正电荷，而白钨矿表面不受影响，表面仍带负电荷，当加入过量的 Na_2CO_3 后，就会在脉石表面吸附 Ca^{2+} 离子形成 $CaCO_3$ 沉淀，白钨矿表面则不易生成这种沉淀，在加入水玻璃后，脉石矿物受到抑制，加入捕收剂后，白钨矿疏水而浮游，实现白钨与脉石矿物的分离。

石灰法的优点在于：无须加温和长时间搅拌就可选择性抑制萤石、方解石等含钙矿物，实现白钨矿的常温浮选；还可以减少水玻璃的用量；对锡石和硫化物、砷化物也有抑制作用。

在柿竹园矿的白钨粗选中石灰法应用研究表明：在 Na_2SiO_3、Na_2CO_3、731 氧化石蜡皂相同的用量条件下，不加石灰和添加石灰 1500 g/t 比较，粗精矿 WO_3 回收率可由 40% 提高到 70% 左右；而萤石回收率由 50% 降至 5%，在硬水矿浆情况下，粗精矿 WO_3 含量由 1% 提高到 4%；在以 731 氧化石蜡皂为捕收剂浮选柿竹园白钨矿的试验研究表明[45]：对含 WO_3 0.58%、CaF_2 17.71%、$CaCO_3$ 6.91% 的原矿进行白钨浮选粗选时，用石灰浮选法(石灰与碳酸钠的比例为 1:2)与碳酸钠浮选法比较，在粗精矿回收率相近(78.16% ~78.32%)情况下，石灰法的粗精矿品位(含 WO_3 10.81%)比碳酸钠法粗精矿品位(含 WO_3 6.81%)高 4%，说明石灰法比碳酸钠法对萤石、方解石等含钙矿物选择性抑制作用更强。同样用 731 氧化石蜡皂为捕收剂浮选安徽某脉石以硅酸盐为主的矽卡岩白钨矿,用石灰法粗选时,获粗精矿品位 WO_3 16.78%、粗选回收率73.92%;用碳酸钠法粗选时,获粗精矿品位 $WO_3$23.60%、粗选回收率 76.53%。表明石灰浮选法不适于硅酸盐类白钨矿石,而更适合含萤石、方解石高的白钨矿石。

江西蕉里铅锌 – 白钨矿属于矽卡岩型矿石,在白钨浮选生产中成功应用了石灰法。原矿磨矿至 -200 目占 70%,先浮铅、锌硫化矿,再以石灰、碳酸钠、水玻璃为调整剂,以 731 氧化石蜡皂为捕收剂,进行白钨粗选,石灰用量为 300 ~ 400 g/t,获粗精矿含 $WO_3$4.7% ~ 5.7%,当不加石灰时,粗精矿品位 WO_3 只有 2.2%。粗精矿采用常温精选五次,获得白钨精矿品位 WO_3 为 73%,白钨回收率达 79.4%。

石灰法还有利于实现白钨常温浮选。对柿竹园原矿进行白钨浮选试验表明[46]:应用石灰法可以实现该白钨矿的常温浮选。原矿浮硫后,以 733 氧化石蜡皂为捕收剂,采用石灰法粗选白钨。粗选石灰用量对白钨精矿品位和回收率影响明显,白钨精矿品位和回收率随石灰用量的增加而提高,用量为 2000 g/t 时,指标达到最佳值,石灰用量超过 2000 g/t 以后,白钨精矿品位和回收率随石灰用量的增加而降低。粗选药剂用量:石灰 2000 g/t、Na_2CO_3 3000 g/t、Na_2SiO_3 4000 g/t、733 氧化石蜡皂 600 g/t,经一粗、二精、二扫的闭路流程粗选,当给矿含 $WO_3$0.4%(对白钨为 0.28%)时,获得白钨粗精矿含 $WO_3$3.53%,粗选回收率为77.01%。对粗精矿进行 XRD 图谱分析表明,其中萤石含量非常少,而方解石的含量还较多,说明石灰法粗选能有效地进行白钨与萤石的分离,也说明石灰法更适合萤石类白钨矿的浮选,可实现这类白钨矿石的常温浮选。

全浮选流程试验时,采用一粗、二精、二扫开路流程粗选,粗选药剂用量如上所述,但还在扫选一和扫选二分别加入 733 氧化石蜡皂 300 g/t,在扫选二加入 $Na_2CO_3$600 g/t,精选为空白浮选,获得粗精矿含 $WO_3$6.65%;将此粗精矿浓缩后加入酸化水玻璃强烈搅拌,稀释后经两次开路精选可获得白钨精矿含 $WO_3$42.12%,精选作业回收率为 77.01%。此白钨精矿经 XRD 图谱分析表明,方解石含量已明显减少,说明在常温下酸化水玻璃强烈搅拌对方解石起了明显的抑制作用。由此说明,采用石灰法粗选,改性水玻璃强烈搅拌后精选,可以实现含萤石、方解石较高的白钨矿常温浮选。

7.3.4 白钨加温精选工艺

一般采取不添加任何药剂的简单精选方法难以获得高品位的商品白钨精矿。白钨精选工艺的核心是选择性解析吸附在脉石矿物表面的捕收剂,再添加合适的调整剂,加大白钨矿与其他具有浮游活性矿物的可浮性差异,进行白钨粗精矿的精选。

白钨精选工艺大致分为两大类:加温精选法和常温精选法。

加温精选法的要点是:白钨粗精矿经浓缩后的矿浆加温至一定的温度,加入适当的调整剂,较长时间强烈搅拌解析脱药,再调浆浮选。加温精选法以"彼得罗夫法"为基础,又进一步发展为"改进型彼得罗夫法"。

(1)经典的彼得罗夫加温精选法

这种方法是苏联以前常用的一种白钨粗精矿精选方法,它是将含方解石、萤石等含钙矿物的白钨粗精矿浓缩至60% ~ 70%固体的浓度,再加入大量水玻璃(一般达到3% ~ 5%的浓度),加温至80℃以上的温度,强烈搅拌 30 ~ 60 min,然后用水稀释(或过滤、或沉淀脱除残液），调浆至浮选浓度，在室温下进行浮选（一般经多次精选），获得白钨精矿；方解石、萤石等脉石矿物留于槽底，成为尾矿。这种工艺主要用于以脂肪酸及其皂类为捕收剂浮选含方解石、萤石等脉石较多的白钨矿石，由于油酸等脂肪酸的捕收性能强、选择性差，与白钨矿可选性相近的含钙矿物容易与白钨矿一起浮游，进入粗精矿。在高温强烈搅拌下，经水玻璃解析和机械擦洗作用，吸附在方解石、萤石表面的油酸容易脱落，白钨表面则无变化，方解石、萤石被水玻璃所抑制，浮选时与白钨分离。

由于应用经典彼得罗夫法精选，白钨浮选过程稳定，适应性强，分选指标良好，曾在我国白钨浮选中得到较为广泛的应用。例如荡坪钨矿宝山矿区矽卡岩白钨矿在 1970 年以前就是采用经典彼得罗夫法生产商品白钨精矿；柿竹园矿野鸡尾选厂 2002 年以前也曾将彼得罗夫法用于白钨精选作业，从含 $WO_3$18.76% 的白钨粗精矿生产出品位 WO_3 为 66.49% 的白钨精矿。在白钨矿浮选试验中也常应用经典彼得罗夫法，例如川口钨矿杨林坳矿区的白钨浮选试验，将含 $WO_3$5.54% 的白钨粗精矿采用加温后加入水玻璃强烈搅拌后，脱除残液再调浆，经三次精选、一次扫选的闭路精选流程，获得白钨精矿品位 WO_3 为 67.23%，精选作业回收率为92.59%；湖南黄沙坪多金属矿从浮钼、铋、硫尾矿中回收白钨的试验，白钨粗精矿的精选也沿用了经典彼得罗夫法：工业试验粗选采用碳酸钠法以 733 氧化石蜡皂浮白钨，获得粗精矿含 $WO_3$6.12，粗精矿浓缩后加入水玻璃 100 kg/t，加温至 95℃搅拌 1 h，再稀释脱药，调浆后加入 733 氧化石蜡皂 40 g/t（扫选加入 733 氧化石蜡皂 18 + 18 g/t）浮白钨，经一粗、三精、三扫的闭路精选流程，获得白钨精矿品位 $WO_3$65.17%，精选作业回收率71.05%。

湖南某大型白钨矿属于含钙镁矿物较多的矿石类型。主要金属矿物有白钨矿、磁黄铁矿、黄铁矿、方铅矿、闪锌矿等，脉石矿物以富含钙镁的透辉石、透闪石和富含钙的方解石、萤石、钙铝石榴石等为主，矿石主成分含量：$WO_3$0.38%、Fe5.53%、S1.02%、CaO14.46%、$CaF_2$6.65%、$SiO_2$33.77%、$Al_2O_3$8.60%、MgO 9.04%。此原矿采用碳酸钠法粗选、经典彼得罗夫法精选进行白钨浮选试验取得较好的试验指标。影响白钨浮选的主要因素是透辉石、透闪石、方解石、萤石等含钙脉石。浮选工艺为：原矿磨碎至85% −200 目后，先浮硫，用 Na_2CO_3 调浆，以 Na_2SiO_3 为抑制剂、改性脂肪酸类 F9 为捕收剂进行白钨粗选，粗选药剂用量为：Na_2CO_3 800 g/t，$Na_2SiO_3$6000 g/t，F9 150 g/t。采用一粗二精二扫常规闭路粗选流程，两次精选分别加入 $Na_2SiO_3$1000 g/t，扫选一和扫选二分别加入 F9 50 g/t 和 25 g/t，获得白钨粗精矿含 $WO_3$7.12%，粗选作业回收率82.16%；粗精矿浓缩至 50% 的浓度，加入 Na_2SiO_3 3500 g/t 加温至 90℃保温搅拌 1 h 后，矿浆加水稀释至浓度为 20% 直接精选，加温搅拌的 Na_2SiO_3用量.是影响精选指标的重要因素，随 Na_2SiO_3 用量的增加白钨精矿品位提高，而回收率则下降。精选为一粗二精二扫常规闭路流程，两次扫选分别添加捕收剂 F9 各 25 g/t，精选作业均为空白浮选，获得白钨精矿品位 $WO_3$67.35%，精选作业回收率为 97.48%。白钨浮选全流程试验指标：给矿品位 $WO_3$0.39%，精矿品位 $WO_3$67.35%，WO_3 回收率为 80.09%[47]。此试验说明以螯合捕收剂浮选含钙矿物多的白钨矿石，应用经典彼得罗夫法精选也能获得较好的浮选效果。

由于经典彼得罗夫法在加温搅拌时须加入大量水玻璃，有的每吨粗精矿用量高达数十公斤甚至上百公斤，药剂成本高；搅拌后往往需稀释脱除残液，脱药过程会造成钨金属的损失；操作较繁杂，工作环境较差，而且随着大量贫、细、杂白钨矿床的开采，那些性质复杂，含钙矿物多，特别是萤石、方解石多的白钨矿石，经典彼得罗夫法也不能获得很好的分选效果，因而,许多新型浮选药剂的研制成功,促使了这种加温精选方法的改进。

(2)改进型彼得罗夫加温精选法

在经典彼得罗夫法的基础上,一些专家学者对工艺过程进行了适当的改进,称之为改进型彼得罗夫法。这种加温精选法改进的要点是粗精矿高浓度加温搅拌中加入其他药剂与水玻璃联合使用,或以其他药剂取代水玻璃,但都不脱除药液,矿浆稀释后直接浮选。

实例1:对河南某浮钼尾矿回收白钨的试验中采用了 Na_2SiO_3 + 辅助抑制剂 LY 的改进性彼得罗夫加温精选法。该矿石金属矿物主要有辉钼矿、白钨矿、黄铁矿、闪锌矿、方铅矿等,脉石矿物主要有透闪石、石榴子石、粒硅镁石、萤石、滑石等。原矿磨细至80% −200目后先脱硫,再以碳酸钠和酸化水玻璃为抑制剂,改性脂肪酸 ZL 为捕收剂进行白钨粗选,粗选药剂用量为: Na_2CO_3 2000 g/t、酸化 Na_2SiO_3 3500 g/t、ZL 400 g/t,给矿品位 WO_3 为0.216%,获得白钨粗精矿含 WO_3 5.21%,粗回收率81.14%;精选工艺为:将粗精矿浓缩至浓度60%搅拌,加入辅助抑制剂 LY 100 g/t,加温至90℃,再加入 Na_2SiO_3 5000 g/t 保温 1 h 后,加水稀释直接精选,LY 的用量试验表明:固定 Na_2SiO_3 用量,白钨精矿品位与 LY 用量呈正比关系,WO_3 回收率随 LY 用量增加呈波浪式下降;Na_2SiO_3 用量与此二指标的关系也类似,试验数据见表7−2。经一粗、一精、一扫常规闭路粗选,一粗、五精、三扫常规闭路精选流程,获得指标为:原矿品位 WO_3 0.216%,白钨精矿品位 WO_3 60.14%,WO_3 回收率77.78%[48]。

表7−2 加温搅拌 LY、Na_2SiO_3 用量与精矿品位和回收率的关系

指标	LY 用量/$(g \cdot t^{-1})$				Na_2SiO_3 用量/$(g \cdot t^{-1})$			
	40	70	100	130	4000	4500	5000	5500
精矿品位(WO)/%	50.5	56.5	60	61.8	58.4	60.4	61.7	60.4
WO_3 回收率/%	65.2	63.4	64.5	63.1	67.6	64.5	65.7	63.5

实例2:柿竹园矿野鸡尾选厂2002年以后白钨浮选粗精矿采用改进型彼得罗夫法精选,以 Na_2SiO_3 + Na_2S + 无机盐的组合药剂代替 Na_2SiO_3 进行加温搅拌,不但避免了原经典彼得罗夫法加温后需多次脱药、白钨精矿还需进一步脱磷、脱硫,造成钨金属的损失,而且提高了白钨精矿质量,降低了药剂耗量[49]。

该选厂处理的是柿竹园矿三矿带富矿,主要金属矿物有白钨矿、黑钨矿、辉铋矿、自然铋、辉钼矿、黄铁矿、磁黄铁矿、锡石等,脉石矿物有萤石、石榴子石、方解石、辉石、石英、长石等,原矿磨细至 −74 μm 占80% ~85%,先经等浮和混浮浮出 Mo、Bi、Fe 等硫化矿,浮硫尾矿用弱磁除去磁铁矿,浓缩后用 GY 法进行黑、白钨混合浮选,产出含 WO_3 9% ~30%的钨粗精矿,原来钨粗精矿用彼得罗夫法分离黑、白钨,采用一粗、三精、四扫流程获白钨精矿。2002年以后采用改进型彼得罗夫法处理混合钨精矿,在加温搅拌中加入 Na_2SiO_3、和无机盐的组合药剂,强化了粗精矿表面药剂的选择性解析和脉石的抑制作用,提高了白钨的浮游活性。此三种药剂用量与白钨精矿品位和回收率的关系如表7−3所列。随 Na_2SiO_3 用量增加白钨精矿品位逐渐提高,回收率则逐渐降低;随 Na_2S 用量增加精矿品位逐渐提高,回收率则先提高而后下降;随无机盐用量增加回收率逐渐提高,精矿品位则呈先高后低趋势。

表 7 – 3　Na₂SiO₃、Na₂S 和无机盐的用量与白钨精矿品位和回收率的关系

药剂用量 /(kg·t⁻¹)	Na₂SiO₃				无机盐				Na₂S			
	20	40	60	80	0	1.5	3	4.5	0.6	1.2	1.8	2.4
精矿品位（WO₃)/%	63.76	68.79	70.18	72.15	66.30	66.21	68.38	60.17	56.2	68.76	69.10	69.16
回收率/%	72.10	72.18	58.64	41.18	57.31	63.83	70.76	72.81	43.53	70.11	58.93	48.99

在加温搅拌中加入 Na_2S 的作用可能是：Na_2S 在矿浆中水解主成分为 S^{2-}、OH^-、HS^-、Na^+，存在大量水玻璃的矿浆在高 pH（ >12）下，Na_2S 在矿浆中水解起作用的主成分是 HS^- 和 S^{2-}，它们能排斥原吸附在黄铁矿、磁黄铁矿等硫化矿物表面的硫化矿捕收剂，并先吸附在硫化矿表面，增加其疏水性，在白钨精选时，起到抑制硫化矿的作用，能降低白钨精矿的含硫量；另外，Na_2S 水解时产生的 OH^- 离子能与矿浆中的有害离子 Ca^{2+}、Mg^{2+} 作用，生成氢氧化物沉淀，降低这类有害离子对白钨浮选的不利影响；再就是 S^{2-} 离子能与 Pb^{2+}、Bi^{2+}、Cu^{2+} 离子生成不溶解的硫化物，降低这些离子在矿浆中的浓度，尤其是作为活化剂的 Pb^{2+} 离子浓度的降低，在加温精选中减少了对黑钨矿、其他含钙矿物以及脉石的活化作用，使这些矿物更不易上浮，从而提高了与白钨矿的分离效果，有助于获得高质量白钨精矿。

在加温搅拌药剂用量 Na_2SiO_3 40 kg/t、Na_2S 1.2 kg/t、无机盐 3 kg/t 的条件下，该工艺获得试验指标为：粗精矿品位 WO_3 19.83%，白钨精矿品位 WO_3 68.48%，精选作业回收率 71.17%。在野鸡尾选厂工业生产中应用，与原经典彼得罗夫加温法比较，钨精矿品位由 WO_3 66.49% 提高到 69.78 WO_3%，WO_3 回收率由 52.63% 提高到 58.04%。药剂成本大幅下降，每年可增加利润数百万元，还减轻了工人的劳动强度，取得了显著的经济效益和社会效益。

实例 3：从某浮钼尾矿——低品位白钨矿中浮选白钨的试验中，采用了添加辅助抑制剂 Na_2S、NaOH 与 Na_2SiO_3 的组合药剂的改进型彼得罗夫法加温精选[50]。该试料主要脉石矿物有透辉石、石英、白云石、方解石、石榴子石等，主要脉石矿物的含量为：透辉石 21.1%，石英 18.3%，石榴子石 25.9%，白云石 9.2%，黑云母 7.2%，方解石 5.1%，绿泥石 4.1%，其中，白云石和方解石是影响白钨浮选的重要因素。试料 WO_3 的含量为 0.067%。

白钨粗选工艺采用碳酸钠法，以改性脂肪酸 EP 为捕收剂，粗选 pH 为 9～10，当给矿品位为 WO_3 0.067% 时，经一粗、一精、一扫的闭路流程，获得白钨粗精矿含 WO_3 2.38%，回收率 75.11%，粗选药剂用量：Na_2CO_3 3000 g/t，Na_2SiO_3 3500 g/t（其中精选 50 g/t），EP 110（其中扫选 30 g/t）。粗精矿浓缩至 55% 的浓度，添加水玻璃搅拌加温至 90℃，加入 NaOH 和 Na_2S 强烈搅拌 50 min，NaOH 和 Na_2S 作为辅助抑制剂与 Na_2SiO_3 具有协同效应，产生选择性脱药和抑制作用。随 NaOH 用量的增加，精矿品位先提高至一定值后迅速下降，例如 NaOH 用量由 180 g/t 增加至 240 g/t，脱药后一次浮选精矿品位 WO_3 由 5.3% 提高到 7%，用量增至 300 g/t 时精矿品位只提高到 7.1%，用量增至 360 g/t 时精矿品位反而下降到 5%；随 NaOH 用量的增加回收率则下降，而且下降幅度迅速增大，说明 NaOH 的用量适度十分重要。随 Na_2S 的用量加大，精矿含硫量下降，下降幅度先大后小。加温搅拌的药剂合适用量为：Na_2SiO_3 2400 g/t，NaOH 240 g/t，Na_2S 160 g/t，加温搅拌矿浆稀释后经一粗、五精、一扫的精

选闭路流程，获得白钨精矿品位 WO_3 32.34%，精选作业回收率为 94.66%。全流程指标为：原矿品位 WO_3 0.067%，精矿品位 WO_3 32.34%，WO_3 回收率为 71.10%。由于原矿品位很低，所获白钨精矿只达到《YS/T231－2007 钨精矿标准》钨细泥等级，但钨精矿的富集比已高达 482 倍。采用选择性较强的改性脂肪酸 EP 为捕收剂，通过碳酸钠法粗选，改进型彼得罗夫法精选的浮选工艺，实现了从浮钼尾矿的难选低品位白钨矿的回收。

实例4：某选矿厂从浮钼尾矿中进行低品位白钨矿回收，以油酸钠为捕收剂，采用碳酸钠法进行白钨粗选，从品位 WO_3 0.06% ~0.07% 的给矿中获得粗精矿含 WO_3 1.3% 左右，原来采用 Na_2SiO_3 + NaOH 搅拌加温精选，后来在加温搅拌中加入 Na_2SiO_3 + NaOH + 石灰的白钨精选试验，即白钨粗精矿浓缩至 70% 的浓度搅拌加温至 60℃ 加入 NaOH 和石灰，加温至 88℃ 再加入 Na_2SiO_3，升温至 95℃ 保温搅拌 30 min 后，稀释调浆精选，加温搅拌药剂用量为：每吨粗精矿加入 NaOH 180 g/t，石灰 500 g/t，Na_2SiO_3 g/t。试验说明，在其他条件相同和精选一次时，加石灰比不加石灰所获精矿品位 WO_3 高 2.46%，作业回收率还稍高；精矿品位与石灰添加顺序有关，石灰加在 Na_2SiO_3 之前搅拌，比先加 Na_2SiO_3 搅拌后加石灰时，精矿品位 WO_3 高 2%，回收率却稍低。

加石灰的加温搅拌精选工艺，在该选厂白钨粗精矿精选生产中应用，白钨精矿品位 WO_3 可提高 5%，精选理论回收率稳定在 97% 左右[51]。

7.3.5 白钨常温精选工艺

加温精选法虽有诸多优点，但需要加温辅助设备，加温能耗大，生产成本高，而且工艺条件较复杂，较难操作控制，劳动条件也较差。因此，在矿石性质较适应的条件下，用常温精选也能获得合格白钨精矿时，尽量都采用常温精选法。

我国白钨选矿常温精选法最早于 1968 年在荡坪钨矿宝山选厂生产中得到应用。

常温精选法主要适于脉石矿物与白钨矿可浮性差异较大的石英型白钨矿和以石英、硅酸盐类脉石为主的矽卡岩型白钨矿。白钨矿的常温精选法往往十分重视粗选工艺，强调在粗选阶段对脉石矿物的抑制效果，注重碳酸钠与水玻璃、水玻璃与其他辅助抑制剂的协同作用，注重应用选择性较强的捕收剂，在粗选阶段丢弃大量尾矿，尽量提高粗精矿品位，为精选进一步提高精矿品位创造有利条件。常温精选法的要点一是在强碱性介质中调浆（以 NaOH、Na_2CO_3 为调整剂），以 Na_2SiO_3 为抑制剂粗选，粗精矿添加大量水玻璃搅拌后直接精选；或者在用 NaOH 或 Na_2CO_3 调浆的碱性介质中，采用选择性较强的捕收剂粗选后直接精选；或者将粗精矿浓缩后加入以水玻璃为主的混合抑制剂，长时间强力搅拌脱药后，采用高效选择性抑制剂常温精选。常温精选的关键是在较高的 pH 条件下调浆，有利于颗粒在矿浆中分散；有利于发挥水玻璃的抑制作用；其次，组合抑制剂的应用要发挥各组分的协同作用，强化对脉石矿物的抑制作用；再次是采用高效选择性抑制剂，增大脉石矿物与白钨矿的可浮性差异。

（1）矿石类型是实现白钨常温浮选的重要基础

石英型白钨矿和以石英、硅酸盐类脉石为主的矽卡岩型白钨矿是常温精选应用的基本矿石类型，目前，这类白钨矿石大多采用以 731、733 等型号的氧化石蜡皂为捕收剂的碳酸钠法粗选工艺，以水玻璃为抑制剂的普通精选流程。应用实例有以下几个。

实例1：江西某石英脉型白钨矿有用矿物以白钨矿和黄铁矿为主，还含有方铅矿、黄铜矿、闪锌矿、磁黄铁矿。脉石矿物以石英、方解石为主，其次有石榴子石、萤石、绿帘石、透辉石、透闪石、阳起石等。矿石主成分含量：WO_3 0.43%，Fe 3.58%，S 1.56%，$CaCO_3$ 2.768%，CaF_2 1.58%，SiO_2 77.43%。原采用重选回收白钨，选矿回收率很低，WO_3 的实际回收率只有 40% 左右，后来进行了常温浮选白钨的选矿试验，原矿磨矿至 -0.074 mm 占 75%，先浮硫，再以 731 氧化石蜡皂为捕收剂，以水玻璃为抑制剂，在 pH 为 10 条件下粗选白钨，粗选水玻璃用量为 4500 g/t，731 氧化石蜡皂用量 800 g/t，获白钨粗精矿含 WO_3 10.22%。粗精矿直接精选五次，精选一为空白浮选，精选二和精选三分别加入水玻璃 2500 g/t 和 1000 g/t，经一粗二扫五精的循序返回常温闭路流程（与图 7 - 6 类同），药剂制度除上所述外，还在扫选一和扫选二分别加入 731 氧化石蜡皂 400 g/t 和 200 g/t。从含 WO_3 0.43% 的原矿中，获得白钨精矿品位 WO_3 62.41%、尾矿品位 WO_3 0.07%、WO_3 回收率 81.28% 的试验指标。此试验结果在该钨矿选厂得到应用，对原重选工艺进行技术改造，采用常温浮选白钨，取得白钨精矿品位 WO_3 为 61.08%、WO_3 回收率为 80.93% 的生产指标[52]。比原重选工艺流程的回收率提高了 36.35%。

此工艺流程属较典型易浮选的石英型白钨矿实例，流程结构紧凑，药剂制度简单，仅采用水玻璃为石英、方解石等脉石矿物的抑制剂，以选择性较好的氧化石蜡皂为捕收剂进行白钨粗选；粗精矿进行了一次空白精选，丢弃占粗精矿量 37% 的中矿。减少了后续精选作业的水玻璃用量，也有利于提高精选回收率；在常温精选中再加入水玻璃增强对脉石矿物的抑制作用，获得较好的白钨浮选效果，在生产实践中也得到应用，技术经济效果明显。

实例 2：云南某石英脉型白钨矿采用常温浮选的试验和生产实践也取得不错的效果。该白钨矿的脉石矿物以石英、方解石为主，其次有斜长石、萤石、绿帘石、阳起石等，原矿主成分的含量为：WO_3 0.475%、S 1.83%、P 0.112%、$CaCO_3$ 2.58%、CaF_2 0.86%、SiO_2 87.2%。磨矿细度为 -74 μm 占 80%，白钨粗选采用 Na_2CO_3 + Na_2SiO_3 + NaCN 调浆，731 氧化石蜡皂为捕收剂，采用以 Na_2SiO_3 为主、NaCN 为辅的组合抑制剂常温精选。分选流程及药剂制度如图 7 - 6 所示。获得试验指标为：给矿品位 WO_3 0.471%，精矿品位 WO_3 69.58%，WO_3 回收率 82.63%。此浮选工艺在生产中应用，取代原重选工艺，获得良好的技术经济效果：获得白钨精矿品位 WO_3 68.80%、回收率 81.91% 的生产指标，WO_3 回收率比重选工艺提高 30% ~40%。

实例 3：湖北黄石市某矽卡岩硫铜白钨矿用常温浮选试验。该矿石中的脉石矿物有石榴石、绿帘石、透辉石、透闪石、方解石、石英、萤石等，其中方解石、碳酸盐矿物、石榴石含量最多，萤石含量不高，属较好浮选的白钨矿石类型。浮选试验采用碳酸钠法粗选、常温精选工艺。原矿磨细至 -74 μm 占 75%，先进行铜硫混合浮选—铜硫分离浮选获铜精矿，铜硫混含浮选尾矿用碳酸钠和水玻璃调浆，以 731 氧化石蜡皂浮白钨，碳酸钠、水玻璃和 731 的用量分别为 2000 g/t、5000 g/t 和 400 g/t，获得粗精矿含 WO_3 5.95%，粗精矿直接采用水玻璃为抑制剂的常温精选法精选，进行五次精选，其中精选一为空白浮选，仅在精选二集中加入水玻璃 2500 g/t，其余精选均未加药。经一粗、五精、二扫的顺序返回的常规常温浮选流程，从含 WO_3 0.23% 的原矿中，获得白钨精矿品位 WO_3 61.46%、WO_3 回收率为 74.82% 的试验指标[53]。

实例 4：云南元阳华西白钨矿，属易浮选的石英、硅酸盐为主的矽卡岩类型，其脉石矿物有透闪石（含阳起石）、石榴石、绿帘石、石英、斜长石、方解石等。白钨回收试验采用碳酸钠法粗选，常温精选浮选工艺。原矿磨矿至 -0.074 mm 占 65%，脱硫后，用碳酸钠和水玻璃

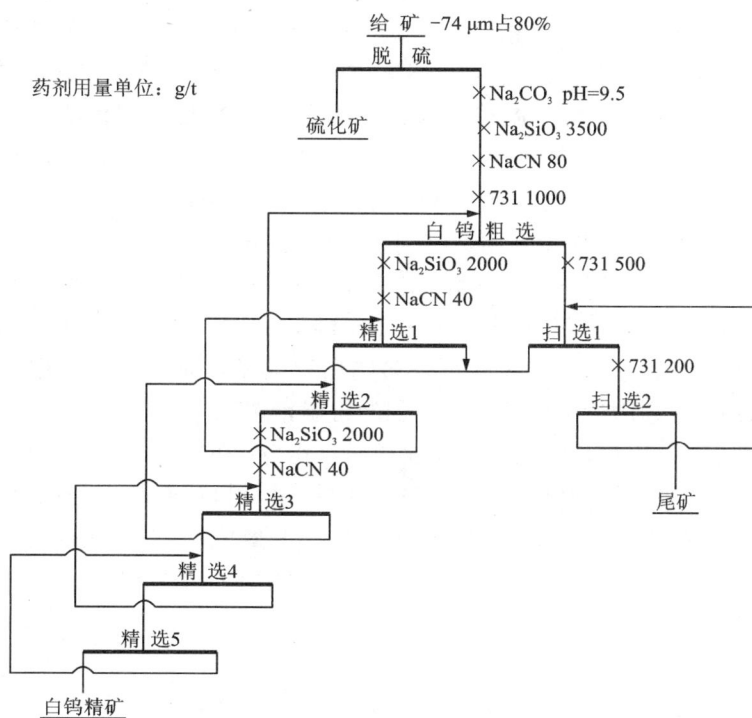

图7-6 云南某石英型白钨常温精选工艺流程

调浆，以731氧化石蜡皂为捕收剂，获得含 WO_3 8.76%的白钨粗精矿，粗精矿以水玻璃为抑制剂常温精选。采用如图7-6所示的闭路流程，即一粗五精二扫常温常规流程，药剂用量：粗选碳酸钠2000 g/t，水玻璃2000 g/t，731氧化石蜡皂400 g/t；精一为空白浮选，精二、精三和精四分别加水玻璃1000 g/t、500 g/t和200 g/t；扫一、扫二分别加731氧化石蜡皂200 g/t、100 g/t。从含 WO_3 0.46%的给矿中获得白钨精矿品位 WO_3 71.78%，回收率81.18%的试验指标[54]。

（2）精选前加抑制剂强烈搅拌脱药有利于实现常温精选

湖南某锑矿伴生白钨的回收试验，采用了粗精矿浓缩加水玻璃强烈搅拌后，稀释后直接进行常温精选的工艺。该矿石中金属矿物主要为辉锑矿、白钨矿，其次有黄铁矿、磁黄铁矿、自然锑等，脉石矿物以石英为主，其次有方解石、铁白云母、绢云母、绿泥石等，矿石主成分的含量为： WO_3 0.60%、Sb 0.59%、Fe 4.73%、CaO 1.32%、 K_2O 3.42%、 SiO_2 61.83%、 Al_2O_3 17.30%。选矿试验工艺为：原矿磨细至-0.074 mm占84%，先浮锑，再用 Na_2CO_3 、 Na_2SiO_3 调浆，以EO7（长沙矿冶研究院研制）为捕收剂浮白钨，经一粗一精（空白精选）一扫粗选闭路流程，粗选 Na_2CO_3 、 Na_2SiO_3 和EO7的用量分别为3500 g/t、3500 g/t和360 g/t，扫选加EO7 60 g/t，获粗精矿含 WO_3 6.68%。白钨粗精矿浓缩至50%的浓度，加入 Na_2SiO_3 3500 g/t强烈搅拌45 min，稀释后精选获白钨精矿。搅拌后精选四次的开路试验表明：随搅拌时间的加长，精矿品位不断提高，回收率基本不变，例如搅拌时间15 min，精矿品位 WO_3 为62%，30 min，精矿品位 WO_3 为62%，45 min，精矿品位 WO_3 为62%；回收率基本保持在

80%左右。搅拌脱药抑制作用明显，空白精选获精矿含 WO_3 11.89%（作业富集比为1.78），丢弃占粗精矿量44%的中矿，空白精选精矿加 Na_2SiO_3 浓浆搅拌后，稀释精选一次可丢弃占粗精矿量43.7%（占空白精选精矿量的78.8%）的中矿，精矿品位 WO_3 提高到52.95%，作业富集比达4.45。将经搅拌后常温精选四次的顺序返回精选闭路流程，获白钨精矿品位 WO_3 为70.08%，全流程经一粗、二扫（其中含搅拌后精选一尾矿扫选）、五精（其中含粗选循环的一次空白精选）常温常规闭路，获得 WO_3 回收率为86.25%[55]。

（3）应用新型捕收剂和水玻璃高用量有利于实现白钨的常温精选

江西某白钨矿脉石矿物以石英、方解石、萤石、长石、绿泥石为主，矿石主成分的含量为：WO_3 0.7%、Fe 5.53%、S 1.02%、SiO_2 34.11%、CaO 14.46%、CaF_2 6.65%、Al_2O_3 8.60%、MgO 9.04%。属于含钙矿物脉石较多的白钨类型。对该矿石采用了以新型捕收剂 OXB 的碳酸钠法粗选、高用量水玻璃作抑制剂的常温精选工艺回收白钨试验，获得较好的浮选效果。新型捕收剂 OXB 具有较强的选择性和捕收能力，在提高白钨精矿品位的同时，也能提高回收率。表7-4就是用 OXB 为捕收剂粗选时用量与粗精矿品位和作业回收率的关系，可看出 OXB 用量从400 g/t 增至700 g/t 时粗精矿品位和回收率都逐渐提高，用量达800 g/t 时，粗精矿品位下降，回收率提高速度明显变缓。几乎在同一用量都达到指标高点，故较易选择 OXB 的用量。

表7-4　OXB 用量与粗精矿品位和作业回收率的关系

OXB 用量/$(g \cdot t^{-1})$	400	500	600	700	800
粗精矿品位（WO_3）/%	2.5	3	3.3	3.4	3.25
粗选作业回收率/%	80	85.5	86	90	90.4

试验经一粗、一扫流程，粗选药剂用量：Na_2CO_3 2500 g/t，Na_2SiO 3000 g/t，OXB 700 g/t；扫选 OXB 300 g/t，获粗精矿产率16.45%、品位 WO_3 5.30%。粗精矿采用先空白精选两次再加 Na_2SiO_3 6000 g/t 精选的常温精选工艺，开路两次精选可获白钨精矿含 WO_3 77.38%，回收率71.59%的指标，开路试验表明加入大量 Na_2SiO_3 精选的效果十分显著：前面两次空白精选剔除品位 WO_3 为0.59%、数量占粗精矿量16.8%的中矿，使精矿品位 WO_3 由5.30%提高到6.18%；而加入 Na_2SiO_3 6000 g/t 再精选一次就剔除品位 WO_3 为0.35%、数量占粗精矿量75.08%的中矿，使精矿品位 WO_3 由6.18%提高到56.65%，该次精选作业富集比高达6.18，可见 Na_2SiO_3 在白钨常温精选中的重要性。此试验采用一粗、一扫、六精（其中精选三加 Na_2SiO_3 6000 g/t，其他精选未加药）的常温精选常规闭路流程，从品位 WO_3 0.7%原矿中，获得白钨精矿品位 WO_3 为60.42%，WO_3 回收率81.56%。比该矿选厂采用731氧化石蜡皂为捕收剂获得精矿品位 WO_3 60.13%时回收率（76.28%）高5.28%[56]。

（4）选择强化对脉石矿物的有效抑制剂有助于白钨的常温精选

实例1：Y88是一种高效无毒的组合抑制剂，在常温下能实现对含钙脉石矿物的有效抑制。在 Y88 的分子结构中含有许多亲水活性基因 R^-，在常温下活性基因 R^- 极易与 Ca^{2+} 反应，生成亲水化合物 CaR_2，含钙脉石表面形成一层亲水薄膜，增大了含钙脉石矿物的亲水性，而白钨表面很难形成这种亲水薄膜，因而二者可浮性差异增大，有利于二者的浮选分离。

该抑制剂用于湘西金矿的白钨粗精矿的常温精选，凸显其对石英和含钙脉石的有效抑制效果。湘西金矿为石英型金、锑、钨复杂多金属共生矿床。脉石矿物主要有石英、方解石、磷灰石、钠长石、绿泥石、绢云母等，该矿生产中采用以皂化油酸为捕收剂的碳酸钠法获得白钨粗精矿，粗精矿含 WO_3 5.56%、S 1.8%、SiO_2 20.17%、CaO 35.26%。白钨粗精矿虽然采用大量水玻璃（12000 g/t）和硫化钠（500 g/t）为脱药抑制剂，浓浆（60%）搅拌 45 min 脱药后常温精选，也难获高品位精矿，精选效果大大低于加温搅拌精选效果。当应用 Y88 为抑制剂时，采用如图 7-7 所示精选工艺流程，从含 WO_3 5.56% 的粗精矿中，获得白钨精矿含 WO_3 52.34%，精选作业回收率 86.05%。与采用加温精选的生产指标相当，故以此工艺可实现湘西金矿白钨浮选的常温精选[57]。

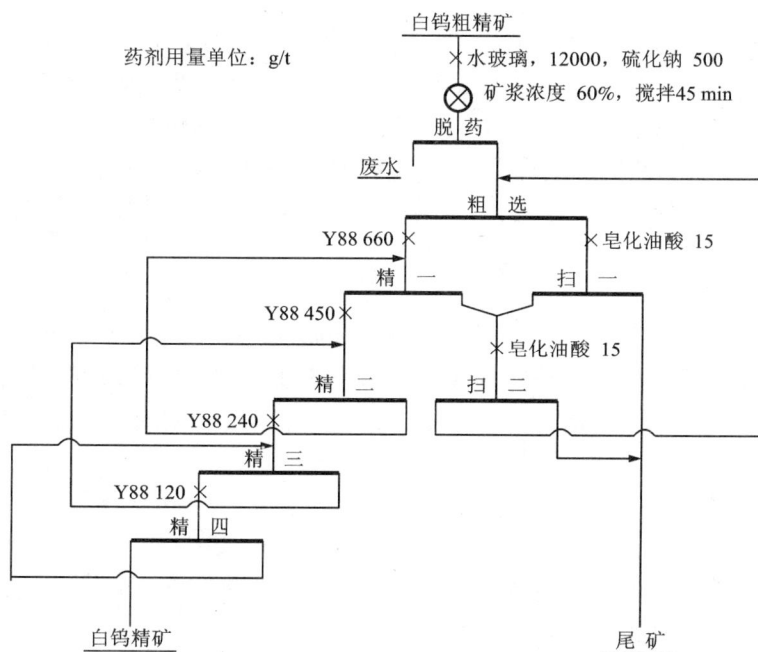

图 7-7 湘西金矿应用抑制剂 Y88 的白钨常温精选工艺流程

实例 2：水玻璃与辅助抑制剂 BLR 的组合药剂，是一种高效的选择性抑制剂，能显著抑制萤石、方解石等含钙脉石矿物，在用量较宽的范围内对钨矿物抑制作用较弱。这种组合抑制剂的应用，为实现含钙脉石矿物的白钨常温浮选，创造了有利条件。用 CF 法常温混合浮选柿竹园矿黑白钨的试验研究中[58]，在用 CF103 为捕收剂进行粗选时，选择水玻璃与辅助抑制剂 BLR 的组合药剂为脉石矿物的抑制剂，比只用水玻璃为抑制剂的浮选效果好许多。一次粗选试验获得 WO_3 回收率都为 80% 左右时，前者粗精矿品位（WO_3 12.28%）比后者粗精矿品位（WO_3 5.2%）高 1.3 倍多，说明这种组合抑制剂对萤石、方解石等含钙脉石矿物的抑制能力比单一水玻璃更强，这就有助于常温精选的实施，当采用捕收性能相近的 GY 为捕收剂，改性水玻璃为抑制剂混合浮选柿竹园黑、白钨矿，经一粗、五精、三扫的流程获得钨粗精矿品位 WO_3 35.8%，这种品位的黑、白钨混合精矿须采用加温精选分离，才能获得合格白钨精矿；而采用 CF103 为捕收剂，水玻璃与辅助抑制剂 BLR 的组合药剂，混浮同类黑、白钨矿，采用一粗、五精、二扫的闭路流程，可获钨粗精矿品位 WO_3 为 62.41%，经过高梯度磁选进行黑、白钨分离和除铁工艺获得黑钨精矿品位 WO$_3$ 为 65.31%，白钨精矿精矿品位 WO$_3$ 65.31%，对原矿 WO$_3$ 的回收率为 84.45%，可实现像柿竹园这类矽卡岩类矿石的白钨与方解石、萤石等含钙脉石的常温浮选分离。

7.4 白钨浮选工业实践

7.4.1 荡坪钨矿宝山选厂白钨选矿工艺

宝山选厂白钨选矿的生产工艺是我国现代白钨选矿工业实践的经典工艺。

（1）矿床特点

荡坪钨矿宝山白钨矿床产于石灰岩和花岗岩接触带中，围岩上盘为厚层石灰岩和结晶大理岩，下盘为花岗岩，在矿区的不同地段内矿体的形状和规模及含矿程度有所不同。石灰岩和花岗岩接触带中缓倾斜中厚层矿体呈透镜状不连续产出，品位均匀，矿化连续，平均厚度 11.95 m。早期矽卡岩上部白云质灰岩中的层间交代和裂隙充填矿体，主体呈层状产出。多数 Pb、Zn 细脉沿白云质灰岩交错裂隙、层间裂隙充填交代，呈不规则脉状或网脉状与矽卡岩脉和层状矽卡岩相伴产出。

（2）矿石性质

矿石为细粒嵌布矽卡岩型白钨矿及铅、锌多金属硫化矿。金属矿物有白钨矿、方铅矿、闪锌矿、磁黄铁矿、黄铜矿、黄铁矿、磁铁矿及少量辉钼矿，次生矿物有钼华、钼钴矿、铅矾矿等。脉石矿物有透辉石、石榴子石、硅灰石、长石、萤石、方解石、石英、绿泥石、绿帘石、符山石、白云母。

①主要矿物嵌布特性。

白钨矿：粒度一般为 0.1~0.2 mm，最大为 0.64 mm，最小为 0.016 mm。白钨与硫化矿特别是与磁黄铁矿紧密共生，经常产于钙铁辉石中，且边缘受辉石交代或被萤石、长石所包裹，少量在石英中呈单体产出。

方铅矿：多充填于矽卡岩裂隙中，与其他硫化矿特别是与磁黄铁矿共生紧密，粒度一般为 0.16~0.256 mm，最大者为 0.64 mm，最小者 0.032 mm。

闪锌矿：一般呈小团块产于矽卡岩裂隙中，与其他硫化矿特别是与黄铜矿共生紧密，呈混溶或交替结构存在，磁黄铁矿常为闪锌矿的包裹体，闪锌矿的粒度为 0.064~0.75 mm，平均 0.24 mm。

黄铜矿：与其他硫化矿共生产出，磁黄铁矿常呈小团块受黄铜矿包裹，因此，使部分看似黄铜矿的矿物带有磁性，黄铜矿粒度较方铅矿、闪锌矿为细，最小粒度可到 0.016 mm。

磁黄铁矿：在矿石中分布普遍，与其他硫化矿共生十分紧密，形态不一，受先成矽卡岩影响，如裂隙较宽生成团块状，裂隙较窄则呈小脉状。

②矿石多元素分析结果见表 7-5。

表 7-5 宝山白钨矿石多元素分析

元素名称	WO$_3$	Pb	Zn	Cu	Fe	SiO$_2$	Al$_2$O$_3$	CaO	S
含量/%	0.426	2.133	1.427	0.161	15.21	33.34	5.85	20.22	6.74

（3）选矿工艺流程

采用先浮铜、铅、锌、硫，再浮白钨的工艺，该选矿流程是将合格矿石磨矿至 -0.074 mm 占 60% ~ 63%，优先浮出铜铅混合精矿，分离后得到铜精矿和铅精矿；再混浮锌硫，分离后获锌精矿和硫精矿；混浮锌硫的尾矿用 Na_2CO_3（1300 g/t）调浆，pH 为 8.5 ~ 9，再加入水玻璃（5500 g/t）搅拌，pH 达 9.5 ~ 10.5，再加入 731 氧化石蜡皂（粗选 400 g/t，扫选 200 g/t）进行白钨粗选（粗选浓度为 24% ~ 27%），粗精矿品位 WO_3 为 15% ~ 20%；粗精矿加入水玻璃（5500 g/t）搅拌 45 min 后，进行五次精选（精选浓度 17% ~ 21%）的常温精选，获得一级一类白钨精矿。白钨浮选流程详见图 7 – 8。

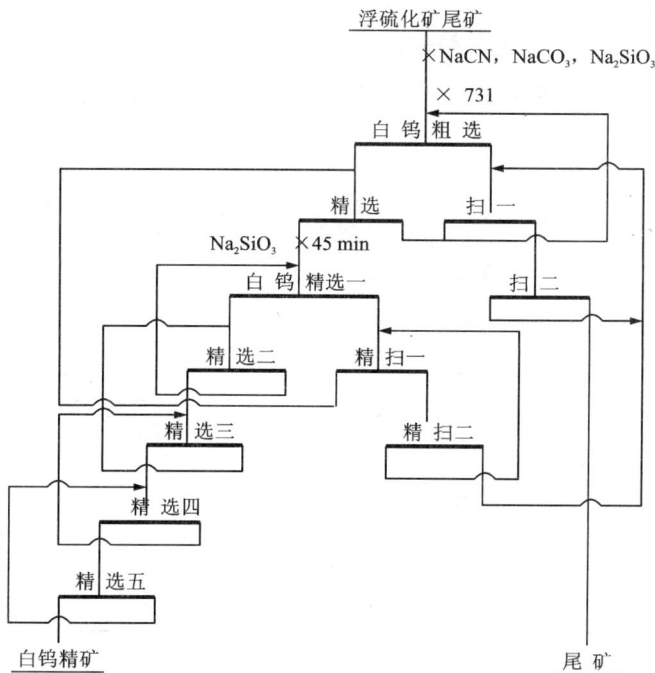

图 7 – 8　荡坪钨矿宝山选厂白钨浮选工艺流程

这是我国第一个白钨常温浮选生产工艺流程，该工艺最大的特点是采用了选择性捕收剂731 氧化石蜡皂。应用 731 的技术要素中 pH 是影响白钨浮选的关键，适宜的 pH 为 9.5 ~ 10.5，首先需控制加入碳酸钠的用量，调整 pH 至 8.5 ~ 9，这是操作控制的要点；后续加入水玻璃使 pH 上升至 9.5 ~ 10.5。当 pH 低于 9 或高于 10.5 时，浮选过程都会恶化，影响白钨精矿品位和回收率。而矿浆温度和气温的影响不很明显，表 7 – 8 是不同矿浆温度和气温条件下的生产指标。气温对 731 浮选白钨的影响不大，说明一年四季采用 731 浮选白钨生产都能正常稳定进行；随矿浆温度变高，粗选回收率变化不大，但粗精矿品位提高，这可能是水玻璃随矿浆温度的提高，对脉石矿物的抑制作用增强，也许可用"彼得罗夫加温精选法"要在加入水玻璃将矿浆加温搅拌脱药强化抑制脉石矿物的道理来解释。

表7-8 不同矿浆温度和气温与生产指标的关系

作业	粗选(试验)				全流程(生产)				
温度/℃	矿浆				气温				
	15	20	25	30	7.1	12.2	19.5	22.7	26.2
精矿品位(WO₃)/%	5.097	7.354	6.964	8.807	67.33	66.80	69.4	68.38	67.64
回收率/%	91.92	90.43	92.54	91.70	75.66	80.31	79.13	78.67	76.15

注:浮选工艺条件基本相同,生产中不同气温药剂用量略有变化。

(4)荡坪钨矿宝山选厂主要生产指标

宝山选厂主要生产指标见表7-9。白钨在浮选尾矿各粒级中的损失情况见筛水析结果表7-10。

表7-9 荡坪钨矿宝山选厂主要生产指标

品名		原矿	铅精矿	锌精矿	铜精矿	白钨精矿	尾矿
品位/%	Cu	0.154	0.340	0.300	19.87	0.008	0.033
	Pb	2.023	52.22	0.708	5.358	0.204	0.185
	Zn	1.539	5.10	43.54	6.875	0.039	0.083
	WO₃	0.460	0.048	0.040	0.063	67.03	0.095
金属占有率/%	Cu	100.0	7.61	5.60	66.67	0.03	20.09
	Pb	100.0	89.07	1.01	1.33	0.05	8.49
	Zn	100.0	11.44	81.32	2.30	0.01	4.93
	WO₃	100.0	0.36	0.25	0.07	80.17	19.15

表7-10 白钨浮选尾矿筛分水析结果

粒级/mm	+0.2	-0.2 +0.13	-0.13 +0.097	-0.097 +0.074	-0.074 +0.030	-0.030 +0.010	-0.010	合计
产率/%	6.02	13.98	8.00	10.57	21.29	22.51	17.03	99.4
品位(WO₃)/%	0.096	0.064	0.039	0.019	0.034	0.059	0.299	0.09
WO₃占有率/%	6.92	9.74	3.40	2.19	7.88	14.45	55.42	100.00

(5)宝山选厂白钨选矿技术的进展

①特级白钨精矿的生产。

为了满足国内外市场的需要,宝山选厂生产出特级白钨精矿,因此,1984年该产品获得"国家优质产品奖"。特级白钨精矿的生产工艺,主要是将常温浮选生产的一级白钨精矿采用加温精选法再精选加工,即将一级白钨精矿在80℃温度下,加入 Na_2S(200 g/t)、NaCN(200 g/t)、Na_2SiO_3(6500 g/t)长时间搅拌后,在不加捕收剂条件下浮选白钨,经一粗、三精、三扫的浮选流程，获得含 WO_3 72% ~ 75% 的特级白钨精矿，当获得特级白钨精矿含 WO_3 为 73.08% 时，精加工作业回收率为 90.42%。

②特级白钨精矿生产工艺的改进[59]。

为了提高特级白钨精矿生产的回收率，对原生产工艺进行了改进。一是采用调整剂 S-81 加温解吸降铅新工艺，降低精矿中 Pb 的含量，即在一级白钨精加工的加温搅拌中加入调整剂 S-81，经一粗、四精、二扫的精加工浮选流程，使 Pb 的含量降低至 0.02% 以下，精加工 WO_3 的作业回收率达 95%；二是在不影响特级白钨精矿质量的前提下，采取在精加工扫一中添加 731 氧化石蜡皂（500 g/t），合理减少水玻璃的用量，加温搅拌的水玻璃用量由 6500 g/t 减少至 5000 g/t，强化了白钨的回收率。工业试验时，获得特级白钨精矿含 WO_3 71.18%，作业回收率达 96.04%，1999 年生产指标为：特级白钨精矿含 WO_3 71.27%，精加工作业回收率达 96.16%，与改进前相比，作业回收率提高了 5.74%。虽然精矿品位略低于 72%，但由于白钨精矿还含有磷灰石、方解石等含钙矿物，须进行降磷的酸浸处理，由于这些含钙矿物被浸出，白钨精矿品位会进一步提高，实际上，这种白钨精矿经酸浸处理后，所获得的特级白钨精矿各主要元素含量为：WO_3 73.60%，Pb 0.017%，Zn 0.005%，Cu 0.009%，S 0.029%，P 0.0012%。

③原矿预富集作业的设立与改进[60]。

我国白钨选矿一般都没有设立预先富集丢废作业，宝山选厂原来也没有设置手选丢废作业，后来在生产中注意到因采矿过程带入的围岩和部分脉石与矿石的颜色有较明显的差别，可以通过肉眼识别和人工手选剔除。该选厂于 1986 年建立了一级正手选作业，即在原矿粗碎后，将 -120 +10 mm 粒级设立一级正手选作业，废石选出率达到 10.05%，后来发现一级手选的粒级范围太宽，只能选出皮带上层的粗粒废石，许多中、细粒废石被压在下层，难以选出，经测定，尚有 15% 以上可选出的废石却未被选出，于是从 1994 年起，就将一级正手选改为 -120 +50 mm 和 -50 +10 mm 两级正手选，使废石选出率提高到 18.12%，减少了入磨矿量，提高了合格矿石品位，降低了钢球和浮选药剂的消耗，从而降低了 8% 的生产成本，取得了较好的技术经济效果。

④白钨浮选流程各中矿返回作业的合理调整。

原设计白钨浮选流程各中矿的返回均按顺序返回原则设置，在生产中发现，在白钨精选回路中第一次精扫泡沫产品富集比很小，仅 1.2 倍，大部分碳酸盐矿物和萤石进入了该泡沫产品，让其返回精选回路的精一作业，明显降低精选给矿品位，不利于精矿品位的提高。将其改为返回粗选回路的精选作业更合理，可在粗选回路丢弃大部分脉石，再次进入粗精矿的脉石矿物也有机会在精选搅拌槽中得到脱药解析和抑制，这对提高粗选精矿和最终白钨精矿都十分有利。精选回路的尾矿（即精扫二尾矿）一般含 WO_3 为 2% ~ 4%，曾用重-浮联合流程或浮选单独处理，但结果都不理想。经多次试验，将其返回粗选回路的扫一作业，不但简化了流程，而且对白钨粗选并无影响，还提高了整个流程的分选指标，改进后流程的白钨精矿 WO_3 品位和回收率分别由原来的 68.93% 和 74.54% 提高到 72.58% 和 79.59%。

7.4.2 柿竹园钨选矿技术发展

柿竹园矿是我国目前已开发利用的以白钨为主的特大型黑、白钨多金属矿床，经过三十多年的建设发展，已成为近期中国钨矿资源开发利用的主要基地之一和正在开发中的有色金属矿产综合利用的重要基地之一。同时在这期间，通过我国选矿科技工作者的不懈努力和通力合作，攻克了以钨为主的多金属难选矿石选矿技术难关，柿竹园矿选矿技术也成为我国当代钨选矿技术进步的重要标志。

（1）矿床特性和矿石性质

柿竹园多金属矿床是多期花岗质岩浆的先后叠加和多级次大理岩热液接触交代作用所形成。矿床产于花岗岩内接触带的矽卡岩、大理岩中，矿体南北长 1000 ~ 1200 m，东西宽600 ~ 800 m，厚150 ~ 300 m，最厚达 500 m，呈透镜状。自上而下重叠形成四个矿带，各矿带间没有明显界限，多呈渐变过度关系，其中Ⅲ号矿带是主要矿体，也称为富矿带，是目前正在开采的矿体。

Ⅲ号矿带富矿体是矽卡岩 – 云英岩型钨钼铋类矿石。钨矿物有白钨矿、黑钨矿、假象半假象黑钨矿和钨华；铋矿物有辉铋矿、自然铋、铋华、斜方辉铅铋矿和硫银铋矿；钼矿物有辉钼矿和钼华；其他金属矿物有锡石、黄铁矿、磁铁矿及少量的黄铜矿、方铅矿和闪锌矿等，氟含在萤石中。主要非金属矿物有石榴石、萤石、方解石、石英、角闪石、辉石、云母、绿泥石和绿帘石等。各主要矿物共生关系密切。

在钨矿物中，白钨矿和黑钨矿的比例约为 7:3，白钨矿主要分布在矽卡岩中，黑钨矿主要在云英岩中，少量的钨分散在石榴石中，黑钨矿和白钨矿两种矿物不能截然分开，交代作用的结果产生了过渡型的假象、半假象黑钨矿，它既有交代生成的白钨矿，又有残余的黑钨矿。在硫化矿物中，辉钼矿大部分嵌布于脉石矿物中，少量与铋矿物和钨矿物交代；铋矿物主要浸染在萤石、石英、绿泥石等脉石中；萤石主要分布在脉石矿物中，与钨、钼、铋矿物共生关系密切，少量浸染在石榴石等矽卡岩矿物中。

主要金属矿物呈不均匀细粒嵌布。白钨矿多呈半自形、它形粒状分布于脉石矿物中，常与萤石密切共生，也有少量与辉钼矿毗邻共生，部分白钨矿与黑钨矿密切连生，并沿黑钨矿边缘有不同程度的交代，白钨矿粒度一般为 0.017 ~ 0.1 mm，平均粒度为 0.028 mm；黑钨矿一般以板状、不规则粒度嵌布于脉石中，与石英、白钨关系密切，常被白钨矿交代，黑钨矿粒度一般为 0.03 ~ 0.2 mm，最大粒度达 1.5 mm 左右。辉铋矿的平均粒径为 0.010 mm，辉钼矿平均粒径为 0.029 mm，萤石平均粒径为 0.078 mm。原矿的化学成分见表 7 – 11。

表 7 – 11　原矿的化学成分分析结果　　　　　　　　单位：%

元素	WO$_3$	Mo	Bi	Sn	Cu	Pb	Zn	S	Fe
含量	0.35	0.06	0.12	0.13	0.032	0.015	0.025	1.11	7.75
元素	Mn	P	SiO$_2$	Al$_2$O$_3$	CaO	MgO	K$_2$O	Na$_2$O	CaF$_2$
含量	0.66	0.013	42.7	9.54	21.83	0.86	1.69	0.55	21.54

（2）选矿工艺流程试验

柿竹园矿自 1971 年规模为 50 t/d 的选矿厂投入试验以来，先后经湖南冶金研究所、北京矿冶研究总院、广州有色研究院、长沙有色设计院、中南大学、江西理工大学等院校通力合作，从"八五规划"至"十一五规划"的二十多年的科技攻关，开展了一系列选矿技术、工艺流程的试验研究，经过五大方案，七次全流程工业试验，提出了七大主干流程："重 – 浮 – 磁 –

浮""浮 – 重 – 磁 – 浮""浮 – 重 – 浮 – 磁 – 浮""重 – 浮""浮 – 重""磁 – 浮 – 重""浮 –
磁 – 浮"。最终通过高效螯合捕收剂 CF、GY 的研制试验成功,解决了黑、白钨的全浮问题,
并在"CF 浮选法""GY 浮选法"的基础上,形成了综合选矿新技术——"柿竹园法"。表 7 – 12
就是一些选矿工艺的工业试验及其主要指标情况。

表 7 – 12 柿竹园矿一些选矿工艺的工业试验及其主要指标情况

时间和试验规模	主干原则流程	原矿品位 (WO₃)/%	精矿(中矿)品位 (WO₃)/%	回收率(中矿) /%
1979 年半工业试验	浮选(733 法)	0.62	72.89(19.45)	71.71(6.87)
1980 年半工业试验	重 – 浮 – 磁 – 浮	0.615	67.42(12.59)	77.96(5.19)
1980 年半工业试验	浮 – 重 – 浮 – 磁 – 浮	0.586	68.00(21.00)	74.09(6.02)
1995 年工业试验	重 – 浮	0.700	68.06	81.84
1996 年半工业试验	浮选(CF 法)	0.655	68.41(10.87)	83.63(2.21)
1998 年工业试验	浮选(GY 法)	0.470	70.07(17.42)	79.66(1.96)

①浮 – 重 – 浮工艺流程。

浮 – 重 – 浮工艺原则流程试验方案如图 7 – 9 所示。

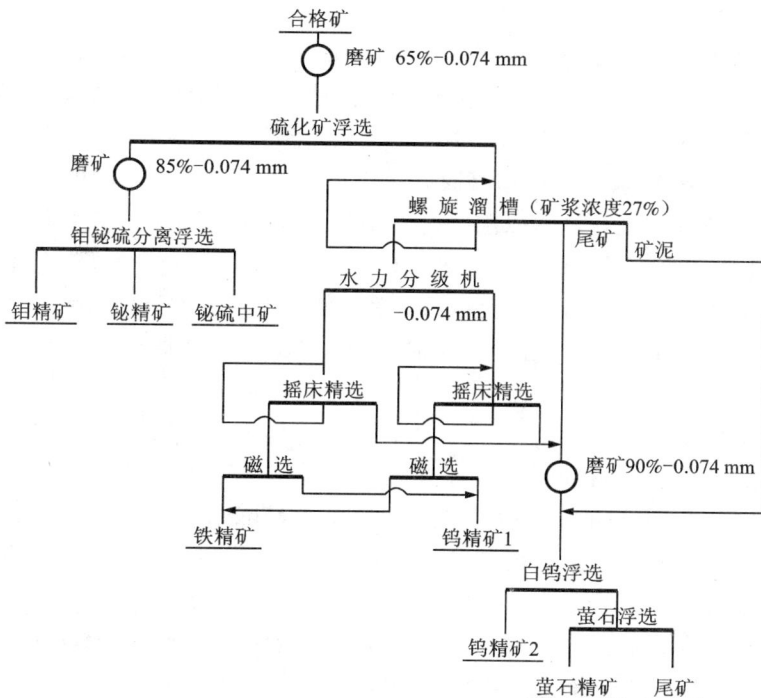

图 7 – 9 柿竹园矿浮 – 重 – 浮工艺试验原则流程

　　此工艺重点考虑了尽量避免钨矿物的过粉碎损失,在钨矿物初步单体解离后就开始采用重选方法回收。矿石磨细至 -0.074 mm 占65%时,有24%的黑钨矿已单体解离,有8%左右的白钨已单体解离,此时钨矿物的粒度约为 -0.2 mm,浮出硫化矿后采用重选法回收这部分钨矿物是合适的。

　　浮出的混合硫化矿再磨细至 -0.074 mm 占85%,采用常规药剂进行钼铋分离,获钼精矿品位51%,回收率82%~84%;铋精矿品位20%,铋回收率66%~68%。

　　浮硫尾矿首先用螺旋溜槽分选钨矿物,获得含 WO_3 3.16%的螺旋溜槽粗精矿,脱出含 WO_3 0.23%的螺旋溜槽尾矿(含矿泥在内),螺旋溜槽粗精矿再用摇床精选,摇床精矿用弱磁选机脱除磁铁矿获得钨精矿品位达 WO_3 67.5%。重选 WO_3 回收率为48%。螺旋溜槽尾矿和摇床尾矿合并进行磨矿,磨细至 -0.074 mm 占90%后,进入浮选系统。先用氢氧化钠调浆,以水玻璃为抑制剂,用731氧化石蜡皂的常温浮选工艺,获得白钨精矿品位 WO_3 为65%,白钨浮选的回收率为67.28%,白钨对原矿的回收率为32.76%,浮-重-浮工艺全流程钨的试验回收率达81%。

　　②重-浮主干工艺流程。

　　原矿磨矿至 -0.5 mm,先进行重选,获得重选粗精矿,粗精矿再磨矿后先脱硫,再浮白钨,浮选钨矿用摇床回收黑钨矿;重选尾矿再磨矿至 -0.074 mm 占90%后进行浮选,顺序浮出硫化矿、钨矿和萤石。该工艺的优点是粗磨后用重选回收钨,防止钨矿物细磨产生过粉碎损失,钨的回收率较高,缺点是:部分钼、铋矿物在重选时就已经富集在粗精矿中,因而钼、铋回收和钨选矿要有两个系统,工艺流程较复杂,生产管理不方便。

　　③全浮主干工艺流程。

　　原矿一次性磨细至 -0.074 mm 占90%,先浮选硫化矿,获得钼精矿和铋精矿,再浮选钨矿物并进行黑、白钨浮选分离获得白钨精矿和黑钨精矿;最后浮选萤石。此工艺特点是钨矿物和钼、铋等硫化矿各都只在一个系统中回收,工艺流程较简单,生产管理方便,缺点是采用一段磨矿细磨,易造成钨矿物的过粉碎损失,影响钨的回收率。

　　全浮主干工艺流程在工业试验以前经过多年攻关,解决了黑、白钨都能适应的高效捕收剂问题,研制应用了新型螯合捕收剂 GY 和 CF 系列,应用了组合抑制剂,能显著选择性抑制萤石、方解石等含钙矿物,改善了白钨浮选效率,较大幅度提高了钨粗精矿品位,试验研究成"GY 浮选法"和"CF 浮选法",之后结合钼、铋等浮工艺综合形成了"柿竹园法"的全浮选主干工艺流程。

　　A. GY 浮选法[61]。

　　GY 浮选法是一种黑、白钨同时浮选的浮选新工艺。它是以广州有色金属研究院研制的新型螯合捕收剂 GY 为捕收剂、改性水玻璃为抑制剂、硝酸铅为活化剂混合浮选黑、白钨,实现钨矿物与萤石、方解石的分离的钨浮选工艺。

　　新型螯合捕收剂 GY 的极性基团可与黑钨矿、白钨矿表面产生螯合作用或化学吸附作用,对黑钨矿和白钨矿都有良好的捕收作用;改性水玻璃有更多的亲水硅酸(含多种硅酸粒子)胶粒,能选择性吸附在萤石、方解石等含钙脉石矿物表面,阻碍捕收剂的吸附,使它们受到抑制,在改性水玻璃用量适当条件下,钨矿物并不受到抑制;活化剂硝酸铅在中性和弱碱性矿浆中主要以 Pb^{2+} 和 $Pb(OH)^+$ 形态存在,这些离子能与黑钨矿、白钨矿表面的 WO_4^{2-} 呈化学或物理吸附,使钨矿物表面电性由负变正,形成以 Pb^{2+} 和 $Pb(OH)^+$ 为中心的活性区,促使捕收剂的阴离子基团在钨矿物表面形成化学吸附,提高钨矿物的浮游性能。

GY 浮选法应用于柿竹园矿采用的主要工艺流程:原矿磨细至 -0.074 mm 占 83% ~ 85% 后,首先磁选脱铁,再进行硫化矿浮选,用等可浮选出钼铋混合精矿和铋硫混合精矿,浮选分离后获得钼精矿、铋精矿;浮硫化矿尾矿进行钨浮选,钨浮选分粗选和精选两段作业,粗选采用一粗、三扫、五精的流程进行,粗选添加改性水玻璃、硝酸铅和捕收剂 GY,扫选再添加 GY,精选一和精选二再添加改性水玻璃。当浮钨给矿含 $WO_3$0.54%,获钨粗精矿含 WO_3 35.80%,钨的粗选回收率为 85.91%,(其中白钨回收率 85.75%,黑钨回收率 86.26%),黑钨和白钨均得到很好的回收。

钨粗精矿黑、白钨分离精选:黑、白钨混合粗精矿采用彼得罗夫加温精选法精选和分离。加温搅拌加入水玻璃和无机盐,增强了对萤石、方解石、石榴石、磁铁矿和硫化矿物的抑制作用,而且在一定范围内对白钨矿有较好的活化作用,使其在精选过程中保持了良好的可浮性;加温搅拌矿浆稀释后浮选,获得白钨精矿;大部分黑钨矿在加温搅拌中受到解析脱药,进入白钨精选尾矿,少部分可浮性较好的黑钨矿也进入了白钨精矿中。白钨精选尾矿先经磁选脱铁,采用摇床回收粗中粒黑钨矿,摇床精矿含 WO_3 达 65% 以上,摇床作业 WO_3 回收率为 45% ~ 55%;含萤石、方解石、石榴石等脉石矿物和细粒(细泥)黑钨的摇床尾矿经浓缩后,再用浮选法分选,浮黑钨采用硝酸铅活化因脱药失去可浮性的黑钨矿,加改性水玻璃和无机盐的组合药剂选择性抑制萤石等含钙脉石矿物,以 GY 为捕收剂浮选黑钨矿,经一粗、三扫、五精的流程,获得细粒(细泥)黑钨精矿含 $WO_3$40% ~ 65%,细泥黑钨浮选作业回收率可达 75% ~ 85%,这种细泥黑钨精矿进一步用横流皮带溜槽精选,可获品位 WO_3 达 69.5% 的黑钨精矿和含 $WO_3$14.76% 的钨中矿,横流皮带溜槽的精矿和中矿的回收率分别为 83.04% 和 16.96%。采用 GY 法进行工业试验,获得的指标见表 7-13。

表 7-13　GY 法工业试验指标

给矿品位 (WO_3)/%	产品名称	品位 (WO_3)/%	WO₃ 回收率/%	
			对钨给矿	对原矿
钨给矿(浮硫尾矿): 0.54 原矿: 0.47	白钨精矿	71.02	61.54	60.25
	黑钨精矿	67, 65	19.83	19.41
	钨精矿合计	70.07	81.37	70.66
	钨中矿	17.62	2.00	1.96
	钨精矿 + 钨中矿		83.37	81.62

B. CF 浮选法[62]。

所谓 CF 法,就是以北京矿冶研究总院研制的螯合物 CF(亚硝基苯胲铵盐)为捕收剂,以硝酸铅为活化剂,以水玻璃和羧甲基纤维素(CMC)为抑制剂,以 OS-2 为起泡剂,混合浮选黑钨和白钨的浮选方法。CF 的极性基团能与黑钨、白钨矿都形成螯合物,而且能稳定地固着在钨矿物表面,但它与含钙矿物难以形成稳定的螯合物;硝酸铅能改善钨矿物的可浮性能,在未加活化剂硝酸铅时,CF 对白钨矿、黑钨矿的捕收能力较弱,在 pH 6.4 ~ 8.5 范围内,加入硝酸铅对钨矿物有强烈的活化作用；萤石、方解石等含钙矿物却不能被活化，加上水玻璃和羧甲基纤维素对萤石、方解石等含钙脉石矿物的强化抑制作用，加大了钨矿物与脉石矿物可浮性差异，因此，CF法在弱碱性(pH8.2)矿浆中能同时浮出黑钨矿和白钨矿，实现钨矿物与萤石、方解石的分离。CF法还可以适应低温条件下的浮选，矿浆温度低至5℃时钨浮选过程仍可正常进行。CF法在柿竹园矿的应用与GY法类似，在此不赘述。CF法在柿竹园矿的半工业试验指标：原矿品位 WO_3 0.655%，获得钨精矿品位 WO_3 68.41%、钨中矿含 WO_3 10.87%，钨精矿和钨中矿的回收率分别为83.63%和2.21%。

"GY浮选法"和"CF浮选法"与原脂肪酸法(731法)比较，钨粗精矿品位 WO_3 由5%～7%提高到15%～35%。WO_3 回收率大幅提高，粗精矿产率减少三分之二。大幅度减少加温精选的矿量，节省了能源，也为后续萤石的回收创造了良好条件。

③柿竹园法[28]。

柿竹园法是在CF法和GY法的基础上，以全浮选为主干流程，以螯合捕收剂为核心，钼铋等可浮，铋硫混浮，再进行钼、铋、硫分离工艺，黑、白钨混合浮选，粗精矿加温精选，粗中粒黑钨重选，黑钨细泥浮选的综合选矿新技术。

黑、白钨混合浮选采用高效螯合捕收剂和少量脂肪酸类辅助捕收剂，以硝酸铅为活化剂，水玻璃和六偏磷酸钠或硫酸铝组合为抑制剂，获得混合钨粗精矿；粗精矿浓缩后，加入硫化钠搅拌加温至矿浆温度达95℃后，再加入水玻璃保温1 h，稀释脱水脱药后调浆至精选浓度浮选白钨获白钨精矿，槽底物用摇床加浮选，获黑钨精矿。柿竹园法原则流程见图7-10。

柿竹园法工艺流程的工业试验指标见表7-14。工业试验指标与原731法生产工艺流程指标比较见表7-15。

表7-14 柿竹园法工艺流程的工业试验指标

产品名称	产率/%	品位/%	回收率/%	钨总回收率/%
钼精矿	0.112	48.46Mo	86.02	
铋精矿	0.316	38.93Bi	72.96	
白钨精矿	0.504	66.12WO_3	54.49	76.44
黑钨精矿	0.28	52.61WO_3	21.95	
其中：黑钨摇床精矿	0.13	64.43WO_3	13.62	
黑钨细泥精矿	0.15	42.47WO_3	8.33	

表7-15 柿竹园法工艺流程工业试验与原731法生产工艺流程的生产指标比较

指标	产品名称	柿竹园法试验流程	原731法生产流程	差值(±)
原矿品位/%	钨	0.48WO_3	0.56WO_3	-0.08
	钼	0.069	0.10	-0.03
	铋	0.163	0.17	-0.007
精矿品位/%	白钨精矿	66.12WO_3	67.32WO_3	-1.2
	钼精矿	48.26	46.99	+1.77
	铋精矿	38.93	29.91	+9.02

续表 7-15

指标	产品名称	柿竹园法试验流程	原731法生产流程	差值(±)
回收率/%	总钨精矿	76.44	54.11	+22.33
	钼精矿	86.02	83.17	+2.85
	铋精矿	72.96	60.32	+12.64

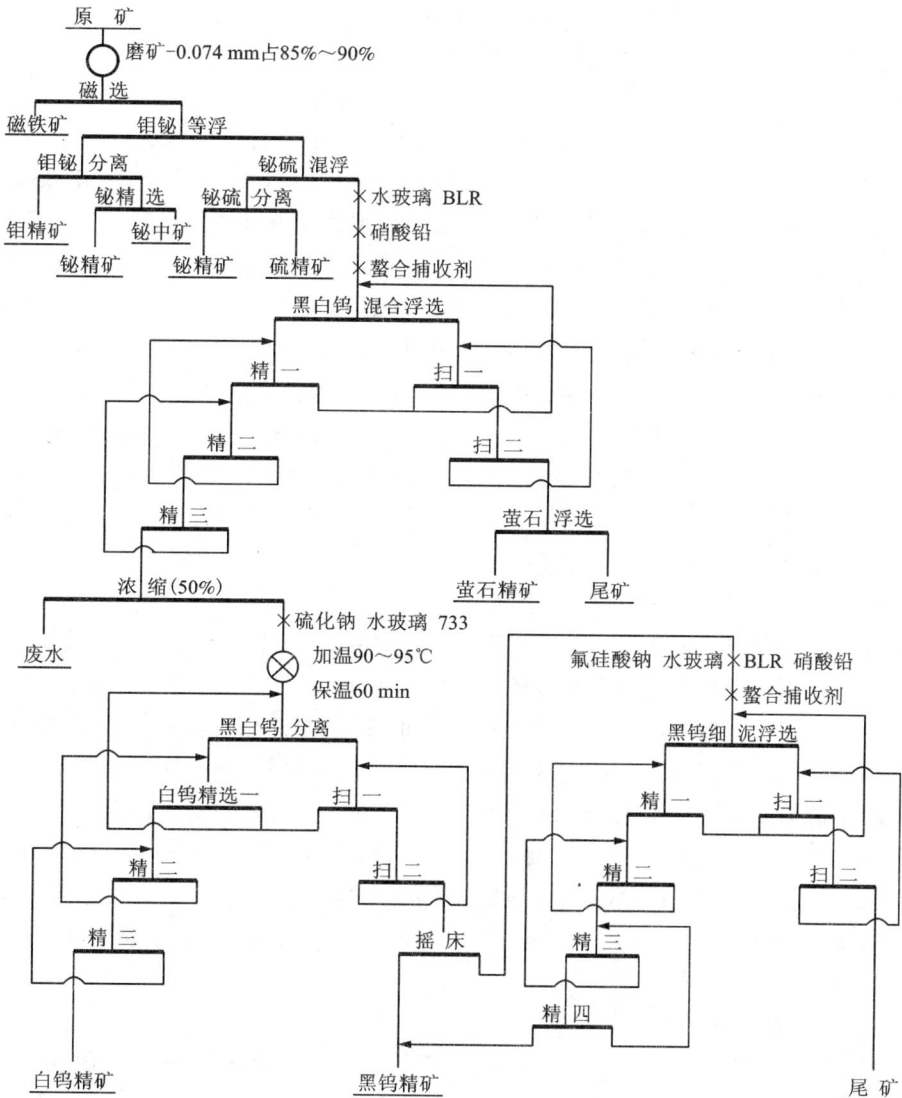

图 7-10　柿竹园法原则工艺流程

(3)选矿生产技术的进步

①钨矿浮选粗选工艺的改进[63]。

柿竹园矿自采用主干浮选工艺流程生产以来,钨矿粗选经历了从应用脂肪酸类捕收剂的氢氧化钠法到应用螯合捕收剂的 GY(CF)法。投产初期采用的钨粗选工艺是：浮硫后用氢氧化钠和水玻璃调浆，以733(731)氧化石蜡皂为捕收剂，在 pH 达12以上的高碱度矿浆中混合浮选白钨矿和黑钨矿，采用彼得罗夫加温精选法分离白钨和黑钨，此方法对白钨矿效果好，但黑钨矿的回收率较低，全流程 WO_3 的回收率只有55%左右，而且在钨粗选中，萤石受到强烈抑制，一些易浮的萤石也进入钨粗精矿中，致使萤石回收十分困难。

在1990年末期，随按柿竹园法工艺设计建造的1000 t/ d 柿竹园多金属选厂建成投产，应用螯合捕收剂的 GY(CF)法在柿竹园选矿生产中，实现了黑钨、白钨的同步浮选，提高了粗精矿品位和钨的回收率，为后续加温精选提供了良好条件。使各选厂 WO_3 的回收率达62%左右。也为进一步综合回收萤石奠定了基础。

②钨粗精矿精选工艺的改进。

由于原矿含萤石较多，在采用螯合捕收剂进行黑、白钨混合浮选时，部分可浮性好的萤石进入粗精矿中。原来用氢氧化钠法粗选时，粗精矿含 $WO_3$4.055%时，含 $CaF_2$35% ~ 40%，CaF_2分布率为20.47%；采用 GY 法粗选后，虽然粗精矿含 WO_3提高到12.92%，CaF_2分布率降为10%左右，但 CaF_2的含量仍有20% ~ 30%，故必须在精选时采取强力选择性抑制手段，才能降低萤石等含钙脉石的含量，仅用水玻璃难以奏效。后来在粗选中采用了以水玻璃为主的组合抑制剂，钨粗精矿品位大幅提高，在精选中添加少量这种组合抑制剂，经过五次精选，钨精矿品位 WO_3达60%以上[63]。例如，在生产中加温搅拌精选只加水玻璃45 kg/t，并脱药时，获得白钨精矿含 $WO_3$60.44%、S 0.9%，回收率为69.56%；改用加水玻璃45 kg/t、硫化钠8 kg/t，并且不脱药时，获得白钨精矿含 $WO_3$66.46%、S 0.12%，回收率达66.46%。说明白钨粗精矿精选采用水玻璃 + 硫化钠的组合抑制剂不仅能强化对含钙脉石矿物的抑制作用，提高精矿品位，也有利于降低精矿含硫量。

③应用高梯度强磁选技术进一步完善钨选矿工艺[64]。

柿竹园矿选矿主干流程应用"柿竹园法"在生产中取得了很好的技术经济效果，但是随着矿石开采的延伸，矿石性质和原矿品位变化较大，柿竹园法钨矿选矿生产工艺流程反映出不少问题：混合浮选黑、白钨的最佳的 pH 并非都相同；钨粗精矿精选浮白钨时加入的大量水玻璃，使被抑制的黑钨矿较难活化，浮钨药剂用量大，且价格昂贵，药剂成本高；优先混浮钨矿物时，被酸性水玻璃抑制的萤石较难活化；流程结构还较复杂。对此，该矿对钨选矿工艺流程进行了改进和完善。应用了高梯度强磁选工艺取代浮选，作为黑钨、白钨分离的主要手段，简化了流程，提高了钨的回收率，降低了药剂成本，取得了更好的技术经济效果。从2011年起，高梯度磁选工艺在柿竹园矿各选厂全面推广应用，在不同的选厂形成了钨选矿的磁－浮－重、浮－磁－浮－重、浮－磁－浮等新工艺流程。

A. 钨选矿磁－浮－重新工艺。

此工艺流程主要在"380选矿厂"改革应用。将原 GY(CF)法的原矿浮硫尾矿先进行黑钨、白钨混合浮选，再加温浮选分离黑、白钨，改为浮硫尾矿先用高梯度磁选工艺进行黑钨、白钨分离，黑钨矿进入磁性产品再用浮选获得黑钨精矿；非磁性产品以731氧化石蜡皂浮选白钨矿，再用加温精选获得白钨精矿，加温精选尾矿用摇床分选获钨锡混合精矿；浮白钨粗选尾矿浮选萤石获萤石精矿。此工艺原则流程见图7 – 11。该新工艺的特点是：

首先用磁选分离为黑、白钨两个选别系统，根据两种钨矿物可浮性特点分别浮选，白钨浮选只需采用苛性钠731法，使用价格便宜的普通药剂，药剂种类少，用量少，药剂成本低；

图 7-11 中的流程图：

```
                    浮硫化矿尾矿
                         │
                    高梯度磁选机
              ┌──────────┴──────────┐
          白钨粗选                黑钨浮选
        ┌────┴────┐          ┌────┴────┐
    萤石浮选   白钨加温精选   黑钨精矿   尾矿
   ┌───┴───┐      ┌──┴──┐
 萤石精矿  尾矿   白钨精矿  摇床
                        ┌──┴──┐
                    钨锡混合精矿  尾矿
```

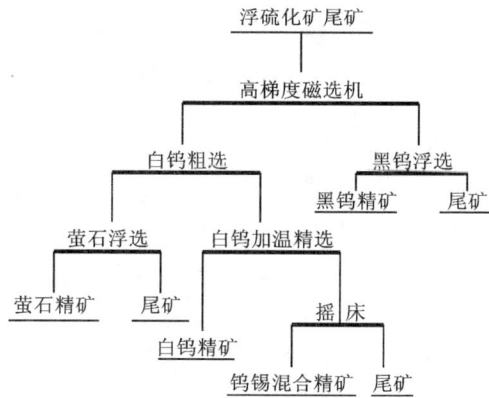

图 7-11　柿竹园矿 380 选厂钨分选磁—浮—重原则流程

黑钨因未被抑制，可浮性未变，单独浮选指标可大幅度提高；白钨浮选时未加对萤石有强烈抑制作用的组合抑制剂，有利于萤石的浮选。2011 年该选厂新工艺流程生产钨的总回收率达 66.15%，比原工艺的 62.62% 提高了 3.79%。

　　B. 钨选矿浮-磁-浮-重新工艺。

　　此工艺在"野鸡尾选厂"实施应用。钨粗选仍先采用螯合捕收剂混合浮选黑、白钨矿，粗选尾矿浮萤石；黑白钨混合精矿则用高梯度强磁选进行分离，磁性产物浮选黑钨，获黑钨精矿；非磁性产物经浓缩后，加温精选白钨获白钨精矿，加温精选尾矿用摇床回收锡石，获钨锡混合精矿。与"380 选厂"的磁-浮-重工艺相比，其最大优点是经粗选丢尾后，进入强磁选的矿量大为减少，从而减少了高梯度磁选机的数量，节省了设备费用和能耗。同样，黑钨矿直接浮选，使黑钨浮选指标大幅提高。应用新工艺的 2011 年生产钨的回收率达 65.79%，比原来 GY 法全浮工艺钨回收率 62.59% 提高了 3.2%。

　　还有一种与"野鸡尾选厂"浮-磁-浮-重工艺相似的钨选矿新工艺，也是在黑、白钨混合浮选后，应用了高梯度磁选工艺。不同之处在于：混合粗精矿先浓缩后，加温精选浮选白钨，获白钨精矿，白钨精选尾矿用高梯度磁选机分选，磁性产物浮选黑钨矿，获黑钨精矿；非磁性产物用摇床回收锡石。此类浮-磁-浮-重工艺在柿竹园矿处理能力 2000 t/d 的"多金属选厂"得到生产应用，2011 年的生产钨回收率达 67.61%，比原 GY 法工艺生产钨回收率 60.57% 提高 7.04%。

　　C. 钨选矿浮-磁-浮新工艺。

　　此类新工艺在"柴山选厂"的生产中得以应用。该钨选矿工艺先从浮硫化矿尾矿中采用苛性钠 731 法优先浮白钨，获白钨粗精矿，白钨粗精矿采用加温精选法获得白钨精矿；浮白钨尾矿先浮萤石，浮萤石的尾矿再进高梯度磁选机分选，磁性产品浮选黑钨矿，获黑钨精矿；该工艺的流程结构更为简单，并具有类同"380 选厂"磁-浮-重流程的优点。

　　由于"柴山选厂"处理原矿的性质与"380 选厂"和"野鸡尾选厂"有所不同，其回收率较低，原采用 GY 法生产钨的回收率仅为 53.28%，而 2011 年改用浮-磁-浮新工艺生产后，钨的回收率提高幅度更大，钨回收率达 61.98%，比原工艺提高了 8.73%。

　　④生产工艺流程革新提高钨的回收率[65]。

随磨矿自动化的应用及磨矿系统参数的优化，柿竹园矿多金属选厂的磨矿能力提高近7%，也即原矿处理能力增大，但浮选设备没改变，从而导致浮选作业时间不够，粗选段钨的回收率明显下降；如图 7-12 所示的原工艺原则流程黑、白钨混合浮选的粗精矿采用加温精选，加入大量水玻璃和氢氧化钠为抑制剂，抑黑钨浮白钨工艺，一方面细粒黑钨矿难以沉降，脱药溢流金属流失严重，另一方面由于黑钨矿受到强烈抑制，可浮性降低；进入粗精矿中的硫铁矿、磁铁矿等矿物与黑钨矿一起进入黑钨浮选作业，对黑钨的浮选也造成影响，致使黑钨浮选精矿品位和回收率降低；黑钨浮选尾矿中含较多的石榴子石、硫铁矿、磁铁矿等密度较大的矿物，采用摇床选别难以与黑钨矿分离，尾矿钨损失较大。这诸多因素均影响钨的回收率，对此，该选矿厂对原工艺流程进行了合理的技术改造：一是将混合粗精矿先用高梯度磁选机分离黑、白钨矿，提前分离出黑钨矿；二是将黑钨与白钨分别进行精选；三是强化精选尾矿的回收，应用悬振锥面选矿机分选白钨，加温精选尾矿，回收黑钨矿；四是将黑钨浮选尾矿返回黑白钨混浮粗选作业，形成大闭路循环。技改后的工艺原则流程详见图 7-13。

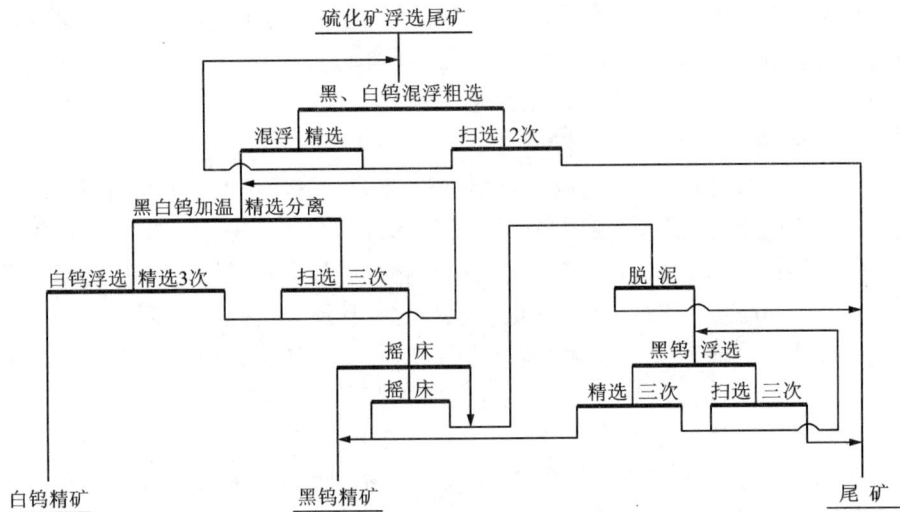

图 7-12　柿竹园矿多金属选厂原工艺原则流程

通过技术改造，减少了加温精选的矿量；解决了因加温精选加入大量水玻璃抑制黑钨、给黑钨浮选带来不利的问题；还消除了硫铁矿、磁铁矿、石榴石等对重选回收黑钨矿的影响；采用悬振锥面选矿机作为重选设备，有利于细粒钨矿物的回收。粗选段钨的回收率由72.26% 提高到 74.01%，精选段作业回收率由 87.77% 提高到 88.86%；悬振锥面选矿机作业回收率为 32.73%，比原来摇床作业回收率提高近 20%。全工艺流程钨的总回收率提高了3.61%，按该选厂年处理原矿 110 万 t 计，每年可增加直接经济效益 1200 多万元，技术经济效果明显。

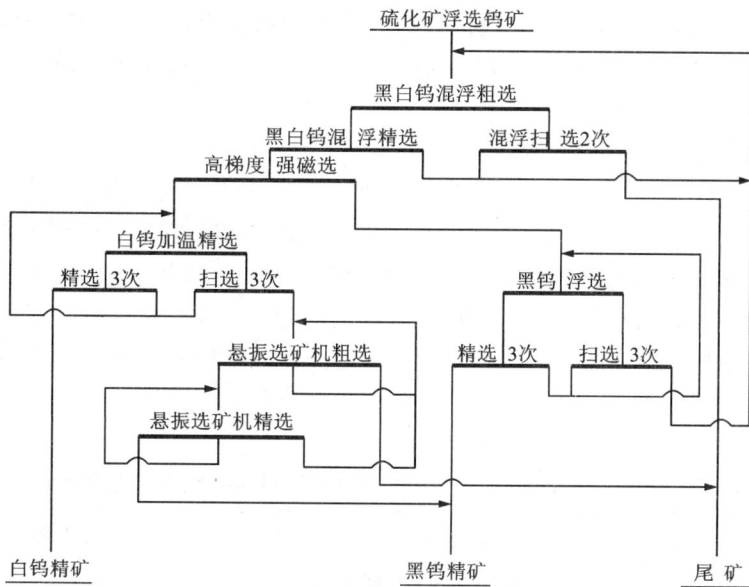

图 7 - 13 柿竹园矿多金属选厂技改后工艺原则流程

7.4.3 洛阳栾川钼业公司白钨选矿工艺进展

河南省栾川县境内的栾川钼钨矿床，是世界最大的钼矿床之一，并伴生有大量的白钨矿资源，是中国继柿竹园多金属矿之后，迄今正在开采利用的第二大钨矿床。洛阳钼业集团有限公司（以下简称洛钼集团）成为中国最大的综合回收低品位白钨矿资源的企业。经过二十多年的努力，公司与国内外选矿科技人员通力合作，使这一低品位伴生白钨矿的综合回收技术取得重大进展，从试验到规模化生产，实现了从选钼尾矿中有效回收伴生白钨矿，开创了我国低品位钨矿资源有效回收利用的先河。

（1）资源概况

栾川钼钨矿床现已探明的矿石储量达 21 亿 t，其中钼金属量 206 万 t，平均品位0.123%；钨金属量（WO_3）62 万 t，平均品位 $WO_3$0.124%。其中最主要和正开采的三道庄钼钨矿的钼矿石量（A + B + C + D 级）达 5.83 亿 t，钼平均品位 0.115%，钼金属量达 67.25 万 t，钨矿石量 4.29 亿 t，钨平均品位 0.117WO_3%，钨金属量达 50.25 万 t，三道庄钼钨矿现隶属于洛钼集团。

三道庄钼钨矿矿床特征：矿体走向长度大于 1420 m。厚度为 80～150 m，平均厚度125.5 m，倾角 5°～15°，呈似层状透镜体产出，矿体大部分出露山坡，开采技术条件好，适宜露天开采。矿石属斑岩—矽卡岩型，金属矿物有黄铁矿、辉钼矿、白钨矿、黄铜矿、闪锌矿、钛铁矿等，脉石矿物主要有：钙铁石榴石、钙铝石榴石、硅灰石、石榴子石、斜长石、钾长石等。矿石自然类型以矽卡岩型为主。

栾川钼钨矿从 20 世纪 60 年代开始小规模开采，于 1969 年建设了一座 50 t/d 的试验型选矿厂，目前已发展成为日采选规模达 15600 t/d 的大型企业。在 2001 年以前，由于伴生钨矿品位低，难选的技术问题尚未解决，加之当时全国仍以开采采选较容易、经济效益较好的黑钨矿为主，20 世纪 80 年代、90 年代世界钨业整体萧条，产品价格下滑，经济效益欠佳，该矿区只以回收钼金属为主，没有回收伴生白钨矿，每年有经过采矿、破碎、磨矿的钨金属（WO_3）近万吨送入尾矿库堆存。

（2）白钨矿回收选矿试验简况

为攻克低品位伴生白钨矿的选矿难题，自 20 世纪 80 年代起，洛钼集团与国内外多家科研机构和高等院校合作，开展了许多试验研究工作，表 7 - 16 就是浮钼尾矿综合回收白钨的主要试验简况。这些试验为该企业综合回收白钨资源的实施铺垫了坚实的技术基础，尤其是自 2000 年与俄罗斯国家技术中心有色金属研究院的合作，在采用全浮工艺方面取得实质性进展，获得了满意的技术指标和合理的工艺流程，使洛钼集团正式步入钼钨同时回收的新时期。

表 7 – 16   栾川钼钨矿浮钼尾矿综合回收白钨矿的主要试验简况

试验时间	合作参加单位	试验采用主要工艺	试验主要指标	试验规模
1979 年 11 月—1980 年 12 月	河南省地质局	一粗、一扫、五精常温开路浮选；一粗、一扫、五精加温浮选；四级摇床一粗一精重选，	原矿品位 0.11%，精矿品位 $WO_3$22.53 ~ 68.02% 回收率 41.02% ~ 80.06%	试验室
1980 年 12 月—1981 年 12 月	北京矿冶研究总院	一粗、一扫、七精闭路精选加温浮选流程	原矿品位 0.12 ~ 0.15% 精矿品位 $WO_3$65% 回收率 70% ~ 80%	试验室
1983 年 7 月	西安冶金建筑学院，长沙冶金设计研究院	ϕ1200 螺旋溜槽 – 摇床联合重选流程	精矿品位 $WO_3$71% 回收率 44.09%	试验室
1981 年 12 月—1984 年 1 月	长沙有色冶金设计研究院	摇床重选回收浮钼尾矿中粗粒粒级白钨	精矿品位 $WO_3$65% 回收率 30%	60 t/d 工业试验
1984—1988 年	西安冶金建筑学院，长沙冶金设计研究院	旋转螺旋溜槽预选丢尾，重选粗精矿再磨加温精选	精矿品位 $WO_3$66.85% 回收率 34.74%	工业试验
1985—1989 年	郑州矿产综合利用研究所	磁选 – 重选联合流程	精矿品位 $WO_3$72.22% 回收率 32.41%	工业试验
1999 年	广州有色金属研究院，长沙有色冶金设计研究院	重 - 浮联合流程	精矿品位 $WO_3$66.85% 回收率 67.53%	
2000 年 6 月—8 月	俄罗斯国家技术中心有色金属研究院，河南省科委	单一浮选流程，加温精选	精矿品位 $WO_3$40.38% 回收率 80.82%	试验室

续表 7－16

试验时间	合作参加单位	试验采用主要工艺	试验主要指标	试验规模
2000 年 12 月— 2001 年 5 月	俄罗斯国家技术中心有色金属研究院，中方有关人员	常温粗选—加温精选—酸浸	精矿品位 WO₃53.56% 回收率 71.82%	150 t/d 工业试验厂工业试验

（3）白钨浮选试验和生产工艺

①工业试验（2000.12—2002.5）浮选工艺流程[66]。

该工业试验是与俄罗斯国家技术中心有色金属研究院合作完成的。

原矿破碎磨至 −0.074 mm 占 65%。经一粗、二扫、六精流程浮得钼精矿和硫精矿，浮选尾矿进入浮选回收系统，白钨浮选工艺原则流程见图 7－14。其中多次分选的作业均为顺序返回，其中捕收剂 P-1 是一种皂化钠。工业试验所获主要选矿指标见表 7－17。

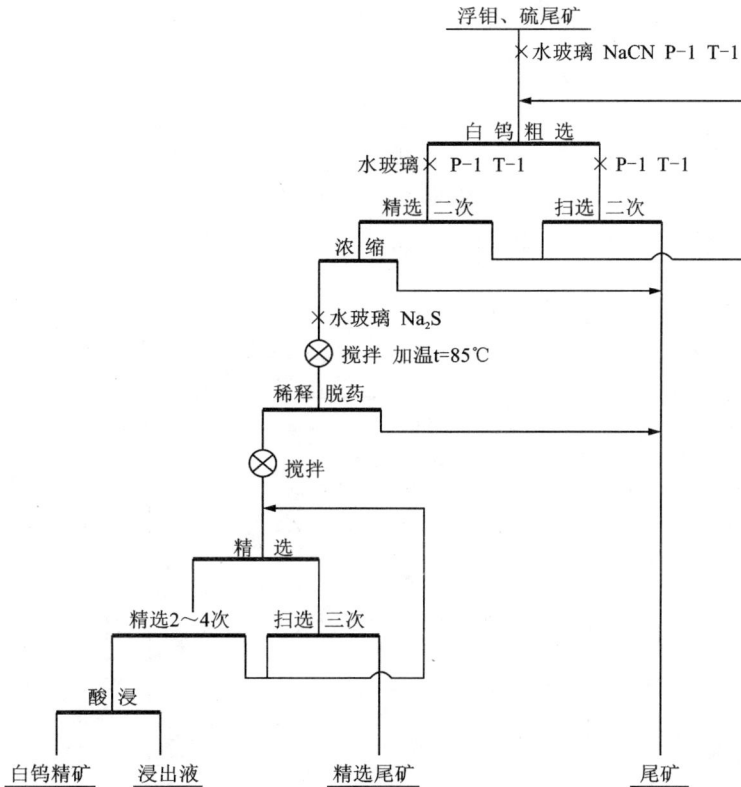

图 7－14 栾川钼钨矿白钨回收工业试验工艺原则流程

表 7－17　栾川钼钨矿白钨回收工业试验主要指标

作业名称	给矿品位（WO_3）/%	精矿品位（WO_3）/%	WO_3作业回收率/%
粗选	0.143	2.36	82.36
精选	2.43	46.48	87.21
酸浸	46.48	53.56	99.54
全流程综合	0.143	53.56	71.82

②白钨回收浮选生产流程。

在工业试验的基础上，洛钼集团与厦门钨业合资于 2003 年在选矿二公司建成第一座处理量为 4500 t/d 的白钨回收厂，处理该集团选矿二公司浮钼尾矿。浮选生产工艺流程为：原料先经一粗、二扫、二精流程脱硫作业后进行白钨粗选，白钨粗精矿用彼得罗夫加温法进行精选；精选精矿最后进行酸浸，获得最终白钨精矿。回收白钨的生产工艺流程见图 7－15。图中多次分选作业均为顺序返回。

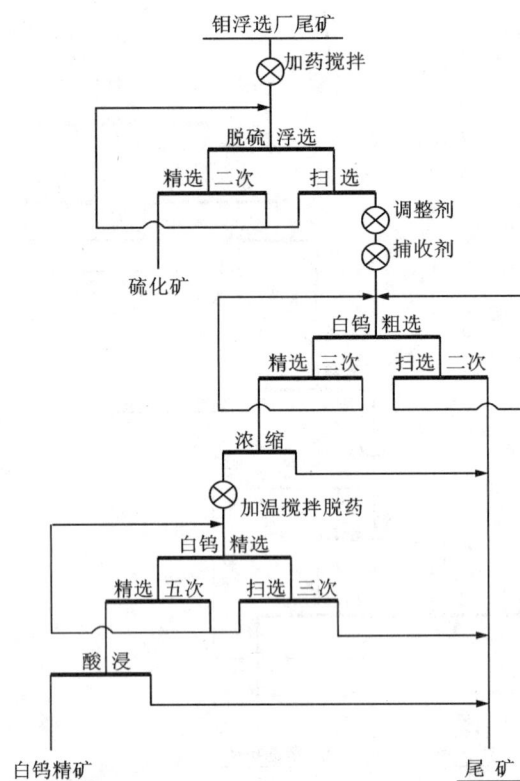

图 7－15　栾川钨钼矿的白钨回收生产工艺流程

白钨回收的主要生产指标见表 7－18。由于露天采矿范围扩大，原矿品位有所下降，比工业试验时低许多，以致生产的白钨精矿品位低于工业试验指标。但这种品位的白钨精矿可作为水冶直接生产仲钨酸铵的原料，使栾川钼钨矿床中的低品位白钨得到合理利用。

表7-18 栾川钨钼矿各选厂白钨回收的主要生产指标

选厂名称	原矿品位(WO₃)/%	精矿品位(WO₃)/%		WO₃回收率/%		
		粗精矿	精矿	粗选	精选	综合
4500 t/d 选厂	0.0588	1.278	19.63	65.57	91.00	59.67
钨业一公司选厂	0.053	1.304	24.79	77.48	94.30	73.06
钨业二公司选厂	0.0713	1.291	23.52	79.70	92.46	73.69

③白钨回收浮选工艺改进[67]。

洛钼集团冷水白钨选厂处理能力为6000 t/d,其处理原料是上游两浮钼选厂的尾矿,2008年投产后,经过不断优化白钨粗选工艺条件,使白钨粗选回收率有明显提高。

A. 合理调整浮选药剂和粗选流程。

以新型脂肪类捕收剂FX-6代替俄罗斯推荐使用的皂化钠P-1。FX-6不仅捕收能力优于P-1、731等捕收剂,还兼有起泡功能。FX-6的用量是影响白钨粗选指标的重要因素。该选厂原设计原矿品位WO₃为0.08%,FX-6的用量为200~220 g/t,投产后,实际生产中的原矿品位WO₃只有0.04%,FX-6的用量显然过大,不仅造成大量脉石上浮,粗精矿品位降低,同时也影响白钨的回收率,据此,在试验的基础上,将FX-6的用量调整为160~180 g/t,不仅使粗精矿品位WO₃由1%提高到1.2%%,回收率也有所提高;粗选的pH是影响粗选指标的又一重要因素,该选厂将粗选pH由原设计时的8.5~9提高到10~11,使粗精矿品位WO₃提高到1.5%。

B. 优化流程结构。

原设计粗选流程为一粗、一扫、一预精,由于预精作业的尾矿返回粗选作业,循环量较大,导致粗选作业设备负荷过重,以致影响粗选系统回收率。后来取消预精作业,改为一粗、一扫粗选流程,整个粗选系统运转正常,回收率有很大提高,生产粗精矿品位(WO₃)和回收率由改进前的0.987%和59.17%提高到1.19%和71.39%。

C. 调整浮选系统操作因素。

冷水白钨选厂因处理的原矿来自两个浮钼选厂的尾矿,各自单独为一个生产系列,由于两个浮钼厂的尾矿浓度不同,致使两个系列的白钨粗选浓度不一,Ⅰ系列给矿浓度为50%左右,Ⅱ系列为20%~30%,造成两个系列的白钨粗选指标存在差异。后改为将两浮钼选厂尾矿进入浮白钨选厂时先充分混合后,再分别进入各自系统,使给矿浓度和给矿品位基本保持一致,使两个系列的分选指标都有所改善。

通过上述优化浮选工艺条件,提高了粗选的生产指标。该选厂2011年生产与2008年7~11月比较,粗精矿品位WO₃由1.19%提高到1.58%,粗选回收率由71.29%提高到77.94%。

④白钨粗精矿常温精选试验[68]。

为了降低成本,简化工艺流程,改善工人的劳动条件,栾川钼钨矿的选矿技术人员开展了白钨粗精矿常温精选试验研究。白钨粗选采用以731氧化石蜡皂为捕收剂的碳酸钠法,粗选碳酸钠和水玻璃的用量分别为1500 g/t和2000 g/t,731氧化石蜡皂用量为200 g/t。采用一粗、一扫的粗选闭路流程,获得白钨粗精矿含WO₃ 1%~1.3%,粗选作业回收率为78.26%;

粗精矿采用水玻璃为抑制剂,进行常温精选。水玻璃用量为 80 kg/t 对粗精矿精选效果最佳,此时采用一粗、三精、三扫的闭路精选流程,获得白钨精矿品位 WO_3 为 22.56%,精选回收率为 83.02%。当粗选给矿含 WO_3 为 0.062% 时,获得白钨精矿含 WO_3 22.56%,全流程总回收率 64.97% 的试验指标。虽然与加温精选的指标还有差距,但已能看到常温浮选在工业生产中应用的前景。

(4)浮选柱在栾川白钨回收中的应用[69, 70]

浮选柱于 20 世纪 70—80 年代在我国有色金属硫化矿选矿中得到实际应用,但在白钨浮选中的应用,是在像柿竹园多金属矿、栾川钼钨矿这类大型矿床开发以后才出现的。

浮选柱分选的基本原理是:浮选过程是在无动力搅拌的圆形或矩形断面的长柱中进行的。经药剂调浆的矿浆,由柱体上部给入,由柱体下部设置的喷枪鼓入空气,形成弥散的上升气泡,与下降的矿粒相互碰撞,疏水矿粒黏附在气泡上,上浮至柱体顶部,经泡沫槽收集,成为泡沫产品(精矿)排出;亲水矿粒(尾矿)下降至柱体下部,经尾矿管道排出。由于柱体有一定高度,气泡上升与矿粒下降的逆流过程较长,矿粒与气泡碰撞接触机会多,疏水矿粒被捕集的机会多,特别是微细矿粒与柱体内形成的微细气泡接触机会更多,有利于其捕收。

浮选柱与机械搅拌式浮选机、环射式浮选机比较,具有结构简单、处理能力大、自动化程度高等优点,采用自动控制系统可对矿浆输送实现自动调节,流程结构简单,设备维护简便,占地面积小,设备投资和基建费用少,能耗低,选矿效率高。

①浮选柱在栾川白钨回收粗选中的应用。

洛钼集团在白钨回收生产初期的 4500 t/d 选矿厂采用的浮选设备是机械搅拌浮选机,占地面积相对较大,配置复杂,能耗高,不易实现自动控制;尤其是对低品位细粒氧化矿的浮选效率差,常出现泡沫发粘不易处理的问题。浮选柱最初在钼浮选中得到应用,获得良好的效果。2008 年该集团新建的钨业选矿一公司回收白钨的生产中首先采用浮选柱,获得较好的效果。白钨粗选采用一粗一扫流程,粗选和扫选均应用 CCF – 4500 逆流充填式浮选柱,浮选柱产出的白钨粗精矿再采用 BF – 4 和 BF – 2 型机械搅拌式浮选机进行加温精选,经一粗、四精、三扫的闭路精选生产流程,获得白钨精矿。钨业选矿一公司 2009 年全年的生产指标为:给矿平均品位 WO_3 0.055%,获得粗精矿平均品位 WO_3 1.34%,粗选作业回收率 76.96%;获得白钨精矿平均品位 WO_3 25.87%,精选作业回收率 94.76%;全流程综合回收率为 72.93%。与集团第一座采用机械搅拌式浮选机的 4500 t/d 选矿厂相比,在原矿品位相同的条件下,无论是粗精矿和精矿的品位,还是粗选作业、精选作业回收率和综合回收率,都要更好,说明在栾川白钨矿回收的粗选中采用浮选柱是合理的。接着,在钨业选矿二公司白钨粗选中也应用了浮选柱。

②浮选柱在栾川白钨回收精选中的应用。

随着矿山开采深度的增加,原矿品位逐渐提高,原矿品位 WO_3 由设计之初的 0.05% ~ 0.06% 提高到 2012 年的 0.08% ~ 0.09%,粗选段的粗精矿产量逐渐增加,原有的精选能力已经不能满足生产需求,必须增大精选段的处理能力;另外,原采用机械搅拌式浮选机的精选工序流程长,设备多,自动化程度低,生产水平很大程度取决于工人的技术水平。因此精选产品质量和回收率都较不稳定,故精选设备的更新改造势在必行。浮选柱在白钨粗选中应用的成功经验,为在白钨精选中应用浮选柱取代机械搅拌式浮选机提供了技术支撑。

钨业选矿二公司经过小型试验到工业试验,用浮选柱替代浮选机取得初步效果。在工业

试验中采用 $\phi 900$ mm $\times 800$ mm 浮选柱和四台 CCF$\phi 600$ mm $\times 800$ mm 浮选柱组成一粗、二精、二扫的精选流程，截取生产中加温脱药后的粗精矿矿浆精选，连续运转获得的技术指标为：给矿（粗精矿）含 WO_3 1.32%，精选一的精矿品位 WO_3 为 25.30%，精选二精矿品位 WO_3 为 46.83%，精选作业回收率为 93.96%。

在工业试验基础上，选矿二公司应用浮选柱进行了白钨精选生产工艺改造，用一粗、二精、二扫的浮选柱精选流程，取代一粗、五精、四扫的浮选机的精选流程，取得了较好的技术经济效果，白钨精选生产流程技术改造前后的设备情况和主要生产指标的比较见表 7-19。

表 7-19　白钨精选生产技术改造前后设备情况和主要生产指标的比较

时期	浮选设备规格及其数量	设备安装总功率 /kW	精选主要生产指标/%			
			品位（WO_3）			作业回收率
			给矿	精矿	尾矿	
技术改造前	BF-4 浮选机 18 台 BF2 浮选机　8 台	335.5	1.471	25.13	0.067	95.71
技术改造后	CCF$\phi 3500$ mm $\times 8000$ mm 浮选柱 1 台（粗选） CCF$\phi 3000$ mm $\times 8000$ mm 浮选柱 2 台（扫选） CCF$\phi 1800$ mm $\times 8000$ mm 浮选柱 1 台（精选1） CCF$\phi 1200$ mm $\times 8000$ mm 浮选柱 1 台（精选2）	290.5	1.552	28.11	0.052	96.84

注：数据为技术改造前、后三个月的平均数。

从表 7-19 可以看出：改造后的精选生产流程不但结构简化，减少了生产设备数量和安装总功率，而且生产技术指标也有所提高。浮选柱在栾川低品位白钨精选中的应用获得成功，推动了洛钼集团白钨回收选矿技术的进步。

8 难选钨矿石的选矿工艺研究与应用

在钨矿床中有一部分属于难选的钨矿石类型。所谓的难选钨矿石是指那些钨矿物在矿床中的赋存与一般的形态不一样,有的是钨矿物嵌布粒度小,赋存的脉石——石英呈细脉、网脉状存在于围岩中;有的呈细粒、微细粒嵌布于围岩(花岗岩)中;有的则是与共生的其他矿物相嵌连关系复杂,钨矿物分布较分散;有的矿石风化较严重。因而,用通常脉状钨矿的选矿工艺不易分选,选矿指标较差,有的尚处于试验研究阶段。本章主要介绍我国几种难选钨矿石及其选矿工艺。

8.1 行洛坑钨矿细脉型含钼黑、白钨混合矿[71-73]

行洛坑钨矿位于福建省清流县境内,是我国一个特大型钨矿床,其 WO_3 的储量多达 30 万 t 以上,属于岩浆期后高温热液充填的细脉型含钼黑、白钨混合矿床,是我国储量最大的难选钨矿。

8.1.1 行洛坑矿床特性及矿石性质

(1)矿床特性

该矿床绝大部分产于花岗岩体中,极少数产于变质砂岩中。产于变质砂岩的围岩中的花岗岩体是由大小不同的含钼、钨的石英脉及部分浸染状白钨矿所组成,主要组分钨、钼在矿体中的矿化富集规律无明显差异。绝大多数地质样品 WO_3 含量为 0.1% ~ 0.3%,WO_3 品位略显上富下贫的变化特征,其波动范围在 0.208% ~ 0.261%,钼的品位变化与 WO_3 相反,其波动范围达 0.01% ~ 0.037%。矿床中黑钨矿多呈板状嵌布于小石英脉壁附近及花岗岩中,斑晶最大长度 1.62 ~ 8.1 mm,一般为 0.081 ~ 0.81 mm;最大宽度 0.96 ~ 2.9 mm,一般为 0.07 ~ 0.32 mm,最小粒径 0.045 ~ 0.05 mm;白钨矿多呈粒状、分散浸染分布于花岗岩中,其次是小石英脉中。最大粒为 0.81 ~ 5.4 mm,一般为 0.025 ~ 0.58 mm,最小粒度为 0.009 mm。

(2)矿石物质组成

①矿石多元素分析。

矿石的多元素分析见表 8 - 1,矿石主要矿物相对含量见表 8 - 2,由此可知,矿石中花岗岩的三大组分——石英、长石、云母占矿石组分的 95% 以上,有价回收金属主要为钨和钼。

表 8-1　矿石多元素分析结果

元素	WO₃	Mo	Bi	Cu	Pb	Zn	As	S
含量/%	0.23	0.018	0.008	0.013	0.01	0.01	0.016	0.7
元素	SiO₂	Al₂O₃	K₂O	Fe₂O₃	MgO	CaCO₃	CaF₂	Mn
含量/%	73.78	12.45	4.41	2.57	2.68	2.18	0.74	0.1

表 8-2　矿石主要矿物相对含量

矿物名称	石英	长石	云母	绿泥石	铁白云石菱铁矿	萤石	磷灰石	黄铁矿	黑钨矿	白钨矿	辉钼矿
含量/%	52.86	25.33	16.89	1.478	1.467	0.787	0.257	0.351	0.150	0.146	0.027

②有价金属的赋存状态。

钨：主要以黑钨和白钨矿存在。次生矿物钨华含量甚微。黑钨和白钨含量比为1:1。

黑钨矿主要分布于小石英脉壁附近和花岗岩中，主要与石英、长石、云母共生，与白钨连生尚紧密，与黄铁矿连生较少，一般嵌布粒度为 0.065 ~ 0.32 mm，最小粒径为 0.015 ~ 0.045 mm。

白钨矿主要分散浸染于花岗岩中，主要与石英、长石、云母共生，与黑钨矿密切连生，少与黄铁矿、辉钼矿连生，一般嵌布粒度为 0.025 ~ 0.58 mm，最小粒度为 0.009 mm。

钨矿物单体解离甚晚，钨矿物与脉石矿物基本解离粒度为 0.25 ~ 0.5 mm，重液试验中，该粒级中 $\delta > 3.3$ 的重产物中 WO₃ 金属占有率可达 83.8%；而 0.5 ~ 1 mm 粒级产物中 WO₃ 金属占有率只有 64.3%。黑、白钨矿相互间以及它们与其他矿物之间的完全解离粒度需达到 0.074 mm 左右。

钼：主要以辉钼矿存在，少量以类质同相形式存于白钨矿中，有50%的白钨矿单体含 Mo 高达 0.25% 左右。辉钼矿呈鳞片状集合体产于石英颗粒的间隙中，主要与石英连生，少量与白钨矿、黄铁矿连生，一般粒度为 0.04 ~ 2 mm，在 -2 ~ +1 mm 粒级可见单体，-0.125 ~ +0.076 mm 粒级的 $\delta > 3.3$ 的重产物中 Mo 占有率只有 74% 左右，完全解离粒度需达 0.023 mm 以下。

将原矿石用对辊机破碎至 -2 mm 后进行筛析的结果见表 8-3。从中可以总结出：粒度越细，品位越高，+1 mm 粒级金属占有率较低。

表 8-3　原矿石破碎至 -2 mm 后的筛析结果

粒度/mm	产率/%	WO₃		Mo	
		品位/%	占有率/%	品位/%	占有率/%
-2 +1.4	5.90	0.306	7.49	0.0358	14.77
-1.4 +1.0	13.53	0.192	10.73	0.0110	10.41
-1.0 +0.50	27.38	0.196	22.28	0.0112	21.44

续表 8-3

粒度 /mm	产率 /%	WO₃		Mo	
		品位/%	占有率/%	品位/%	占有率/%
-0.50 +0.251	21.14	0.216	18.94	0.0110	16.26
-0.251 +0.125	12.63	0.272	14.31	0.0126	11.17
-0.125 +0.074	4.67	0.296	5.73	0.0140	4.57
-0.074	14.70	0.336	20.49	0.0218	21.38
合计	100.00	0.241	100.00	0.0143	100.00

对原矿黑钨矿和白钨矿的嵌布粒度进行测定的结果见表 8-4。从表 8-4 可看出，钨矿物嵌布粒度分布范围较宽，但主要分布于 -0.32 mm 粒级中，在 +0.02 mm 各粒级中，有粒度越细单体越多的规律；白钨嵌布粒度粗于黑钨矿；白钨在 +0.08 mm 粒级中的单体已达 61%，而此刻黑钨矿单体只有白钨的一半多。

表 8-4 黑钨矿和白钨矿的粒度测定结果

粒级 /mm	黑钨矿		白钨矿	
	含量/%	累计含量/%	含量/%	累计含量/%
+1.28	0.76	0.76	1.53	1.53
-1.28 +0.64	4.16	4.92	8.3	9.83
-0.64 +0.32	6.91	11.83	12.29	22.12
-0.32 +0.16	7.01	18.84	18.43	40.55
-0.16 +0.08	15.56	34.4	20.48	61.03
-0.08 +0.04	25.07	59.47	22.02	83.05
-0.04 +0.02	26.37	85.84	12.03	95.08
-0.02 +0.01	13.61	99.45	4.86	99.94
-0.01	0.55	100	0.06	100.00

(3)行洛坑原矿预富集的问题

由于行洛坑钨矿的矿体实质是一个花岗岩含矿体，花岗岩不是一个非含矿的围岩，不是像一般脉状黑钨矿那样，矿脉与围岩分界明显，可利用二者光学性质差异和密度差，用手选、光电选、重介质选矿方法进行预富集；而该矿床真正不含矿的围岩是变质砂岩，采矿设计为露天采矿方式，设计的变质砂岩采入矿石的量仅为 5% ~6%，设置预选工艺丢弃变质砂岩废石并不适宜。因而，该矿石不能设置预选丢废工艺。

8.1.2 行洛坑选矿试验研究

从 20 世纪 70 年代初，行洛坑钨矿就开始了矿石的选矿试验工作，有关的专业科研院所和高等院校进行了各种选矿工艺试验,都有一个共同认识:行洛坑钨矿矿石的主要回收有用矿物黑钨和白钨与脉石矿物石英、长石、云母等的密度差大,尽管钨矿物呈细粒嵌布,但基本嵌布粒度都大于 0.04 mm,尚适合重选回收范围,因此重选是该矿石的基本选矿方法,以此作为选矿流程的骨干,确定矿石入选的粒度,在前期分选时丢弃大量尾矿。

(1)入选粒度试验

根据重液分离试验结果: −1.4 + 1.0 mm 粒级的 δ > 3.3 的重产物中黑钨矿和白钨矿的单体 WO_3 占有率分别达 34% 和 30%,考虑将这部分嵌布粒度较粗的钨矿物及早回收,避免造成破碎磨细至更小粒度的过粉碎损失是恰当的。摇床试验说明,粒度大于 0.8 mm 的粒级选别结果并不理想,不但富集比低,摇床精矿仅含 WO_3 0.41% ~ 0.47%,而且尾矿丢弃率也小于 42%,表 8 − 5 是原矿破碎至 −1.2 mm 进行分级摇床试验结果。说明入选粒度大于 0.8 mm 不宜丢弃最终尾矿,要获得较高选别效率的入选粒度应该是 − 0.56 mm,此时, − 0.56 + 0.2 mm 粒级的重选尾矿品位 WO_3 可达 0.027%,重选回收率大于 81%。

表 8 − 5　原矿破碎至 − 1.2 mm 进行分级摇床试验结果

粒级/mm	品名	产率/%	品位(WO_3)/%	回收率/%
−1.2 + 1.0	精矿	27.35	0.41	70.60
	中矿	40.08	0.087	21.96
	尾矿	32.57	0.036	7.44
	合计	100.00	0.159	100.00
−1.0 + 0.8	精矿	30.03	0.047	78.96
	中矿	28.34	0.08	12.68
	尾矿	41.63	0.036	8.36
	合计	100.00	0.179	100.00
−0.8 + 0.56	精矿	17.12	0.9	79.12
	中矿	39.63	0.07	13.76
	尾矿	42.65	0.034	7.12
	合计	100.00	0.202	100.00
−0.56 + 0.2	精矿	8.94	1.83	81.35
	中矿	20.70	0.089	9.16
	尾矿	70.36	0.027	9.49
	合计	100.00	0.201	100.00
−0.2 + 0.04	精矿	1.93	14.38	86.80
	中矿	2.38	0.47	3.38
	尾矿	95.69	0.034	9.82
	合计	100.00	0.331	100.00

(2)重选设备的选择

摇床和螺旋溜槽都可作为细粒级的重选粗选设备。摇床是最常采用的重选设备,有选矿富集比大、分选效率高的特点，但也有处理能力小、占用厂房面积大，动力相对消耗大等问题，对于像行洛坑钨矿这样的原矿量大、品位低的细粒嵌布的钨矿石，采用摇床为重选粗选设备并不是最佳选择。

螺旋选矿机和螺旋溜槽应用于细粒级重选粗选有独到之处：处理能力大，给矿浓度高，设备占地面积小，选别本身无需动力，耗电耗水少，操作容易，分选过程兼有脱泥作用等。将其用作细粒钨矿石的粗选设备与摇床比较，除富集比低外，其他选别效果差别不大，这在 6.3.4 节中已有所叙述。因此选择螺旋选矿机和螺旋溜槽作为行洛坑钨矿重选粗选设备是较恰当的。为弥补螺旋溜槽富集比低的缺陷，辅以摇床精选，构成螺旋溜槽粗选 + 摇床精选的重选工艺。

选矿试验表明：磨碎的原矿分级重选更合适，即粗粒级（ $-0.7 +0.2$ mm）选用复合曲线分选面的螺旋选矿机分选效果更佳；立方抛物线的螺旋溜槽选别 -0.2 mm 细粒级更恰当。

（3）选矿流程试验

选矿人员围绕提高钨的回收率、去尾粒度以及钨精矿产品方案进行了以重选为核心的多个选矿流程试验。

①重 – 磁流程。

原矿破碎后直接用棒磨进行第一段磨矿，磨碎至 -1.4 mm 后筛分为 $-1.4 +0.5$ mm 和 -0.5 mm 两级分别用螺旋溜槽 + 摇床重选；-0.5 mm 粒级先经水力分级分为四级沉沙和溢流，各级沉沙用螺旋溜槽选别丢尾，水力分级溢流和螺旋溜槽溢流合并为细泥原矿。$-1.4 +0.5$ mm 粒级的螺旋溜槽尾矿及该粒级摇床精选的中矿、尾矿合并进入第二段磨矿，磨细至 -0.5 mm 进入贫系统螺旋溜槽 – 摇床作业，丢弃最终尾矿。细泥原矿则用水力旋流器分为 $+0.04$ mm 和 -0.04 mm 两级，分别用离心机粗选，$+0.04$ mm 离心机粗精矿用摇床精选获摇床精矿；-0.04 mm 离心机粗精矿用皮带溜槽精选获低品位钨精矿。所有摇床精矿合并后分为 $+0.21$ mm 和 -0.21 mm 两级，分别用台浮和浮选脱硫，$+0.21$ mm 台浮脱硫产品为黑、白钨混合精矿；-0.21 mm 粒级浮选脱硫后，再用摇床精选获细粒黑、白钨混合精矿。黑、白钨混合精矿再用强磁场磁选机分离，获黑钨精矿和白钨精矿。

脱硫的硫化矿进入硫化矿选别系统进行综合回收。

此流程特点是：两段磨矿，阶段磨选，早收多收，贫富分选，细泥全重选工艺处理。

重 – 磁流程获得的主要选矿指标详见表 8 – 6。

表 8 – 6 重 – 磁流程的主要选矿指标

产品名称	产率/%	品位（WO_3）/%	回收率/%
黑钨精矿	0.134	69.30	39.35
白钨精矿	0.112	68.27	32.40
钨精矿小计	0.246	68.83	71.75
低钨精矿 1	0.063	24.13	6.44
钨精矿合计	0.309	59.78	78.19
低钨精矿 2	0.021	15.12	1.35
中矿（含硫化矿在内）	1.342	0.981	5.58

续表 8 – 6

产品名称	产率/%	品位（WO_3）/%	回收率/%
总尾矿 其中矿砂尾矿	98.328	0.036 0.025	14.88
给矿	100.00	0.236	100.00

②重 – 磁 – 浮流程。

该流程的重选部分与重 – 磁流程的重选工艺基本相同，但作了部分改动：由二段磨矿增至三段磨矿。将 – 0.5 mm 原矿经螺旋溜槽 – 摇床精选摇床的中、尾矿并入二段磨矿的贫系统再选别，贫系统的摇床中、尾矿不直接丢弃，而是进入新设置的第三段磨矿，磨细至 – 0.25 mm 进行螺旋溜槽—摇床选别，丢弃尾矿。这样就将重选丢尾粒度由 0.5 mm 降低至 – 0.25 mm，进一步降低了尾矿品位。试验表明：0.2 ~ 0.5 mm 粒级螺旋溜槽粗选尾矿品位 WO_3 为 0.03% 而 0.25 ~ 0.125 mm 粒级的尾矿品位 WO_3 可降至 0.022% ~ 0.017%，0.076 ~ 0.125 mm 粒级的尾矿品位 WO_3 亦可达 0.0247%，说明第三段磨矿的设置可降低尾矿品位，提高重选回收率约 8%；除重选细粒黑、白钨混合精矿用强磁场磁选机分离，获黑钨精矿和白钨精矿外，细泥处理也由单一重选工艺改为重 – 磁 – 浮联合工艺，即细泥原矿离心机粗精矿采用湿式强磁选分离黑、白钨，磁性产品再用摇床选别获细泥黑钨精矿，磁选尾矿浮白钨，获细泥白钨精矿。构成重 – 磁 – 浮工艺流程。此工艺流程增加了钨精矿产率，提高了钨的回收率。

重 – 磁 – 浮流程获得的试验指标详见表 8 – 7。

表 8 – 7　重 – 磁 – 浮流程的试验指标

产品名称	产率/%	品位（WO_3）/%	回收率/%
黑钨精矿小计	0.150	67.51	43.89
其中　黑钨精矿	0.133	69.00	39.67
黑钨细泥精矿	0.017	57.38	4.22
白钨精矿小计	0.113	71.89	35.08
其中　白钨精矿	0.096	71.14	29.43
白钨细泥精矿	0.017	76.03	5.65
钨精矿合计	0.263	69.39	78.97
低钨精矿	0.045	17.05	5.65
钨中矿（含硫化矿在内）	2.994	0.269	3.19
总钨尾矿	96.698	0.0287	11.89
其中　矿砂尾矿	65.879	0.019	5.60
给矿	100.00	0.231	100.00

③磁 – 重 – 浮流程。

该流程是首先将原矿磨细至 – 0.5 mm 后，用湿式强磁机分选，磁性产品用摇床富集，摇床精矿脱硫后获黑钨精矿；磁选尾矿用水力分级后，沉沙经螺旋溜槽进行一粗一精分选，丢弃产率为75%、品位 WO_3 为0.025%的尾矿，获螺旋溜槽精矿。水力分级溢流用离心机一粗一精分选获离心机精矿；螺旋溜槽精矿磨细至 $-0.075\ mm$ 占95%后与离心机精矿合并进入浮选系统，浮选脱硫后用一粗、二精、二扫流程浮得白钨精矿。脱硫的混合硫化矿进入综合回收系统选别。

此流程较简单，只进行一段磨矿重选丢尾，磁－重工艺直接获黑钨精矿，磁选尾矿和细泥用重－浮工艺获白钨精矿。磁选可首先获得产率为10.2%、含 WO_3 1.08%的黑钨粗精矿，WO_3 回收率为46.84%，再用摇床富集较容易获得合格黑钨精矿；进入磁选尾矿的白钨采用螺旋溜槽分选可直接丢弃产率为49%、含 WO_3 为0.024%的尾矿，大大减少白钨浮选的矿量；细泥重选粗精矿与白钨粗精矿合并浮白钨简化了细泥精选流程；原矿直接磨细至 $-0.5\ mm$ 入选适应了钨矿物细粒嵌布的特点，虽然 $+0.5\ mm$ 粒级的少量粗粒钨矿物将产生过粉碎，但流程中湿式强磁和浮选工艺加强了回收，所以，对最终选别指标未造成影响。

磁－重－浮流程的试验指标见表8－8。

④重－浮流程

此流程不设置黑、白钨分离工艺，只获黑、白钨混合精矿，入选粒度为 $-0.7\ mm$。原矿采用棒磨机与高频振动筛构成闭路的磨矿流程，将矿石磨细至 $-0.7\ mm$ 后，采用0.2 mm振动筛和水力分级机分级，振动筛上为 $-0.7+0.2\ mm$ 粒级，筛下产品进入水力分级，分成 $-0.2+0.04\ mm$ 和0.04 mm两级，分级产品组成情况见表8－9，$-0.7+0.2\ mm$ 粒级采用螺旋选矿机一次粗选丢尾，丢弃品位 WO_3 为0.031%、产率占本粒级约85%的螺旋尾矿；品位 WO_3 为1.04%的螺旋溜槽粗精矿再用摇床精选，获品位 WO_3 为8.79%的粗粒重选精矿；$-0.2+0.04\ mm$ 粒级用螺旋溜槽一次粗选、一次扫选，所获粗精矿分别用摇床精选，得到品位 WO_3 为13.08%的细粒重选精矿，丢弃占原矿产率37.51%、含 WO_3 0.027%的细粒重选尾矿；$-0.04\ mm$ 粒级为细泥原矿，入细泥系统选别。重选粗选的试验结果见表8－10。

表8－8 磁－重－浮流程的试验指标

产品名称	产率/%	品位(WO_3)/%	回收率/%
黑钨精矿	0.141	66.84	40.35
白钨精矿	0.127	73.02	39.70
钨精矿小计	0.268	69.77	80.05
低钨精矿	0.020	14.24	1022
中矿(含硫化矿在内)	24.639	0.10	10.55
螺旋溜槽粗选尾矿	49.021	0.024	5.05
螺旋溜槽精选尾矿	10.762	0.026	1.20
离心机尾矿	14.993	0.03	1.93
重选尾矿小计	75.073	0.025	8.18
给矿	100.00	0.233	100.00

表 8 - 9　磨矿 - 0.7 mm 粒级分级组成情况

粒级/mm	产率/%	品位(WO₃)/%	WO 占有率/%
-7.0 + 0.2	42.03	0.16	31.58
-0.2 + 0.04	40.14	0.29	54.53
-0.04	17.83	0.17	13.89
合计	100.00	0.218	100.00

表 8 - 10　原矿重选粗选的试验结果

粒级 /mm	产品名称	产率/%		品位 (WO₃)/%	回收率/%	
		对作业	对原矿		对作业	对原矿
-7.0 + 0.2	精矿	1.43	0.603	8.79	76.92	24.27
	中矿	1.40	0.587	0.44	3.70	1.17
	尾矿	97.17	40.839	0.033	19.38	6.12
-0.2 + 0.04	精矿	2.02	0.81	13.08	89.03	48.55
	中矿	0.31	0.124	0.38	0.41	0.22
	尾矿	93.49	37.326	0.027	8.49	4.63
	泥	4.18	1.679	0.15	2.07	1.13
-0.04	细泥		17.832	0.17		13.89
总计	精矿		1.413	11.25		72.84
	粗粒中矿		0.587	0.44		1.17
	细粒中矿		0.124	0.38		0.22
	尾矿		78.365	0.030		10.75
	泥		19.511	0.168		15.02
	合计		100.00	0.218		100.00

　　-0.7 + 0.2 mm 粒级重选粗精矿，用台浮脱硫，直接获得部分混合钨精矿；-0.2 + 0.04 mm 细粒粗精矿先浮钼和脱硫，再用摇床富集，进一步脱除脉石矿物后再用弱磁选脱铁，获得细粒混合钨精矿，此二粒级混合钨精矿含 WO₃63.5%，钨的回收率达 70%；-0.7 + 0.2 mm 重选摇床的粗粒中矿与台浮的硫化矿、中矿合并进行再磨，采用优先浮选获钼精矿和硫化矿，浮选尾矿再用摇床选别回收钨；-0.04 mm 粒级与螺旋溜槽溢流合并为细泥原矿，其产率占原矿量的 19.51%，WO₃ 含量为 0.168%，金属占有率为原矿的 15%。此细泥原矿先浮钼和脱硫以后，以 GYB 与 GYR 为组合捕收剂、以硝酸铅为活化剂、碳酸钠和水玻璃为脉石的抑制剂，混合浮选黑、白钨，获含 WO₃2.2% 的混合粗精矿，并丢弃占细泥原矿 93%、品位 WO₃ 为 0.016% 的细泥尾矿。浮选粗精矿采用常规白钨加温浮选法精选分离，获细泥白钨精矿和细泥黑钨精矿。细泥回收试验结果见表 8 - 11。从中可以看出，用浮选工艺回收细泥的效果好，不仅细泥混合钨精矿品位 WO₃ 可达 35%，粗选能丢弃产率 93%、品位 WO₃ 0.016% 的细泥尾矿，细泥作业回收率高达 69.84%。

表 8 – 11 细泥回收试验结果

产品名称	产率/%		品位 （WO₃)/%	回收率/%	
	对细泥	对原矿		对细泥	对原矿
细泥白钨精矿	0.242	0.047	34.06	49.02	7.36
细泥黑钨精矿	0.091	0.018	38.26	20.82	3.12
细泥钨精矿小计	0.333	0.065	35.22	69.84	10.48
精选尾矿	6.368	1.243	0.559	21.19	3.19
磁选铁矿物	0.069	0.013	0.2	0.08	0.01
细泥粗精矿	6.77	1.321	2.26	91.11	13.68
细泥粗选尾矿	93.23	18.19	0.016	8.89	1.34
细泥原矿	100	19.511	0.168	100	15.02

此流程的主要特点：一是只采用一段磨矿至 − 0.7 mm 直接重选，获得黑白钨混合精矿，只对少数钨连生体尚未解离的重选中矿进行再磨解离回收；二是细泥归队采用螯合捕收剂浮选回收；三是只产出满足特定冶炼企业需求的黑白钨混合精矿，省去了黑白钨分离的工艺，简化了流程，占用设备数量较少，降低了选矿生产成本；主要适合于选冶联合企业应用。因而此工艺有一定的局限性，产品难以满足一般市场的需求。

重 – 浮流程试验的主要指标见表 8 – 12。

表 8 – 12 重 – 浮流程试验的主要指标

产品名称	产率/%	品位(WO₃)/%	回收率/%
重选钨精矿	0.241	63.54	70.11
细泥钨精矿	0.065	35.22	10.48
钨精矿小计	0.306	57.53	80.59
重选尾矿	78.365	0.030	10.75
细泥尾矿	18.190	0.016	1.34
尾矿小计	96.555	0.027	12.09
中矿(含硫化矿在内)	3.140	0.550	7.32
原矿	100.00	0.218	100.00

⑤各种试验流程比较。

各种选矿试验流程特点及其主要试验指标比较详见表 8 – 13。

表 8 – 13　各种试验流程的比较

试验流程	钨精矿品位（WO₃）/%	回收率/%	流程特点
重 – 磁流程	59.78	78.19	两段磨矿，－1.4 mm 入选，－0.5 mm 开始丢尾。可获得合格黑、白钨精矿，流程较复杂，回收率较低
重 – 磁 – 浮流程	69.39	78.97	－1.4 mm 入选，－0.5 mm 开始丢尾，两段半磨矿（中矿再磨）。可获高品位黑、白钨精矿，流程复杂，回收率较低
磁 – 重 – 浮流程	65.75	81.27	－0.5 mm 入选和丢尾，一段磨矿，可获黑钨精矿和白钨精矿，流程较简单，回收率高
重 – 浮流程	57.53	80.59	－0.7 mm 入选，两段磨矿，中矿再磨。只获黑、白钨混合精矿，流程简单，回收率较高

8.1.3　行洛坑钨矿选矿生产实践

（1）钨矿选矿生产工艺流程

行洛坑钨矿的建设由厦门钨业有限公司投资进行，隶属于该公司管理，根据该公司生产钨加工品对原料的实际需求，按照选矿试验的重 – 浮流程，设计建设了一座日处理原矿 5000 t 的选矿厂，并于 2007 年 8 月竣工投产。现在原矿实际生产能力为 4500 t/d，入选原矿品位 WO₃ 为 0.22%，选厂主流程采用一段磨矿磨细矿石后，分级采用螺旋选矿机—摇床和螺旋溜槽—摇床粗选、中矿再磨的重选流程，粗精矿脱硫后再用摇床精选，获黑、白钨混合精矿；细泥处理流程，原设计流程为细泥原矿先浮选脱硫，再进行黑白钨混合浮选，混合钨精矿用加温精选法，抑黑钨浮白钨，获白钨细泥精矿；黑白钨混浮尾矿经磁选脱铁，再用摇床精选获黑钨细泥精矿。后经技术改造，形成现在的细泥原矿先脱硫，再混合浮选黑、白钨，混合精矿经离心机精选，获黑白钨混合细泥精矿。行洛坑钨矿选矿生产工艺简化流程见图 8 – 1。

（2）细泥选矿工艺技术改造

行洛坑钨矿选厂的原生细泥和次生细泥总量约占原矿量的 25%，细泥平均品位 WO₃ 为 0.16%。原处理工艺为脱硫，黑白钨混合浮选，混合精矿浮选分离，磁选脱铁和摇床精选获黑钨细泥精矿和白钨精矿。但由于钨细泥矿物种类繁多，钨品位低黑、白钨混杂，原生矿与风化矿比例变化较大，处理流程较复杂，以致选别指标差，生产成本高，对此，该选厂对细泥处理流程进行了技术改造。

①原工艺流程及其存在的主要问题。

细泥处理原工艺流程如图 8 – 2 所示。该工艺流程存在如下主要问题：未设置预先脱除微泥（－0.010 mm）的作业，入选原料含泥量大，影响钨矿物浮选效率。增加药剂耗量，而且这些微泥进入混合硫化矿，对综合回收钼、铋、铜造成影响；混合浮钨的药剂制度不够合理，给药顺序的搅拌次数不够，以致混合浮选粗精矿含 WO₃ 只有 2% ~ 3%，导致后续黑白钨分离难度增大；黑白钨混合浮选总时间不够，影响钨的回收率；黑白钨分离工艺流程较复杂，中矿无法有效利用，回收率低。这些问题致使细泥钨总回收率低，生产成本高。

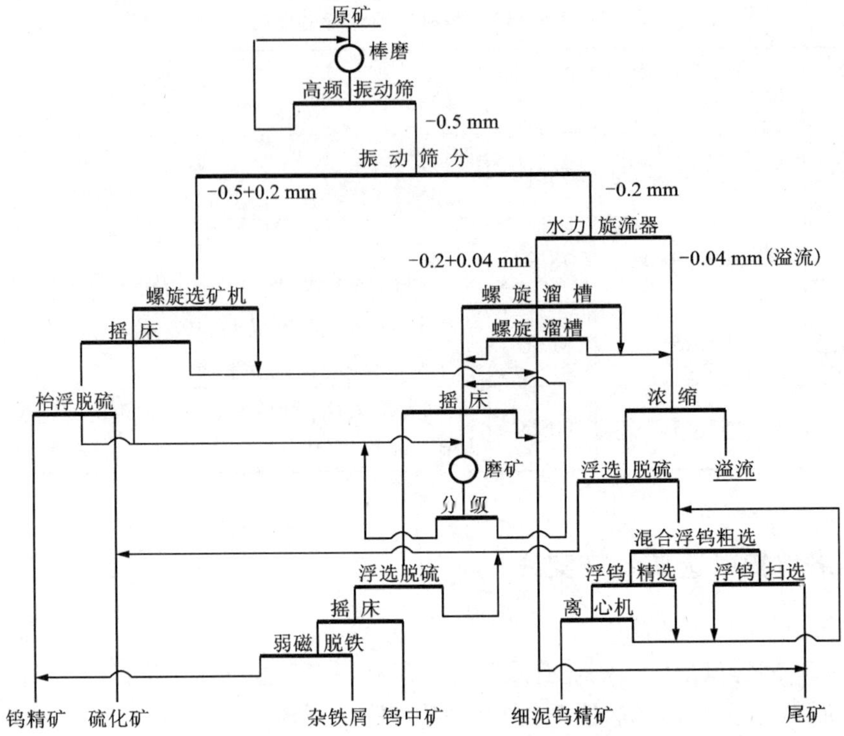

原矿

棒磨

高频 振动筛

−0.5 mm

振 动 筛 分

−0.5+0.2 mm   −0.2 mm

水 力 旋 流 器

−0.2+0.04 mm   −0.04 mm（溢流）

螺旋选矿机   螺 旋 溜 槽

摇 床   螺 旋 溜 槽

枱浮脱硫   摇 床   浓 缩

磨矿   浮选 脱硫   溢流

分 级

混合浮钨粗选

浮选脱硫   浮钨 精选   浮钨 扫选

摇 床   离 心 机

弱磁 脱铁

钨精矿 硫化矿   杂铁屑 钨中矿   细泥钨精矿   尾矿

图 8−1　行洛坑钨矿选矿生产工艺简化流程

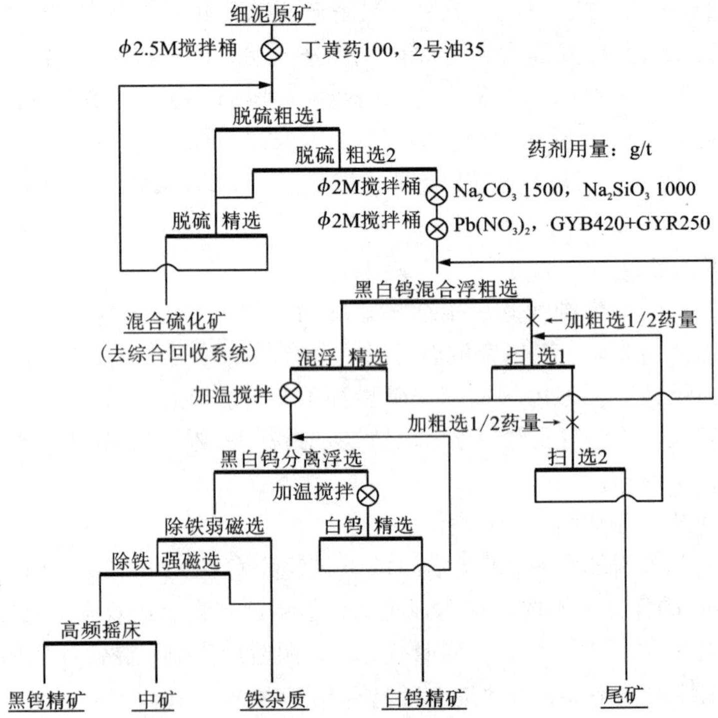

细泥原矿

φ2.5M搅拌桶 ⊗ 丁黄药100，2号油35

脱硫粗选1

脱硫 粗选2

药剂用量：g/t

φ2M搅拌桶 ⊗ Na₂CO₃ 1500，Na₂SiO₃ 1000

φ2M搅拌桶 ⊗ Pb(NO₃)₂，GYB420+GYR250

脱硫 精选

混合硫化矿
（去综合回收系统）

黑白钨混合浮粗选

←加粗选1/2药量

混浮 精选   扫选1

加温搅拌 ⊗

加粗选1/2药量→

黑白钨分离浮选   扫选2

加温搅拌 ⊗

除铁弱磁选   白钨 精选

除铁 强磁选

高频摇床

黑钨精矿 中矿   铁杂质   白钨精矿   尾矿

图 8−2　行洛坑钨矿原细泥选别工艺流程

②细泥处理工艺流程技术改造。

针对原细泥选别工艺流程的问题，经过一系列试验，确定进行下述技术改造。

A. 增设脱泥作业。在细泥原矿浮选前，先采用 FX150 – PU – K 型旋流器脱除 – 0.01 mm 微泥，同时将浮选入选的矿浆浓度提高到 35%，使浮选给矿中 – 0.01 mm 的含量由 30.7% 降低至 14.4%。

B. 增加脱硫浮选精选次数。由一次精选改为两次精选，提高了混合硫化矿的质量，也降低了钨在硫化矿中的损失。

C. 改进钨混合浮选的药剂制度。增加了捕收剂的种类，除原有的 GYB 和 GYR 外，还添加了改性脂肪酸类捕收剂 FW，提高了细泥钨的捕收能力；还添加了 2 号油，以改善浮选泡沫性能；还增加了调浆时间和次数，加药搅拌次数由 2 次增至 4 次，延长了药剂与矿物作用时间，有利于回收率的提高。

D. 增加黑白钨混合浮选时间。为此，增加了一次扫选，第三次扫选钨的作业回收率达到 35% 以上，这使混合浮选钨的回收率提高了 10% 以上。

上述措施的采取，大大提高了黑白钨混合浮选的效率，混合粗钨精矿品位 WO_3 由 2% ~ 3% 提高到 5% ~ 8%，钨的粗选回收率达到 71.3%。

E. 改进混合粗精矿精选工艺。

根据矿砂流程部分只产出黑白钨混合精矿的原则，确定细泥处理流程相应也只产出黑白钨混合精矿，故采用单一离心选矿机精选工艺取代加温浮选—弱磁选—强磁选—高频摇床的复杂精选工艺。当混合浮选粗精矿含 WO_3 8.85% 时，采用 $\phi1600$ mm × 900 mm 离心机一粗一扫，获得细泥精矿品位 WO_3 为 22.29%，作业回收率达 86.78%。技术改造后的细泥选别工艺流程如图 8 – 3 所示。

经过技术改造后的钨细泥作业回收率和对原矿的回收率比原工艺流程分别提高了 43.9% 和 6.9%；药剂成本和电费减少了 69.5%。技术改造前后细泥选别全流程考查的结果详见表 8 – 14。

表 8 – 14　技术改造前后细泥选别全流程考查的结果

时期	品位(WO_3)/%		精矿回收率/%		精矿药剂成本 /(元·t 精矿⁻¹)
	原矿	精矿	对细泥	对原矿	
技改前	0.190	20.50	16.52	2.20	104
技改后	0.156	20.02	60.43	9.11	32

从表 8 – 14 可以看出，行洛坑钨矿选厂对细泥钨选矿工艺流程的技术改造取得了显著的技术经济效果。

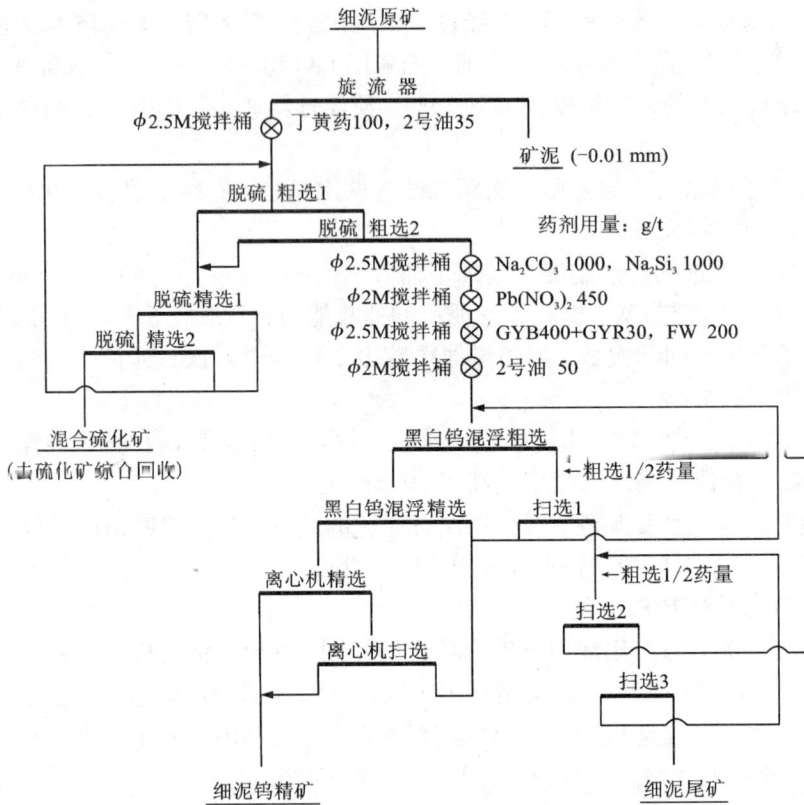

图 8-3 行洛坑技术改造后的细泥选别工艺流程

8.2 莲花山钨矿网脉状硫化矿-黑白钨矿石

莲花山钨矿矿床类型比较特殊，是我国首次发现、世界少有的新型工业类钨矿床——网脉状硫化矿-黑钨白钨矿床，矿床的成矿温度自气化-高温一直延续至中温，钨矿物主要形成于高温至中温热液阶段。矿床分布甚广，几乎矿区所有探槽都有矿化现象（一般含 WO_3 达 0.01% 以上），主矿体产于石英斑岩与绢云母、云母砂岩夹石英砂岩内外接触带；整个矿体为黑-白钨伴生产出，上部以黑钨为主，多与石英共生，矿体深部白钨含量逐渐增高而渐占优势，多与硫化矿共生，矿床的氧化深度 0~50 m，在氧化带内原生矿石的物质成分、矿石结构、围岩色泽和成分都发生了变化，形成了繁多的次生氧化物，也产生了较多的黏土矿物。

该钨矿石是我国少有的含硫、砷高，含磷矿物种类多、组成复杂的细粒嵌布黑、白钨共生的难选钨矿石。矿区虽已采完闭坑，其选矿工艺的介绍仍具有重要意义。

8.2.1 莲花山钨矿石性质

（1）矿石多元素分析

矿石多元素分析见表 8-15。

表 8 – 15 矿石多元素分析

元素	WO₃	Cu	Bi	Zn	Pb	Co	Ni	Fe	MnO
含量/%	0.50	0.10	0.05	0.052	0.02	0.033	0.008	8.66	0.13
元素	SiO₂	Al₂O₃	CaO	S	As	P	Au	Ag	
含量/%	61.49	11.45	0.70	2.52	0.92	0.071	1.07 g/t	4 g/t	

（2）物质组成

主要金属矿物：黑钨矿、白钨矿、磁黄铁矿、毒砂、黄铁矿、黄铜矿、褐铁矿、辉钼矿、辉铋矿、闪锌矿、含钴斜方砷铁矿、斜方砷钴矿、软锰矿、方铅矿、锆石、锡石、独居石、钨华等。

主要脉石矿物：以石英、云母、绿泥石为主，少量方解石、磷灰石、石榴子石、电气石等。

（3）钨的物相分析

①钨的主要物相：白钨矿占 47%，黑钨矿占 31%，含钨褐铁矿占 11%，钨华占 3%。

②钨在其他矿物中的分布：对矿石中的脉石和其他矿物的单矿物分析结果表明，在石英、云母、磁黄铁矿、毒砂、黄铁矿以及铁矿物中均有钨的分散分布，除铁矿物外，其他矿物中含量均较微。钨在各种矿物中的分布情况见表 8 – 16。

表 8 – 16 莲花山矿钨的分布情况

矿物	黑钨矿 白钨矿	钨华	褐铁矿	石英	云母	磁黄铁矿	毒砂	黄铁矿	合计
WO₃ 含量/%	75.15	100	4.81	0.045	0.05	0.03	0.23	0.02	0.513
WO₃ 占有率/%	58.56	4.29	28.34	5.28	3.39	0.06	0.06	0.02	100.00

③钨在褐铁矿中的分布情况。WO₃ 在各种形态的褐铁矿中均有分布，其中浅黄褐色和黄褐色褐铁矿 WO₃ 含量最高，达 11.50%，含量最低的缜密黑褐色褐铁矿含 WO₃ 也达 1.96%，各种褐铁矿平均含 WO₃ 达 4.81%。在高倍显微镜下观察，褐铁矿中未见黑钨矿和白钨矿的细小包裹体，用电子探针对褐铁矿样品分析，未见钨元素的富集区域，说明钨在褐铁矿中不呈钨矿物存在，而是呈较均匀分散分布，可能是类质同象或离子吸附等形态。

（4）主要矿物特征

①黑钨矿：黑钨矿产于石英脉或与硫化物共生，其结构复杂。黑钨矿在脉石中常呈星散分布，颗粒大小不一，接触界线不平整，黑钨矿有时包裹石英。与硫化矿共生时，多与磁黄铁矿、黄铁矿结合，常是黑钨矿不规则颗粒嵌布在磁黄铁矿中，黑钨矿颗粒中又有磁黄铁矿和黄铁矿呈分散浸染，黑钨矿也有与白钨矿接触连生的。黑钨矿一般呈板状、分散状或块状聚合体，最大粒度可达几厘米，一般为 2 ~ 3 mm，最小者为 0.004 mm。

②白钨矿：在石英脉中星散分布，与石英结合紧密，主要与硫化矿如黄铜矿、黄铁矿等共生，后者以细脉穿插其中，分布于石英脉中，或散染于围岩中，或产于石英斑岩及砂岩、角砾岩之间，石英脉两侧。白钨矿常呈粒状集合体及块状，最大粒度为 2 mm，一般为 0.05 ~ 0.5 mm，最小者为 0.01 mm，矿石破碎至 0.5 mm 以下开始出现单体。

③磁黄铁矿：一般呈粒状产出，部分呈浸染状、细脉状分散于其他矿物中，磁黄铁矿与黑钨矿连生较常见，也与毒砂结合。

④毒砂：常与磁黄铁矿和其他硫化矿物共生。

⑤黄铁矿：以细粒或细脉浸染分布在黑钨矿中，也与其他硫化物伴生产于围岩中。

⑥褐铁矿：多半系其他铁矿物如黄铁矿、赤铁矿、磁黄铁矿或含铁矿物（云母等）分解沉淀而成。由于来源不一、成矿条件不同等因素的影响，故其组成较为复杂。一般褐铁矿中亦包有针铁矿、水针铁矿、纤铁矿、水纤铁矿及硅的氢氧化物、泥质物质等，由于其结构松散，在细粒级中多半呈土状细粉。

⑦矿石中有自然金及银金矿单独矿物，粒度大多小于 0.04 mm，常呈不规则粒度分散分布于硫化矿中。由电子探针分析，银金矿含 $Au77.9\% \sim 78.3\%$、$Ag21.03\% \sim 21.41\%$；毒砂中含 $Au16.3$ g/t、$Ag17$ g/t；黄铁矿中含 $Au1.98$ g/t、$Ag12$ g/t；磁黄铁矿中含 $Au0.5$ g/t、$Ag6$ g/t。

由矿石性质分析，该矿石中钨的分布较分散，呈钨矿物相的 WO_3 只占钨总量的 58.5% 左右，其余均分散分布于脉石和伴生矿物中，特别是褐铁矿中，这是影响选矿回收率的主要因素，而且黑钨矿、白钨矿主要呈细粒嵌布。矿石氧化程度较深，磨矿时易产生大量矿泥，也影响选矿回收率。

8.2.2　莲花山选矿试验研究

（1）粗选试验

①矿砂重选。

原矿破碎至 -5 mm 后采用阶段磨选流程，全部用跳汰、摇床工艺选别，获得含 WO_3 5% 的粗精矿。即 -5 +2 mm 粒级入跳汰作业，获得品位 WO_3 为 11.75%、回收率 30.11% 的跳汰精矿，跳汰尾矿进入第一段磨矿磨细至 -1.25 mm，经水力分级后，一室粗粒沉沙再用跳汰选别，二、三室沉沙用摇床分选；-2 mm 粒级原矿采用第一段磨矿后的同样工艺选别，其跳汰尾矿和摇床中矿与第一段磨矿选别的跳汰尾矿和摇床中矿合并进入第二段磨矿，磨后产品经水力分级，沉沙全部用摇床选别丢尾。各水力分级溢流入细泥处理流程选别，试验重选原则流程见图 8-4。试验获得重选粗精矿产率 6.76%，品位 WO_3 为 5.1%，回收率为 66.42%，原生细泥产率为 11.11%，含 WO_3 0.453%，金属占有率 9.70%；细泥产率为 24.42%，含 WO_3 0.206%，金属占有率 9.87%。重选试验结果见表 8-17。

表 8-17　重选试验结果

产品名称	产率	品位（WO_3）/%	回收率/%
跳汰粗精矿	3.70	7.83	55.82
摇床粗精矿	3.06	1.798	10.10
重选粗精矿小计	6.76	5.10	66.42
细泥小计	36.08	0.292	19.57
中矿	34.14	0.156	10.26
尾矿	23.07	0.084	3.75
中矿、尾矿小计	57.21	0.039	14.01
合计	100.00	0.519	100.00

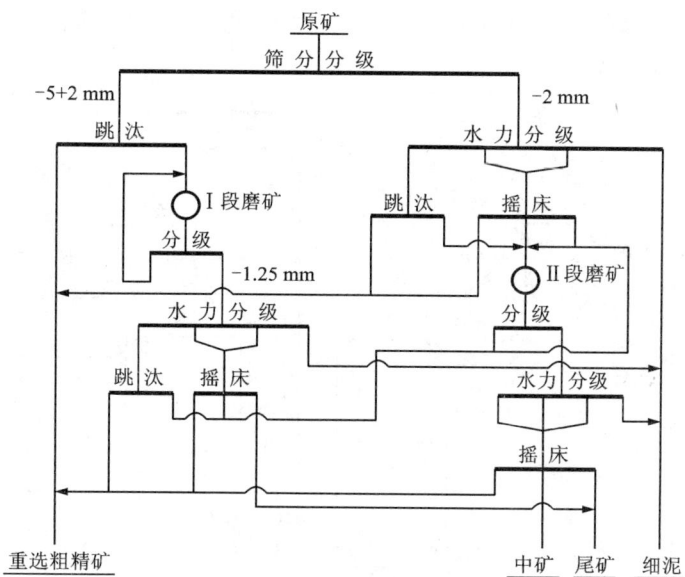

图 8-4 莲花山重选试验原则流程

②细泥处理。

A. 浮选试验。以甲苯砷酸+731氧化石蜡皂(4:2.5)为捕收剂,经一粗二扫流程可获产率为15.4%、含$WO_3$1.61%的细泥粗精矿,回收率为54.60%。

B. 摇床选别试验。当给矿品位WO_3为0.332%时,可获产率为7.8%、品位WO_3为1.63%的细泥精矿,回收率为38%。

C. 离心机选别试验。选别原生细泥的给矿品位WO_3为0.432%时,获得产率为37.86%、品位WO_3为0.60%细泥精矿,回收率为52.06%。

D. 振摆溜槽选别试验。当给矿品位WO_3为0.444%时,获得产率为7.09%、品位WO_3为1.35%细泥精矿,回收率为21.55%。

E. 湿式强磁选试验。当给矿品位WO_3为0.416%时,获得产率为24.5%~24.7%、品位WO_3为0.74%~0.89%的磁选精矿,回收率为47%~50%。

上述各种工艺用于细泥的粗选,效果都不太理想。

(2)精选工艺流程试验

重选粗精矿经检查分析,其中磁黄铁矿、黄铁矿、毒砂等硫化矿物数量达55.4%,褐铁矿的数量占4.1%;钨矿物与其他矿物共生密切,在-0.16+0.1 mm粒级中黑钨矿单体只为51.6%,白钨矿单体为55.8%,至-0.022 mm粒级钨矿物仍不能完全解离;粗精矿中不能回收的WO_3占有率达9%以上。据此,确定精选工艺首先将粗精矿磨细至0.08 mm占85%后脱硫,再浮白钨,获白钨精矿,尾矿再用重选法获黑钨精矿和褐铁矿低钨次精矿(供水冶进一步处理)。精选试验流程见图8-5。

该精选工艺流程试验结果:获白钨精矿品位$WO_3$68%~71%,黑钨精矿品位$WO_3$63%,钨的精选作业回收率70%左右(其中白钨为50%、黑钨为20%),还获得供水冶进一步处理的高硫次精矿含$WO_3$10.5%、S 9%、WO_3占有率5%左右,低硫次精矿含$WO_3$12.5%、

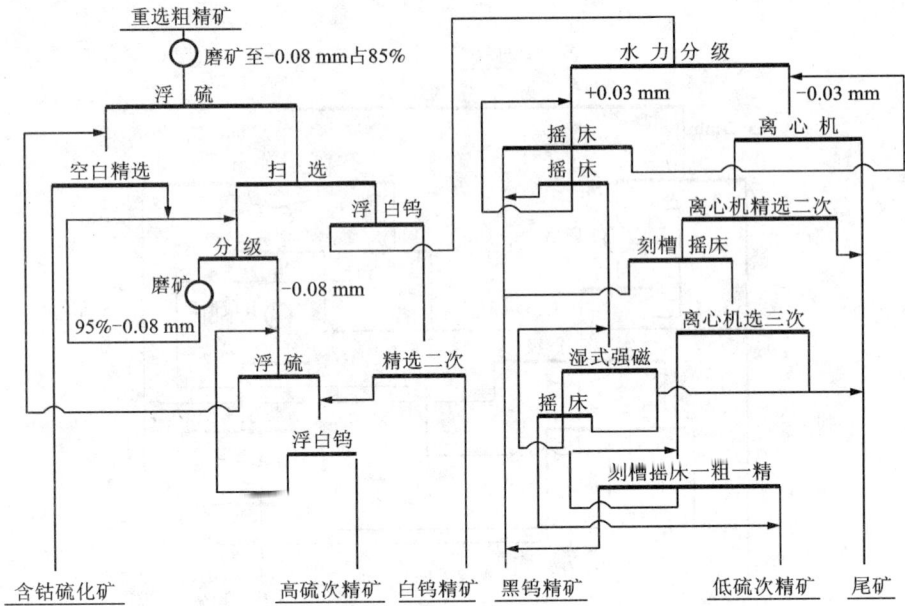

图 8-5　莲花山重选粗精矿精选试验流程

S 0.42%、WO_3 占有率 3% 左右。

(3) 选 - 冶联合工艺流程试验

为了提高钨的总利用率,开展了选 - 冶联合工艺试验研究,选矿只产出钨中矿送水冶进一步处理。

选矿工艺:原矿磨矿至 -0.32 mm 后采用图 8-6 所示的重 - 浮工艺原则流程,试验获得低品位钨精矿,产率 2.07%,钨精矿含 WO_3 15.43%,选矿回收率为 74.51%;还获得供综合回收含铜、钴、铋、金、银的多金属高钴硫化物精矿,其产率为 7.75%,铜、钴、铋、金和银的回收率分别为 94.8%、94.9%、94.6%、79.9% 和 69.1%;还产出产率为 2.66% 的含钨褐铁矿,含 WO_3 1.68%,WO_3 占有率为 8.1%。

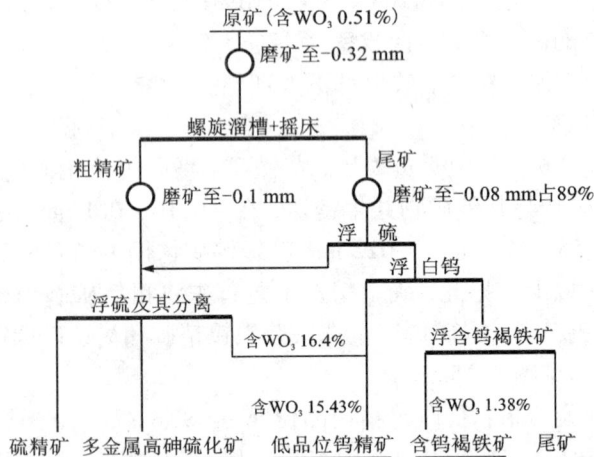

图 8-6　莲花山选 - 冶联合工艺选矿试验原则流程

水冶试验：选矿所获低品位钨精矿采用苛性钠－石灰常压分解法处理，经过滤、净化、浓缩、结晶后，获得 Na_2WO_4。当原料(低品位钨精矿)含 WO_3 15.4% 时，获得 Na_2WO_4 的水冶总回收率为 94% ~ 96%。

用选－冶联合工艺处理莲花山难选钨矿石，大大简化了选矿流程，钨的总利用率也有了较大的提高，按试验技术指标分析，获得 Na_2WO_4 产品的 WO_3 总回收率可达 70 ~ 71.5%，这是该矿任何一种选矿单一工艺都无法达到的技术指标。

8.2.3 莲花山钨矿生产实践

莲花山钨矿于 1956 年被发现，1958 年建成 125 t/d 规模选矿厂，1959 年扩建为 250 t/d 规模，后又扩建为 500 t/d，年产钨精矿 600 t 左右，还建有铅锌浮选车间和可生产 APT 的水冶车间各一个。

为适应矿石性质的特点，该矿的选矿生产流程较为复杂。为了提高回收率和确保钨精矿达到标准要求，必须采用如图 8-7 的多段磨选工艺流程。采用原矿破碎至 5 mm 后采用两级跳汰，+2 mm 粗粒级跳汰尾矿再磨再选，-2 mm 细粒跳汰尾矿入六级摇床选别，摇床中矿再磨的两段磨矿重选流程；采用两段磨矿、台浮－浮选－磁选－电选综合工艺的精选流程；细泥归队处理，采用摇床－铺布溜槽－摇床的重选粗选，浮－重工艺精选流程。获得黑钨精矿、白钨精矿和黑、白钨细泥精矿。

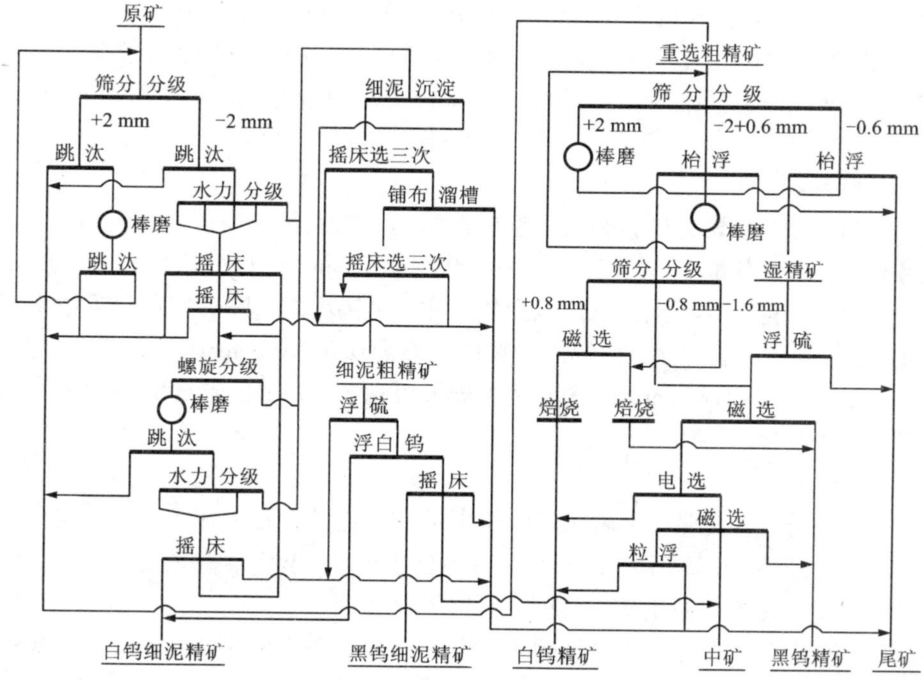

图 8-7 莲花山钨矿选矿生产简明流程

该矿的钨选矿生产的主要指标见表 8-18。从中可知，选矿指标与原矿中可回收钨的占有率是一致的，想采用物理选矿方法较大幅度地提高这类难选钨矿的回收率是不大可能的，除非解决含钨褐铁矿中钨的回收问题，才能提高这类钨矿钨的总利用率。

表 8-18　莲花山钨矿选矿生产的主要指标

原矿品位 （WO₃）/%	精矿品位（WO₃）/%			尾矿品位 （WO₃）/%	回收率/%			
	黑钨	白钨	合计		重选	精选	磁选	综合
0.436 ~0.658	65.6 ~65.3	66.9 ~66.7	65.8 ~65.9	0.213 ~0.343	70.9 ~76.9	79.8 ~82.6	77.3 ~84.9	48.2 ~53.5

8.3　川口钨矿杨林坳矿区风化、半风化和原生型黑白钨混合矿石

川口钨矿杨林坳矿区位于湖南省衡南县境内，是我国又一个特大型钨矿床。主要是脉带型、以白钨为主的黑、白钨矿床，有极少数单脉型含钨石英脉，属于岩浆期后高、中温热液充填型矿床。

8.3.1　杨林坳矿床特征

（1）矿床特征

矿体产于脉带中，走向长度 1300 多 m，矿带宽 500 余 m，大、中型矿体集中于矿床的东侧中段。矿区内脉带型钨矿床规模巨大，共有大小矿体 90 多个，其中大型矿体 12 个，中型 9 个，小型 69 个，WO₃ 总储量达 31.24 万 t，大型矿体占总储量的 94%，中型占 3.5%，小型占 2.5%。

（2）矿石结构

矿体按结构可分为砂岩型矿石和板岩型矿石两类。"砂岩型矿石"主要为白钨矿，黑钨矿极少。白钨矿呈它形粒状散布，粒度一般为 0.005~0.5 mm，最粗可达几毫米，矿石呈细粒、不等粒非均匀嵌布结构。"板岩型矿石"以白钨为主，黑钨次之，钨矿物在石英中呈半自形或它形星散分布，或与硫化物伴生，白钨嵌布粒度一般为 0.5~1.5 mm，最粗者可达 1~2 cm，黑钨矿粒径一般为 0.5~1.8 mm，板状结晶体最大可达 2~3 cm，矿石呈中粒为主的中细粒不等的非均匀嵌布结构。

（3）矿石类型

矿床自上而下分为风化带、半风化带和原生带。风化矿石在矿床上部，平均距地表深度 58 m，其 WO₃ 总量高达 12.25 万 t，矿石平均含 WO₃0.63%，WO₃ 含量占总储量的 39.2%；半风化带零星分布于风化带与原生矿石之间，平均距地表 75 m，其 WO₃ 总量为 1.35 万 t，矿石平均含 WO₃0.85%，WO₃ 含量占总储量的 4.3%；半风化带以下为原生矿石，其 WO₃ 总量为 17.63 万 t，矿石平均含 WO₃0.39%，WO₃ 含量占总储量的 56.5%。

（4）含钨矿物的特征

①白钨矿。主要呈细脉状或不规则粒状产出，产于板岩中的比砂岩中的发育。脉厚 1~7 mm，还有更细者。有相当数量的白钨矿具有蚀孔构造，并或多或少有钨华化，与其共生的矿物有少量黑钨矿、萤石、磷灰石、锡石、石英、云母、黄铁矿、毒砂等，为不规则粒状相嵌。

近脉围岩中的集合体、散粒状浸染体或有时呈断续状产出的白钨矿系分布于石英粒间、云母集合体中或浸染于板岩的基体中，呈不规则粒，自形者少见，一般粒度较细。在"砂岩型"矿石中白钨的矿物量占该类矿石量的 1.07%；在"板岩型"矿石中，白钨的矿物量占该类矿石量的 0.3%。

②黑钨矿。主要产于板岩石英脉中，砂岩石英脉中少见，呈板柱状晶簇或细粒集合体及星散状者，粒径一般为 0.005~1.8 mm。黑钨矿风化蚀变而产生钨华化和褐铁矿化，并呈连晶或包裹连晶。在黑钨矿晶体中可见黄铁矿、黄铜矿等硫化矿的包裹体，黑钨矿与白钨矿构成穿插镶嵌结构。

在"砂岩型"矿石中黑钨矿的矿物量仅占该类矿石量的 0.04%，在"板岩型"矿石中黑钨的矿物量占该类矿石量的 0.1%。

无论"砂岩型"矿石中或"板岩型"矿石中钨矿物凡原生矿物，白钨和黑钨均结晶良好，属于不等粒、中细粒非均匀镶嵌，破碎易于解离，属易选矿物。但矿石受后期地质构造动力作用而破碎，砂岩型比板岩型更甚，由此产生了次生的破碎状、角砾状构造，易于受风化而分解，并产生胶体而分散，其胶体成分有 H_2WO_4、$WO_2(OH)_2 \cdot H_2O$、$Fe_2(OH)_4 \cdot WO_4 \cdot 4H_2O$、$30Fe \cdot OH \cdot 2Fe \cdot WO_4$ 等，这些表生矿松软易碎。

③铁钨华 $[Fe_2(OH)_4 \cdot WO_4 \cdot 4H_2O]$。呈棕黄色土状，微晶集合体、致密胶体等，与褐铁矿共生密切，常被包裹其中，粒度大者可达 30 μm，细者呈胶体质点（1000~10 Å）。

④水钨华 $[WO_2(OH)_2]$。土状或针状、放射状集合体，有黄、白、淡绿等色，呈白钨矿假象产出，或呈小结核包裹于褐铁矿中，或充填于云母解理缝隙中。较大团块可达 0.3 mm，细者可至胶体质点。

⑤锰钨华。反射色呈棕黄灰色，反射率低于白钨矿，内反射呈棕黄色，晶体小于 4 μm × 15 μm，其集合体直径可达 2 mm，经电子探针测定结果：WO_3 70.296%，MnO 20.35%，FeO 1.456%。

⑥含钨褐铁矿 $[30FeO \cdot OH \cdot 2FeO \cdot WO_4]$。$WO_3$ 平均含量 3%，呈凝胶状、蜂窝状、土状结构、褐、暗褐、黄褐等颜色，是黑钨矿和其他原生矿物风化分解产物，呈黑钨矿和其他原生铁矿物的假相，充填于围岩、脉石的裂隙中，或作为分散质点污染其他矿物。其特点是疏松多孔、土状、粉末状和皮壳状，属偏胶体矿物，并含有结晶水和吸附水。含钨褐铁矿与钨华、锰钨华、水钨华等密切共生，后三者常被含钨褐铁矿包裹，还有黑钨矿残粒和白钨矿亦被其包裹。一般选矿方法不能得到褐铁矿单体。

8.3.2 杨林坳矿石物质组成

目前只进行了原生矿石和半分化矿石的物质组成研究，按矿床中半风化矿和原生矿的砂岩类矿石、板岩类矿石的比例，合理采样配矿构成原矿进行物质组成研究和选矿试验。

（1）原矿多元素分析

原矿多元素分析见表 8-19。

表8-19 杨林坳矿区原矿多元素分析

元素	WO₃	Ti	Cu	Bi	P	Mn	S	CaF₂	MgO	Fe	K₂O	Al₂O₃
含量/%	0.43	0.27	0.016	0.01	0.041	0.21	0.44	0.74	1.18	2.84	2.55	15.92

（2）原矿钨物相分析

原矿钨物相分析见表8-20。

表8-20 杨林坳矿区原矿钨物相分析

钨物相及其 WO₃ 含量/%					WO₃ 分布率/%				
白钨矿	黑钨矿	钨华	铁锰含钨	合计	白钨矿	黑钨矿	钨华	铁锰含钨	合计
0.240	0.022	0.036	0.12	0.418	57.42	5.26	8.61	28.71	100.00

（3）钨的状态综合分析及金属平衡

通过对原矿石钨赋存状态的查定和研究，说明杨林坳矿石中钨的赋存状态复杂，有九种形式：白钨矿、黑钨矿、钨华、水钨华、铁钨华、锰钨华、含钨褐铁矿、含钨硬锰矿和水溶钨，钨在钨褐铁矿和水钨华等次生钨矿物中的含量高达37%（详见表8-21）。

表8-21 钨的状态综合分析及金属平衡

矿物名称	白钨矿	黑钨矿	水钨华	铁钨华	含钨褐铁矿	水溶钨	合计
矿物相对含量/%	0.313	0.029	0.04	0.022	3.5		
矿物 WO₃ 最高含量/%	80.80	76.19	83	60	3		
WO₃ 含量/%	0.25	0.02	0.0332	0.132	0.105	0.0086	0.43
WO₃ 分布率/%	58.14	4.65	7.72	3.07	24.42	2	100.0

（4）原矿（-2 mm）筛水析及单体解离

详见表8-22。

表8-22 原矿（-2 mm）筛水析及单体解离

粒级 /mm	产率 /%	品位（WO₃）/%	WO₃ 占有率 /%	单体解离率/%	
				白钨矿	黑钨矿
+1.0	7.88	0.2	3.72	2	0
-1.0 +0.75	28.33	0.27	18.07	18	0
-0.75 +0.5	15.49	0.32	11.71	25	3
-0.5 +0.30	11.46	0.45	12.18	50	25
-0.30 +0.20	7.52	0.55	9.77	80	48
-0.20 +0.15	5.39	0.61	7.77	86	61

续表 8 - 22

粒级 /mm	产率 /%	品位 （WO₃)/%	WO₃占有率 /%	单体解离率/%	
				白钨矿	黑钨矿
−0.15 + 0.10	2.19	0.65	3.36	90	84
−0.10 + 0.075	3.67	1.14	9.88	95	89
−0.075 + 0.037	4.92	0.6	6.97	97	91
−037 + 0.019	4.4	0.53	5.51	98	95
−0.019	8.75	0.54	11.06	99	98
合计	100.00	0.423	100.00		

8.3.3 杨林坳主体矿石选矿流程试验

由湖南有色金属研究所对杨林坳矿区的主体矿石(原生矿和半风化矿的混合配矿)进行了选矿流程试验,试验选择了浮 - 重流程和全重流程两个方案。

(1)浮 - 重流程试验

原矿破碎至 −2 mm 后,磨细至 −0.074 mm 占70%,采用一粗五精(空白精选二次,脱药解析后精选三次)一扫的白钨浮选流程,浮选精矿经酸浸除磷,获白钨精矿;精选尾矿采用摇床分选获精扫摇床精矿。扫选尾矿用螺旋溜槽粗选,溜槽精矿再用摇床精选二次获螺旋溜槽摇床精矿。浮 - 重试验流程见图 8 - 8。该流程获得混合钨精矿含 WO₃ 65.86%,WO₃ 回收率为 60.81%;其中白钨精矿含 WO₃74.85%,回收率为 55.27%。螺旋溜槽溢流的 WO₃ 主要是钨华、含钨褐铁矿等次生钨,其 WO₃ 的占有率达 82.7%,其余为白钨,无回收价值,可直接当尾矿丢弃。该浮 - 重流程的试验指标见表 8 - 23。

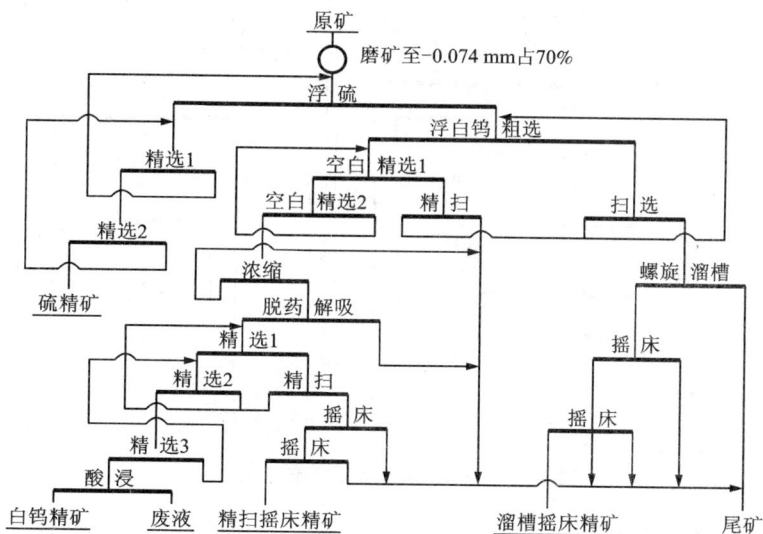

图 8 - 8 杨林坳矿区浮 - 重试验流程

表 8 - 23 杨林坳矿区浮 - 重流程的试验指标

产品名称	产率 /%	品位/%		回收率/%	
		WO₃	S	WO₃	S
钨精矿小计	0.392	65.86		60.81	
其中：白钨精矿	0.313	74.85		55.27	
螺溜摇床精矿	0.063	29.18	0.079	4.22	
精扫摇床精矿	0.016	34.44		1.32	
硫精矿	1.04	0.20	33.54	0.49	79.51
尾矿小计	98.568	0.166		38.70	
其中：酸浸废液	0.038	4.76		0.43	
精尾摇床尾矿	4.086	0.32		3.04	
螺溜摇床尾矿	93.184	0.149		32.87	
螺溜摇床中矿	1.093	0.76		1.91	
脱药解吸溢流	0.167	1.13		0.45	
合计	100.00	0.424		100.00	

（2）重选流程试验

重选试验流程如图 8 - 9 所示。原矿磨细至 - 2 mm 后，采用两段磨矿、摇床 + 跳汰的重选工艺粗选；摇床 + 磁选（脱铁）、摇床中矿再磨的精选工艺，获得黑、白钨精矿，细泥曾采用浮选方法回收，效果欠佳，故未考虑回收。重选流程试验结果见表 8 - 24。

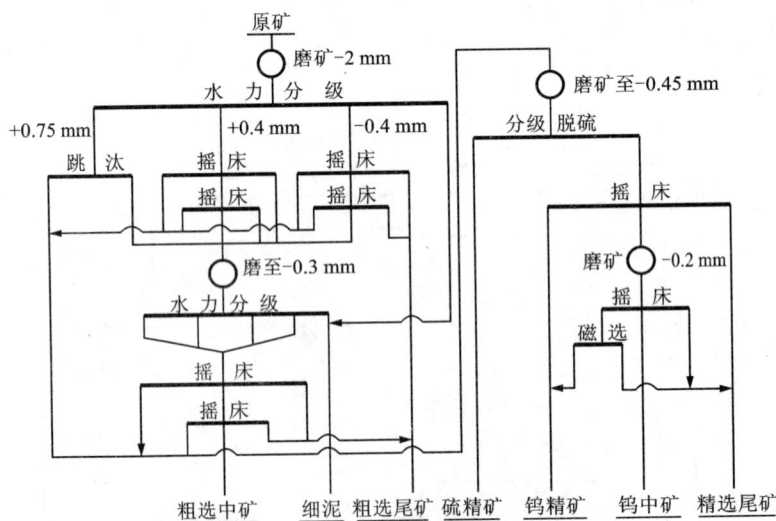

图 8 - 9 杨林坳矿区重选试验流程

表 8 - 24　重选流程试验指标

产品名称	产率/%	品位/%		回收率/%	
		WO₃	S	WO₃	S
钨精矿	0.361	65.31	0.65	54.56	
硫精矿	0.522	1.04	38.93	1.26	
钨中矿	0.106	4.94		1.21	
精选尾矿	0.283	2.40		1.57	
粗选中矿	2.925	0.506		3.50	
原、次生细泥	18.123	0.428		18.28	
粗选尾矿	77.68	0.107		19.62	
合计	100.00	0.423		100.00	

对比两种试验工艺流程所获指标，浮－重流程高于重选流程，虽然重选流程较简单，处理矿石的成本比浮－重流程低9%，但是从总的技术经济上比较，还是浮－重流程优于重选流程。

8.3.4　杨林坳矿区选矿生产实践

川口钨矿曾采用该矿原有重选生产流程处理杨林坳矿区矿石，效果甚差，生产白钨精矿品位 WO₃ 为 70.5% 时，回收率仅为 32.1%。

1990 年初，按照浮－重工艺试验流程设计建设了一座处理矿石能力为 600 t/d 的选矿厂，设计指标为：原矿品位 WO₃0.5%，精矿品位 WO₃ 大于 65%，回收率为 58.7%。新建的选矿厂于 1992 年底投产。至今该选厂的回收率仍保持在 50% ~ 58%。

杨林坳矿区 WO₃ 金属量有 12 万 t 以上的风化矿床的开发利用尚未提上议事日程。

8.4　贫细杂多金属钨矿石的试验研究

某贫细杂多金属钨矿是一个位于石英大脉黑钨矿床深部的另一个细粒钠长石化白云母花岗岩型钨矿床，除主含黑钨矿、白钨矿外，还含钽、铌、铍等有价金属矿物，有用矿物嵌布粒度细，矿物组成复杂，有价金属元素品位低，属贫、细、杂的难选钨矿石，是一个尚待综合开发利用的多金属钨矿床。目前已进行了开发利用预案的试验研究。

8.4.1　矿石性质

（1）矿石多元素分析

矿石多元素分析结果见表 8 - 25。

表 8 - 25　矿石多元素分析

元素	WO₃	Ta₂O₅	Nb₂O₅	BeO	SiO₂	K₂O	Na₂O	Al₂O₃
含量/%	0.25	0.012	0.0084	0.039	72.89	2.91	3.39	13.87

（2）矿石物质组成

①矿物组成。

矿石中矿物种类多达30余种。

金属矿物：主要有价金属矿物有黑钨矿、白钨矿、钽铌铁矿、细晶石、钽易解石、绿柱石、硅铍矿；其他金属矿物有黄铁矿、磁黄铁矿、黄铜矿、辉铅铋矿、辉钼矿、闪锌矿、方铅矿、褐铁矿、菱铁矿、磁铁矿、磷钇矿、独居石等。

非金属矿物：主要有石英、钠长石、白云母、磷灰石、黄玉等。

②主要有价金属矿物嵌布特性。

钨矿物：黑钨矿与白钨矿之比为68:32。钨矿物的嵌布粒度，-1+0.5 mm粒级开始出现单体，至-0.04+0.03 mm粒级钨矿物的单体解离率才达到94%。

钽铌矿物：钽铌矿物与白云母、石榴子石共生密切，呈细粒嵌布，单体解离较晚，在-0.2+0.1 mm粒级才开始出现单体，直至-0.04+0.03 mm粒级单体解离率才达到61%左右。

铍矿物：主要是绿柱石，嵌布粒度较粗，只要矿石磨细至钨矿物达到理想的解离度，绿柱石就能达到理想的单体解离率。

（3）矿石性质简要分析

矿石中有价回收金属元素的品位均较低，且多呈细粒非均匀嵌布，须实行多段磨选工艺才能回收，这将对选矿回收指标有较大的影响；矿石中钽铌元素是最有价值的回收金属之一，但主要含钽铌矿物－钽铌铁矿与黑钨矿在颜色、密度、和导磁性等诸多物理性质相似，用简单的物理选矿工艺很难分离，单独获黑钨精矿和钽铌精矿较为困难，生产供水冶原料的黑钨钽铌混合精矿较合适。

8.4.2　基础性试验研究[74]

（1）入选粒度和磨矿段数的确定

根据钨矿物嵌布粒度较粗、在0.5 mm时已出现单体的特性，确定第一段磨矿的粒度为-0.5 mm，在此粒度下进行粗选，能获得部分低品位粗精矿。但在此入选粒度下，还不宜丢尾，在粗选中矿和尾矿中的细粒嵌布的钨、钽铌矿物必须进一步细磨解离才能回收，故需设置第二段磨矿，将中、尾矿磨至-0.1 mm，使其中大部分钨矿物得到解离，再选回收；其中钽铌矿物也得以部分解离，故粗选从-0.1 mm开始丢尾才比较恰当；进入粗精矿的连生体矿物，在精选时还有机会再磨再选回收，这样设置，相对比磨碎至更细的粒度较为经济。

（2）粗选工艺的选择

粗选进行了重选和磁选两个方案的试验。

①重选：采用螺旋溜槽粗选－摇床精选的工艺，螺旋溜槽粗选试验结果见表8－26，螺旋溜槽精矿摇床精选的试验结果见表8－27。从表中可看出：经螺旋溜槽一次粗选，可以得到含WO$_3$1.39%，(TaNb)$_2$O$_5$0.0595%的粗精矿，对原矿WO$_3$的回收率为66.28%，(TaNb)$_2$O$_5$的回收率为32.57%。螺旋溜槽精矿用摇床一精一扫（摇床中矿扫选），摇床粗选精矿和扫选精矿合计WO$_3$对原矿的回收率为57.47%，(TaNb)$_2$O$_5$对原矿的回收率为21.48%，分选效果良好。

②磁选：采用湿式强磁选工艺，进行了-0.25 mm和-0.5 mm两种粒级的粗选试验，效

果都不如重选。表 8-28 就是在相同给矿时这两种工艺粗选试验结果的比较。从该表可以看出,选择螺旋溜槽 + 摇床的方案更为恰当。

表 8-26 螺旋溜槽粗选试验结果

产品名称	产率/%	品位/%		回收率/%	
		WO_3	$(TaNb)_2O_5$	WO_3	$(TaNb)_2O_5$
精矿	11.66	1.37	0.0595	66.28	32.74
溢流	21.23	0.17	0.021	14.76	20.97
尾矿	67.11	0.069	0.0148	18.96	46.50
合计	100.00	0.245	0.021	100.00	100.00

表 8-27 螺溜精矿摇床精选的试验结果

产品名称	产率/%	品位/%		回收率/%	
		WO_3	$(TaNb)_2O_5$	WO_3	$(TaNb)_2O_5$
精选精矿扫选	0.34	32.38	0.96	45.21	15.35
精矿	0.29	10.3	0.45	12.26	6.13
中矿	0.81	1.73	0.078	5.74	2.96
粗选溢流	0.49	0.25	0.03	0.5	0.69
扫选尾矿	3.02	0.098	0.0194	1.22	2.75
粗选尾矿	6.71	0.049	0.0149	1.35	4.69
合计	11.66	1.37	0.0595	66.28	32.57

表 8-28 两种粗选工艺试验结果的比较

粗选工艺	入选粒度/mm	产品名称	产率/%	品位/%		回收率/%	
				WO_3	$(TaNb)_2O_5$	WO_3	$(TaNb)_2O_5$
螺旋溜槽 + 摇床	-0.25	螺溜精矿	19.53	0.93	0.04	56.15	40.10
		摇床精矿	0.74	22.15	0.87	44.32	26.47
	-0.5	螺溜精矿	18.26	1.05	0.033	59.79	36.89
		摇床精矿	0.54	26.16	0.83	42.59	21.16
湿式强磁选	-0.25	精矿	7.70	1.39	0.076	32.58	35.34
	-0.5	精矿	5.86	1.82	0.091	30.35	30.86

粗选阶段细泥的回收采用水力旋流器分级、摇床和离心机 - 皮带溜槽的重选工艺。

(3)精选工艺的选择

精选工艺主要是提高钨、钽铌精矿的品位,还要考虑白钨与黑钨钽铌的分离,以获得白钨精矿和黑钨钽铌铁精矿。

①钨钽铌粗精矿的精选。

以提高精矿品位为目的。采用弱磁选脱除杂铁和强磁性铁矿物；采用台浮和浮选脱硫；脱硫的产物再用摇床富集以提高钨钽铌混合精矿的品位；摇床精矿再用湿式强磁选进行分离，白钨进入非磁性产品，湿式强磁选磁性产品即是黑钨钽铌铁混合精矿。

②白钨浮选方案。

为了回收白钨，从钨钽铌粗精矿湿式强磁选精选尾矿中浮选白钨，进行了四种浮选方案的试验：①湿式强磁选尾矿直接浮白钨，可获白钨精矿含 WO_3 64.72%，作业回收率49.41%；②湿式强磁选尾矿磨细至 -0.1 mm 后浮白钨，可获白钨精矿含 WO_3 64.53%，作业回收率67.91%。③湿式强磁选尾矿经摇床选别的精矿和中矿合并浮白钨，可获白钨精矿含 WO_3 61.63%，作业回收率88.02%；④湿式强磁选尾矿经摇床选别的精矿和中矿合并再磨细至 -0.1 mm 后浮白钨，可获白钨精矿含 WO_3 72.00%，作业回收率为84.04%。表明方案④的结果最好。

③黑钨矿与石榴子石的分离。

石榴子石在原矿中的矿物含量较高，其矿物量占 0.3%，石榴子石属中等密度（$3.4 \sim 4.3$ g/cm^3），在粗选中易与钨、钽铌矿物一同富集在粗精矿中，因而在精选中进行了浮选、电选和摇床的分离试验，其中以摇床分离黑钨与石榴子石的效果最好。

8.4.3 重－磁－浮联合工艺选矿流程试验

在基础试验确定的工艺条件下，进行了以产出钨钽铌混合精矿为主的重选粗选和重－磁－浮联合精选流程试验。粗选流程在某重选厂现场进行了扩大连续试验。试验原则流程见图 8－10。

粗选采用以 -0.5 mm 为入选粒度的两段磨矿的全重选流程（图 8－10 中点画框内部分）。第一段磨矿 $-0.5 +0.1$ mm 粒级均采用螺旋溜槽粗选—摇床精选获富粗精矿，$-0.5 +0.1$ mm 螺旋溜槽尾矿和摇床尾矿进入第二段磨矿，该磨矿产物用水力旋流器分级，$+0.1$ mm 粒级仍采用螺旋溜槽＋摇床选别获贫粗精矿，溜槽尾矿和摇床尾矿则返回本段磨矿；水力旋流器 -0.1 mm 粒级和 -0.5 mm 溜槽和摇床的液流合并入第二段水力旋流器，旋流器 $-0.1 +0.04$ mm 粒级用摇床分选，获细粒粗精矿，并丢弃尾矿，-0.04 mm 粒级用离心机选别丢尾，离心机精矿用皮带溜槽精选，获细泥粗精矿。

精选采用富粗精矿和贫粗精矿先分后合的顺序多次磨矿及重－磁－浮的联合工艺流程，获得白钨精矿、黑钨钽铌精矿和细晶石精矿。精选试验流程较复杂，在实际中，也可将粗选流程与精选流程工艺分为两段实施，部分精选工序可实行间断作业。此流程适合实行黑、白钨矿产品分离需要的生产。其特点是充分发挥了适合钨、钽铌矿物选矿重选的作用，多段磨选，尽量避免过磨损失，另外还充分利用了湿式强磁选分选效率高的特点，提高了黑钨钽铌混合精矿的品位，并有效进行了黑、白钨分离，获得黑钨钽铌精矿和白钨精矿；还回收了细晶石精矿。其缺点是流程过于复杂。

全流程粗选和精选综合试验主要指标见表 8－29。

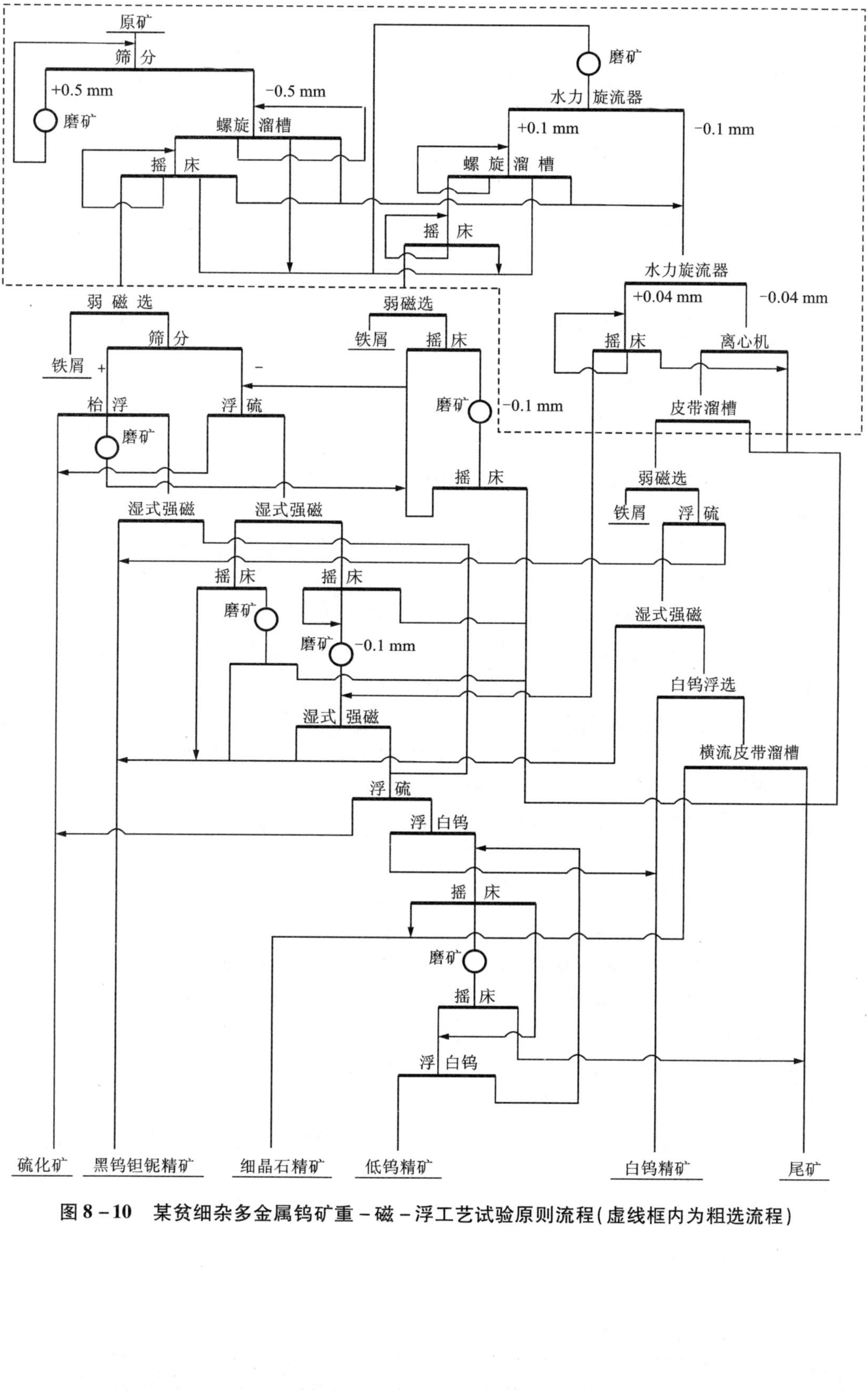

图 8-10　某贫细杂多金属钨矿重-磁-浮工艺试验原则流程(虚线框内为粗选流程)

表 8 - 29　重 - 磁 - 浮工艺全流程主要综合试验指标

产品名称	产率/%	品位/%		回收率/%	
		WO₃	(TaNb)₂O₅	WO₃	(TaNb)₂O₅
黑钨钽铌精矿	0.2625	55.95	1.98	60.66	23.44
白钨精矿	0.0331	68.27	0.57	9.33	0.85
低钨精矿	0.0047	28.68	1.49	0.56	0.31
细晶石精矿	0.0053	7.04	41.18	0.16	9.82

8.4.4　重 - 浮工艺流程试验[75]

对该含钽铌多金属难选钨矿进行了另一个工艺流程试验，即采用粗细分选的重 - 浮联合工艺，粗粒采用类似的以重选为主的工艺处理，细粒采用以螯合捕收剂为主的浮 - 重 - 浮联合工艺回收。

试验将原矿以棒磨磨细至 - 1 mm 后，用螺旋分级机分级为 + 0.074 mm 的粗粒级和 - 0.074 mm 的细粒级两类，分别处理。

粗粒级先用螺旋选矿机 + 摇床工艺粗选，螺旋选矿机和摇床尾矿采用球磨机再磨，经螺旋分级机脱除 - 0.074 mm 粒级后用螺旋溜槽 + 摇床工艺扫选丢尾， - 0.074 mm 粒级并入细粒级处理，粗、扫选摇床精矿经弱磁脱铁和浮选脱硫后即成为粗粒级钽铌钨混合精矿。粗粒级钽铌钨混合精矿含 WO₃ 40.95%、Ta₂O₅ 0.794%，粗粒级尾矿含 WO₃ 0.055%、Ta₂O₅ 0.0082%，对原矿回收率 WO₃ 为 63.08%，Ta₂O₅ 为 29.77%。

- 0.074 mm 的细粒级先采用水玻璃为抑制剂、硝酸铅为活化剂、苯甲羟肟酸 + FW 为捕收剂浮选，经一粗、二扫、二精闭路流程获钽铌钨浮选粗精矿；浮选粗精矿再用细泥摇床进一步富集并浮选脱硫后获细粒钽铌钨精矿。当细粒原矿含 WO₃ 0.198%、Ta₂O₅ 0.0133% 时，获细粒钽铌钨精矿含 WO₃ 47.30%、Ta₂O₅ 2.376%，作业回收率 WO₃ 51.92%，Ta₂O₅ 39.31%。

重 - 浮全试验原则流程见图 8 - 11。

此流程适合只产出钽铌黑、白钨混合精矿的情况。其特点是不进行黑、白钨分选，只实行粗、细分选，有利于提高钨、钽铌的回收率； - 0.074 mm 细粒级采用以浮选为主的工艺，并应用了浮选效率高的螯合捕收剂，提高了微细粒的浮选效果，全流程结构较简单，便于操作管理，钨和钽铌的回收率更高，但未考虑细晶石的综合回收。

全流程主要试验指标见表 8 - 30。

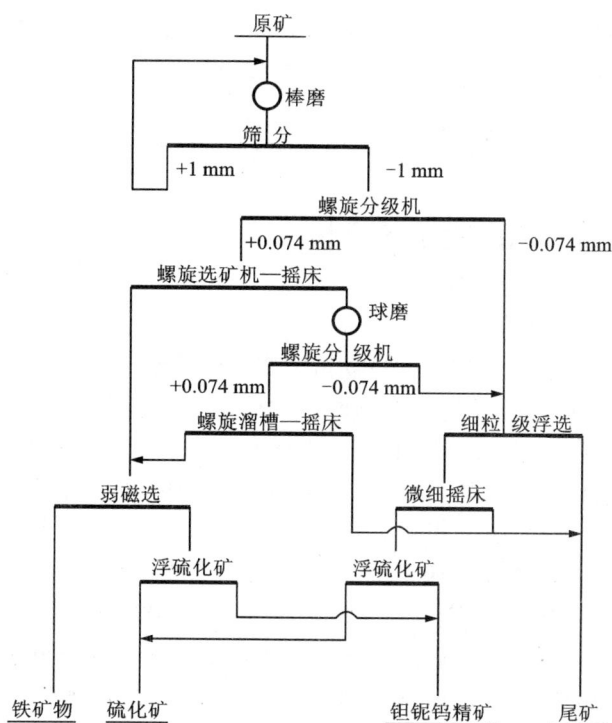

图 8 – 11 贫细杂多金属钨矿重 – 浮工艺试验原则流程

表 8 – 30 重 – 浮工艺流程试验主要指标

产品名称	产率/%	品位/%		回收率/%	
		WO₃	(TaNb)₂O₅	WO₃	(TaNb)₂O₅
钽铌钨精矿	0.72	42.01	1.058	78.03	48.27
铁矿物	0.08	5.15	0.0961	1.05	0.48
硫化矿	0.22	2.78	0.078	1.52	0.98
尾矿	98.98	0.075	0.0080	19.40	50.27
原矿	100.00	0.387	0.0459	100.00	100.00

8.4.5 黑钨钽铌混合精矿化学处理预案

为了使黑钨钽铌混合精矿中黑钨与钽铌分离，须进行化学处理。处理的方案有以下几种。

一是采用纯碱烧结法：先将黑钨钽铌混合精矿用 Na_2CO_3 在 800℃ 条件下焙烧，使黑钨矿转化为 Na_2WO_4：

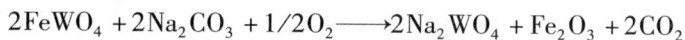

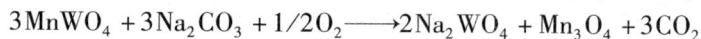

$$2FeWO_4 + 2Na_2CO_3 + 1/2O_2 \longrightarrow 2Na_2WO_4 + Fe_2O_3 + 2CO_2$$
$$3MnWO_4 + 3Na_2CO_3 + 1/2O_2 \longrightarrow 2Na_2WO_4 + Mn_3O_4 + 3CO_2$$

焙烧物用 80～90℃ 的热水浸出，得到 Na_2WO_4 溶液，经过滤后钽铌矿物存在滤渣中。

二是采用烧碱浸出法：将黑钨钽铌混合精矿与 NaOH 溶液混合，在浸出槽中加温煮沸，黑钨矿分解生成 Na_2WO_4，经过滤，滤液经调酸（pH 2~2.5）、萃取、中和、结晶、加 $CaCl_2$ 溶液等工序，生成人造白钨，或进一步加酸分解生成 H_2WO_4，再经干燥、煅烧生产三氧化钨产品。

上述两化学处理的滤渣用 5% 的盐酸分解，可获得人造钽铌精矿。

8.5 其他难选钨矿石的选矿实例

（1）小柳沟风化白钨矿石的选矿[76]

小柳沟风化白钨矿属矽卡岩型，主要金属矿物为白钨矿（占 84%），黑钨矿（占 6%），钨华（占 10%），少量黄铜矿、辉铋矿、辉铜矿、黄铁矿等；非金属矿物主要有透闪石、阳起石、绿泥石、方解石、白云石、云母、石英、萤石等。由于地表矿石受到强烈风化作用，产生大量矿泥，原矿含泥量高且不均匀，不但钨矿物中含有 10% 的钨华不能回收，而且细泥金属损失大，对钨的选矿指标产生不利影响。

小柳沟风化白钨矿石现在由甘肃新洲矿业公司的 200 t/d 选矿厂处理，该选厂原采用一段磨矿的重 - 浮 - 重工艺流程生产：原矿首先磨矿至 -0.074 mm 占 70% 后，用螺旋溜槽分选，溜槽尾矿再用旋流器脱泥，旋流器溢流（泥）当尾矿丢弃，旋流器沉沙与螺旋溜槽精矿合并进入白钨粗选，采用碳酸钠和水玻璃为调整剂，以 731 氧化石蜡皂和 GYW 为捕收剂，经一粗、三扫、三精流程获得含 WO_3 4% 左右的白钨粗精矿，粗精矿用加温法进行精选，获得品位 WO_3 为 63.5% 的白钨精矿；白钨粗选尾矿再用摇床分选，获重选钨精矿。该工艺流程由于旋流器脱除的细泥直接丢弃，钨的损失达 10% ~ 15%；白钨浮选给矿的粒度还较粗，-0.074 mm 含量占 61% 左右，其中尚有 20% 的白钨呈连生体存在，这些都是影响白钨分选指标的因素，故白钨的选矿回收率不到 57%。

2010 年该选厂对原工艺流程进行了调整和技术改造，由一段磨矿改为二段磨矿，即将螺旋溜槽尾矿进行第二次磨矿，使白钨浮选的给矿粒度由 - 0.074 mm 占 52.3%，变为 -0.074 mm 占 62%；并将旋流器脱除的溢流单独进行白钨浮选回收后再丢尾。改进后的工艺流程见图 8 - 12。

细泥浮选仍采用碳酸钠和水玻璃为调整剂，以 731 氧化石蜡皂和 GYW 为捕收剂，经一粗、一扫、二精浮选流程，细泥给矿品位 WO_3 为 0.765% 时，获细泥粗精矿含 WO_3 2.98%，作业回收率为 56.40%，细泥粗精矿与原矿白钨粗精矿合并进入加温精选，获白钨精矿品位 WO_3 为 62%，全流程白钨浮选总回收率达到 65.80%；浮选精矿与重选精矿合计回收率达 77.99%，比 2009 年生产提高了 9.6%，技术改造效果明显。

（2）广西大明山钨矿似层状砂岩型细粒浸染网脉状矿

广西大明山钨矿是以黑钨矿为主的似层状砂岩型细粒浸染网脉状矿床。黑钨矿嵌布粒度为 0.008 ~ 0.3 mm，属于难选钨矿石。原矿应用湿式强磁工艺处理，取得较好的分选效果：原矿磨细至 -0.2 mm，采用 SHP—1000 型磁选机为分选设备，在磁场强度为 8.75×10^5 A/m（11000 Oe）条件下，原矿品位 WO_3 为 0.16%，经一次粗选得到品位 WO_3 为 3.95% 的磁选粗精矿，尾矿品位 WO_3 为 0.034%，磁选作业回收率达 79.96%；磁选粗精矿再用摇床精选，获得精矿品位 WO_3 为 65.89%，对原矿的回收率为 60.08%。

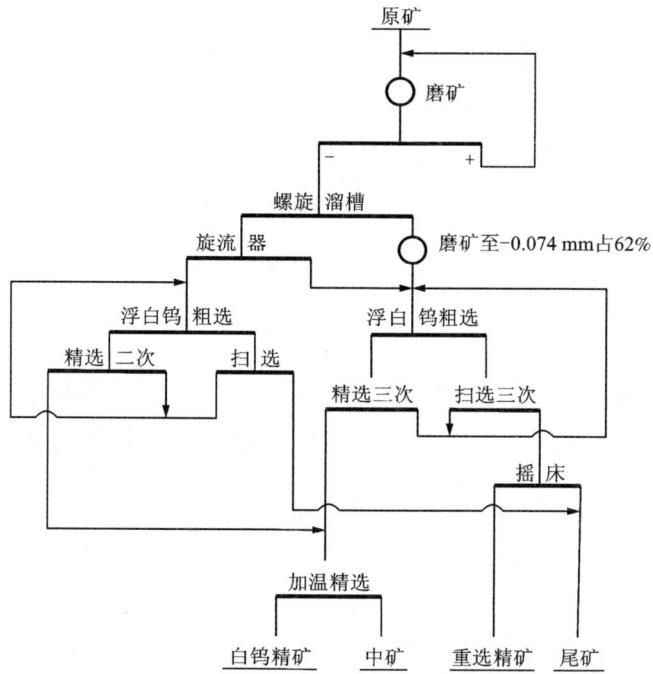

图 8-12 小柳沟风化白钨矿改进后的工艺流程

9 从尾矿中回收钨矿物的进展

钨矿是一种不可再生的资源。我国已探明的钨矿资源中，大部分质优、量大、采选容易的黑钨矿床多已接近开采晚期，许多已采尽闭坑或即将闭坑。除加强地质勘探，不断寻找和发现新的钨矿资源外，二次资源的开发利用也值得重视。一是从已堆存的尾矿中再次回收利用，二是从其他含钨的金属矿床开采利用而钨未被回收的尾矿中重新进行钨的回收，使宝贵的钨资源得以合理利用，做好物尽其用。

9.1 黑钨矿老尾矿的开发利用

9.1.1 我国黑钨矿老尾矿的现状

（1）黑钨矿老尾矿保存情况

新中国成立以来，特别是从第一个五年经济建设计划开始，我国钨矿步入正规化开采，建设了一批机械化选矿厂，选矿工艺基本都按照尾矿通用重选流程设置，直至 1960 年大吉山、西华山、岿美山三座大型钨选厂投产后，全国各钨矿重选厂都通过摇床选别后，丢弃小于 2 mm 的尾矿。

我国各钨重选厂都建有专用尾矿库堆存尾矿。到 1985 年止，仅在国有统配钨矿山就建有日处理合格矿 125 t 规模以上的机械化重选厂 55 座，每座选矿厂至少建有一个尾矿库，有的在矿山延长服务年限后，又再建了新尾矿库，所以，现有库容在 100 万 t 以上的钨重选尾矿库不少于 55 个，其中有大吉山、西华山、岿美山这种库容大于 1000 万 t 的大型的钨重选尾矿库。就是县属地方小型钨矿和民营小钨矿因环境保护的要求，也都建有许多小型尾矿库储存钨尾矿。

由于钨重选厂的尾矿粒度较粗，它的堆存方式一般多采用尾矿自堆坝，即尾矿库初期筑建一定高度的基本坝后，采用尾矿自行堆放逐渐筑成子坝；早期的小型选厂和地方民营小钨矿也有采用一次性筑坝的坝后放矿式储放尾矿。无论哪种放矿方式，在尾矿库内都设有溢流井，溢洪井和管道，尾矿库都比较安全，尾矿也很少外洩流失，故钨重选尾矿大多保存良好。

（2）钨矿尾矿保存的数量

钨矿尾矿保存的数量，至今还没有一个很准确的数据，但每座国有统配钨矿山对本单位都应有相关资料可查。而且钨精矿产品数量都有较准确的统计数字，由此来推断尾矿的大概数量还是可信的。

据 1985 年全国钨矿统计资料显示,江西大吉山、西华山、盘古石、浒坑、铁山垅等 14 个钨选厂,湖南瑶岗仙、湘东等 6 个钨选厂,广东石人嶂、瑶岭等 13 个钨选厂,当年共计处理出窿原矿 607.9 万 t,合格矿 299.9 万 t,合格矿占出窿原矿的 49.2%;当年这 33 个钨重选厂生产钨精矿(含 WO$_3$65%,下同)3.11 万 t,约产出重选尾矿 296 万 t。以此计算,每生产 1 t 钨精矿产出重选尾矿约 95 t。从建立机械化钨重选厂起至 2004 年止的 49 年期间,1985 年是处于中间年代,在这之前处理的原矿品位越往前推就越高,每吨精矿产生的重选尾矿就越少;在这之后,处理的原矿品位越往后推就越低,每吨精矿产生的重选尾矿就越多,故以 1985 年的统计数字作为计算的平均数还是较合适的。

1956—2004 年全国共生产钨精矿 221.55 万 t,其中白钨精矿约占 5%,黑钨精矿实际为 210.5 万 t,2005—2010 年白钨精矿产量上升至 50%,这期间黑钨精矿数量约 27.97 万 t,1956—2010 年总共产出黑钨精矿 238.5 万 t,按此推算,全国已堆存黑钨重选尾矿总量约 22657.5 万 t。

9.1.2 钨矿老尾矿再开发利用价值

(1)钨重选尾矿中 WO$_3$ 及伴生有用金属元素的含量

据江西省 1983 年生产统计资料显示,大吉山、西华山、盘古石、铁山垅等 12 个钨选厂重选尾矿综合含 WO$_3$0.057%,综合相关有色金属工业年鉴资料及表 9-1 有关数据,按 1956—2010 年尾矿堆存量粗略计算,在此期间全国钨重选尾矿中仅含 WO$_3$ 金属量就达 13~15 万 t。

由于与钨矿伴生的多种有价金属在原矿中品位都很低,且单体解离较晚,大部分都丢失在重选尾矿中。在生产中,伴生有价金属一般都不做金属平衡,故在重选尾矿中的伴生有价金属量也无精确统计。表 9-1 是对江西省一些钨矿的调查中所获重选尾矿伴生有色金属含量情况。从表 9-1 中可看出,大多数钨选厂的重选尾矿中几种有色金属的含量都超过钨的金属量,这就增大了钨尾矿再开发利用的价值。

表 9-1 一些钨矿重选尾矿伴生有色金属含量情况

钨矿选厂	品位/%					金属量/(t·a⁻¹)				
	WO$_3$	Bi	Mo	Cu	Sn	WO$_3$	Bi	Mo	Cu	Sn
大吉山	0.072	0.023	0.007	0.0074	0.0022	219	70	21.3	22.5	6.7
西华山	0.047	0.01	0.0104	0.0104	0.004	220	46.8	48.7	48.7	18.7
画眉坳	0.032	0.01	0.01	0.046		36.1	11.3	11.3	51.8	
盘古山	0.026	0.0142				57	31.3			
铁山垅	0.04	0.018	0.005	0.072	0.025	78.2	36.1	9.1	141.5	48.5
下垄左拔	0.081	0.026	0.0178	0.024	0.0179	5.4	1.7	1.2	1.6	1.2
下垄大平	0.051	0.051	0.04	0.022	0.014	17.3	17.3	13.6	7.5	4.8
漂塘大龙山	0.084	0.054	0.07		0.005	49.7	32.7	41		3

续表 9 – 1

钨矿选厂	品位/%					金属量/(t·a^{-1})				
	WO$_3$	Bi	Mo	Cu	Sn	WO$_3$	Bi	Mo	Cu	Sn
漂塘大江	0.037	0.009	0.0019	0.076	0.024	27.3	6.8	1.4	56.1	17.7
岿美山	0.072	0.012	0.064	0.026	0.006	69	11.5	61.4	24.9	5.8

全国地方所属和民营的小钨矿的尾矿物资料无法统计，但是，根据这些钨矿的入选原矿品位高。一般回收率不足 80% 的状况来推断，他们丢弃的重选尾矿含 WO$_3$ 一般不低于 0.1%，而且伴生有价金属基本没回收，均丢失在重选尾矿中，因此这类尾矿回收的价值会更高。

（2）堆存钨重选尾矿有价金属分布特点

①尾矿库中有价金属含量由表层至底层呈由低到高分布。

由于钨矿开采前期的出窿原矿品位高，随选矿技术水平不断提高，钨的回收率也逐渐提高，重选尾矿品位也逐渐变低，表 9 – 2 是江西省各钨选厂重选尾矿和大吉山、西华山重选尾矿品位在 1985 年以前一些年份的变化情况，从中可以看出：年份越靠前，品位就越高，也就是说，堆存在尾矿库的重选尾矿 WO$_3$ 含量由表层至底层有从低到高分布规律。相应地，其他伴生有价金属的分布也应有此规律。因而，钨矿老尾矿的开发利用由表层至底层，价值就越来越高。

表 9 – 2 钨重选尾矿 WO$_3$ 品位（%）随年代不同的变化

年份	江西全省综合	大吉山钨矿	西华山钨矿
1953	0.49	0.42	—
1956	0.156	0.124	—
1959	0.098	0.104	0.117
1962	0.083	0.115	0.106
1965	0.047	0.036	0.063
1968	0.044	0.036	0.062
1971	0.046	0.051	0.077
1974	0.040	0.042	0.048
1977	0.042	0.043	0.046
1980	0.039	—	0.051
1685	0.044	0.046	0.046

②钨重选尾矿中细泥的有价金属含量更高

表 9 – 3 是江西省各主要钨选厂细泥尾矿中 WO$_3$ 和几种伴生有价金属品位情况。与表 9 – 1 对比可知，在细泥尾矿中的 WO$_3$ 和伴生有价金属的含量更高。

表 9 – 3 江西省各主要钨选厂细泥尾矿中有价金属品位

钨矿选厂	WO₃/%	Bi/%	Mo/%	Cu/%	Sn/%
大吉山	0.16	0.044	0.016	0.012	0.0014
西华山	0.20	0.06	0.03	0.06	0.03
画眉坳	0.18	0.01	0.008	0.028	—
盘古山	0.207	0.134	—	—	—
铁山垅	0.146	0.029	0.007	0.135	0.028
下垄左拔	0.32	0.062	0.02	0.058	0.0286
下垄大平	0.18	0.083	0.115	—	0.01
漂塘大江	0.12	0.011	0.011	0.07	0.01
岿美山	0.289	0.026	0.0077	0.009	—

注：表中"—"为无测试数据。

（3）钨重选老尾矿的粒度组成

我国钨重选厂在重选阶段虽然按泥、砂分系统选别，但是尾矿却是矿砂尾矿与矿泥尾矿混合输送至同一尾矿库堆放，故尾矿库中的尾矿粒度组成是粗细非均匀的。表 9 – 4 是几个黑钨选厂重选尾矿的粒度组成情况。显示钨重选尾矿的粒度组成、WO₃含量及其金属占有率都有基本规律可循：大于 0.25 mm 粒级的产率大，品位较高，金属占有率较多；0.25 ~ 0.074 mm 粒级不但产率小，品位也最低；而 – 0.074 mm 粒级产率较小，品位却最高，金属占有率达三分之一。

表 9 – 4 几个黑钨选厂重选尾矿的粒度组成情况

粒级 /mm	大吉山选厂			西华山选厂			浒坑选厂*		
	产率 /%	WO₃ 品位/%	WO₃ 占有率/%	产率 /%	WO₃ 品位/%	WO₃ 占有率/%	产率 /%	WO₃ 品位/%	WO₃ 占有率/%
+ 1.98	5.72	0.04	5.81	1.01	0.07	1.32	—	—	—
– 1.98 + 0.995	30.58	0.04	31.10	27.82	0.039	20.44	3.25	0.11	5.67
– 0.995 + 0.45	20.69	0.028	14.74	14.62	0.032	8.78	25.23	0.056	22.37
– 0.45 + 0.25	11.80	0.02	6.0	15.00	0.028	8.05	19.92	0.056	17.72
– 0.25 + 0.2	5.35	0.02	2.72	8.62	0.026	4.22	13.4	0.036	7.65
– 0.2 + 0.139	3.81	0.018	1.75	6.82	0.026	3.36	9.11	0.036	4.36
– 0.139 + 0.097	7.53	0.02	3.83	7.74	0.032	4.72	7.87	0.026	3.24
– 0.097 + 0.074	2.27	0.016	1.04	9.79	0.07	13.74	6.51	0.04	4.33
– 0.074	12.25	0.106	33.02	8.58	0.222	33.06	14.65	0.15	34.86

注：*浒坑选厂重选实行了粗粒摇床中、尾矿的再磨再选。

9.1.3 钨矿老尾矿再开发利用的可行性及选矿方法探讨

（1）钨矿老尾矿再开发利用的可行性

老尾矿开发利用的价值在于能否较容易和有效地回收其中的有价金属。钨重选尾矿中有价金属主要分布在 +0.25 mm 和 -0.074 mm 粒级中，只要选择合适的选矿工艺是可以得到回收的。

① +0.25 mm 粗粒级尾矿钨的再回收。

由于粒度较粗，钨矿老尾矿中有价金属连生体经过再磨处理后，可选性还是较好的。例如西华山钨矿选厂曾对直接丢弃的粗粒摇床尾矿进行过再磨再选的回收试验，结果是肯定的。该粗粒摇床尾矿的粒度组成及 WO_3 金属分布如表 9-5 所列，WO_3 主要集中分布于大于0.45 mm 粒级中。这种尾矿磨至 0.3 mm 占86%，用 450 mm × 1000 mm 摇床分选的试验室试验结果见表 9-6。虽然摇床精矿品位 WO_3 只有 2.06%，但富集比已近44，可丢弃79%的低品位尾矿。此结果表明粗粒摇床尾矿再磨再选还是有效的，也初步说明钨重选粗粒尾矿再磨再选回收钨是具有可行性的。

表9-5 西华山钨选厂粗粒摇床尾矿的粒度组成

粒级/mm	产率/%	WO_3品位/%	WO_3分布率/%
+1.5	20.59	0.064	26.11
-1.5 +1.0	33.00	0.055	35.96
-1.0 +0.6	27.39	0.045	24.43
-0.6 +0.48	12.81	0.040	10.16
-0.48 +0.3	3.01	0.036	0.71
-0.3 +0.2	1.61	0.048	1.53
-0.2	1.59	0.035	1.10

表9-6 钨重选粗粒摇床尾矿再磨重选试验结果

产品名称	产率/%	WO_3品位/%	WO_3占有率/%
摇床精矿	1.08	2.06	47.63
摇床中矿	19.50	0.046	19.20
精矿+中矿合计	20.58	0.152	66.83
摇床尾矿	79.42	0.019	33.17
给矿	100.00	0.047	100.00

② 小于 0.074 mm 细粒级尾矿钨的再回收。

随着连续给矿离心机的研制成功及其大型化，以螯合捕收剂为特点的钨矿浮选工艺不断完善，采用离心机 + 浮选工艺来处理小于 0.074 mm 细粒级尾矿是可行的。

有人对黑钨重选尾矿 −0.037 mm 微细粒级专门进行了回收钨的选矿试验[77]，采用离心机粗选 − 摇床精选的回收工艺，获得了较好的效果。该试验首先用筛分分级脱除重选尾矿中的 +0.037 mm 的粗粒级，−0.037 mm 粒级采用 SLon −400 变频离心机粗选，择优选择给矿浓度为 10%、离心机转速 800 r/min、冲洗水量 2 L/min 的选别条件，当给矿含 WO_3 0.21% 时，获得离心机粗精矿产率 6.62%、含 WO_3 2.41%、作业回收率 76.55% 的粗选指标。粗精矿择优选择了细泥摇床精选，获得产率为 4.2%、摇床精矿品位 WO_3 30.54%、作业回收率 75.34% 的精选指标。离心机 − 摇床工艺选别的试验指标见表 9 − 7。采用这种以离心机粗选的重选工艺回收钨重选尾矿中微细粒级的钨也获得不错的试验效果。

表 9 − 7 −0.037 mm 钨重选尾矿离心机 − 摇床工艺选别的试验指标

产品名称	产率/%	WO_3 品位/%	WO_3 回收率/%
钨精矿	0.48	30.54	63.74
尾矿（离心机 + 摇床）	92.24	0.043	17.34
中矿（摇床）	7.28	0.60	18.95
给矿	100.00	0.23	100.00

③重选尾矿综合回收试验。

赣州有色冶金研究所于 2011 年专门对江西钨业集团所属 13 个钨选厂尾矿资源状况进行了调研，并对生产中排出的尾矿取样进行综合回收试验，取得了有一定价值的技术经济指标[79]，说明从重选尾矿进行综合回收是可能的。

A. 尾矿特性：重选尾矿平均含 WO_3 0.046%，钨金属 50% 以上分布于 +0.5 mm 粒级中；尾矿中细泥平均含 WO_3 0.16%，钨金属主要分布于 −0.03 mm 粒级中；钨矿物以黑钨矿、白钨矿和钨华三种物相存在，且以黑钨为主，比例大多都在 60% 以上，个别还达到了 80%。

B. 试验研究方案：虽然细粒级钨的浮选试验取得一定进展，因目前生产中应用受诸多因素影响，一时实施存在一定困难，故未将浮选作为主要回收方案。试验方案确定先浮硫再回收钨。进行了矿砂尾矿和细泥尾矿分别处理以及矿砂尾矿与细泥尾矿混合（即综合尾矿）处理的两种方案试验，矿砂都磨矿至 −0.5 mm 采用一粗、一扫、一精流程浮硫后，再用全重或磁 − 重工艺回收钨；形成浮选 − 重选和浮选 − 磁选 − 重选两种处理方案，细泥（细泥尾矿）则单独处理。

a. 全重选流程回收钨充分发挥螺旋溜槽的特点，采用螺旋溜槽为粗选设备，丢弃大量尾矿；螺旋溜槽粗精矿再用摇床精选，这样能使工艺流程简单化。

b. 磁 − 重联合流程利用 SLon 立环脉动高梯度磁选机具有富集比大、对给矿粒度、浓度和品位波动适应性强、工作可靠、操作维修方便等优点，先采用 SLon 立环脉动高梯度磁选机粗选并丢尾，高梯度磁选粗精矿用摇床精选。

细泥尾矿中有价金属主要分布于 −0.03 mm 粒级中，故细泥尾矿处理方案选择对细粒、微细粒级有较好回收效果的离心机和 SLon 立环脉动高梯度磁选机进行粗选，采用快速微细摇床精选。

C. 试验结果。

采用尾矿的矿砂、细泥和综合尾矿分别进行回收钨的试验,试验结果见表9-8。从表9-8中可看出:不论哪类尾矿,采用浮-磁-重工艺回收方案都较佳。从重选尾矿和细泥尾矿中回收硫化矿的试验结果列入表9-9中。从此二表可看出,通过钨尾矿的再磨再选,可取得较好的钨及硫化矿综合回收技术指标。

表9-8 重选尾矿回收钨的试验结果

试料名称	试验方案	精矿品位(WO₃)/%	WO₃回收率/%
矿砂尾矿	浮选-重选	17~35	17~28
	浮选-磁选-重选	30~42	24~42
细泥尾矿	浮选-重选	11~44	11~35
	浮选-磁选-重选	31~59	18~33
综合尾矿	浮选-重选	24~30	20~27
	浮选-磁选-重选	31~45	19~38

表9-9 从重选尾矿和细泥尾矿中回收硫化矿试验结果

试料名称	给矿品位/%			浮得硫化矿品位/%			回收率/%		
	Mo	Bi	Cu*	Mo	Bi	Cu*	Mo	Bi	Cu*
重选尾矿	0.01	0.024	0.02	4.25	2.93	8.10	68.95	39.58	81.16
细泥尾矿	0.02	0.044	0.14	4.13	2.62	4.88	66.26	43.14	74.84

注: * Cu 的指标为小龙钨矿试料的试验结果。

(2)钨重选尾矿再开发利用的产品方案

直接从重选尾矿中分选得到含 WO₃ 大于 65% 的钨精矿是不一定合适的,不仅会增加选矿成本,也会影响选矿回收率。从2007年10月1日开始执行的 YS/T 231—2007《钨精矿》标准,设置的"Ⅱ类五级品钨精矿"和"钨细泥精矿"类别,WO₃含量要求分别只需达到50%和30%,相应杂质含量要求也更宽松。这是因为冶炼技术水平的提高,钨冶炼原料质量要求可以低一些,可经济地利用低质原料生产钨冶炼产品,以更好地开采利用贫、细、杂钨矿资源而设置的钨精矿新种类,这就给钨尾矿资源开发利用提供了有利条件,因此,将钨重选尾矿开发利用的产品方案定为钨精矿Ⅱ类五级品和钨细泥是合适的。

(3)钨重选尾矿再开发利用的成本问题

钨矿床开采利用的生产成本中大部分是矿石开采费用。据1980年代生产统计表明:江西全省各钨矿综合生产成本中,处理每吨出窿原矿的采矿(掘进、采矿、运输等作业合计)费用与选矿费用之比为346:100;同一时期,湖南某中型钨矿的生产成本中这一比例是203:100;广东某小型钨矿的这一比例是223:100。也就是说,矿山钨精矿生产成本中采矿费用是选矿费用的2~3倍,大部分生产费用用于矿石开采。在钨精矿生产的选矿费用中矿石破碎费用占了20%~30%。在老尾矿再开发利用中就省却了原料的采矿和选矿破碎费用,处理原料的生产成本相对较低。

按赣州有色冶金研究所2011年对生产中排出的尾矿取样进行综合回收试验结果,以荡坪矿业有限公司九西选厂尾矿为例,按年产出尾矿6万t计算,以尾矿中有价金属品位WO_3、Mo、Bi和Cu分别为0.105%、0.0068%、0.024%和0.007%计算,采用浮硫-磁选-重选工艺,每年可回收钨精矿品位WO_3为31.48%的钨金属量17.95 t;回收在硫化矿中的Mo、Bi和Cu的品位分别为3.04%、3.22%和2.16%,可年产钼、铋和铜金属量分别为3.47 t、3.68 t和2.46 t,估算每年可新增产值400多万元,能获得较好的经济效益和社会效益。

(4)钨老尾矿再开发利用的选矿方法

采用螺旋溜槽-离心选矿机(或湿式强磁)为主的粗选工艺;摇床-浮选为主的精选工艺是一种流程简单、能耗较小、成本较低的钨老尾矿选别可行的方法。笔者认为按图9-1建议设置的原则工艺流程应该是处理钨老尾矿较可行的选矿工艺。此工艺的主要特点:一是充分利用螺旋溜槽粗选可不分级、处理能力大、占地面积小、设备无需地基特殊处理要求等特点,经碾磨或磨矿前后螺旋溜槽两次处理,预计可抛弃90%~95%的大于0.074 mm的矿砂尾矿;二是通过螺旋溜槽分选时自行分离出来细泥,用离心选矿机或湿式强磁机(原料中含白钨少及伴生其他金属价值不高时)粗选,可抛弃90%的细泥尾矿;三是处理工艺可分区段进行,粗选区可在老尾矿库旁设置简易厂房,处理的粗选尾矿就近充填于原尾矿库中,可节省基建和运输费用;采用以摇床和浮选为主的精选段可就近设置厂房或利用已有的选厂厂房处理,亦在此进行伴生有价金属的综合回收。

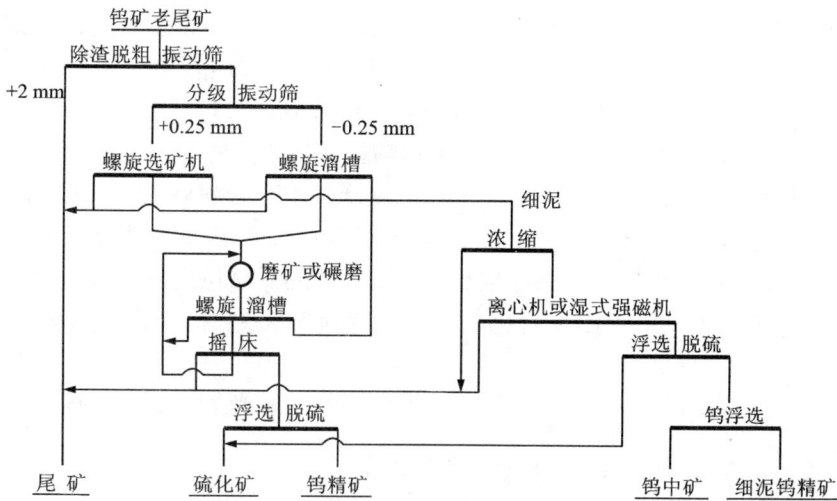

图9-1 钨矿老尾矿开发利用方案建议选矿原则工艺流程

实施尾矿的再磨再选,选择最经济合适的磨矿设备,直接关系到尾矿再开发利用的技术经济效果。除选用与尾矿性质和处理能力配套的现有磨矿设备外,还有如曾报导过的那样:在印度kudremukh,一种"RPI,4/1,1型辊压机"被用于细磨,将粒度为75~1000 μm的极硬镜面赤铁矿磨细至-75 μm占50%[79];类似的这种辊压机若在我国成功开发研制和推广,对钨老尾矿的再磨再选将具有十分重要的现实意义。

9.2 其他金属矿含钨尾矿的开发利用

我国不少金属矿床都含少量钨，过去，由于我国单独的钨矿床资源较丰富，加上回收技术和经济方面的问题，这些含量少的伴生钨资源往往不被重视，一般都进入被抛弃的尾矿中。随着易采易选的黑钨矿床资源逐渐枯竭，我国进入了大量开发白钨矿的时期，而我国白钨矿床大多有品位低，嵌布粒度细，矿物组成复杂的特点，为适应钨矿资源这种变化，我国开展了低品位钨矿开发利用的试验研究，取得了长足进展，钨矿浮选新技术成功应用于柿竹园矿和栾川钼矿床含钨资源的回收，推动了其他金属矿尾矿含钨的综合回收利用。

9.2.1 其他金属矿含钨尾矿的回收概况

我国从其他金属矿尾矿中对钨的回收工作，从 20 世纪 90 年代就开始了，例如永平铜矿、栾川钼矿、广东大宝山铁矿、湖北新冶铜矿等都针对其含钨尾矿回收钨的问题，开始了不同程度的试验研究工作，并取得了一定的进展。

例如：新冶铜矿在生产中应用重－浮工艺从其浮铜、硫尾矿中回收白钨，并不断改进回收工艺，提高了回收指标。开始采用尾矿两段磨矿的重选工艺，由于钨矿物过磨严重，回收指标不理想，钨的回收率只有 5% ~ 7%。后来改为一段磨矿的重－浮工艺，将 + 0.074 mm 粒级用摇床选别，一粗一扫丢尾；- 0.074 mm 粒级采用浮选工艺回收。小型试验指标：钨的总回收率达 73.31%，其中重选为 37.3%，浮选为 36.01%，工业试验获得白钨精矿品位 WO_3 为 65% 时，钨的总回收率为 20.1% ~ 23.03%，比原重选流程回收率提高 15% ~ 18%。

栾川钼业集团三道庄钼矿含白钨的尾矿品位 WO_3 达 0.117%，自 1969 年建矿至 2000 年，由于未解决白钨选矿的技术问题，只产出钼精矿，每年丢失在尾矿库的 WO_3 的金属量达 5000 t。按该集团的统计数据，自 1969—2001 年累计采出矿量 4000 万 t，按此计算，在这期间丢失在尾矿库的 WO_3 达 4.68 万 t；在栾川地区还有许多民营小型钼选矿厂，基本只回收钼，伴生的钨都流失于尾矿中。2001 年以后，栾川钼矿的低品位白钨的综合回收取得突破性进展，成功实现在生产中回收钨，而且钨的回收率达到 72% 左右。（详见 7.4.3 节"洛阳栾川钼业公司白钨选矿工艺进展"）。

除上述个例外，我国其他金属矿含低品位钨的回收问题尚处于试验阶段。

9.2.2 其他金属矿含钨尾矿回收钨试验进展

（1）永平铜矿浮铜、硫尾矿回收白钨的试验进展

江西永平铜矿是一座大型矿山，矿床除含铜和硫以外，尚含少量白钨。钨品位虽低，但矿床规模大，含 WO_3 的总量高达 10 万 t。目前建有日处理能力 10000 t 的大型选矿厂，除产铜精矿和硫精矿外，每天排出含钨尾矿 6500 t，年产尾矿约 200 万 t，尾矿含 $WO_3$0.06%。由于钨的品位低，一直未回收，每年流失于尾矿库的 WO_3 的数量达 1200 t 以上，造成钨资源的流失浪费。

1986—1987 赣州有色冶金研究所开展了该铜矿尾矿回收钨的试验研究，取得了较好的试验成果[80]。

①永平铜矿尾矿性质。

该铜矿尾矿试料含 WO_3 0.061%，CuO 0.05%，S 1.14%，Ca 6.99%，SiO_2 56.88%，Al_2O_3 8.6%。主要有价金属矿物有：白钨矿、黄铜矿、黄铁矿等，含钨矿物除白钨矿外，还有含钨褐铁矿及钨华。钨矿相中白钨占 82.05%，含钨褐铁矿占 15.39%（褐铁矿含 WO_3 平均 2.56%），钨华占 2.56%。白钨矿嵌布粒度细，单体解离较晚，粒度为 0.044～0.074 mm 时，解离率才达 69%，连生体中贫连生体占 80% 以上，尾矿含泥多，-0.03 mm 粒级的钨金属量占钨总金属量的 39.16%，故该尾矿属于难选钨试料；其他金属矿物有褐铁矿、赤铁矿、钛铁矿、磁铁矿等。主要脉石矿物有石英（占 36%）、石榴子石（占 32%）、长石、云母、萤石、磷灰石、重晶石等。石榴子石、褐铁矿等弱磁性、磁性矿物含量约占 40%。

②尾矿回收钨的试验方案。

A. 粗选。

根据试料性质，白钨粗选试验共选择了重选、浮选、磁选＋重选三种方案。重选方案采用螺旋溜槽＋离心选矿机工艺：即试料不分级入螺旋溜槽选别，螺旋溜槽溢流用离心选矿机分选；浮选以碳酸钠和硅酸钠为调整剂、氧化石蜡皂为捕收剂，经一粗、二扫流程选别；磁选则采用 SQC 型强磁机粗选，磁选尾矿再用螺旋溜槽分选。这三种试验方案的粗选结果表明：浮选方案丢弃粗选尾矿最多，精矿品位和回收率最高，重选和磁选＋重选二方案的指标相近，从选矿成本和对环境影响考虑，宜选择重选为粗选工艺，此方案可获粗精矿 WO_3 0.242%（粗选富集比为 4.4），粗选回收率为 41.4%。

B. 粗精矿的精选。

重选粗精矿除含白钨外，还含石榴子石 52%～55%、硫化矿 10%、石英 10%～12%、褐铁矿 5%～8%，还有少量重晶石、碳酸盐矿物。据此，精选选择了重－浮－重、磁－浮－重、磁－浮和重－浮四种方案试验，其中以磁－浮－重工艺的指标最好，获得白钨精矿含 WO_3 65.27%，精选作业回收率 72.21%。磁－浮－重精选工艺的特点是：首先采用湿式强磁机选出石榴子石、褐铁矿等弱磁性矿物作为尾矿丢弃，大大减少后续浮选和重选的矿量；然后采用浮选浮出硫化矿，作为硫精矿产出；最后浮选尾矿用刻槽摇床精选，获得白钨精矿。

③试验流程及试验结果。

该尾矿回收白钨的试验原则流程如图 9－2 所示，所获小型试验指标：给矿品位 WO_3 0.06%，综合钨精矿含 WO_3 47.4%，综合回收率 29.07%，其中白钨精矿品位 WO_3 69.61%，回收率 18.18%；钨次精矿含 WO_3 21.06%，回收率 2.05%；细泥钨精矿含 WO_3 34.1%，回收率 8.84%。

(2) 栾川骆驼山多金属矿浮铜、锌、硫尾矿回收钨的试验研究

河南栾川骆驼山多金属矿除含铜、锌、硫外，还含品位较高的白钨矿，一直以来，该矿都只进行了铜、锌、硫的回收，矿石中的 WO_3 直接丢弃在浮选尾矿中。近来江西理工大学进行了从该尾矿中回收白钨的试验研究，取得了较好的回收效果[81]。

①尾矿性质。

该矿区属高硫多金属矿床。矿石类型主要有致密块状磁黄铁矿型、致密块状黄铁矿型、铁闪锌矿型和矽卡岩型，其中磁黄铁矿类型占矿石总量的 55% 以上。主要金属矿物有磁黄铁矿、黄铁矿、铁闪锌矿、黄铜矿和斑铜矿；其次为方铅矿和少量磁铁矿、白钨矿、绿柱石等。主要脉石矿物为透辉石、钙铁榴石、石英和钾长石，其次为阳起石、透闪石、方柱石、符山石、萤石、绿帘石和少量电光石、绿泥石、云母、方解石等。

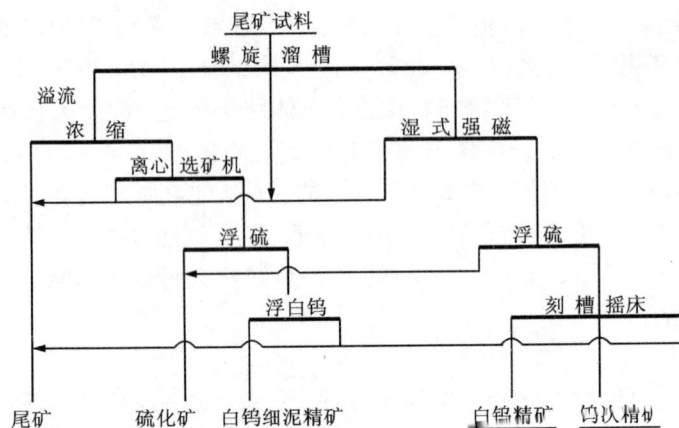

图 9 – 2　永平浮铜硫尾矿回收白钨试验原则流程

该铜锌硫浮选尾矿多元素分析结果见表 9 – 10。钨矿物的物相组成：白钨矿（含 WO_3 0.193）占 89.77%，黑钨矿（含 WO_3 0.018%）占 8.37%，钨华（含 WO_3 0.004%）占 1.86%。白钨是主要回收对象。

表 9 – 10　铜锌硫浮选尾矿多元素分析结果

元素名称	WO_3	S	Cu	Zn	Pb	Fe
含量/%	0.21	1.45	0.022	0.071	0.034	13.50
元素名称	$CaCO_3$	CaF_2	SiO_2	Mo	Au（g/t）	Ag（g/t）
含量/%	1.63	11.46	20.03	0.005	0.05	<6

②回收试验。

该尾矿属于钨较易回收的类型，回收白钨的试验采用一般的常温浮选工艺。由于原浮铜、锌的粒度已能满足白钨浮选的要求，故只需将尾矿截取试料直接进行浮选。先以丁黄药和 2 号油浮硫后，进行白钨粗选，以 Na_2CO_3 和 Na_2SiO_3 为调整剂、油酸钠 +731 氧化石蜡皂（1:5）为组合捕收剂，在调优条件下浮得白钨粗精矿，一次粗选的白钨粗精矿含 WO_3 4.6%，粗选作业回收率为 76.3%。粗精矿采用水玻璃为抑制剂的常温精选法获得白钨精矿。

③试验流程及指标。

试验采用一粗、一扫浮硫后，以一粗、二扫、五精（其中精 1 为空白精选）的闭路流程浮白钨。当给矿含 WO_3 0.20% 时，获得白钨精矿品位 WO_3 66.12%，WO_3 的回收率达 81.03%。闭路流程试验的指标详见表 9 – 11。

表 9－11　骆驼山浮铜、锌、硫尾矿回收白钨的闭路流程试验指标

产品名称	产率/%	WO₃品位/%	WO₃回收率/%
硫精矿	6.02	0.15	4.61
白钨精矿	0.24	66.12	81.03
尾矿	93.75	0.03	14.36
给矿	100.00	0.20	100.00

（3）从河南某铅锌矿堆存尾矿中回收白钨的试验研究

河南某铅锌矿堆存尾矿量约 250～300 万 t，含 WO_3 0.2% 左右，是钨的一种重要二次资源，具有很高的回收价值。但由于该老尾矿堆存时间长，选厂自 1980 年代生产以来，部分尾矿堆存时间已超过 20 年，尾矿中的金属矿物大量胶结、氧化、钝化，致使该尾矿在回收钨在技术上存在很大困难。经过大量的试验研究，终于探索出处理该尾矿的技术方案，获得白钨精矿含 WO_3 42.1%，回收率为 61.9% 的较满意的试验指标[82]

①尾矿性质。

铅锌尾矿的多元素分析结果见表 9－12。

表 9－12　铅锌尾矿的多元素分析结果

元素名称	WO₃	Cu	Pb	Zn	Bi
含量/%	0.21	0.063	0.021	0.34	0.050
元素名称	Mn	Sn	S	Fe	SiO₂
含量/%	0.010	0.026	7.54	20.13	34.70

尾矿主要金属矿物有磁黄铁矿、黄铁矿、铁闪锌矿、黄铜矿、斑铜矿、方铅矿和少量磁铁矿、白钨矿、绿柱石等。主要脉石矿物有透辉石、钙铁榴石、石英、钾长石；次为阳起石、透闪石、方柱石、萤石、绿帘石和少量电光石、绿泥石、云母、方解石等。钨矿物中 83.33% 为白钨矿，少量黑钨矿。

该尾矿粒度偏粗，＋0.074 mm 粒级占 69.07%。但从金属分布率看，白钨主要分布在微细粒级，其中 －0.074 mm 粒级金属占有率达 55.61%，需磨矿处理。

②试验工艺的选择。

原拟采用全浮工艺回收白钨。即该尾矿先粗磨至 －0.074 mm 占 64.5% 后，进行一粗、一扫浮硫，再用碳酸钠和水玻璃为调整剂、731 氧化石蜡皂 + 油酸（1∶1）为捕收剂，一粗、一扫进行白钨粗选，经调优试验获得白钨粗精矿产率 16.7%、品位 WO_3 0.97%，作业回收 81.86%。白钨粗精矿采用浮选方法精选，无论常温精选、加温精选还是加药精选，效果都不理想，经多次精选，精矿品位 WO_3 最高只能达到 2.5% 左右。后改为摇床精选，才显著提高了精矿品位。故确定采用一粗、一扫浮白钨粗选、粗精矿用摇床精选的浮－重联合工艺进行尾矿白钨的回收。

③试验流程及其指标。

白钨粗精矿摇床精选试验，虽然白钨精矿品位 WO_3 可以提高到42%，但精选作业回收率较低，摇床中矿和尾矿 WO_3 的占有率高。后来采用了摇床中、尾矿细磨至 -0.074 mm 占80%后再用摇床选别，提高了重选回收率。试验采用的浮 – 重闭路流程如图9-3所示，试验结果如表9-13所示。

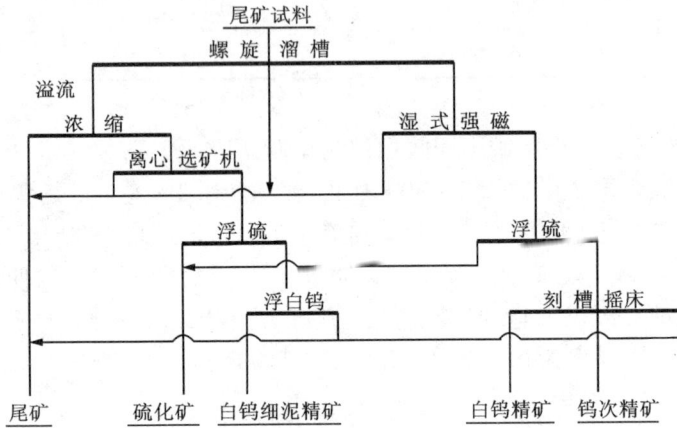

图 9 - 3　铅锌矿堆存尾矿回收白钨闭路试验流程

表 9 - 13　铅锌老尾矿回收白钨闭路流程试验结果

产品名称	产率/%	WO_3品位/%	WO_3回收率/%
硫精矿	25.62	0.059	7.41
钨精矿	0.30	42.10	61.92
浮选尾矿	58.36	0.056	16.02
重选尾矿	15.72	0.19	14.64
给矿	100.00	0.20	100.00

(4)从铋、锌、铁尾矿中回收白钨的试验研究

某大型矽卡岩型铋、锌、铜、铁多金属矿含少量钨。目前主要回收铋、锌、铜和铁四种金属，日处理原矿 2400 t，产出尾矿 1700 t，钨的回收问题一直未解决，只得丢失在尾矿中。2002 年经广州有色金属研究院采用磁 – 浮联合工艺进行钨的回收小型试验，取得了较好的试验结果[83]。

①尾矿性质。

尾矿中主要钨矿物为白钨矿，少量黑钨矿，偶见钨华。硫化矿物极少，但种类多，有黄铁矿、磁黄铁矿、黄铜矿、辉铋矿、毒砂、方铅矿等；脉石矿物主要为钙铁榴石、萤石、方解石、石英、长石等。尾矿多元素分析结果见表9-14。矿物相对含量见表9-15。尾矿粒度及单体解离情况见表9-16。

表 9-14 尾矿多元素分析结果

元素名称	WO₃	Al₂O₃	CaCO₃	Fe	S	Zn	Cu	Pb
含量/%	0.12	6.37	8.83	15.08	1.21	0.55	0.03	0.033
元素名称	Bi	Mn	SiO₂	CaF₂	As	Na₂O	K₂O	MgO
含量/%	0.071	0.87	40.66	9.38	0.12	0.13	0.17	2.81

表 9-15 尾矿中矿物相对含量

矿物名称	黑钨矿	白钨矿	钨华	磁铁矿	磁黄铁矿	赤铁矿	褐铁矿	黄铜矿
含量/%	0.016	0.137	0.003	0.527	0.544	0.575	1.713	0.090
矿物名称	黄铁矿	毒砂	闪锌矿	辉铋矿	钙铁榴石	萤石	方解石	石英、长石
含量/%	1.249	0.263	0.825	0.086	41.79	9.020	8.030	32.132

表 9-16 尾矿中各粒级钨矿物（含白钨和黑钨）单体解离度

粒级/mm	产率/%	WO₃品位/%	WO₃占有率/%	解离率/%
+0.074	27.22	0.029	6.54	28.78
-0.074 +0.043	37.12	0.091	28.00	53.14
-0.043 +0.037	14.40	0.091	10.86	96.77
-0.037	21.26	0.31	54.60	98.01
合计	100.00	0.121	100.00	80.78

尾矿钨物相中白钨矿为81%，黑钨矿为10%左右，钨华为2%，金属硫化物、磁铁矿和脉石中的钨占7%。尾矿中钨矿物的单体解离率为80.78%，其中 -0.043 mm 粒级的解离率大于96%，而该粒级的金属占有率已高达65%，有过粉碎现象，故无需再磨矿。

②试验工艺。

根据尾矿性质，试验决定先用中磁场磁选脱除磁铁矿后，再用强磁-浮选和全浮选两种工艺进行白钨回收试验的比较。

A. 强磁-浮选工艺流程。

中磁脱除磁铁矿的尾矿，用湿式高梯度强磁选选出石榴子石等弱磁矿物，强磁尾矿用一粗、三精、三扫流程浮硫，获硫精矿；浮硫尾矿以 NO 混合药剂及 Na₂SiO₃ 调浆后，选用新型白钨捕收剂 TA3，经一粗、三精、三扫的闭路流程获白钨粗精矿含 WO₃14.12%，粗选作业回收率为67.99%，白钨粗精矿采用改进型"彼得洛夫加温精选法"，经一粗、三精、三扫精选流程获白钨精矿。

B. 全浮选工艺流程。

中磁脱除磁铁矿的尾矿，采用一粗、三精、三扫流程浮硫，获硫精矿；浮硫尾矿以 NO 混合药剂及 Na₂SiO₃ 调浆后，用 TA3 浮白钨，经一粗、三精、三扫的闭路流程获白钨粗精矿含 WO₃10.86%，白钨粗精矿同样采用"彼得洛夫加温精选法"，经一粗、三精、三扫的流程获白钨精矿。

　　C. 试验指标比较。

　　白钨选矿两种工艺的小型试验指标列入表 9 - 17。

表 9 - 17　尾矿回收白钨的两种工艺小型闭路流程试验指标

试验流程	产品名称	产率/%	WO₃品位/%	WO₃回收率/%
强磁 - 浮选	强磁磁性产物	67.33	0.027	14.43
	硫精矿	0.63	0.023	0.11
	白钨精矿	0.12	67.92	65.76
	白钨精选尾矿	0.48	0.580	2.23
	白钨粗选尾矿	31.44	0.070	17.47
	合计	100.00	0.125	100.00
全浮选	硫精矿	2.61	0.053	1.11
	白钨精矿	0.14	66.83	72.43
	白钨精选钨矿	0.74	0.680	4.03
	白钨粗选尾矿	96.51	0.029	22.43
	合计	100.00	0.125	100.00

　　D. 回收白钨工艺的确定。

　　从表 9 - 17 可知,全浮选工艺的 WO_3 的回收率高于强磁 - 浮选工艺,但是强磁 - 浮选工艺首先采用强磁选能丢弃产率为 67.33% 的磁性矿物尾矿,大大减少浮选入选矿量,使浮选入选品位 WO_3 由 0.121% 提高到 0.328%,减少了浮选药剂用量,提高了白钨粗精矿品位;减少了白钨粗精矿的产率,减低了加温精选成本;药剂成本只有全浮选工艺的 34%;含药剂废水减少更利于环境保护。故确定选择中磁 - 强磁 - 浮选流程为该尾矿回收白钨的工艺。当尾矿含 $WO_3$0.121% 时,采用此工艺流程可获得产率为 0.12%、品位 WO_3 为 67.92% 的白钨精矿,对尾矿中磁脱铁后给矿的回收率为 65.76%。

　　(5)浮金尾矿低品位微细粒白钨的回收试验[84]

　　某金矿以浮选方法处理硫化矿含金石英脉矿石回收金,日处理原矿 1000 ~ 1200 t。原矿除含金外,还含少量白钨矿,选金后白钨矿没回收,直接进入尾矿。白钨矿常与方解石、萤石、磷灰石等含钙矿物共生。尾矿细度为 - 0.074 mm 占 83.7%,含 $WO_3$0.08%、Au 0.11 g/t、Al_2O_3%、$SiO_2$63.9%、$Fe_2O_3$2.81%、S 0.51%、As 0.56%,属于钨低品位微细粒物料。

　　试验采用浮选工艺回收白钨。试验以碳酸钠和水玻璃为调整剂,进行了多种白钨捕收剂(油酸,731 氧化石蜡皂,油酸 + 731 氧化石蜡皂及脂肪酸捕收剂 HZ - 1)的比较试验,表明 HZ - 1 为捕收剂的效果最好;抑制剂 CMC、水玻璃、六偏磷酸钠的比较试验说明,水玻璃抑制脉石矿物效果最佳。

　　粗选试验设备选用泡沫浮选机时,白钨粗精矿的富集比较低,最高富集比只能达到 3.75

倍,即白钨粗精矿品位 WO_3 只达到 0.3%,要获得合理的精矿品位则需要较长的工艺流程;后改用 CCF 微泡浮选柱作为粗选设备,用 $\phi 0.2$ m×6.0 m、$\phi 0.15$ m×6.0 m 和 $\phi 0.1$ m×6.0 m 浮选柱分别进行粗选、扫选和精选,构成一粗、一精、一扫的开路试验流程。半工业试验获得白钨粗精矿平均含 $WO_3$4.8%,富集比达 60 倍;用浮选柱进行一粗、一精、一扫的闭路流程工业试验,试验结果列入表 9-18。由表中可看出,浮选柱回收低品位微细粒白钨粗选工业试验指标较好,粗精矿富集比在 60 倍以上,粗精矿平均品位 WO_3 在 5% 左右,达到了从尾矿中回收白钨的目的。

表 9-18　浮选柱回收低品位微细白钨矿粗选工业试验结果

试验编号	精矿 WO_3 品位/%	尾矿 WO_3 品位/%	回收率/%	富集比
1	4.85	0.032	60.40	60.63
2	4.70	0.036	61.66	58.75
3	5.10	0.030	62.87	63.75
4	5.14	0.025	69.09	64.25

此试验尚未进行白钨粗精矿的精选,未能进一步提高白钨精矿的品位,但已经能初步看到从该浮金尾矿中回收低品位微细粒白钨的可能性及回收工艺的合理性。

10 钨矿石中有价元素的综合回收

10.1 钨矿石伴生有价元素的赋存状态

我国目前已发现的各类钨矿床中共生的元素多达 70 余种，其中成矿元素除钨外，锡、钼、铋、铜、铅、锌、铍、氟、硫以及钽、铌、稀土等，多呈独立矿物存在，在钨矿石中可以成为各类精矿或者赋存在精矿中产出，还有的如钪、镓、铟等稀有稀散元素和金、银等贵金属元素以类质同象、浸染分散状态赋存在钨矿或各种硫化矿物中，能在钨精矿和各类硫化矿物精矿中得到一定程度的富集，可以部分回收，例如西华山的黑钨矿单体矿物中就含 Sc_2O_3 达 0.025%，这类伴生稀有稀散元素在后续的冶炼过程中能得到综合回收。只要加大各种独立矿物精矿的回收力度，就能达到钨矿石中有用元素综合回收的目的。

10.1.1 钨矿主要伴生有价元素的含量

据 1988 年统计，钨矿床中伴生的各类有价金属独立矿物金属储量相当于钨工业储量的百分比：Sn 为 22%，Cu 为 25%，Pb 为 38.5%、Zn 为 44.6%、Mo 为 35.5%、Bi 为 44%，Be 为 6%[85]，这些金属元素在钨矿石中的含量虽很少，但在钨的选矿中能与钨矿物一同富集，可以通过选矿方法使各自成为独立的精矿产品得以回收。据全国 37 个统配钨矿的统计，锡、铜、铋、钼、铅、锌的总储量达十数万吨至数十万吨，还有铌、钽、钪、金、银、镓、铟、铊、硒、碲等稀贵元素赋存在不同的选矿产品中供冶炼回收。有价元素的总储量比钨的工业储量还多 2.7% 以上。

江西省各钨矿床中主要伴生有价元素合计金属量列入表 10 - 1 中。

表 10 - 1 江西省各钨矿床中主要伴生有价元素合计的金属量

伴生元素	Bi	Mo	Cu	Pb	Zn	Sn	Be
合计金属量/t	19390	8180	53710	26350	26260	67860	2560

我国几个特大储量钨矿床主要伴生有价元素的品位及其金属含有总量列入表 10 - 2 中。

表 10 - 2　几个特大储量钨矿床主要伴生有价元素的品位及其金属含有总量

		Sn	Mo	Bi	Cu	Pb	Zn	CaF$_2$	Ag	Au
柿竹园	品位/%	0.22	0.06	0.138	0.025	0.077	0.043	20.6	3.6 g/t	0.05 g/t
	金属量/万 t	49	13	30	5.4	16.7	9.3	4450	0.078	0.00108
行洛坑	品位/%		0.0125	0.008	0.0115		0.014		3.5 g/t	
	金属量/万 t		1.6	1	1.5		1.8		0.00455	
杨林坳	品位/%	Ti0.27		0.011	0.016			0.74		
	金属量/万 t	17.9		0.73	1.06			62.4		

注：1. 柿竹园各伴生元素金属量按该矿区矿石总量 21700 万 t 和 WO$_3$总量 69 万 t 计算。

2. 行洛坑各伴生元素金属量按该矿床矿石量 13000 万 t 计算。

3. 杨林坳各伴生元素金属量按该矿床矿石总量 6630 万 t 计算。

柿竹园矿是最典型的多种有价元素共生的钨矿床。由于矿石储量大，伴生有价元素的品位虽低，但伴生金属总量却很大，除数量居第二位的 Sn 和非金属 CaF$_2$以外，其他伴生金属元素 Mo、Bi、Cu、Pb、Zn 的合计储量与 WO$_3$的储量相当；Au 和 Ag 的总储量也相当一个独立贵金属矿，故该矿床矿石的综合回收就显得相当重要。同样，行洛坑和杨林坳这样特大储量的钨矿床，伴生有价元素的总量也很大，综合回收的价值很高。

江西省各钨矿原矿中主要伴生有价元素的品位和每年采出的金属量列入表 10 - 3 中。原矿中的各伴生元素的品位虽低，但随原矿进入选厂的各伴生元素每年的金属量大，按原矿处理量和钨精矿产量计算，每采出 1 t 钨矿石，就有 2 kg 主要伴生有价金属，每选出 1 t WO$_3$的钨精矿，就有 736 公斤的伴生有价金属进入选矿作业。

表 10 - 3　江西各钨矿原矿中主要伴生有价元素品位及年产金属量

矿山名称	元素	Bi	Mo	Cu	Sn	Pb	Zn	S	Ag
大吉山钨矿	品位/%	0.03	0.012	0.01	0.002	0.008	0.02	0.16	—
	金属量/(t·a^{-1})	226.2	90.5	75.41	15.08	29	153.1	1206	
西华山钨矿	品位/%	0.02	0.015	0.02	0.021	0.025	0.018	0.15	—
	金属量/(t·a^{-1})	144	108	144	151.2	180	126.5	1080	
盘古山钨矿	品位/%	0.044	0.003*	0.008*	0.004*	0.017*	0.013*	0.45*	
	金属量/(t·a^{-1})	243.4	9	23	11.7	49.8	38	3930	
铁山垅钨矿	品位/%	0.020	0.006	0.111	0.025	0.026*	0.109	0.66*	13.75 g/t
	金属量/(t·a^{-1})	95.3	28.6	529.2	119.2	64	519.6	64	
浒坑钨矿	品位/%	0.008	0.003	0.001	—	0.12	0.25	0.51	
	金属量/(t·a^{-1})	21.4	7.5	2.6		321	668.8	628	
画眉坳钨矿	品位/%	0.025	0.011	0.073	—	—	0.052	0.77	
	金属量/(t·a^{-1})	65.3	28.8	203.8			135.9	12012	

续表 10 – 3

矿山名称	元素	Bi	Mo	Cu	Sn	Pb	Zn	S	Ag
下垅矿 樟斗	品位/%	0.025	0.007	0.042	0.008	—	—	0.153	—
	金属量/(t·a⁻¹)	53.1	13.8	82.6	16.3	—	—	301	—
下垅矿 大平	品位/%	0.031	0.032	0.036	0.008	—	—	0.061	1.2 g/t
	金属量/(t·a⁻¹)	34.8	35.9	40.4	6.2	—	—	68.4	
下垅矿 左拔	品位/%	0.016	0.0087	0.050	0.026	0.033	—	0.096	
	金属量/(t·a⁻¹)	31.6	17.2	97.6	51.3	65.1	—	189	
漂塘矿 大龙山	品位/%	0.054	0.047	—	0.023	—	—	—	3 g/t
	金属量/(t·a⁻¹)	96.7	84.3		41.2	—			
漂塘矿 大江	品位/%	0.004	0.006	0.049	0.081	0.029	0.07	—	1~6 g/t
	金属量/(t·a⁻¹)	8	12	98	162	58	140	—	
荡坪矿 宝山	品位/%	0.075	0.011	0.11	0.014	1.5	1.22	6.74	80 g/t
	金属量/(t·a⁻¹)	90	13.2	132	16.8	1800	146.4	8088	
小龙钨矿	品位/%	0.01		0.05	0.14	0.042	0.026	0.33	
	金属量/(t·a⁻¹)	15.7	—	78.6	220	66	40.1	518.4	
合计	金属量	1125.5	448.8	1507.2	811	2632.9	1968.8	18657	

注：有 ∗ 号者为合格矿的数据。

10.1.2 钨矿主要伴生有价元素的赋存状态

（1）铋

铋主要呈辉铋矿 – 斜方辉铅铋矿、自然铋、泡铋矿和氧化铋矿产出，以辉铋矿（包括辉铋矿、铅辉铋矿、硫铅铋矿、辉铅铋矿和斜方辉铅铋矿）为主；还有少量硫碲铋矿、辉碲铋矿等。

①辉铋矿 – 斜方辉铅铋矿（$Pb_x \cdot Bi_2S_{1+x}$，x 为 0~2.326）。

这种硫化铋矿含 Bi 为 36.9%~76.7%，含 Pb 为 1.37%~42.6%，各钨矿床有所区别，即有典型的辉铋矿（Bi_2S_3）也有较典型的斜方辉铅铋矿及介于它们之间的过度矿物。

辉铋矿 – 斜方辉铅铋矿除含 Bi、Pb 外，还普遍含有微至少量的 Te、Ag、Cu、Fe、Sb 等，其中 Te 主要呈类质同象替代 S 而存在，Sb 可能呈类质同象替代 Bi 而存在，Ag 与 Pb 呈正消长关系，呈类质同象存在，也常见铋矿物中包裹有几微米至十几微米的黄铜矿。

因辉铋矿与斜方辉铅铋矿的物理性质相近，一般不易鉴别，但一般来说，辉铋矿晶体较大，呈长柱状、柱状，而斜方辉铅铋矿多呈针状、纤维状和毛发状。辉铋矿 – 斜方辉铅铋矿的相对密度为 6~7。

硫化铋矿物嵌布粒度较粗，在 1.4 mm（12 目）时多数钨矿的硫化铋已部分解离，在 –0.15 mm 时单体解离率已大于80%。因而，有的钨选厂用摇床分选就可从混合硫化矿中获得部分铋精矿。

②自然铋。

许多钨矿石中，在显微镜下可常见自然铋，但含量少，粒度细。自然铋一般呈粒状，少数呈菱面体晶形，常与硫化铋伴生，有时呈细小颗粒散布在硫化铋矿中，有时包裹和交代硫化铋。新鲜断面呈银白色，但常被氧化而带浅红色、锖色，稍具延展性，相对密度 9.4 ~ 9.8。粗粒者可达 0.5 ~ 4 mm，细粒者仅几微米至几十微米。大龙山、樟斗、大平、樟东坑和大吉山等矿区自然铋含量较多，而且 +0.074 mm 粒级就能基本单体解离。

③泡铋矿和铋华(氧化铋)。

泡铋矿和铋华是两种次生铋矿物，在各钨矿石中都常存在；一般呈黄色、浅绿色，呈粒状、土状或呈被膜状覆盖于其他铋矿物表面。泡铋矿遇盐酸会起泡。

(2)钼

钼大部分呈辉钼矿产出，钼华和其他钼矿物极少。

辉钼矿在各脉钨矿床普遍存在。在石英脉中、脉旁的云英岩内及脉壁均有分布，呈片状和鳞片状集合体。辉钼矿粒度一般较粗，钼金属主要分布于 0.15 mm 以上的粒级中，粗选时一般都已基本单体解离，有的钨矿区辉钼矿粒径可达 10 mm，个别达 5 ~ 6 cm(例如大龙山矿区)。一般在辉钼矿的薄片间常有硫化铋等，故很难挑选出"纯"的辉钼矿粒，常在单体辉钼矿粒中化验出含量为 1% 的 Bi、0.01% ~ 0.1% 的 Si、Pb、Al、Ag 等。

(3)锡

锡主要以锡石产出，化学成分中，SnO_2 占 96.5% ~ 98.1%，还有少量的黝锡矿，在锡石中普遍含 Nb、Ta、Se、Zr、Ti、Y、Yb、W 等元素。

锡石一般分布于脉壁或云母丛中，常与绿柱石、黄玉、萤石、辉钼矿、黑钨矿等共生，也有散布于石英脉中者，在石英晶洞中有时可见完好的晶体，粗粒锡石一般呈柱状，少数呈短柱状和双锥状，有的柱长可达 4 ~ 5 cm，横断面 1 ~ 2 cm。细粒锡石多呈不规则状。大多数钨矿石中的锡石 70% 以上分布在 +0.15 mm 粒级中。

黝锡矿(Cu_2FeSnS_4)在锡物相中约占 3% ~ 10%。其颗粒细小，常与黄铜矿、闪锌矿、黄铁矿等硫化矿物密切共生，在这些矿物中能见到微至少量的锡，有时见黝锡矿在黄铜矿、闪锌矿中呈固溶体分离结构，也可见沿锡石边缘和裂隙进行交代的现象。

(4)铜

铜主要呈黄铜矿产出，铜蓝、辉铜矿、斑铜矿等次生硫铜矿及孔雀石等氧化铜矿有少量产出。

黄铜矿($CuFeS_2$)含 Cu 30.1% ~ 32.7%、Fe 29.1% ~ 30%、Ag 0.013% ~ 0.074%、As 0.003% ~ 0.02%、Bi 0.017% ~ 0.24%。在钨矿石中黄铜矿呈不规则粒状或团块状，或与其他硫化物一起呈脉状分布于石英脉中或沿黑钨矿等早期矿物的颗粒间和裂隙充填交代。黄铜矿的粒度较粗，在 0.074 ~ 0.15 mm 时能基本与脉石分离，0.074 ~ 0.1 mm 粒级已基本单体解离。黄铜矿与闪锌矿、黄铁矿和硫化铋等连生较密切，尤其在细粒级时，黄铜矿与脉石基本解离，但与上述硫化矿物连生体的比例还较高。黄铜矿可在闪锌矿中呈乳浊结构，或于黄铁矿和硫化铋中呈细粒包裹体。

(5)铅

铅主要赋存于辉铋矿 - 斜方辉铅铋矿和方铅矿中。在钨重选厂重选粗精矿中，一般 50% 以上的铅分布在硫化铋矿中，以方铅矿相呈现的铅少于 50%。

方铅矿(PbS)通常含 Pb 78.6% ~80.2%、Bi 4% 左右、Ag 0.6% ~2%，还含微量的 Te 和 Ti。方铅矿与黄铜矿、黄铁矿和闪锌矿密切连生，嵌布粒度较细，在 +0.3 mm 粒级时单体解离率只能达到 50% 左右，到 0.074 mm 时才基本解离，有的钨矿区(例小樟坑)要到 0.038 mm 时才能达到较好的解离。

(6)锌

锌主要呈闪锌矿产出。闪锌矿[(Zn、Fe)S]通常含 Zn 51.2% ~59.8%、Fe 5.3% ~10.1%、Cd 1% ~2.4%，还含微量 In 和 Ag。闪锌矿与 Cu、Bi、Pb 的硫化物连生密切。在矿石中一般呈结晶粒状，部分呈团块状或与其他硫化矿一起呈细脉状。闪锌矿内部常见乳浊状、星散粒状和细脉状的黄铜矿、黄铁矿。这些包裹体一般为 10 ~20 μm，难于解离。闪锌矿嵌布粒度较细，一般在 0.3 mm 时只有 46% ~70% 的解离率，到 0.074 mm 时单体解离率也才达 68% ~87%，到 0.038 mm 时也只有 80% ~94%。

(7)铌、钽、钪

Nb、Ta 和 Sc 主要呈类质同象存在于黑钨矿中，也有少量的 Nb、Ta 呈褐钇铌矿、易解石、黑稀金矿、钽铌铁矿等独立矿物存在。90% 以上的 Nb 和 80% 左右的 Ta 呈类质同象存在于黑钨矿中。

根据各钨选厂重选粗精矿化验计算，Nb_2O_5 在粗精矿中的含量为 0.1% ~0.39%，其中分布于黑钨矿中占 75.6% ~90.6%；Ta_2O_5 在粗精矿中的含量为 0.01% ~0.04%，其中分布于黑钨矿中的占 45% ~73%。

(8)银

钨矿石中的银主要赋存于各种硫化物中，方铅矿和硫化铋矿含银最高。辉铋矿-斜方辉铅铋矿含银可达 21250 g/t(浒坑)，方铅矿含银最高可达 20080 g/t(铁山垅)，其次是黄铜矿、辉钼矿等。

10.2 钨矿山伴生有价金属的回收的情况

10.2.1 黑钨矿主要伴生有价金属的综合回收

由于伴生有价元素以硫化矿物为主，而且嵌布粒度较细，不但这些硫化矿物与脉石解离较晚，而且伴生元素矿物相互连生关系较复杂，单体解离较晚，必须细磨以后才有可能回收；伴生有价元素在钨矿石原矿中品位很低，从原矿中直接回收它们十分不经济。然而，这些伴生有价金属矿物在钨矿床中大多都与钨矿物一起赋存在脉石或脉壁中，在回采钨矿时大多都进入钨原矿中，它们都具有中等的相对密度(4~5)，当解离后有可能在黑钨矿重选时与脉石矿物分离。实际上，伴生有价金属的回收是伴随黑钨重选过程进行的，在黑钨磨矿中已解离的硫化矿物，大都富集在摇床粗精矿和中矿中；为了提高硫化矿物的回收率，大多数钨重选厂都适当降低摇床粗精矿的品位，尽量将处于中矿带的硫化矿选入钨粗精矿中，在粗精矿精选分离硫化矿时，集中回收伴生有价金属。另外，在手选中，也要注意将那些明显不含钨矿物但含有硫化矿物的脉石和围岩选入合格矿中，这也是黑钨重选厂提高伴生有价金属回收率的措施之一。

(1)伴生有价金属元素在黑钨重选中的分布情况

表 10-4 是一些黑钨重选厂主要伴生金属元素在重选给矿（合格矿）、重选粗精矿和重选尾矿的品位情况。从中可看出：黑钨矿伴生有价金属元素在合格矿中的品位比原矿中的大都有所提高（表 10-4 与表 10-3 比较），表明预选废石伴生有价金属元素含量更低；在重选粗精矿中伴生有价金属元素得到较好地富集，一般富集比都达到 10~30 倍。例如 Sn 的富集比最低为 7.5 倍，最高者达 133 倍（大龙山选厂）。但是，由于黑钨重选磨矿的粒度远远大于伴生有价金属硫化物与脉石的基本解离粒度，大部分与脉石矿物呈贫连生体而进入重选尾矿，因而伴生有价金属元素在黑钨重选过程的回收率都较低。表 10-5 是西华山钨矿选厂重选段主要有价金属元素在各种粗精矿中的品位及回收情况。从该表可以看出：有价金属元素在矿砂摇床精矿的品位及回收率都较高，重选段伴生有价金属元素主要靠摇床回收。但是所有伴生有价金属在钨重选中的回收率都较低。

表 10-4 一些黑钨重选厂重选产物中 WO_3 及伴生有价金属元素品位(%)

选厂及重选产物名称		WO_3	Sn	Bi	Mo	Cu	Pb	Zn
大吉山	合格矿	0.58	0.004	0.028	0.0088	0.010	0.008	0.047
	重选粗精矿	37.50	0.03	0.84	0.073	0.132	0.332	0.93
	重选尾矿	0.051	<0.004	0.011			<0.01	
西华山	合格矿	0.296	0.005	0.025	0.016	0.0085	0.018	0.021
	重选粗精矿	15.5	0.059	0.18	0.23	0.122	0.263	0.345
	重选尾矿	0.058	<0.004	<0.01	0.0104		<0.018	
盘古山	合格矿	0.45	0.004	0.066	0.003	0.008	0.017	0.013
	重选粗精矿	26.75	0.03	1.98	0.06	0.204	0.558	0.170
	重选尾矿	0.034	<0.004	0.013			0.016	
铁山垅	合格矿	0.50	0.055	0.033	0.064	0.117	0.028	0.081
	重选粗精矿	27.80	0.99	0.68	0.086	2.25	0.445	1.45
	重选尾矿	0.053	0.0136	0.024	0.0184	0.059	0.014	0.052
浒坑	合格矿	0.97	<0.004	<0.020	0.0036	0.006	0.018	0.160
	重选粗精矿	35.25	<0.03	0.46	0.024	0.040	0.455	3.07
	重选尾矿	0.098	<0.004	<0.01			<0.018	0.075
大龙山	合格矿	0.895	0.0178	0.112	0.153	0.003	0.0025	0.009
	重选粗精矿	46.90	2.381	1.95	2.80	0.074	0.164	0.072
	重选尾矿	0.068	<0.004	0.028	<0.0122		<0.003	
小龙	合格矿	0.765	0.012	0.020	0.004	0.10	0.009	0.032
	重选粗精矿	32.50	0.300	0.535	0.036	2.71	0.235	0.67
	重选尾矿	0.098	<0.004	0.011		0.022	<0.01	0.026
小樟坑	合格矿	0.62	0.012	0.035	0.045	0.039	0.057	0.011
	重选粗精矿	39.20	0.838	1.35	1.30	1.780	3.260	3.78
	重选尾矿	0.029	<0.0074	<0.010	0.0164		0.024	

表10-5　西华山选厂重选段有价金属元素在各种粗精矿中的品位及回收情况

重选产物名称	品位/%					回收率/%				
	Sn	Mo	Bi	Cu	Zn	Sn	Mo	Bi	Cu	Zn
合格矿	0.018	0.02	0.02	0.12	0.01	100.0	100.0	100.0	100.0	100.0
跳汰精矿	0.168	0.236	0.156	0.156	0.153	5.96	6.98	4.49	6.59	7.17
矿砂摇床精矿	0.169	0.556	0.339	0.236	0.531	8.17	23.98	14.34	18.69	36.23
原生细泥摇床精矿	0.135	0.23	0.667	0.235	0.555	0.37	0.52	1.44	0.79	1.95
次生细泥摇床精矿	0.10	0.164	0.432	0.185	0.425	0.62	0.82	2.13	1.41	3.38
自动溜槽-摇床精矿	0.115	0.198	0.416	0.24	0.587	0.56	0.81	1.67	1.49	3.80
粗精矿合计	0.161	0.394	0.292	0.231	0.395	16.28	33.11	24.07	29.33	52.53

（2）伴生有价金属元素在黑钨精选中的分布状况

黑钨粗精矿精选工艺不但要达到获得合格钨精矿的要求，而且也是真正开始综合回收伴生有价金属元素的过程。

主要以硫化矿赋存的 Mo、Bi、Cu、Pb、Zn 等金属元素在钨粗精矿脱硫作业中进入混合硫精矿中；主要以锡石形态存在的 Sn 则在黑钨磁选时进入磁选尾矿中。表10-6是西华山钨选厂伴生有价金属元素在黑钨粗精矿精选过程中各产物的分布（含量）情况。

表10-6　西华山选厂伴生有价元素在黑钨精选各产物中的分布（品位/%）

产物名称	WO₃	Sn	S	Mo	Bi	Cu	Zn
台浮给矿	33.4~38.3	0.196~0.365	13.31~14.56	0.22~0.44	0.36~0.84	0.244~0.39	0.475~0.797
台浮精矿	63.23	0.309	0.624	0.032	0.04	0.122	0.026
台浮硫化矿	0.63	—	41.81	1.44	0.96	0.561	1.53
磁选给矿	58.08~69.7	0.29~0.47	0.951~1.03	0.06~0.068	0.06~0.1	0.037~0.06	0.026~0.053
磁选精矿	64.9~73.2	0.035~0.07	0.131~0.279	0.020~0.028	0.028~0.040	0.024~0.037	0.026
磁选尾矿	26.72	2.64	5.88	0.20	0.54	0.098	0.158
磁选尾矿浮硫化矿	5.25	0.49	26.66	0.70	6.11	0.378	0.555
细泥精矿脱硫给矿	27.03	0.162	10.60	0.348	0.72	0.305	0.782
细泥精矿脱硫硫化矿	4.40	0.025	37.25	1.40	3.84	1.10	2.67
跳汰精矿手拣硫化矿	3.71	0.154	24.71	0.032	0.30	0.134	0.053

从 10 - 6 可以看出,各种脱硫作业都使伴生有价金属元素得到很大富集。一般黑钨选厂脱硫作业无论是台浮还是浮选都只获取混合硫化矿产物,再集中处理获得各自元素的精矿产品。只有少数 Mo 品位高的选厂在脱硫时采用优先浮钼,获得钼精矿,再浮出其他混合硫化矿;盘古山则因 Bi 含量高,在台浮分选时就直接获得部分铋精矿。

(3)黑钨矿石伴生有价金属矿物的回收工艺

对于从混合硫化矿中分离回收各种有价金属矿物的普遍做法是:首先将黑钨精选脱除的混合硫化矿浓缩后,进行脱药处理,采用大量的硫化钠在高浓度条件下强烈搅拌,解析硫化矿表明吸附的黄药、2 号油等药剂,硫化钠的用量一般达到 4.5 ~ 5 kg/t 硫化矿,搅拌浓度为 40% 左右,搅拌脱药后再用清水稀释洗涤 2 ~ 3 次,然后磨矿,一般磨细至 - 0.074 mm 目占 70% ~ 75%,采用不同的浮选流程获得各种金属硫化矿精矿。

锡的回收是从黑钨精选的磁选作业开始,分离回收的方法在 6.6.4 节中已有详细阐述,不再赘述。

①从混合硫化矿中回收 Mo、Bi、Cu 的典型工艺流程。

西华山选厂从混合硫化矿中回收 Mo、Bi、Cu 的工艺有一定的代表性,以此作为典型介绍。

该选厂混合硫化矿中台浮硫化矿占 83%、细泥精矿脱硫硫化矿占 13%、磁选尾矿脱硫硫化矿占 4%。

A. 混合硫化矿的矿物组成。

混合硫化矿矿物组成为褐铁矿 45%,毒砂 15%,辉钼矿 2%,辉铋矿 2%,黄铜矿 1.5%,闪锌矿 3%,方铅矿 2%,钨矿物 1.5%,脉石矿物 25%。混合硫化矿多元素分析见表 10 - 7。

表 10 - 7 西华山选厂混合硫化矿多元素分析结果

元素	WO₃	Mo	Bi	Cu	Pb	Zn	Fe	As	S
品位/%	1.10	1.15	1.22	0.676	1.47	1.89	34.2	7.68	37.09

B. 混合硫化矿综合回收的工艺流程。

该混合硫化矿采用先脱药再磨矿,进行钼铋混合浮选,混合精矿再进行钼铋分离浮选,获钼精矿和铋精矿;混合浮选尾矿再抑硫浮铜,获铜精矿。因原料属于高砷硫化矿,生产合格铅锌精矿的难度较大,且铅锌的价值较低;硫精矿含 As 高,故未考虑铅、锌、硫的回收。该浮选工艺原则流程见图 10 - 1。该浮选工艺采用了氰化法抑铜硫混合浮选钼铋;钼铋分离采用硫化钠抑铋浮钼工艺,此工艺必须严格控制 Na₂S 的用量,Mo、Bi 分离粗选时 Na₂S 的浓度不少于 4.3 g/L,Mo 精选时 Na₂S 的浓度应控制在 2 ~ 2.5 g/L,钼铋分离流程 Na₂S 的总用量达到 6000 g/t,pH 达 13 左右;混浮钼铋的尾矿,采用添加石灰、硫酸锌、硫化钠、硫酸铜、丁黄药抑锌硫浮铜工艺获得铜精矿。此工艺最大的问题是采用了氰化钠为抑制剂,不利于环境保护;另外,因混合硫化矿含 As 高,影响铜的回收,也不利于 S 的综合回收。

C. 综合回收的主要工艺指标。

西华山选厂按图 10 - 1 的工艺流程,从混合硫化矿中获得钼、铋、铜精矿的主要分选指标如表 10 - 8 所列。若将钼精矿品位降低至 49.48% 时,钼的作业回收率可达 95.56%;铜精

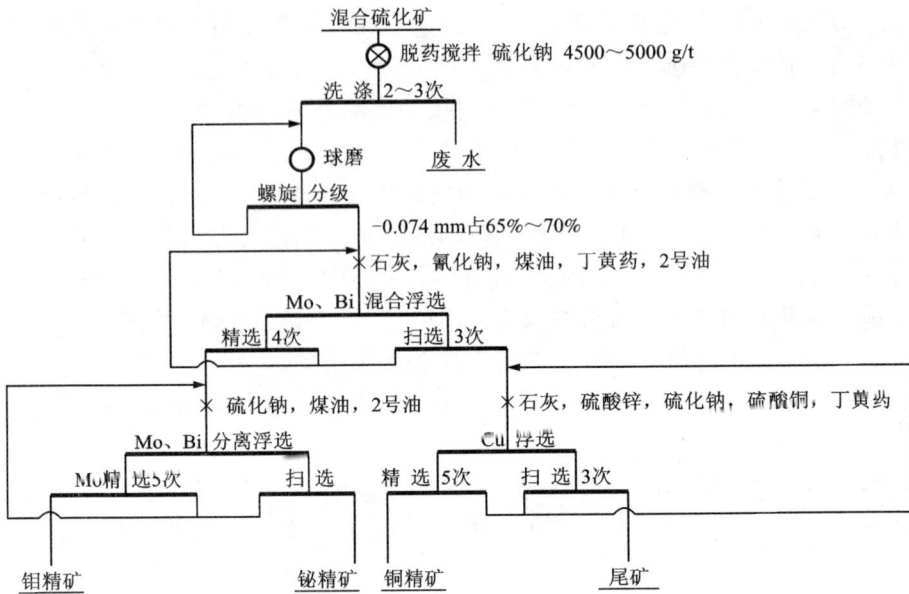

图 10-1　混合硫化矿回收 Mo、Bi、Cu 的典型工艺流程

矿品位为 10.7% 时，铜的作业回收率可达 54.80%。

表 10-8　西华山钨选厂混合硫化矿回收钼、铋、铜精矿的主要分选指标

产物名称	品位/%			作业回收率/%		
	Mo	Bi	Cu	Mo	Bi	Cu
钼精矿	52.61	0.55	0.06	90.60	0.86	0.17
铋精矿	0.50	16.10	1.33	3.01	74.34	12.59
铜精矿	0.125	0.57	14.31	0.20	0.80	35.21
浮选尾矿	0.07	0.30	0.374	6.19	24.00	52.01
混合硫化矿	1.053	1.277	0.637	100.00	100.00	100.00

　　汝城钨矿选厂从混合硫化矿中回收 Mo、Bi、Cu 也是这类浮选回收工艺。只是该选厂的混合硫化矿含 Cu 和 Bi 的品位更高，含 As 较低，含 Cu 达 5.95%、含 Bi 达 4.06%，含 As 只有 0.8%，故其浮选工艺流程有所不同，采用的是 Mo、Bi、Cu 全浮，混合精矿再分离的工艺。即混合硫化矿脱药洗涤，磨矿至 -200 目占 75% 后，首先采用石灰、硫酸锌为抑制剂抑硫，以丁黄药、煤油和 2 号油混合浮选获 Mo、Bi、Cu 混合精矿，混浮尾矿以硫酸和硫酸铜为活化剂浮得硫精矿；Mo、Bi、Cu 混合精矿再以硫酸锌和氰化钠为抑制剂抑铜，混合浮得 Mo、Bi 混合精矿和 Cu 精矿，Mo、Bi 与 Cu 分离浮选时的硫酸锌与氰化钠的比例为 1:1，还需严格控制矿浆 pH 为 7.5 左右，当 pH 由 7.5 提高至 10.5 时，Mo 的浮选几乎不受影响，但 Bi 的回收率则急剧下降；最后 Mo、Bi 混合精矿加硫化钠抑 Bi 浮 Mo，进行 Mo、Bi 分离，获 Mo 精矿和 Bi

精矿。全流程获得主要指标为：Cu 精矿品位 12%，作业回收率 70.4%；Mo 精矿品位 51%，作业回收率 75.4%；Bi 精矿品位 32%，作业回收率 59.4%[86]。

②从重选精矿中回收 Bi 矿物。

盘古山钨矿伴生有价金属元素主要是 Bi，回收的品种少，伴生的主要金属矿物有黄铁矿、褐铁矿、辉铋矿、黄铋矿、泡铋矿、毒砂，其他金属硫化矿含量较少，综合回收的金属元素主要是 Bi，故回收方法与大多数黑钨选厂也有所不同。

由于铋矿物密度较大，大部分都富集于跳汰、摇床、离心选矿机、溜槽等重选作业的精矿中。用重选方法很难与黑钨分离，但所有铋矿物的可浮性和导磁性与黑钨矿存在较大差异，从而采用磁选和浮选方法较易将它们分离，盘古山选厂就是利用铋矿物的这些特性，从重选精矿中进行铋的回收。

A. 从跳汰精矿中回收铋。主要采用磁 – 浮工艺处理，即首先将重选黑钨精矿进行分级磁选，选出黑钨精矿，进入磁选尾矿的铋和白钨采用台浮法粒浮白钨，分离白钨和铋矿，获得白钨精矿和铋精矿。

B. 从摇床重选精矿中回收铋。主要采用粒浮工艺分选，即摇床精矿用筛分分级脱除 -0.18 mm 粒级并放入细泥钨精矿处理，+0.18 mm 粒级先用粒浮法浮得铋精矿；台浮精矿（主要含黑钨和白钨）合并于跳汰精矿分离铋的磁 – 浮系统分选，获得黑钨精矿和白钨精矿，并进一步回收铋矿物。台浮尾矿再用台浮脱去硫铁矿后进一步处理。

C. 从细泥钨精矿中回收铋。离心选矿机和溜槽钨细泥精矿与 -0.18 mm 粒级的摇床精矿合并采用浮 – 重工艺处理。即首先用单槽浮选法浮出硫化铋，获得部分铋精矿；尾矿再浮选脱硫，脱硫尾矿（槽底产物）再浮黄铋矿、泡铋矿，获氧化铋精矿；浮氧化铋的尾矿再经摇床—皮带溜槽选别获得钨精矿。

盘古山钨选厂综合回收铋矿物的工艺原则流程见图 10 – 2。该选厂对出窿原矿的铋综合回收达到 46% ~49%。

③从磁选尾矿中回收氧化铋矿物[88]。

泡铋矿属于氧化矿物，在不进行硫化的情况下，并不能富集在混合硫化矿中，通常在黑钨粗精矿磁选时，与锡石一起赋存在磁选尾矿中。

铁山垅钨选厂就是实施从黑钨磁选尾矿中回收泡铋矿，强化了铋的综合回收。

铁山垅钨选厂黑钨磁选尾矿实际是一种含 Bi 的锡精矿，含 Bi 高达 3% ~5%，其中氧化铋占 75% 左右。该选厂采用了先硫化再粒浮或浮选从中回收铋的工艺，即将磁选尾矿分成 +0.25 mm 和 -0.25 mm 两粒级，分别在浸泡池中加入 Na_2S 浸泡 2~24h，然后脱除浸泡液，再以清水清洗掉浸泡矿粒残余的 Na_2S。-0.25 mm 粒级因泡铋矿含量较高，Na_2S 用量达 4~6 kg/t，+0.25 mm 粒级的泡铋矿含量较低，Na_2S 用量为 3~4 kg/t。硫化后的 -0.25 mm 粒级在弱碱性矿浆中用黄药 + 煤油（1:2）浮出铋矿物，获得铋精矿和锡精矿；+0.25 mm 粒级的则用台浮工艺粒浮铋矿物，获铋精矿和锡精矿。

该回收泡铋矿工艺的操作要素：一是注意预先尽量脱除给料（磁选尾矿）中的硫化矿物和脉石矿物，以提高泡铋矿的回收率。试验和生产说明，当未脱净给料中的硫化矿时，获得铋精矿含铋只有 11.61%（此时铋精矿中尚含 S 和 Fe 为 23.6% 和 21%），铋的作业回收率只有 20.77%；当基本脱净了硫化矿时，铋精矿品位可达 44.5%（其中氧化铋占有率达 95%），铋的作业回收率达 73.8%；二是严格控制泡铋矿的硫化条件，一般须确保 Na_2S 的用量达 3~

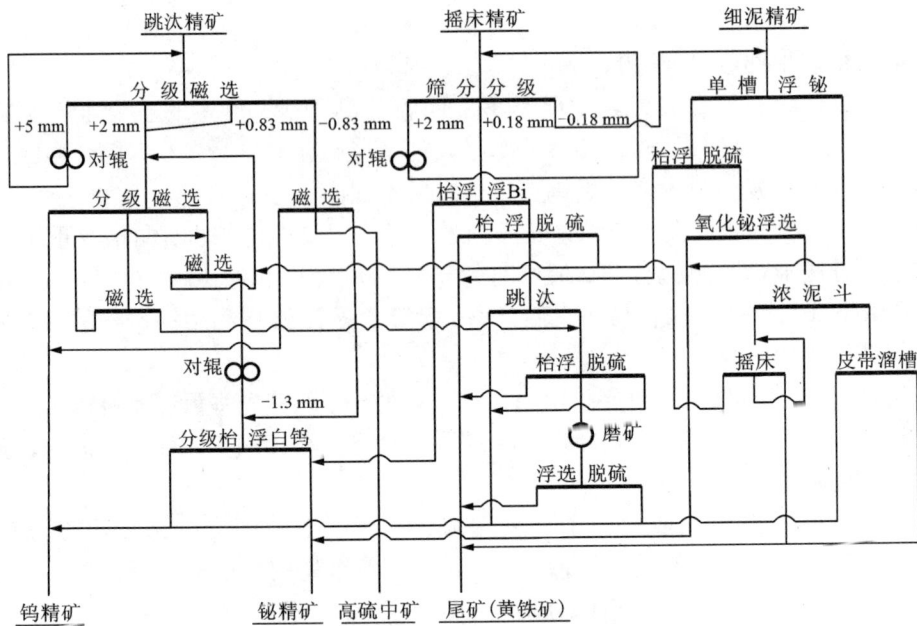

图 10 - 2　盘古山选厂综合回收铋的原则工艺流程

5 kg/t，硫化浸泡的时间在 2 h 以上(2 ~ 24 h)，Na_2S 浓度大，泡铋矿硫化速度快，但浓度过大会导致浮选指标降低，当处理堆存已久或经过烘、晒的原料时，须先用浓硫酸处理，清除矿粒表面的氧化膜和污染物，硫化时间也需更长(10 ~ 24 h)；三是原料须严格分级，避免粗细混杂，以实施 +0.25 mm 粒级用台浮处理，-0.25 mm 粒级用浮选选别，提高泡铋矿的回收率。

铁山垅钨选厂采用硫化法分级回收黑钨磁选尾矿中泡铋矿的主要分选指标列入表 10 -9 中。

表 10 -9　铁山垅钨选厂从黑钨磁选尾矿中回收泡铋矿的主要分选指标

分选粒度 /mm	分选方法	产品名称	产率 /%	品位/%		Bi 作业回收率 /%
				Bi	Sn	
+0.25	台浮	泡铋矿精矿	9.43	24.34		75.59
		锡精矿	90.57	0.40	59.79	20.41
		给矿	100.00	4.94	43.22	100.00
-0.25	浮选	泡铋矿精矿	20.97	18.75		79.59
		锡精矿	79.03	1.27	51.39	20.41
		给矿	100.00	4.94	43.22	100.00

通过从黑钨磁选尾矿中强化回收泡铋矿的技术措施，不但使原损失在锡精矿中的泡铋矿得到合理回收，从磁选尾矿中回收铋的作业回收率达到 79% 以上。提高全选厂铋的回收率 1.2% ~ 1.5%；而且使锡精矿含 Sn 由 43.83% 提高到 56.39%，含 Bi 由 3.99% 降低到

0.68%；S、As、Zn、Fe 等杂质含量也明显降低，使原不达标的锡精矿达到部颁标准二类三级品，获得较好的技术经济效果。

④硫化矿中有价金属回收工艺的改进。

A. 混合硫化矿综合回收无氰工艺的应用。

大吉山钨选厂原来用氰化法从混合硫化矿中混合浮选 Mo、Bi，再分离的浮选工艺获得钼精矿和铋精矿。近来应用无氰工艺，不但解决了氰化钠对环境的污染，还改善了 Mo、Bi 的浮选指标，取得了较好的技术效果和社会效果。无氰工艺浮选的特点是将 Mo、Bi 混合浮选法改为优先浮选法，即混合硫化矿脱药磨矿后，用 Na_2CO_3 调浆至 pH 为 8.5，以 $ZnSO_4$ 为抑制剂，煤油 + 丁黄药(1:2)为捕收剂优先浮 Mo，浮 Mo 时除加煤油外，还辅加少量丁黄药(80 g/t)，提高了 Mo 的回收率；Mo 粗精矿添加 Na_2S 为抑制剂、煤油为捕收剂抑 Bi 浮 Mo，经 7 次精选，从含 Mo 0.22% 的给矿中获得 Mo 精矿品位 38.64%，Mo 的作业回收率为 58.67%；浮 Mo 尾矿用 Na_2CO_3 调整 pH 为 8，以 $ZnSO_4$ 为抑制剂，乙硫氮 + 丁黄药(3:1)为捕收剂，浮得 Bi 精矿，Bi 精矿含 Bi 10.5%，作业回收率为 35%[87]。

B. 改进混合硫化矿分选工艺。

a. 铁山垅钨选厂改混合浮选为优先浮选提高混合硫化矿分选效率。该选厂原来一直沿用 Cu、Bi、Mo、Zn 混合浮选、再分离的浮选工艺，随着原矿中硫化矿品位的提高以及硫化矿数量的增多，对 Cu - Bi、Cu - Zn 的分离带来不利的影响，致使各硫化矿精矿含量较大，伴生金属损失增加，为此，该厂试验研究了以优先浮选流程取代混合浮选流程的技术革新：混合硫化矿经磨矿后，依次浮出 Mo - Bi、Cu、Zn 和 S，不但提高了各类硫化矿精矿品位，还提高了综合回收率[89]。这两类工艺流程的半工业试验指标的比较见表 10 - 10。

表 10 - 10　铁山垅选厂混合硫化矿两类浮选工艺流程半工业试验结果比较

工艺流程	精矿品位/%				作业回收率/%			
	Bi	Mo	Cu	Zn	Bi	Mo	Cu	Zn
优先浮选半工业试验	18.55	45.43	25.06	47.10	38.31	42.31	80.64	98.31
混合浮选半工业试验	16.51	46.45	22.08	45.78	30.28	30.95	79.95	98.82

b. 汝城钨矿改进混合硫化矿脱除方法和浮选操作提高综合回收效率。该矿原来是利用了硫化矿物天然可浮性，采用三次自然脱硫(即不加药剂)方法脱硫，后来改为加药浮选混合硫化矿，并采用解析搅拌脱药—稀释洗矿—过滤脱除残液，使后续分离浮选得到明显改善，仅此一举，就使 Mo、Cu、Bi 和 Ag 的回收率分别提高 3%、18.31%、19.65% 和 20%；进一步完善硫化矿磨矿制度，调整磨矿钢球比例，使中、小球与大球的比例达 3:2，并加大磨矿返砂比，适当调高螺旋分级机溢流堰高度，控制溢流跑粗改善了磨矿效率；还严格控制分离浮选药剂用量，做到准确给药，控制浮选浓度和浮选操作方法，通过一系列技术措施的采取，明显提高了硫化矿有用金属的综合回收效率。使钼的作业回收率由 65.46% 提高到 75.37%；铋精矿品位由 22% 提高到 32%，作业回收率由 32.08% 提高到 59.42%；铜精矿品位由 12% 提高到 22%，作业回收率由 43.55% 提高到 70.42%。

C. 提高钨重选中硫化矿的回收率。

提高硫化矿的回收率是搞好黑钨伴生有价金属元素回收的基础。铁山垅钨矿强化伴生有价金属的回收,就十分重视黑钨重选过程中硫化矿物的回收,通过改进摇床的接矿方式、增加扫选摇床的复选次数,提高硫化矿在黑钨重选段的回收率。首先是扩宽摇床粗选的中矿带,使中矿带向尾矿端延伸,使粗选摇床中矿量比原来增加15% ~ 20%,相应增大了中矿扫选摇床的矿量,降低了硫化矿物在摇床尾矿中的流失,并相应扩宽中矿扫选摇床的精矿带,使其向中矿带延伸,使中矿扫选摇床的精矿量增加近30%;其次增加一次中矿选别摇床精矿的精选(复选)作业,使因改变中矿和精矿带宽度而贫化的扫选精矿品位得到提高,该精选(复选)摇床的尾矿进入磨矿作业细磨再选。通过这些技术措施的采取,使 Cu、Bi、Mo、Sn、Zn 和 Ag 的作业回收率分别提高了 12.9%、4%、0.5%、2.1%、5.2% 和 7.2%,还提高了 WO$_3$ 的回收率。表 10 – 11 就是摇床工艺改进前后重选摇床主要指标的比较。

表 10 – 11　铁山垅选厂重选摇床工艺技术改进前后综合回收主要指标的比较

主要选别指标	时期	WO$_3$	Cu	Bi	Mo	Sn	Zn	Ag
摇床粗精矿品位 /%	工艺改进前	15.65	6.94	0.80	0.11	0.76	3.90	570
	工艺改进后	11.85	5.92	0.65	0.08	0.60	2.99	477
摇床作业回收率 /%	工艺改进前	90.65	57.24	54.80	38.21	41.18	46.58	48.14
	工艺改进后	91.61	70.13	58.78	38.71	43.31	51.81	55.35
工艺改进后作业回收率提高值/%		0.96	12.89	3.98	0.50	2.13	5.23	7.21

D. 加强细泥和精选尾矿中有价金属硫化矿的回收。

盘古山钨选厂近年来改进选别工艺,加强了细泥尾矿和精选尾矿中有价金属的回收,取得较好的效果。原来将含 WO$_3$ 和 Bi 较高的细泥尾矿和精选尾矿合并成"低铋尾矿",采用浮选处理,以进一步回收钨和铋,但回收效果较差;近来,通过试验,采用重 – 浮联合工艺处理"低铋尾矿",即首先采用对微细粒物料选别效率高的新型重选设备 – 悬振锥面选矿机经一粗一精获得重选精矿,重选精矿再用煤油优先浮钼,后以丁黄药浮铋,获得 Mo 中矿和 Bi 精矿,浮铋尾矿再以氟硅酸钠、水玻璃为抑制剂,苯甲羟肟酸、731 氧化石蜡皂为捕收剂浮得黑、白钨混合精矿。获得主要工艺指标:钨精矿含 WO$_3$35.49%、WO$_3$ 回收率48.23%,铋精矿含 Bi15.86%、回收率33.34%,钼中矿含 Mo5.09%、回收率26.62%。实施此新工艺处理"低铋尾矿",每年可多回收含 WO$_3$35.49%的钨精矿 56.82 t;品位为 15.84%的铋精矿57.75 t;品位为 5.09%的钼中矿39.85 t,取得了较好的技术经济效果。

⑤黑钨矿石伴生稀土矿物的综合回收。

石英脉黑钨矿床大都含有稀土元素,多以硅铍钇矿、磷钇矿、氟碳钙钇矿、易解石、褐钇铌矿等矿物存在,犹以花岗岩为围岩的西华山,荡坪小樟坑、大平、大龙山,浒坑等矿区含量较富,这些都是目前正大力开发利用的南方离子吸附型稀土的原始矿物,在20世纪60年代离子吸附型稀土尚未发现和开发时,存在于黑钨矿床中的硅铍钇矿、磷钇矿等重稀土矿物综合利用还是相当有价值的,因而,在20世纪60年代至70年代开展了一轮从黑钨矿床中综合开发利用伴生稀土的科研和生产热潮,并取得了一定的成果。当年,西华山钨矿正式生产出稀土精矿，因其是继钨、锡、钼、铋、铜精矿后的第六种精矿，被命名为"六号产品"。

由于这类稀土矿物属中等密度，在黑钨重选时易与钨矿物一起富集在重选精矿和中矿中；硅铍钇矿、磷钇矿等稀土矿物的磁性与黑钨矿相近，在黑钨精选时，与黑钨矿一道进入磁性产品中，采用重选和磁选不能使其与黑钨分离。但这些稀土矿物的导电和浮选性能与黑钨矿存在较大差异，硅铍钇矿、磷钇矿等稀土矿物属于非导电体，黑钨是导电性较强的矿物；Na_2SiF_6 对这类稀土矿物有较强的抑制作用（例在 pH10 ~ 11 时，Na_2SiF_6 用量为 2 ~ 2.5 g/L 时，硅铍钇矿、磷钇矿等稀土矿物几乎全被抑制），黑钨不能被抑制。利用这些差异可以达到使它们分离的目的。

在此，以西华山选厂为例，简单阐述黑钨矿伴生稀土矿物的综合回收工艺。

由于稀土矿物单体解离较晚，一般综合回收稀土矿物只能从小于 0.5 mm 粒级的黑钨精矿和中矿中开始。

A. 从 −0.5 mm 细粒磁选钨精矿中回收稀土矿物。采用的主要是电选—磁选—浮选联合工艺。首先经电选初步分离稀土矿物与黑钨，稀土矿物进入电选尾矿，电选尾矿再用磁选进一步剔除其中的脉石和白钨、萤石等非磁性物，获得稀土粗精矿（尚含黑钨矿）；稀土粗精矿再在硫酸介质中加入 Na_2SiF_6 抑制稀土矿物，以甲苯胂酸和油酸为捕收剂浮出混入稀土粗精矿中的黑钨矿，槽底产物即是稀土精矿，混合稀土含 TR_2O_3 达 10% 以上。

B. 从 −0.3 mm 细粒重选粗精矿中回收稀土矿物。这种重选粗精矿的精选工艺是先脱硫，再用摇床分选获得 −0.3 mm 钨精矿，稀土矿物就主要富集在摇床中矿中，此中矿含 TR_2O_3 3% 左右，是 −0.3 mm 细粒重选粗精矿回收稀土矿物的原料。从中回收稀土矿物的主要是浮−重−浮工艺，即首先用 Na_2SiF_6 抑制稀土矿物浮出黑钨，槽底产物的稀土粗精矿再用摇床精选，丢弃石英、长石、萤石等脉石矿物，摇床的精矿和中矿再用浮选分离黑钨与稀土，获得稀土精矿含 TR_2O_3 10% ~ 13%。

C. 从磁选尾矿中回收稀土矿物。由于稀土矿物单体解离较晚，在钨精矿磁选分离锡和白钨时，连生体的稀土矿物易进入磁选尾矿，磁选尾矿回收分离锡和白钨前，需磨细至 −0.25 mm，便于白钨矿的较好解离和浮选，此时，磁选尾矿中的稀土矿物也得到解离，在浮选回收白钨时，这些稀土矿物与锡石、黑钨和脉石一起进入白钨浮选尾矿，当用摇床分选浮选尾矿时，大部分稀土矿物进入此摇床中矿中，含 TR_2O_3 达 1.2% ~ 1.4%，成为又一回收稀土矿物的原料。此白钨浮选尾矿的摇床中矿主要采用浮选工艺回收稀土矿物，先在 pH10 的介质中以 Na_2SiF_6 抑制稀土矿物，用油酸浮出其中的白钨，然后再以草酸抑制黑钨，用 NH_4Cl 活化被抑制的稀土矿物，以油酸为捕收剂浮出稀土矿物，获得含 TR_2O_3 13% ~ 15% 的稀土精矿。

10.2.2 白钨矿主要伴生有价金属矿物的综合回收

我国白钨矿床大多也伴生多种有价金属，与黑钨矿床相似，伴生的有价金属元素多以硫化矿物赋存。由于白钨的嵌布粒度一般都较细，都须先磨矿后，采用浮选分选，其中伴生硫化矿物也同时得以磨细解离，为不干扰白钨矿的浮选，一般需采用先浮硫再浮白钨的工艺，这就使得白钨矿伴生有价金属元素的综合回收变得更简易。白钨矿床伴生有价金属元素的回收工艺都大同小异，在此，仅以柿竹园矿和荡坪宝山矿为例，简述白钨矿床伴生有价金属元素的综合回收。

（1）柿竹园矿伴生有价金属元素的综合回收

柿竹园矿除白钨、黑钨外，还伴生有 Bi、Mo、Sn、Cu、Pb、Zn 等可以回收的有用金属元素，从表 10－2 可看出：虽然各种伴生有价金属的品位很低，但矿石储量大，各伴生有价金属数量还是很大，特别是 Sn、Bi、Mo 的数量；各种伴生有价金属总量达 120 万 t 以上，相当钨金属总储量的 1.5 倍，伴生的 CaF_2 的储量更高达 4000 万 t 以上，是一个名副其实的多金属矿，这是一个特别值得期待的综合回收典型。

①伴生有价硫化矿金属综合回收工艺[63]。

柿竹园矿伴生有价硫化矿物的综合回收曾进行了大量的试验研究，主要围绕钼铋和硫的综合回收提出了四种工艺：硫化矿混合浮选后再分离，钼优先浮选，钼硫混合浮选和钼铋等可浮。由于原矿中 Cu、Pb、Zn 品位较低，尚未考虑回收，CaF_2 的回收也未正式大规模进行；Sn 的回收进展也较慢，目前还停留在回收钨锡混合中矿阶段。在此，暂只主要叙述硫化矿中钼铋的综合回收。

A. 硫化矿混合浮选工艺。原矿磨矿至 －0.074 mm 占 90% 后，采用非极性油和巯基化合物为捕收剂混合全浮硫化矿，浮硫尾矿进入钨选别系统。混合硫化矿用石灰抑制黄铁矿，浮选钼铋混合精矿，钼铋分离采用 Na_2S 抑铋浮钼工艺获得钼精矿和铋精矿。该工艺流程简单，使用的药剂品种较少，对后续钨和萤石浮选系统的影响较少。但没有充分利用矿物的天然可浮性，铋硫分离和钼铋分离较难彻底，钼精矿和铋精矿质量较差。

B. 钼优先浮选工艺。原矿以碳酸钠和硫化钠为调整剂，用煤油等非极性油为捕收剂，优先浮出辉钼矿，精选后获得钼精矿；浮钼尾矿再用碳酸钠调整 pH，以巯基捕收剂混合浮选辉铋矿和黄铁矿，铋硫混合精矿用石灰为抑制剂抑硫浮铋，获得铋精矿和硫精矿。由于原矿中辉钼矿数量少，在优先浮选时难以都进入泡沫产品，而且部分易浮的辉铋矿和黄铁矿在优先浮钼时较难被抑制；优先浮钼添加的抑制剂进入后续钨和萤石选别系统，给钨和萤石选别带来不利影响。该工艺的优点是：工艺流程较简单，利用了钼矿物的天然可浮性，钼铋分离、钼硫分离较容易，获得钼精矿和铋精矿的质量较好。

C. 钼硫混合浮选工艺。原矿以硫化钠抑制辉铋矿，用非极性油和巯基化合物混合浮出钼硫混合精矿，钼硫混合精矿抑硫浮钼，获得钼精矿和硫精矿；混合浮选尾矿用硫酸调整 pH，并分解矿浆中残留的硫化钠，活化被抑制的辉铋矿，再以黄药为捕收剂浮选辉铋矿，获铋精矿。此工艺较好地利用了矿物的天然可浮性，钼硫混合精矿与辉铋矿分离较容易，被抑制的辉铋矿活化后再浮，获得的铋精矿质量较高；钼铋分离、钼硫分离、铋硫分离都较容易。但是，工艺流程较复杂，一部分天然可浮性较好的硫化铋矿易进入钼硫混合精矿中，使这部分铋的浮选回收复杂化；其次是浮选时加入硫化钠和硫酸，对后续钨和萤石浮选带来不利影响；另外，浮选中先加入硫化钠后又加硫酸，容易产生有害的硫化氢气体，污染环境，给操作工人的身体带来有害影响。

D. 钼铋等可浮工艺。此工艺是"柿竹园法"的特点之一，它充分利用了部分硫化铋矿物的天然可浮性近似于辉钼矿，二者具有等可浮性，在浮选流程初期浮出，防止重压重拉不利于浮选的过程。原矿磨细后首先用非极性油和起泡剂浮选辉钼矿和大部分天然可浮性好的辉铋矿，用活性炭和硫化钠抑铋浮钼，进行钼铋分离，获钼精矿和铋精矿₁；等可浮尾矿再用 SN－9 号或丁黄药混合浮出铋硫混合精矿，用石灰或漂白粉及充气氧化法抑硫浮铋获铋精矿₂、铋中矿和硫精矿。该工艺充分利用了硫化钼、铋的天然可浮性，使大部分硫化铋矿与辉钼矿一起首先被浮出，经分离浮选直接获钼精矿和铋精矿，减少了铋的损失，铋硫分离较容易，获得的钼精矿、铋精矿质量较好，回收率高；添加药剂对后续钨和萤石选别的影响较小。但是该工艺流程较复杂。

通过四种工艺流程的比较，并经过工业试验，说明等可浮综合回收钼、铋、硫的工艺最佳，为柿竹园矿各选厂所采用。实施等可浮工艺，使柿竹园矿综合回收的钼精矿品位提高1.77%，钼回收率提高2.85%；使铋精矿品位提高9.02%，铋的回收率提高12.64%。

②伴生有价金属硫化矿回收流程及指标。

柿竹园伴生有价金属硫化矿综合回收的主要工艺原则流程见图10-3。该工艺流程所获主要技术指标列入表10-12。

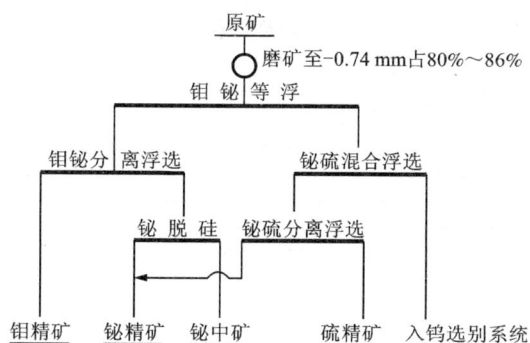

图10-3 柿竹园伴生有价金属硫化矿综合回收原则工艺流程

表10-12 柿竹园矿钼铋综合回收的主要技术指标

产品名称	品位/%		回收率/%	
	Mo	Bi	Mo	Bi
钼精矿	48.26		86.02	
铋精矿		38.93		72.96
原矿	0.069	0.163	100.00	100.00

（2）荡坪宝山白钨矿伴生有价金属硫化矿的综合回收

荡坪宝山白钨矿床除含白钨矿外，还伴生有多种有价金属硫化矿，其中尤以Cu、Pb、Zn最为丰富，按年处理原矿12万t计算，每年进入选矿过程的Pb、Zn和Cu的金属量分别达到1800 t、1464 t和132 t，Bi的金属量也达90 t，伴生的Ag和Au的金属量每年也达到3600 kg和18 kg，矿床中伴生的有价金属量相当于白钨金属量的6倍以上，因此，该白钨矿综合回收伴生有价金属就特别有意义。

①宝山白钨矿伴生有价金属硫化矿物综合回收的主要工艺。

宝山白钨矿伴生有价金属硫化矿物的主要嵌布粒度与白钨矿嵌布粒度基本相同，因此，浮选白钨时就较容易综合回收伴生有价金属元素。采取的是原矿磨至-0.074 mm占65%后，首先进行硫化矿浮选，再进行白钨矿回收的工艺流程。原矿先采用一粗、三精、三扫的闭路流程(顺序返回)抑 Zn、S,混合浮选 Cu、Pb,Cu、Pb,混合精矿再采用抑 Pb 浮 Cu 的分离工艺,经一粗、五精、三扫顺序返回的闭路流程,获得 Cu 精矿和 Pb 精矿;Cu – Pb 混合浮选尾矿采用一粗、一扫、一精流程进行 Zn – S 混合浮选,Zn – S 混合浮选尾矿进入白钨浮选系统;Zn – S 混合精矿再采用抑 S 浮 Zn 的分离工艺,经一粗、三精、二扫的顺序返回的闭路流程获得 Zn 精矿和 S 精矿。该综合回收工艺流程尚未考虑原矿中低品位 Bi、Mo、Sn 等伴生金属的回收。

②宝山白钨矿伴生有价金属硫化矿物综合回收的主要指标。

宝山白钨矿选厂综合回收 Cu、Pb、Zn 的效果较好,回收率都保持在较高的水平,表10 – 13 就是该选厂 Cu、Pb、Zn 综合回收的主要技术指标。

表 10 – 13　宝山白钨矿选厂综合回收 Cu、Pb、Zn 的主要技术指标

项目	原矿			Cu 精矿	Pb 精矿	Zn 精矿
	Cu	Pb	Zn	Cu	Pb	Zn
品位/%	0.154 ~ 0.079	2.023 ~ 1.546	1.539 ~ 1.215	19.87 ~ 20.19	52.22 ~ 56.6	43.54 ~ 45.7
回收率/%	100.00	100.00	100.00	66.67 ~ 70.80	89.07 ~ 88.00	81.32 ~ 79.70

10.3　钨矿伴生有价金属矿物回收效果

搞好伴生有价金属矿物的综合回收,不但提高了钨矿资源的综合开发价值,而且也直接提高了钨矿山的经济效益。

1999 年全国国有钨矿山综合回收各种伴生金属精矿的产值已占钨矿山总产值 30.1%,特别是柿竹园矿的综合回收产值已经超过钨精矿的产值,1999 年该矿钼、铋等金属精矿的产值占全矿总产值的 65.42%;大吉山、西华山、盘古山和铁山垅四个矿山每年综合回收铋精矿金属量 170 ~ 190 t;西华山、漂塘、荡坪三个矿山每年综合回收钼精矿金属量 150 ~ 160 t;铁山垅、小龙两矿山每年综合回收铜精矿金属量 200 ~ 236 t;铁山垅和漂塘两矿山每年综合回收锡精矿金属量 120 ~ 190 t;据 1991 年统计数据,湖南省脉钨矿床伴生有价金属平均回收率:铜为 34.42%,锡为 33.11%,钼为 22.39%,铋为 22.06%。

汝城钨矿在 20 世纪 80 年代以前,基本只生产钨精矿,此后建立和不断完善综合回收系统,现在该矿已综合回收钼、铋、锡、铜和银,综合回收的产值已达到全矿总产值的 45.5%;漂塘钨矿选厂原设计中没有设置精选工序,只生产毛精矿,仅综合回收了钼金属,自 90 年代经过技术改造,建立了精选工段后,不但能直接生产钨精矿,还综合回收了锡、钼、铋、铜、铅、锌等伴生有价金属元素,到 1999 年该矿综合回收年产值超过千万元,达到钨精矿产值的 40.88%;铁山垅钨矿通过改进浮选药剂制度,降低入选粒度,强化再磨再选和副产品溢流归队等技术措施,使铜的回收率由 69.81% 提高到 87.65%,1983 年该矿只综合回收铜、钼、铋三种金属,年产伴生金属量 101 t,到 1997 年发展到可综合回收铜、钼、铋、锡、锌五种伴生金属元素,每年综合回收的伴生金属 402.8 t,1999 年该矿伴生有价金属综合回收产值达到占全矿总产值的 18.9%。

表 10 - 14 是全国 14 个国有(统配)钨矿山 1999 年全年总产值和综合回收产值情况的统计,从中可看出钨矿综合回收效果总体还是不错的,不但提高了钨矿床综合开发利用率,对改善和提高各钨矿企业的经济效益也起到了积极的作用。

表 10 -14　全国 14 个国有(统配)钨矿山 1999 年全年总产值和综合回收产值情况

钨矿山名称	原矿		钨精矿(WO$_3$ 65%)产量 /(t·a^{-1})	总产值		综合回收产值	
	处理量 /(万t·a^{-1})	WO$_3$品位 /%		/(万元·a^{-1})	占有率/%	/(万元·a^{-1})	占总产值率/%
漂塘	44.2	0.328	1562	3966	100.00	1151	29.02
盘古山	42.7	0.311	1638	3882.9	100.00	334.2	8.61
浒坑	31.9	0.45	1900	3378.2	100.00	26.9	0.80
大吉山	17.4	0.386	770	1638	100.00	84.2	3.92
铁山垅	58.4	0.234	1650	3121.5	100.00	590	18.90
下垅	39.4	0.29	1474	2542.8	100.00	114	4.48
荡坪	39.3	0.26	1282	4678	100.00	2300	49.17
瑶岗仙	40.2	0.34	1800	3234	100.00	302.3	9.35
汝城	4.7	0.396	200	661	100.00	301	45.54
柿竹园	46.3	0.45	2037	10602	100.00	6935.4	65.42
石人嶂	19.8	0.335	820	1417	100.00	9.7	0.68
瑶岭	15.4	0.3	550	917.6	100.00	17.6	1.92
红岭	6.0	0.4	315	343	100.00	22.6	6.59
棉土窝	5.6	0.386	327	607.9	100.00	187.4	30.83
合计	411.3	0.332	16951.7	40990.2	100.00	12356.3	30.14

10.4　钨矿石综合回收技术进展

由于钨矿石原矿中伴生有价金属元素的品位都很低,多数钨矿山实际都只能从精选工序开始进行综合回收,即使是在精选段,大多都把伴生有价金属元素当作钨精矿中必须剔除的杂质进行必要处理,而且综合回收工艺仅采用了物理选矿方法,使回收深度受到局限,伴生有价金属回收率大多较低。以铋为例,对原矿的回收率仅 6% ~22%,即使是在精选段,其作业回收率较高者也只有 50% ~60%,低者仅为 17% 左右。铋在硫化矿尾矿中的含量一般为 0.5% 左右,含量高的大于 1%;精选工段总尾矿中含铋最高的达 1% 以上。综合回收的各金属精矿的互含量也较高,例如铋在铜精矿中的含量一般都有 1.5% ~2%。在伴生有价金属元素中,对伴生银的综合回收情况多数不明,一般都不做金属平衡计算;对稀有金属和非金属矿物基本没有开展综合回收;占全国钨精矿总产量 32% 左右的地方小钨矿山,因技术力量薄弱,不但钨的回收率较低,而且对伴生有价金属基本没有进行综合回收。由此可以看出,钨矿床伴生有价金属综合回收的潜力还是相当大的。

对此,自 20 世纪 80 年代以来,我国多方加强了对钨矿综合回收的科研,进行了许多强化综合回收的试验研究,取得可喜的进展,获得较好的技术经济指标,有的已在生产实践应用。

10.4.1 化学选矿应用于硫化矿物的综合回收

(1)硫化矿物化学选矿的基本原理

化学选矿即湿法冶金方法是钨矿伴生有价金属元素综合回收一种行之有效的方法,它是介于选矿专业和冶炼专业之间的边缘学科。主要由矿石浸出、母液净化、金属沉淀、电积或电解等过程构成,其中选择性浸出是实现矿石中各种金属分离的关键。试验研究表明,所有硫化矿物均可以在常压下氧化浸出,析出元素硫。高价铁盐是金属硫化物理想的氧化剂,在试验和生产中常使用的是 $FeCl_3$,硫酸高铁也可以作氧化浸出剂,但因硫酸高铁在浸出过程中会生成一系列磷酸盐沉淀,给后续的固液分离造成困难,故很少应用。高价铁浸出的基本原理是一种氧化还原化学反应,即将负二价的结合硫被氧化成元素硫,三价铁被还原为二价铁,理想的反应式为:

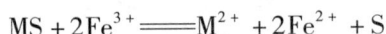

$$MS + 2Fe^{3+} ===== M^{2+} + 2Fe^{2+} + S$$

在此反应中各种硫化矿氧化还原有不同的标准电极电位,因此,氧化还原中在相同的条件下,不同标准电极电位的硫化矿物浸出的难易程度存在差异。用三氯化铁浸出各种硫化矿物的难易程度从难到易的顺序为:辉钼矿 > 黄铁矿 > 黄铜矿 > 镍黄铁矿 > 辉钴矿 > 闪锌矿 > 方铅矿(硫铅铋矿) > 磁黄铁矿。以此,可以利用这种差异来实现选择性浸出,使各种金属硫化矿物,在不同条件下用化学选矿方法得以分离,最后经过固液分离、浸出液净化、置换或电积工艺获得相应的金属产品。

(2)三氯化铁浸出应用基本情况

我国应用三氯化铁浸出硫化矿的试验始于 20 世纪 70 年代,当时主要用于铜精矿的湿法冶炼,目的是实现无烟害炼铜。用于钨矿综合回收中的化学选矿工艺最初是中南大学(原中南矿冶学院)与湘东钨矿合作,用三氯化铁浸出该钨矿选厂精选溢流沉砂,进行铜、铁和硫的回收试验。试验获得铜的浸出率达 95% ~ 97%,钨的损失率(浸出率)为 1% ~ 4.5%,铜的置换率大于 95% 的结果,该工艺的应用使钨 – 铜的分离达到较好的效果。

20 世纪 80 年代,由于铋的市场需求量增大,钨矿中伴生铋矿物的综合回收得到进一步的重视,开始开展 $FeCl_3$ 浸出为主的化学选矿工艺处理钨矿综合回收的硫化矿原矿和尾矿的试验研究,并应用于生产实践,提高了伴生铋的回收率。例如,原广东工学院采用化学选矿工艺对大吉山钨矿硫化矿尾矿进行铋、银综合回收的试验研究。试料含 Bi 0.56%、Ag 136 g/t,采用 $FeCl_3$ + NaCl 浸出—铁屑置换工艺,获得 Bi 的浸出率 91.2% ~ 97.5%,Ag 的浸出率 63.47% ~ 75.65%;浸出母液用铁屑置换法获得海绵铋含 Bi 67.6% ~ 75.67%、Ag 700 ~ 790 kg/t,Bi 的置换率达 96.1% ~ 99.6%,Ag 的置换率为 46.67% ~ 48.45%。该试验研究成果应用于大吉山钨矿的生产,从硫化矿尾矿中获得含 Bi >60%、Ag >500 kg/t 的海绵铋,Bi 的总回收率为 85%,海绵铋熔炼得粗铋含 Bi >93%,Bi 的熔炼直收率 >90%;韶关精选厂应用此化学选矿工艺,用硫化矿浮钼的尾矿生产,获得含 Bi 63.44%、Ag 480 kg/t、Cu 14.6%

的海绵铋，Bi、Ag 和 Cu 的浸出率分别为 99%、93.1% 和 35.2%，置换率分别为 97.1%、98.17% 和 90%，Bi 和 Ag 的回收率达到 98.05% 和 88.80%；赣州有色冶金研究所应用 FeCl₃ 浸出法对赣州有色冶炼厂的冶炼渣进行了再回收的试验研究，分别获得 Bi、Ag、Cu 和 Fe 的产品；云锡公司用 FeCl₃ 浸出法处理电解锡、铝的阳极泥，得到氢氧化锡、锑－铋金属、氧化铅和氢氧化铅等产品。

（3）选－冶联合工艺强化钨矿混合硫化矿综合回收的试验研究[91]

为了强化钨矿伴生硫化矿物的综合回收，笔者曾以铁山垅钨矿精选段的混合硫化矿为试验研究对象，开展了物理选矿和化学选矿相结合的联合工艺综合回收试验，获得了较好的技术经济效果，可使该钨矿山精选段铋、钼、铜和银的回收率分别提高 66.6%、43.6%、23.3% 和 10.8%，还从硫化矿中回收了铅和钨。据初步计算，以 1990 年代物价计每处理一吨硫化矿获利大于 1000 元，与单一浮选工艺比较，可增益 150 元/t 硫化矿。

①试验试料性质。

试料为黑钨精选脱硫的台浮、浮选硫化矿即混合硫化矿，主要金属矿物有黄铁矿、黄铜矿、辉铜矿、闪锌矿、辉铋矿、块辉铋铅银矿等含银硫盐矿物、辉钼矿、毒砂、褐铁矿、方铅矿等，还有少量黑钨矿、锡石；脉石矿物主要有石英、长石和云母等。各有用矿物的嵌布粒度较细，黄铜矿和辉钼矿在 0.074 ~ 0.150 mm 粒级基本单体解离，闪锌矿、辉铋矿和含银硫盐矿物在 0.05 ~ 0.074 mm 粒级基本单体解离。银主要（84%）以含银硫盐矿物状态赋存于硫化铋矿物和方铅矿中，在黄铜矿和闪锌矿中亦存在含银矿物的包裹体；76.7% 的铋以硫化铋产出。21.9% 以氧化铋存在。试料 +0.074 mm 粒级占 65%。

试料的多元素分析结果：Ag 766 g/t，Bi 0.96%，Pb 0.965%，Mo 0.277%，Cu 10.48%，Zn 8.9%，S 37.4%，Fe 29.96%，WO₃ 0.24%，Sn 0.24%、As 0.61%、SiO₂ 2.7%。

②试验工艺及流程。

许多钨矿山以单一浮选工艺处理混合硫化矿，铋与黄铁矿的分离效果较差；又由于铜－铋、钼－铋浮选分离条件控制要求较严，浮选分离不完全，不但影响铜精矿和钼精矿的质量，也造成铋的分散流失，铋的回收率都较低，对此，强化钨矿伴生硫化矿物综合回收的试验研究采用物理选矿与化学选矿相结合的联合工艺，以期较大幅度地提高铋的回收率和其他有价金属硫化矿的综合回收率。

黑钨矿石伴生的铋，多以含铅高的硫盐矿物（斜方辉铅铋矿，硫铅铋矿，铅辉铋银矿等）产出，银则多产于含铅、含铋硫化矿物中。故采用三氯化铁这类强氧化剂，在盐酸介质中，选择其他合适的条件，用浸出方法较容易使铋、银优先被氧化浸出，实现其与黄铁矿的较好分离。三氯化铁浸出的特点是：在低浓度下使用，对各种硫化矿物浸出具有选择性；浸出过程中只析出元素硫，不产生有害气体；浸出中三价铁还原为二价铁，经氧化后二价铁又可变成三价铁，从而浸出溶液可再生循环使用；采用三氯化铁低浓度溶液可优先浸出铋和银，而且可获得很高的浸出率。

在试验工艺中，充分利用了各硫化矿物的可浮性的差异，特别是辉钼矿的天然疏水可浮性的特点，采用较简单的浮选工艺进行分离。在试验中，发现首先直接将试料采用浸出工艺处理，辉钼矿的钼几乎不能被浸出，但辉钼矿表面化学性质发生较大变化，出现可浮性滞后现象，难以实现钼的优先浮选和铜－钼混合部分优先浮选，钼在各浮选产品中呈分散分布。先浸出后浮选工艺，钼的回收率仅为 26% 左右。故须首先浮钼，即混合硫化矿试料磨矿至

－0.074 mm 占 85%，达到辉钼矿基本单体解离，优先浮钼获钼精矿，浮钼尾矿再用化学选矿处理。由于试料有含铜、锌高的特点，只能采用低浓度三氯化铁溶液浸出大部分铋的工艺，此时黄铜矿和闪锌矿的浸出率低，铋与铜锌分离较好，但含在铋矿物和铅矿物中的银浸出率较低，所以采取分步浸出方法，分阶段浸出铋和银：首先控制三氯化铁溶液浓度，能使95% 左右的铋被浸出，进行固液分离后，浸出渣再用较高的三氯化铁溶液浸出银。得到两种浸出溶液—浸铋母液和浸银母液。在浸铋阶段铅同时被浸出，当浸铋母液冷却时，铅以二氯化铅沉淀析出，此时，溶解度很小的的氯化银也同时析出，经固液分离，可获得含银大于12000 g/t 的高银铅精矿。

浸铋母液和浸银母液用铁屑置换可分别获得海绵铋和高铜银精矿。母液中的锌元素不能被置换仍留在置后溶液中，为回收这部分锌，采用硫化沉淀法使溶液中的锌以硫化锌形态沉淀析出，经固液分离得到高品位锌精矿。浸出渣采用浮选方法获得铜精矿和锌精矿；原来进入混合硫化矿的黑钨矿基本还是以原态留在浸渣浮铜、锌的尾矿中，最后采用湿式强磁选（粗选）—摇床（精选）的工艺分选，获得钨精矿和钨中矿产品。

强化混合硫化矿有价金属综合回收试验的原则流程见图 10 - 4。

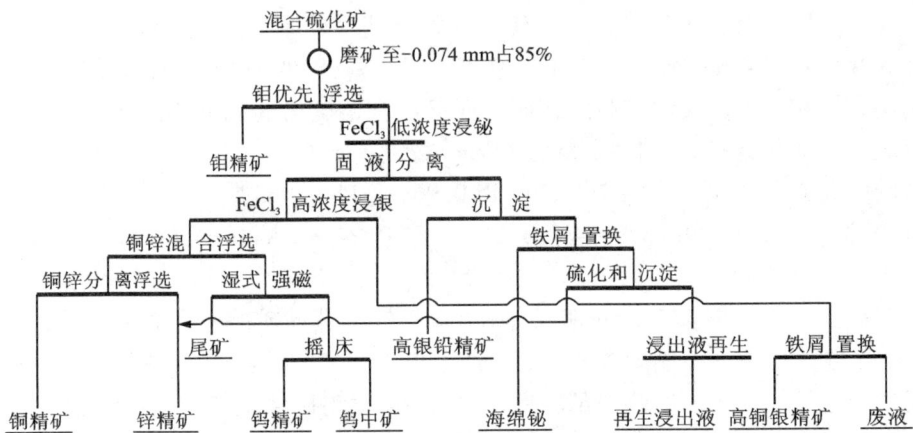

图 10 - 4　选—冶—选联合工艺原则流程

③影响工艺的主要因素。

A. 影响浸出过程的主要因素。

影响浸出的主要因素有：三价铁的浓度，氢离子浓度，浸出温度，浸出搅拌时间，液固比和氯离子浓度。

a. 浸出液中三价铁浓度：是影响浸出的最主要因素，随三价铁浓度的增高铋和银的浸出率提高，同时铜、锌的浸出率也提高。在较低的三价铁浓度（<6.5 g/L）条件下，铜的浸出率较低，此时，被浸出的是次生硫化铜矿—铜蓝和辉铜矿中的铜，表现为在三氯化铁低浓度浸铋阶段，铋浸出率达到95% 时，铜浸出率维持在6% 左右；在提高三价铁浓度的浸银阶段，三价铁的浓度提高到60 ~ 70 g/L 时，黄铜矿中的铜开始明显被浸出，铜的总浸出率增加到20% 左右，铋的浸出率提高有限。若在浸铋阶段价三价铁的浓度过高，铋母液中的铜含量太高，不但易造成铜的损失，而且在置换时会因铜的析出而降低海绵铋的质量。铋和银的浸出率与

三价铁浓度的关系见图 10 - 5。

　　b. 浸出溶液的氢离子浓度、浸出温度、浸出搅拌时间：与铋和银的浸出率呈明显的正比关系。在固定其他条件时铋的浸出率随浸出液中的氢离子浓度的增加而提高，其关系见图 10 - 6，在固定其他条件下铋、银的浸出率随浸出温度的提高而提高的关系见图 10 - 7；在固定其他条件下，铋、银的浸出率随浸出搅拌时间的增加而提高的关系见图 10 - 8。

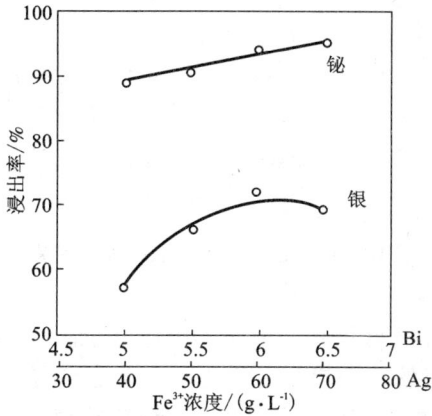

图 10 - 5　浸出率与 Fe^{3+} 浓度的关系

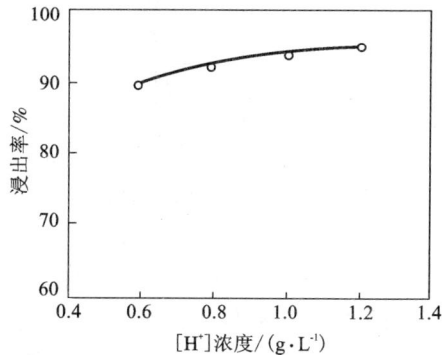

图 10 - 6　铋浸出率与 [H^+] 浓度的关系

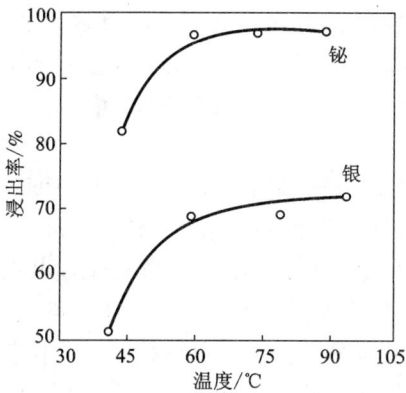

图 10 - 7　浸出率与浸出温度的关系

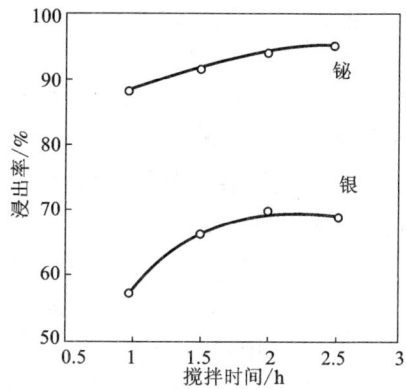

图 10 - 8　浸出率与浸出搅拌时间的关系

　　c. 液固比：液固比与铋的浸出率成正比关系，与银的浸出率成反比关系，这是由于含银矿物浸出时生成的氯化银溶解度小，只有在有足够的氯离子条件下形成银氯络离子才能溶解，所以，在浸银时应大幅度增加浸出溶液中的氯离子浓度，而在相同的三氯化铁用量时，随浸出液固比的增加，浸出液中的氯离子浓度降低，生成的氯化银溶解度变小，表现出银浸出率下降。液固比与铋、银浸出率的关系见图 10 - 9。

　　d. 银浸出率与氯的补加量：随氯化钠用量的增加，银的浸出率提高. 为了减少浸银时三氯化铁的用量，可以用补加部分氯离子的方法来增加浸出液中氯离子浓度，试验采用补加廉价的氯化钠方法来实现。银浸出率与氯补加量的关系如图 10 - 10 所示。

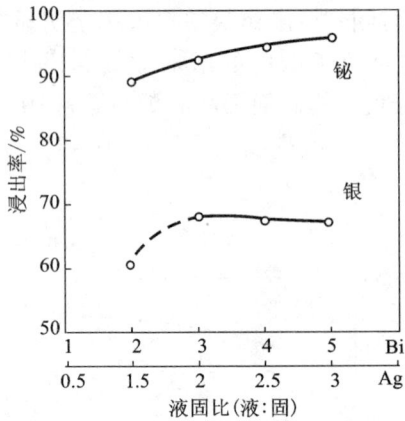

图 10 - 9　浸出率与液固比的关系

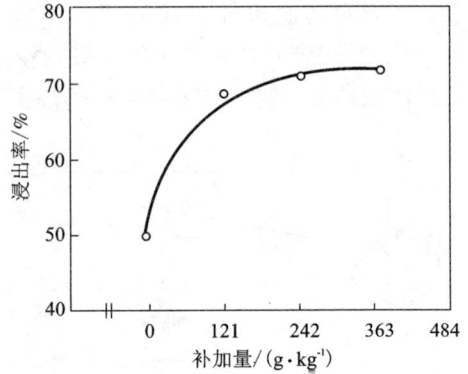

图 10 - 10　银浸出率与氯补加量的关系

从图 10 - 5 和图 10 - 10 可以看出，银的主浸出段(即浸银段)的浸出率最高值为 70% 左右，这因为在浸铋阶段有部分银被浸出，两段浸出银的总浸出量已接近银在含银硫盐矿物中的总量，其余没被浸出的主要是含在黄铜矿和黄铁矿中的银，通过对浮选铜精矿和最终尾矿(主要是黄铁矿)的含银的分析可得到证实。

B. 影响置换过程的主要因素是置换搅拌时间。在有足够铁屑的条件下，铋、银和铜的置换率与置换时间成正比关系，但铋和银先于铜被置换出。置换时间短，海绵铋的品位较高，铜含量较低，但铋的置换率较低；当置换时间延长至铋接近置换完全时，铜也基本被置换完毕，此时铋的置换率可达98% ~99%，得到的海绵铋品位较低，含铜量高，这是因为 Bi^{3+}/Bi 的电极电位与 Cu^{2+}/Cu 的电极电位很相近，在采用金属置换时，几乎同时被置换出来，故很难在置换阶段将铋与铜分离。

C. 影响置换后溶液中沉积锌的主要因素是硫化时间、pH 和溶液中二价铁的浓度。

随着硫化时间增长锌的回收率提高；硫化过程必须严格控制溶液的 pH，随 pH 的提高，硫化剂——硫化钠的用量减少，硫化效果提高，但 pH 大于 3 后，易产生氢氧化铁共析沉淀，影响硫化锌的质量；氢氧化铁在硫化过程析出多少除与溶液的 pH 有关外，还与溶液中二价铁离子浓度密切相关，其浓度越高，共析的氢氧化铁就越多，硫化所得锌精矿的品位就越低，二价铁浓度过高，所得锌精矿品位难以合格，这也是只从置换铋后溶液硫化回收锌的原因。

D. 影响浸出渣浮选铜和锌的主要因素，是活化离子解析时硫化钠的用量、铜 - 锌分离时硫酸锌和亚硫酸钠的用量。在浸出铋和银的过程中，进入溶液的铜、锌、银、铅等离子，使闪锌矿显著活化，造成铜 - 锌浮选分离更加困难，对铜精矿质量和锌的回收率都有很大影响。因此，活化离子解析时必须选择合适的硫化钠用量，用量少时，铜回收率高，但铜精矿含锌高；用量太大时，铜精矿品位高，含锌量少，但铜回收率低。铜 - 锌分离浮选时，硫酸锌和亚硫酸钠用量的影响与硫化钠用量类似。

④试验主要技术指标。

A. 全工艺流程主要技术指标：按图 10 - 2 所示工艺流程和最佳工艺条件试验获得各种有价伴生金属产品的主要技术指标见表 10 - 15。

表 10-15 选-冶-选工艺全流程的主要技术指标

产品名称	主元素含量	主元素回收率/%
海绵铋	Bi 40.26%；Ag 2100 g/t	Bi 95.82
高银铜渣	Ag 17200 g/t；Cu 46%	Ag 96.48（各产品总回收率）
铜精矿	Cu 25.23%	Cu 总回收率 91.58
锌精矿	Zn 44.12%	Zn 28.24
铅精矿	Pb 65.75%；Ag 12000 g/t	Pb 52.19
钼精矿	Mo 49.41%	Mo 82.63
钨精矿	WO₃ 57.25%	WO₃ 45.26
给矿	Bi 0.96%，Ag 766 g/t，Cu 10.48%，Pb 0.965%，Mo 0.277%，WO₃ 0.34%	100.00

B. 浸出工艺主要技术指标：采用分步浸出法所获主要试验指标见表 10-16。

表 10-16 浸出工艺主要技术指标

浸出阶段	试料成分/%				浸出母液成分/(10^{-3} g·L^{-1})				率率/%	浸出率/%			
	铋	银	铜	锌	铋	银	铜	锌		铋	银	铜	锌
浸铋段	0.947	762*	10.47	8.69	4492	65.7	3261	4954		95.02	17.51	6.24	11.43
浸银段					185	353	9800	7584	88.27	2.83	68.68	13.51	13.52
总计	0.947	762*	10.47	8.69					88.27	97.85	86.19	19.75	24.24

*试料成分中银的单位为 g/t。

C. 置换工艺主要技术指标：置换工艺试验由主要技术指标见表 10-17。

表 10-17 置换工艺试验主要技术指标

母液类型	母液成分/($\times 10^{-3}$ g·L^{-1})			置换后液成分/($\times 10^{-3}$ g·L^{-1})			置换渣成分/%			置换率/%		
	铋	银	铜	铋	银	铜	铋	银	铜	铋	银	铜
浸铋母液	4507	23	3202	7.5	0.5	38.6	40.3	0.201	28.3	99.8	97.8	98.8
浸银母液	120	346	7246	4.7	0.65	401	0.58	1.72	34.5	96.8	99.8	95.5

D. 钼、铜、锌、钨选矿主要技术指标：从混合硫化矿原矿浮选获钼精矿，从浸出渣中浮选获铜精矿、锌精矿和中矿，从浸出渣浮选尾矿中用湿式强磁-摇床工艺选得钨精矿和钨中矿，其主要试验技术指标见表 10-18。

表 10-18　钼、铜、锌、钨选矿主要技术指标

产品名称	品位/%				回收率/%			
	Mo	Cu	Zn	WO₃	Mo	Cu	Zn	WO₃
钼精矿	49.41				82.63			
铜精矿		25.23	9.69			90.84	45.77	
锌精矿		2.76	45.17			1.29	27.54	
钨精矿				57.25				45.26
中矿		6.90	22.88	16.80		4.71	20.49	35.89
尾矿	0.051	0.61	0.91	0.114	7.37	3.66	6.21	18.75
给矿	0.293	10.06	7.66	0.59	100.00	100.00	100.00	100.00

⑤选-冶联合工艺与全选矿工艺技术经济效果比较。

以选-冶-选工艺处理铁山垅钨矿混合硫化矿的试验结果与铁山垅钨矿原采用全浮选工艺处理混合硫化矿生产指标进行了技术经济效果比较。

A. 各种金属回收率比较：选-冶-选工艺试验所获各种伴生有价金属回收率与全浮选生产工艺流程相比，除锌以外都更高，各金属回收率比较见表 10-19。

表 10-19　两种工艺流程各金属回收率的比较

工艺名称	回收率/%						
	铋	银	铜	锌	钼	铅	钨
选-冶-选	94.86	96.48	91.58	28.24	82.63	52.19	45.26
全浮选	29.32	85.64	68.40	37.85	39.00	0	0
比较	+65.54	+10.84	+23.28	-9.61	+45.63	+52.19	+45.26

B. 两种工艺所获经济效果比较：按当时物价计算，以生产价值为 100% 的相对数值计，两种工艺处理每吨混合硫化矿的经济效果比较见表 10-20。每处理一吨混合硫化矿选-冶-选工艺比全浮选工艺可多获利 17.7%，折合当时物价比，可多增利 153 元/t 硫化矿。

表 10-20　两种工艺处理每吨混合硫化矿的经济效果比较

工艺名称	产值/%	成本/%	利润/%
选-冶-选	163	420	117.7
全浮选	100	100	100
比较	+63	+320	+17.7

⑥试验研究的结论。

A. 应用选－冶联合工艺是目前强化黑钨矿综合回收的一种较好手段，它能明显提高已集中归队的硫化矿物中有用金属回收率。对处理细泥硫化矿等难选矿物效果尤为突出。用这种工艺单独处理细泥硫化矿时表明：铋、银和铜的回收率可比全浮选工艺分别提高75%、40%和30%，这就为钨矿扩大综合利用范围提供了良好的技术条件。只要选择恰当的工艺条件，选－冶联合工艺的应用能获得较高的综合回收经济效果。

B. 低浓度三氯化铁溶液浸出－铁屑置换的化学选矿是一种从硫化矿中回收银、铋的较为有效的工艺，能获得很高的银铋浸出率和置换率。它不仅适合处理含铋、银较高的硫化矿原矿，提高铋和银的回收率，在较高的铋银市场价格下，也可以用来回收硫化矿尾矿中的铋和银，和处理含铋银的其他物料，以提高综合回收的技术经济效果。

C. 为了降低成本，提高经济效益，在应用化学选矿时，可以首先考虑硫化矿中铋的回收，即只采用低浓度三氯化铁溶液一步浸出铋的工艺，让大部分银在铜精矿和锌精矿中回收，这样，可大量减少浸出剂的用量，降低整个工艺的成本，易于此工艺在一些硫化矿含铋的矿山推广应用。

D. 浸出物料的铜品位高时，即使在低浓度三氯化铁溶液条件下，铋浸出母液中铜离子浓度也会较高，例如当浸出物料含铜10%，浸出液三价铁浓度为 5~6 g/L 时，铋浸出母液中铜离子浓度达 3 g/L。在铁屑置换时，铜和铋同时析出，降低海绵铋的品位，如何降低高铜含铋物料的铜浸出率还值得深入研究。

E. 三氯化铁溶液浸出过程，铜、银、铅、锌、铁等离子大量存在和加温搅拌，改变了黄铜矿和闪锌矿表面化学性质，使铜锌浮选分离更加困难，锌回收率和铜精矿质量都受到影响。还应该深入进行活化离子解析条件和被活化的闪锌矿抑制方法的研究。较完善的铜锌浮选分离工艺将为钨矿伴生铜锌含量较高的硫化矿应用化学选矿方法创造技术条件。

10.4.2　从硫化矿浮选尾矿中回收银的技术应用[92]

(1) 钨矿综合回收银的一般情况

我国石英脉黑钨矿伴生银的品位都很低，出窿原矿一般只含银 1~2 g/t，高含量者也只有 10 g/t 多，而且大多赋存于铅、铋、铜、锌等硫化矿物中，没有直接回收价值。但有部分银随其他硫化矿物一同进入重选毛精矿，其含银量一般已富集到 100 g/t 以上，绝大多数银都进入混合硫化矿中，最后通过浮选分别赋存于铋精矿、铜精矿、锌精矿和铅精矿产品中，由于硫化矿物浮选工艺流程本身存在问题，以致银的回收率很低，据几个综合回收较好的钨矿山统计，精选段银的作业回收率也只有 40%~50%，也即已富集在毛精矿中的银有一半以上又丢失于精选尾矿中，其中主要是丢失在硫化矿浮选尾矿中。表 10-21 是几个钨矿山硫化矿浮选尾矿含银的情况。从中可以看出：硫化矿浮选尾矿的主体矿物(黄铁矿和毒砂)含银比尾矿含银低得多，这部分所含的银目前属于选矿不可回收的银。据统计，硫化矿浮选尾矿中不可回收银的占有率低者为 7% 左右，高者也只有 36%，说明硫化矿浮选尾矿中大部分银是可以通过合适的工艺回收的。

表 10 – 21　几个钨矿山硫化矿浮选尾矿含银(g/t)的情况

浒坑钨矿		铁山垅钨矿		画眉坳钨矿		瑶岗仙钨矿	
硫化矿浮选尾矿	黄铁矿	硫化矿浮选尾矿	黄铁矿	硫化矿浮选尾矿	黄铁矿	硫化矿浮选尾矿	毒砂
340	88	232	82	121	8	197	40

(2)实行再磨再选从硫精矿中回收银的试验

画眉坳钨矿的硫精矿是该矿选厂精选段的硫化矿经浮选 – 重选 – 浮选工艺流程综合回收铜、铋、锌精矿后的尾矿，通常作为硫精矿销售，但这种硫精矿中银的含量还较高，有进一步回收的价值。为此，该矿进行了相关选矿试验，取得了较好的效果。

①硫精矿性质：该矿硫精矿矿物组分以黄铁矿为主，含少量辉铋矿、黄铜矿、闪锌矿，辉钼矿等硫化矿物，还有少量黑钨矿、白钨矿、石英、长石、云母等。主要有价金属含量：银138 g/t，铜 0.69%，铋 0.76%，锌 0.91%，铅 0.11%，三氧化钨 0.18%。银主要赋存于辉铋矿中，其中银含量达 8450 g/t，银的分配率占 72.52%，赋存在黄铜矿中的银含量为 225 g/t，分配率只占 1.52%，在黄铁矿中的银含量只有 8 g/t，分配率只有 4.58%；硫精矿粒度较粗，+0.074 mm 粒级产率为 81.3%，有价金属的 63.5% 以上分布于此粒级中。

②选矿工艺试验：从硫精矿中回收银的实质问题是要有效回收其中的辉铋矿、黄铜矿等银的主要载体矿物，根据物料中铋和铜的品位都较高的特点，采用浮选方法回收是恰当的。首先要使辉铋矿单体解离，需将物料磨细至 –0.074 mm，占 94% 左右，再进行以排除黄铁矿为主的混合浮选粗选，将大部分银富集在混合粗精矿中。在预选中发现含银辉铋矿浮选速度较慢，需要足够长的浮选时间，分段多次选别，才能获得质量较高的粗精矿并丢弃大量尾矿(黄铁矿)，确定一次粗选，五次扫选的粗选流程；在预选中还发现含银辉铋矿有较明显的等可浮现象，各次扫选的精矿品位及粗选精矿的品位差不多，有的扫选精矿品位还高于粗选精矿，故应将粗选精矿及各次扫选精矿合并于一个粗精矿处理。

③主要工艺条件及选矿产品质量：粗选采用活性炭(500 g/t)、石灰(5860 g/t)、氰化钾(625 g/t)和硫酸锌(2625 g/t)为调整剂，丁黄药和乙硫氮(合计 1875 g/t)为捕收剂，经一粗、五扫的粗选，可从含银 136 g/t、铋 0.73% 的硫精矿中，获得含银 522 g/t、铋 2.88% 的含银低铋精矿，银和铋的粗选回收率分别达 85.70% 和 88.97%；为进一步提高粗精矿的品位，进行了以排除黄铁矿为主的精选。以石灰和少量氰化钾(20 g/t)为抑制剂，在 pH9 ~ 10 条件下通过三次精选开路试验，获得送冶炼厂加工要求的铋精矿，铋精矿含银 2016 g/t，含铋 10.38%。经一粗、五扫、三精的闭路流程试验，获得产率为 5.99%，含银 1779 g/t、铋 10.29% 的低铋精矿，所获低铋精矿达到冶炼厂回收铋和银原料的要求；银和铋的选矿回收率分别达到 80.54% 和 82.72%。

④经济效益简单评估：按 20 世纪 90 年代初物价，对选矿产出低铋精矿送冶炼加工成精铋的经济效益进行简单评算：从硫精矿中回收银和铋的回收率按 80% 和 82% 计；冶炼加工的银和铋折收率为 65% 和 87%；每生产一吨精铋的冶炼加工费为 7000 元，折算成每处理一吨硫精矿的冶炼成本为 38.22 元；选矿的车间成本为 73.47 元/t 硫精矿(其中选矿药剂 34.68元，磨矿、动力及其他 11.56 元，工资及工资附加 17.65，车间经费 9.58 元)合计车间成本为111.69 元/t 硫精矿，处理一吨硫精矿所获银和铋的合计产值为 259.58 元/t 硫精矿(按精铋

价格 30000 元/t，银价格为 58 万元/t 计）。按此计算每处理一吨硫精矿的车间生产效益为：259.58 - 111.69 = 147.89 元。即以选矿工艺回收硫精矿中银的车间收益为处理成本的 1.3 倍（147.8/111.7），单位处理经济效益还是可观的。

（3）选 - 冶联合工艺从硫化矿尾矿中回收银

铁山垅钨矿硫化矿尾矿是选厂精选段综合回收钼、铋、铜、锌后的产物，一般可作为硫精矿销售，滞销时直接丢弃于重选尾矿池。该硫化矿尾矿一般含银 150～230 g/t，铋 0.41%，铜 0.63%，锌 0.63%；银主要赋存于块辉铋铅银矿、含银辉铅铋矿、硫铋铅矿等硫盐矿物和方铅矿中，其次在黄铜矿、闪锌矿和黄铁矿中亦存在含银矿物的包体。其中硫化铋含银高达 12000 g/t，黄铜矿和闪锌矿含银分别为 255 g/t 和 365 g/t，黄铁矿含银 82 g/t。该尾矿含银的 85% 左右赋存于硫化铋矿物和黄铜矿中。对硫化矿尾矿中银的回收，实质就是对其中硫化铋、硫化铜等矿物的回收。硫化矿尾矿粒度较粗，+0.074 mm 粒级，占 57%。为了对该尾矿进行银的回收，曾进行了试验研究，取得较好的效果。

回收工艺的研究。为使让银载体矿物单体解离较好，先将物料磨细至 -0.074 mm 占 95%，尽量试用选矿方法进行银的综合回收，为此，利用含银矿物与黄铁矿的磁性、密度以及可浮性的差异，进行了湿式强磁选、摇床和浮选分选试验，结果表明：采用磁选方法银主要富集在非磁性产物中，虽然银的回收率可达 74%，但银的富集比低；采用摇床分选，精矿端富集比较高，但回收率低，唯有浮选能获得较好的回收效果。

①浮选试验。首先将硫化矿尾矿以用量 1000 g/t 的硫化钠搅拌脱药，再加入活性炭 100 g/t、石灰 2500 g/t 磨矿，磨矿细度为 -0.074 mm 占 96%。采用 JF - 1（二氰二胺基二硫代甲酸钠和仲辛基黄原酸钠的复合物，一种选择性较强，对黄铁矿的捕收能力弱的捕收剂，用量比黄药少。）为捕收剂，氢氧化钠为介质调整剂，矿浆 pH 为 10，经一粗、二扫流程获得粗选、扫选混合精矿含银 808 g/t、铋 2.04%，银和铋的回收率均为 76% 左右，丢弃产率为 85%、含银为 44 g/t 的尾矿，所获含银低铋精矿可以作化学处理的原料。

②用三氯化铁直接浸出硫化矿尾矿的试验，银的浸出率虽然可达 69.5%，但浸出母液含银仅 12～22 mg/L，进一步处理难获合格产品，而且浸出剂单耗大，成本太高，故直接进行化学处理是不可行的。

③选 - 冶联合工艺处理方法，先用浮选工艺获得含银低铋精矿，再用化学选矿方法获得海绵铋和富银渣产品。分步浸出法，银和铋的浸出率可达 89.5% 和 98.9%；浸出母液用铁屑置换方法处理，银的置换率可达 98%～99%。采用选 - 冶联合工艺处理硫化矿尾矿，银的总回收率可达 67% 左右，此工艺对从铁山垅钨矿硫化矿尾矿中回收银是较为有效的。

10.5 强化钨矿伴生有价金属矿物的综合回收

钨矿伴生有价金属的综合回收率总体还是较低，以综合回收搞得较好的铁山垅钨矿为例，以出窿原矿计的主要伴生金属钼、铋、铜、锡和银的综合回收率分别只有 11.58%、8.13%、33.48%、9.39% 和 28.76%。该矿分段的综合回收率见表 10 - 22，该表说明钨矿伴生有价金属综合回收的提高还是有潜力的。根据钨矿综合回收普遍存在的问题，可以从以下几个方面进行改进。

表 10 - 22 铁山垅钨矿主要伴生有价金属回收率情况

伴生元素名称	作业回收率/%			全矿综合回收率 /%
	粗选段	重选段	精选段	
钼	76.55	47.15	31.91	11.52
铋	80.00	58.91	17.25	8.13
铜	78.32	59.15	72.22	33.46
锡	68.43	45.01	30.49	9.39
银	84.23	68.54	49.82	28.76

（1）加强黑钨矿预选段硫化矿的回收

目前，黑钨矿石的预选方法仍以手选为主，按照以往的概念，手选以选出含钨的脉石、丢弃不含钨矿物的围岩为目的，因此，只有与钨矿物毗连的硫化矿能选入合格矿石中，那些只含硫化矿的脉石和含硫化矿的围岩一般往往被丢弃在废石中，造成硫化矿不应有的丢失，据统计，大多数黑钨矿选厂粗选段伴生有价硫化矿物的丢失率比钨高一倍以上，有的甚至高近十倍。尽管原矿性质各异，但也无不与预选段硫化矿的回收未列入手选的技术指标考核有关。所以应注意预选段硫化矿的回收，尽量将含有硫化矿的脉石和围岩选入手选精矿中，但是，这其中就存在一个经济合理问题，即选入合格矿石中仅含硫化矿的矿块伴生有价金属价值 X 必须大于或等于对其处理的选矿成本，才是经济合理的。笔者建议用以下简单计算式进行测算，以便确定哪类只含硫化矿的矿块选入合格矿石更合适：当 $X \geq 0$ 时，所确定的只含硫化矿的矿石可以选入合格矿石，当 $X < 0$ 时，不可选入合格矿石，否则就不经济。

$$X = (\sum_{i=1}^{n} \alpha_i \cdot \varepsilon_{iz} \cdot \varepsilon_{ij} \cdot J_i \cdot 10^{-8}) - (C_z + \gamma_S \cdot C_S \cdot 10^{-2})$$

式中：$n = 1, 2, 3 \cdots$；

α_i——只含硫化矿物矿石中第 i 种伴生有价金属的品位，%；

ε_{iz}——第 i 种伴生有价金属的重选段回收率，%；

ε_{ij}——第 i 种伴生有价金属的精选段回收率，%；

J_i——第 i 种伴生有价金属售价，元/t；

C_z——重选段处理合格矿成本，元/t；

C_S——精选段处理硫化矿成本，元/t；

γ_S——精选段产出混合硫化矿对出窿原矿的产率；%。

（2）适当降低重选段粗精矿和细泥粗精矿品位

硫化矿物多以集合体与钨矿物连生，或赋存于脉石和围岩中，在重选磨矿粒度条件下，各种硫化矿物尚难单体解离，但硫化矿集合体大多能与钨矿物和脉石、围岩较好解离，在摇床分选时，硫化矿总是富集在次精矿带和中矿带，细泥摇床分选时亦然，若适当将摇床次精矿和中矿当精矿接入，降低一些粗精矿品位，降低品位的粗精矿再增设加工摇床精选，提高重粗精矿品位，并在此集中回收硫化矿，就能提高硫化矿物的重选回收率。表 10 - 23 是1974—1979 年五年西华山钨矿重选粗精矿品位与伴生有价金属回收间关系的统计数据。这组数据并不是为提高伴生有价金属的回收率进行试验的，只是随机的统计，已经可以看出：

进入精选段的硫化矿数量和伴生有价金属的产量与重选粗精矿品位成反比关系。说明适当降低重选粗精矿品位对提高伴生金属重选回收率是简单可行的。

表 10-23 西华山钨矿重选粗精矿品位与伴生有价金属回收间的关系

年 份	出窿原矿品位（WO₃）/%	重选粗精矿品位（WO₃）/%	混合硫化矿对合格矿的产率/%	按平均合格矿处理量计算的硫化矿量*/(t·a⁻¹)	混合硫化矿品位/%			按合格矿平均处理量计算的伴生金属产量*/(t·a⁻¹)		
					Mo	Bi	Cu	Mo	Bi	Cu
1975	0.241	23.08	0.254	1335	1.55	1.65	0.77	44.222	18.058	5.457
1974	0.234	22.59	0.237	1246	1.51	1.54	0.75	40.209	15.03	4.961
1976	0.225	25.51	0.229	1204	1.65	1.39	0.72	42.456	13.424	4.602
1977	0.247	27.04	0.199	1040	1.43	1.38	0.76	31.966	11.934	4.220
1979	0.242	29.36	0.208	1093	1.50	1.55	0.71	35.038	13.889	4.119

注：* 为使混合硫化矿数量和伴生金属年产量有可比性，表中各伴生硫化矿量和各伴生金属年产量都以统计的五年平均合格矿年处理量(525680 t/a)以及五年精选段伴生金属平均回收率计算所得。

（3）强化精选段回收工艺

目前，钨选厂进入精选段的各种硫化矿有价金属品位一般都高于单纯硫化矿选厂的原矿品位，但是精选段硫化矿物回收率却低许多。这主要是精选段硫化矿处理工艺不够完善，使在重选段回收的伴生硫化矿金属得而复失。对此，必须强化精选段的回收工艺。

一是必须提高硫化矿的集中归队率，尽量增加入选的硫化矿数量，应注意提高细泥的脱硫率，特别是先浮后重（磁）的细泥处理流程。例如铁山垅钨矿细泥原矿的脱硫率一般只有42%~46%，大部分伴生硫化矿金属流失于细泥尾矿中，该部分铜和铋的丢失约占精选段总损失的68%和45%，表明硫化矿尚未集中归队就已丢失了许多，此外还须加强各浓缩沉淀作业的设置和管理，增加足够的浓缩设备和设施，减少细粒硫化矿的溢流损失。

二是适当降低磨矿粒度。首先要根据伴生硫化矿物大都呈细粒嵌布的特点，适当降低磨矿粒度，增加伴生硫化矿物的单体解离度，有利于各硫化矿物的回收和各硫化矿精矿质量的提高。表 10-24 是铁山垅钨矿降低硫化矿生产磨矿粒度前后综合回收率的变化，其表明了降低磨矿粒度有利于提高伴生硫化矿物的综合回收率。

表 10-24 铁山垅钨矿降低硫化矿磨矿粒度前后生产综合回收率的对比

年份	磨矿粒度/mm	综合回收率/%			
		铜	锌	铋	钼
1985	0.25	56.47	34.73	13.73	29.16
1986	0.18	72.22	42.56	17.25	31.91

三是改进浮选工艺流程，完善药剂制度，加强各种硫化矿物的分离，提高各种硫化矿物

的回收率。由于硫化矿分离浮选工艺不够完善，各类精矿金属的互含量较高，不但影响精矿质量和回收率，也造成经济损失。例如铋矿物单独分选为铋精矿时，不但可提高矿山的经济收入，还能提高冶炼回收率。若铋矿物混入其他精矿中，非但销售时不能计价，冶炼时不注意综合回收也易造成铋金属的流失。目前，各钨矿山铜精矿、锌精矿中铋的含量还相当高，例如铁山垅、画眉坳、西华山的铜精矿中铋的含量达 2.75% ~4.75%。铁山垅钨矿的黄铜矿和闪锌矿自身含银只有 255 g/t 和 155 g/t，但所生产的铜精矿和锌精矿含银却达 1098 g/t 和 365 g/t，主要原因也系含硫化铋矿所致，根据铜精矿和锌精矿中银物相分析，其中以铋矿相存在的银占有率达到 89% 和 59%，据计算，因铋 - 铜浮选分离不好，该矿仅损失于铜精矿中的铋金属每年就达 23 t。

四是除改进浮选工艺以提高各硫化矿物的分离率外，在合适情况下，采用化学选矿方法提高分离效率也是一种手段。例如曾针对铁山垅钨矿铜精矿含铋高的问题，进行过化学选矿分离试验，取得很好的效果。该铜精矿含铜 22.92%、铋 2.07%、银 1250 g/t，试验采用三氯化铁低浓度浸出—铁屑置换方法，即在三价铁离子浓度小于 6.5 g/L 的条件下浸取铜精矿，铋的浸出率达到 95%，此时铜的浸出率只有 6% 左右，浸出的主要是铜蓝和辉铜矿；浸出母液用铁屑置换，获得含铋为 39% ~42% 的海绵铋，铋的总回收率达 80.4% ~85.4%；浸出渣即为铜精矿，其含铜品位大于 23%，含铋已降至 0.15% ~0.3%，铜精矿中的铜和铋得到很好的分离。

五是应注意硫化铅矿的回收。硫化铅(方铅矿)在钨矿床中含量少，而且铅精矿的价格约为铜精矿的 1/4 左右，不及钨精矿价格的 1/10，各钨矿山普遍不注意硫化铅的回收，但钨矿伴生硫化铅却是银的重要载体之一，其银的含量还高于硫化铋矿物中的银含量。例如铁山垅钨矿、荡坪小樟坑、瑶岗仙钨矿和西华山钨矿的方铅矿含银分别高达 20080 g/t、13730 g/t、6000 g/t 和 5900 g/t，故回收了方铅矿就是回收了伴生银。因此，需特别注意不要由于硫化矿中铅含量少、价值不高就忽视了对它的回收，否则就容易造成伴生银的丢失。

(4)加强从尾矿中回收伴生有价金属

①加强精选尾矿中伴生有价金属矿物的回收。

钨矿伴生有价金属综合回收在最重要的精选段并不够理想，例如铁山垅钨矿钼、铋、铜、锡和银精选段的作业回收率还很低，分别只有 31.91%、17.25%、72.22%、30.49% 和 49.82%。究其原因，除各种精矿互含量高的损失外，还有相当一部分丢失在精选尾矿(含硫精矿在内)中，故加强从精选尾矿中回收伴生有价金属是强化钨矿综合回收的重要举措之一。尤其是那些将精选尾矿单独堆存的黑钨选厂，重新开发利用这部分有价金属是很重要的，这是挖掘综合回收潜力和提高经济效益之所在。

②注意从重选尾矿中回收伴生有价金属。

从伴生有价金属元素在钨选矿中的丢失的情况分析，加强重选尾矿的综合回收是必要的，尽管难度大，但从每个钨矿的具体情况出发，注意从重选尾矿中回收伴生有价金属，还是有可能的取得成效的。漂塘钨矿从重选尾矿中回收钼和铋的试验研究获得成功就是很好的例子。

漂塘钨矿大龙山选厂 -2 mm 重选尾矿含钼 0.07% ~0.12%、铋 0.03% ~0.05%。钼主要以辉钼矿产出；铋主要呈自然铋产出，此外还有辉铋矿、斜方辉铅铋矿，钼、铋矿物在 -150 目时已单体解离较好。该矿自 20 世纪 70 年代就开始从重选尾矿中回收钼，并生产出钼精矿，但钼精矿的质量较次，含钼低于47%，含铜和铅分别超过1.33%和1.25%，只达到二级品钼精矿的要求，若遇钼精矿市场疲软时，即不好销售。进入90年代后开展了提高钼精矿质量和综合回收铋的试验，采用以NoKeS为抑制剂的"NoKeS精选法"降低了钼精矿中的铜、铅、铋的含量，提高了钼精矿品位。重选尾矿先磨细至 −0.074 mm 占89.5%后，采用SN−9号、煤油和黄药为捕收剂，经一粗一扫的钼铋混合浮选流程，获钼铋混合精矿含钼25.28%、铋6.245%，钼和铋的作业回收率分别为88.13和39.28%；钼铋混合精矿经过以NoKeS为抑制剂抑铋浮钼的分离工艺，经五次精选浮钼流程，获得钼精矿含钼51.31%、铋1.64%，钼的精选作业回收率为85.05%；钼铋分离浮选获得的低铋产品再进行细磨，再浮钼获钼中矿含钼39.81%，其尾矿再浮铋，经一粗、二精、一扫流程获铋精矿和铋中矿，铋精矿含铋36.68%，铋的作业回收率为73.44%。漂塘钨矿大龙山选厂采用上述浮选工艺，从含钼0.143%、含铋0.0786%的重选尾矿中，获得特级钼精矿，钼的回收率达84.55；获得铋精矿和铋中矿合计回收率37.95%。

荡坪钨矿樟东坑选厂重选尾矿含钼0.054%，经磨矿后，采用一粗、一扫、五精的浮选试验流程，获得钼精矿含钼50.71%、回收率为90.38%的指标，回收试验也取得了明显的效果。

参考文献

[1] 林海清, 等. 新中国有色金属钨钼工业[R]. 北京:《当代中国有色金属工业》编委会, 1987.

[2] 中国有色金属工业协会. 中国有色金属工业年鉴 2001—2014 年, 北京.

[3] 江西省冶金工业管理局, 钨的选矿[M]. 北京:冶金工业出版社, 1960.

[4] 叶帷洪, 等(美国). 钨[M]. 北京:冶金工业出版社, 1953.

[5] 中国有色金属工业总公司:有色金属进展(下篇 第二十分册), 1984(44).

[6] 林芳万. 大吉山钨矿的研究与实践[J]. 中国钨业, 1999(5):126.

[7] 刘建明. 深部开采黑钨矿的选矿实践[J]. 中国钨业, 2004(5):88 - 90.

[8] 江西冶金工业厅. 重选[R]. 钨矿工人技术培训试用教材, 1981:12.

[9] 张开鎏. 干涉沉降水力分级机及其效率计算[J]. 有色金属(选矿部分), 1990(1):32 - 35.

[10] 熊新兴, 等. 螺旋溜槽在钨选矿中应用的进展[J]. 中国钨业, 1999(5 - 6):118 - 122.

[11] 管则皋, 等. 低品位细脉型黑钨合理选矿工艺研究[J]. 中国钨业, 2006(2):16 - 19.

[12] 孙玉波. 重力选矿[M]. 北京:冶金工业出版社, 1982.

[13] 韦世强, 等. 从某钨选厂钨细泥中回收钨锡的试验研究[J]. 中国钨业, 2011(3):23 - 25.

[14] 熊大和, 等. SLonφ1600 离心机回收细粒尾矿的试验研究[J]. 中国钨业, 2010(6):46 - 48.

[15] 陈玉林. 强磁分选黑白钨新工艺在柿竹园的工业化应用[J]. 中国钨业, 2013(4):34 - 36.

[16] 陈万熊, 等. 黑钨的润湿特性, 中南矿冶学院学报, 1980(4):38 - 43.

[17] 杨久流. FD 在微细黑钨矿表面的吸附机理[J]. 有色金属(季刊), 2003(4):110 - 112.

[18] 叶志平. 苯甲羟肟酸对黑钨矿的捕收机理探讨[J]. 有色金属(选矿部分), 2000(5):35 - 39.

[19] 于洋, 等. 黑钨矿、白钨矿及萤石异步浮选动力学研究[J]. 有色金属(选矿部分), 2014(4):16 - 22.

[20] 周晓彤, 等. 某难选黑白钨共生矿试验研究[J]. 中国钨业, 2012(1).

[21] 严连秀. 上坪选厂细泥回收工艺研究[J]. 中国钨业, 2012(5):19 - 20.

[22] 林培基. 铁山垅钨矿细泥回收工艺的改进及生产实践[J]. 中国钨业, 2002(6):27 - 29.

[23] 江西有色冶金研究所. 江西主要脉钨矿床选矿产品中有价元素及其赋存状态研究[R]. 1981, 8.

[24] 王常任. 电磁选矿[M]. 北京:冶金工业出版社, 1982.

[25] 林培基. 铁山垅钨矿白钨与锡石分离工艺改进及生产实践[J]. 中国钨业, 2001(2):22 - 25.

[26] 孙延绵. 论我国白钨资源现状及其开发利用[C]//中国有色金属学会第五届学术会论文集, 2003(8):69 - 72.

[27] 朱建光, 等. 浮选药剂[R]. 中南矿冶学院科技情报科, 1982, 8.

[28] 孙传尧, 等. 钨铋钼萤石多金属综合选矿技术—柿竹园法[J]. 中国钨业, 2004, (5):8 - 13.

[29] 湖南冶金研究所. 矽卡岩白钨矿浮选中几个主要因素的探讨[R]. 1979.

[30] 林海清. 钨选矿评述[J]. 有色金属(选矿部分), 2001(增刊):57 - 63.

[31] 张忠汉, 等. 柿竹园多金属矿 GY 法浮钨新工艺研究[J]. 矿冶工程, 1999(4):22 - 25.

[32] 叶雪均. 低品位白钨矿石浮选工艺研究[J]. 中国钨业, 1999(4): 8 - 22.

[33] 杨斌清. 湖南某钨矿选矿试验研究[J]. 江西有色金属, 1996(3): 21 - 28.

[34] 胡岳华, 等. 柠檬酸在白钨矿萤石浮选分离中的抑制作用及机理研究[J]. 国外金属矿选矿, 1998(5): 27 - 29.

[35] 程新潮. 钨矿物和含钙矿物分离新方法及药剂作用机理研究[J]. 国外金属矿选矿, 2000(7): 16 - 21.

[36] 朱超英, 等. pH调整剂对白钨矿与方解石和萤石分离的影响[J]. 矿冶工程, 1990(1): 18 - 22.

[37] 曾惠英. 某白钨矿浮选试验研究[J]. 江西有色金属, 2007(2): 19 - 22.

[38] 卜显中, 等. 应用组合药剂常温浮选云南某白钨矿的研究[J]. 武汉理工大学学报, 2012(7): 78 - 81.

[39] 高玉德, 等. 某矽卡岩型白钨矿选矿试验研究[J]. 材料研究与应用, 2012(3): 185 - 188.

[40] 邵伟华, 等. 某低品位白钨矿选矿试验[J]. 现代矿业, 2011(12): 103 - 105.

[41] 王俐, 等. 云南某白钨常温浮选工艺研究[J]. 材料研究与应用, 2011(2): 154 - 158.

[42] 高玉德, 等. 某白钨矿选矿试验研究[J]. 金属矿山, 2008(8): 52 - 54.

[43] 孟宪瑜, 等. 低品位白钨矿选矿工艺试验研究[J]. 有色冶金, 2007(5): 15 - 17.

[44] 杨晓峰, 等. 云南某白钨的选矿试验研究[J]. 有色金属(选矿部分), 2008(2): 6 - 8.

[45] 叶雪均. 白钨常温浮选工艺研究[J]. 中国钨业, 1999(5): 113 - 117.

[46] 刘红尾, 等. 石灰法常温浮选低品位白钨矿的工艺研究[J]. 矿产综合利用, 2013(4): 33 - 35.

[47] 高玉德, 等. 湖南某白钨矿选矿工艺研究[J]. 中国钨业, 2009(4): 20 - 22.

[48] 廖德华, 等. 河南某钼尾矿中白钨的回收试验[J]. 金属矿山, 2012(2): 153 - 156.

[49] 过建光, 等. 柿竹园加温浮选工艺改造实践[J]. 有色金属(选矿部分), 2002(6): 13 - 14.

[50] 张红新, 等. 从钼尾矿中回收低品位白钨矿选矿试验研究[J]. 中国钨业, 2013(4): 29 - 33.

[51] 徐国印, 等. 白钨精选前加温脱药作业的优化[J]. 中国钼业, 2011(1): 23 - 25.

[52] 艾光华, 等. 江西某白钨矿的选矿试验研究[J]. 中国钨业, 2009(4): 28 - 30.

[53] 艾光华, 等. 提高某低品位白钨矿石. 选矿指标的试验研究[J]. 中国钨业, 2008(4): 15 - 18.

[54] 饶维红. 云南元阳华西白钨矿选矿试验研究[J]. 矿产综合利用, 2013(2): 36 - 39.

[55] 张志雄, 等. 某锑矿综合回收白钨浮选试验研究[J]. 矿冶工程, 2009(4): 44 - 46.

[56] 曹学锋, 等. 江西某地白钨矿浮选试验研究[J]. 有色金属(选矿部分), 2012(5): 24 - 27.

[57] 王秋林, 等. 高效组合抑制剂Y88白钨常温精选工艺研究[J]. 湖南有色金属, 2003(5): 11 - 12.

[58] 程新潮. 白钨常温浮选工艺及药剂研究[J]. 有色金属(选矿部分), 2000(2): 24 - 26.

[59] 戴修湖. 提高白钨特级品回收率的研究和生产[J]. 江西有色金属, 2001(1): 17 - 19.

[60] 叶忠良. 荡坪钨矿选矿工艺技术进展[J]. 中国钨业, 2000(2): 24 - 26.

[61] 张忠汉, 等. 柿竹园多金属GY法浮选新工艺研究[J]. 矿冶工程, 1999(4): 22 - 25.

[62] 程新潮. 钨矿物与含钙脉石矿浮选分离新方法—CF法研究[J]. 国外金属矿选矿, 2000(6): 21 - 25.

[63] 周基校, 等. 柿竹园钨钼铋萤石多金属矿的选矿工艺进展[J]. 有色金属(选矿部分), 1999(2): 7 - 12.

[64] 陈玉林. 强磁分选黑白钨新工艺在柿竹园的工业化应用[J]. 中国钨业, 2013(4): 34 - 36.

[65] 毛文明, 等. 某黑白钨矿选矿工艺改进研究[J]. 中国钨业, 2015(2): 21 - 25.

[66] 张燕红, 等. 栾川浮钼尾矿中综合回收白钨的试验研究[J]. 中国钼业, 2002(4): 14 - 17.

[67] 王忠锋, 等. 提高白钨矿粗选回收率的生产实践[J]. 矿业研究与开发, 2013(1): 48 - 51.

[68] 高湛伟, 等. 白钨常温浮选试验研究[J]. 中国钨业, 2010(6): 18 - 21.

[69] 高湛伟, 等. 浮选柱在低品位白钨粗选中的应用[J]. 中国钨业, 2011(2): 27 - 29.

[70] 张兆金, 等. 浮选柱在低品位白钨矿精选中的应用[J]. 中国钨业, 2013(6): 25 - 28.

[71] 江西有色冶金研究所. 行洛坑钨矿石选矿流程试验报告[R]. 1980, 10.

[72] 管则皋, 等. 低品位细脉型黑白钨合理选矿工艺研究[J]. 中国钨业, 2006(4): 15 - 19.

[73] 郭阶庆. 行洛坑钨矿细泥选别工艺改造[J]. 金属矿山, 2011(6): 97 - 100.

[74] 熊新兴.某贫细杂钽铌铍矿石的选矿试验[J].中国钨业,1998(6):3-35.

[75] 高玉德,等.重-浮选矿新工艺处理难选钽铌钨矿的试验研究[J].中国钨业,2011(4):24-26.

[76] 徐德福.小柳沟风化型白钨矿选矿工艺流程改进[J].矿产综合利用,2011(4):49-52.

[77] 陈江安,等.离心机回收某钨选厂尾矿中钨的试验研究[J].中国钨业,2012(4):20-22.

[78] 李平,等.钨矿山尾矿综合利用试验研究[J].中国钨业,2012(3):14-16.

[79] 梁殿印,等.选矿设备评述[J].有色金属(选矿部分),2001(增刊):165-190.

[80] 熊新兴.某铜矿铜硫尾矿回收白钨选矿试验[J].江西有色金属,1995(2):31-33.

[81] 周源,等.从铜锌硫浮选尾矿中综合回收白钨的试验研究[J].中国钨业,2012(3):10-13.

[82] 刘亮,等.河南某铅锌矿尾矿回收白钨试验研究[J].矿业快报,2008(6):30-32.

[83] 邓丽红,等.从铋锌铁尾矿中回收低品位白钨矿的选矿工艺流程研究[J].中国钨业,2012(3):23-25.

[84] 杨世中,等.某浮金尾矿回收低品位微细粒级白钨矿的试验[J].现代矿业,2013(6):100-101.

[85] 林振淳.钨矿山资源综合利用的前景[J].江西有色金属,1992(3):150-154.

[86] 陈瑞琇.钼铋铜综合回收小结[J].有色金属选矿情报,综合利用专辑,1981:145-146.

[87] 钟能.组合捕收剂在铋钼硫化矿浮选中的应用[J].中国钨业,2015(3):24-27.

[88] 易贤荣.从黑钨磁选尾矿中浮选泡铋矿的生产实践[J].中国钨业,2001(1):29-30.

[89] 易贤荣.铁山垅钨矿提高伴生金属回收率的技术改造与实践[J].中国钨业,1999(5-6):123-126.

[90] 林海清.选-冶联合工艺强化钨矿综合回收的研究[J].有色金属(选矿部分),1990(3):15-21.

[91] 林海清.从钨矿伴生硫化矿尾矿中回收银的研究[J].金银工业,1992(4):15-19.